高等院校 物 联 网 专业规划教材

物联网
技术及应用

王佳斌　郑力新　编著

U0359987

清华大学出版社

北 京

内 容 简 介

物联网发展与应用涉及了计算机技术、传感器技术、自动控制技术、通信技术等多门学科，大数据、云计算、物联网被列入国家"十三五"发展规划。本书围绕物联网发展前沿的热点问题，依据物联网相关技术的最新应用，注重物联网技术的应用性，全面、系统地介绍物联网的理论和技术。

本书系统介绍了物联网技术应用所涉及的关键技术以及物联网系统设计的方法。先从物联网技术的概念入手，详细介绍了物联网体系架构。通过无线传感器网络、自动识别技术等物联网关键技术的介绍，让读者了解物联网系统的重要组成元素；通过物联网中间件设计的介绍，说明了物联网接入传统网络及原有系统的路径；通过物联网信息安全的介绍，指出了物联网信息安全有别于传统信息安全的独特性。由于物联网的发展而产生的大量数据则最终需要通过云计算的平台来进行处理，最后以实际的案例详细说明了物联网系统设计的方法。对于一些新兴技术，本书主要从概念上进行介绍，没有涉及技术细节，目的是让读者知道这些技术的存在性。通过本书的学习，读者可以了解物联网所涉及的主要技术，以及这些技术在物联网系统中的位置。本书可作为高校物联网工程专业学生的专业教材，还可供相关领域的工程技术人员参考使用。

图书在版编目(CIP)数据

物联网技术及应用/王佳斌，郑力新编著. —北京：清华大学出版社，2019(2023.1 重印)
(高等院校物联网专业规划教材)
ISBN 978-7-302-52900-2

Ⅰ. ①物… Ⅱ. ①王… ②郑… Ⅲ. ①互联网络—应用—高等学校—教材 ②智能技术—应用—高等学校—教材 Ⅳ. ①TP393.4 ②TP18

中国版本图书馆 CIP 数据核字(2019)第 083522 号

责任编辑： 汤涌涛
封面设计： 常雪影
责任校对： 王明明
责任印制： 朱雨萌

出版发行： 清华大学出版社
       网　　址： http://www.tup.com.cn, http://www.wqbook.com
       地　　址： 北京清华大学学研大厦 A 座　　**邮　　编：** 100084
       社 总 机： 010-83470000　　**邮　　购：** 010-62786544
       投稿与读者服务： 010-62776969, c-service@tup.tsinghua.edu.cn
       质量反馈： 010-62772015, zhiliang@tup.tsinghua.edu.cn
       课件下载： http://www.tup.com.cn, 010-62791865
印 装 者： 三河市铭诚印务有限公司
经　　销： 全国新华书店
开　　本： 185mm×260mm　　**印　　张：** 18.5　　**字　　数：** 453 千字
版　　次： 2019 年 6 月第 1 版　　**印　　次：** 2023 年 1 月第 5 次印刷
定　　价： 49.00 元

产品编号：074821-01

前　　言

物联网将无处不在的末端设备和设施，通过各种通信网络实现互联互通、应用大集成以及基于云计算的运营模式，提供安全可控乃至个性化的实时在线监测、定位追溯、远程控制、安全防范等，实现对"万物"的"高效、节能、安全、环保"的"管、控、营"一体化。物联网将会对人类未来的生活方式产生巨大影响。

本书主要章节安排如下：

第 1 章简要介绍了物联网与互联网的关系。

第 2 章介绍了物联网的总体结构、形态结构、主要特点、技术趋势及发展前景。

第 3 章描述了传感器的结构、主要特点与核心技术，以及无线传感器网络的概述、组成、安全需求、应用领域与发展趋势。

第 4 章重点介绍了自动识别技术的概念及分类，条形码的产生、发展以及应用，并且对机器视觉识别技术和生物识别技术做了简要介绍。

第 5 章对 M2M 进行介绍，描述 M2M 的基本概念、标准、RFID 技术及 M2M 技术的应用。

第 6 章介绍了数据融合的基本原理、层次结构和数据融合模型，并且对数据融合技术与算法做了简要介绍。

第 7 章介绍了各种地理信息系统，包括 GIS 系统、GPS 系统、GLONASS 系统、伽利略系统和北斗卫星系统在物联网中的应用及发展前景。

第 8 章对分布式系统进行了介绍，描述了分布式系统与物联网之间的关系。

第 9 章介绍了物联网中间件的基本概念、分类、体系结构、软件平台与关键技术。

第 10 章重点介绍了物联网系统有哪些测试方法。

第 11 章重点介绍了物联网的信息安全、物联网安全关键技术和安全问题中的六大关系。

第 12 章介绍了国内外车联网的发展史，并对车联网的关键技术与应用进行介绍。

第 13 章介绍了云计算的基本概念、体系结构、实现技术以及云计算平台的内容，并分析了物联网和云计算的关系。

本书具有以下特点。

(1) 覆盖面广。涵盖了物联网技术的大部分领域，介绍深入浅出，体系完整，结构严谨。

(2) 用事实说话。列举了大量的应用实例，说明了物联网技术在工农业生产中的重要作用及在生产生活中的广泛应用。

(3) 开放性。充分介绍物联网技术的支撑技术及其相互关系，为读者今后进行物联网系统设计提供开放性思维。

本书的第 1～4 章、6 章、8～13 章由王佳斌撰写，第 5、7 章由郑力新撰写。全书由王佳

斌统稿。文字打印和绘图由刘佳耀、刘雪丽、李碧秋完成。

　　本书编写过程中得到清华大学出版社、华侨大学工学院领导和老师的大力支持，再次表示感谢！此外，编写过程中参考了众多书籍和网络资料，在此对书籍和资料的作者、提供者一并表示感谢！

　　由于作者水平有限，书中难免有疏漏之处，敬请广大读者批评指正。

编　者

教学资源服务

第 1 章

物联网与互联网

学习目标

1. 掌握物联网与互联网的区别。

2. 了解当下物联网的发展特点。

3. 了解物联网产业发展中应关注的问题。

知识要点

物联网与互联网之间的差别；物联网的发展瓶颈；物联网发展中应该关注的问题。

1.1 物联网与互联网的关系

1.1.1 物联网与互联网的联系与区别

互联网的出现极大地推动了人类社会的发展,对促进社会信息化,实现工业化与信息化的融合发展起到了不可替代的作用。而物联网的出现及其初步应用似乎也与互联网有直接或间接的关系,因此可以说,物联网从诞生的那一天起,似乎就和互联网有着千丝万缕的联系。

"互联网"作为现代社会中人们耳熟能详的一个名词,已经成为人与人交流沟通、传递信息的纽带,然而细心的用户可以发现,虽然互联网有着丰富的内容和成熟的应用,但这些内容与应用仅是针对人与人这个特定的领域并且是虚拟的,那么人和物、物和物之间是不是也能有这样一种对话工具并且反映真实的物理世界呢?针对这个思路和启示,物联网应运而生,它的提出和使用让人与物、物与物之间的有效通信变为可能,这不仅可以降低管理的成本,而且更为重要的是,大大提高了物品和各种自然资源使用的效率,是实现社会信息化的重要举措。互联网和物联网的结合,将会带来许多意想不到的有益效果,最终实现整个生态系统高度的智能特性和智慧地球的美好愿景。

从以上描述和分析不难看出,从某种意义上来说,互联网是物联网灵感的来源;反之,物联网的发展又进一步推动互联网向一种更为广泛的"互联"演进。南京邮电大学校长杨震举了一个生动的例子,可以说是对上述思想的最好诠释:目前想要通过互联网了解一个东西,必须通过人去收集这个东西的相关信息,数字化后再放置到互联网络(服务器)上供人们浏览,人在其中要做很多的工作,且难以动态了解其变化;物联网则不需要,它是物体自己"说话",通过在物体上植入各种微型感应芯片、借助无线通信网络,与现在的互联网络相互连接,让其"开口"。这样一来,人们不仅可以和物体"对话",物体和物体之间也能"交流"。所以说,互联网连接的是虚拟的世界网络,物联网连接的是物理的、真实的世界网络。

1.1.2 物联网是互联网的拓展

物联网不仅是互联网应用拓展的重点,还是泛在网的起点、信息化与工业化融合的切入点、低碳经济的支撑点、战略性新兴产业的增长点、民生服务的新亮点和国际竞争的新热点。通俗地说,物联网是传感网加互联网,是互联网的延伸与扩展,把人与人之间的互联互通扩大到人与物、物与物之间的互联互通。可以说,互联网是物联网的核心与基础。

物联网的概念十年前就有了,几年前 IQ 提的物联网是以互联为特征,现在以智能服务为特征,这就说明侧重点和希望解决的问题已经有所不同。关于物联网现在大家都觉得有点迷茫,欧盟说物联网是未来互联网的一部分,能够定义为基于标准和交互通信协议具有自配置能力的动态全球网络设施,在物联网内物理和虚拟的物件具有身份和物理属性,并且可以拟人化使用智能接口无缝综合到信息网络中。但是这个定义限制得太死板了,其优点是把物理属性、智能接口点出来了。2010 年国家政府工作报告的附录列的第三个注释解释了物联网,说物联网是指通过信息传感设备,按照约定的协议,把任何物品与互联网连起来,进行信息交换和通信,以实现智能化识别、定位、跟踪监控和管理的一种网络,它是在互联网基础上延伸和扩展的网络。

互联网是继计算机之后的第二次信息产业发展浪潮，而物联网是继互联网之后的第三次信息产业发展浪潮。互联网从概念提出到形成产业，中间经历国防和军事上的应用，相距达几十年之久，而物联网从概念到产业，只有短短的几年时间就直接进入商业应用。从发展趋势看，物联网的产业规模和市场潜力都要比互联网大得多。以我国为例，2010 年被称为物联网产业的元年，物联网产业的增加值就已达到 2000 亿元，到 2017 年全球物联网市场规模达到 4500 亿美元，物联网产业发展前景广阔。

物联网有这样几个特征：联网中的每一个物件都可以寻址；联网中的每一个物件都可以控制；联网中的每一个空间都是可以通信的。物联网的组成有很多种划分方法，三大组成部分包括底层是信息获取，中间需要有通信网络，最上层要有信息处理。

物联网和互联网的关系：物联网可用的基础网络有很多，根本应用需要可以用公网也可以用专网，没有说一定是什么网络。通常互联网是最适合作为物联网的基础网络，特别是当物物互联范围超出局域网的时候并且需要公众网来传送信息处理的时候，互联网是最常用的。物联网是全球性的，但往往是行业性和区域性，尽管架构在物联网上可以连到全世界，但是所建设的物联网不是谁都可以接入的。物联网相当于互联网上面向特定任务来组织的专用网络，与其说物联网是网络，不如说物联网是业务和应用，它应该是通信网络里头的一个应用拓展，底层传感网是原来通信网不包含的。物联网行业应用多样性与承载平台通用性之间需要有中间件来适配。现有通信联网都是支持物联网的，一般并不需要专门为物联网改造最基础网络，底层是需要另外配置，上层智能信息处理传统通信网络不一定需要的功能，物联网上比较注重增加这些能力。物联网支撑系统很多，有感知层技术、通信层技术、应用层技术等。现在机器对机器(Machine to Machine，M2M)是一种以机器终端智能交互为核心的网络化应用与服务，它是物联网的一部分，不同的是物联网概念采用的技术更广泛，M2M 更窄一点，它是物联网应用的一种模式，支持其有很多种模式，如远端监视、传感网、智能服务、遥测等。除了 M2M 以外还有 CPS，它实际上把计算、通信和控制关联在一起，主要应用于工业生产过程，它与物联网的区别是物联网强调连通，它强调反馈，通过通信与计算对物理世界起到反馈的作用，它更强调控制的功能。从概念上来说，它也是物联网的范畴。

物联网在工业领域里如制造业供应链、生产环境检测、生产过程用料与工艺优化、设备管理以及对员工管理、智能交通也有很大应用，汽车上的传感器、雷达可以感知防止交通事故，还有智能收费系统也是物联网的功能。汽车本身是一个计算机网络，从另一个角度汽车又是网络中的一个节点，利用网络，很多监控视频传感器可以发现优化交通流量。智慧物流，在货物上面可以装入传感器，每个环节都可以通过传感器实现在途货品跟踪。智能电网，时时监控用电量，实施发电、配电、用电平衡。还有建筑节能，不同房间在不同时间由于能量不一样，需要空调不同，集中空调不能识别这些地方，日本在建筑物中安装两万个传感器并使用 IPv6，节约运动能耗 30%。互联网可以应用生态环境监控、环保检测，美国统计过每 16000 个病人输血会发生一个输血错误，利用物联网传感器可以将信息存到网上，识别人与血浆的对应性，这样有效地避免了医疗上的很多差错。安全监控，现在很多轨道交通是用视频监控，还有很多司法对象监外执行利用 GPS 手机可以实现对其监控。在很多机场也利用传感器系统。对学校和幼儿园监控也成为一个重要环节。家庭安保也是一个重要方面，在上班时间如果有人进入家中，通过家里的摄像头可以拍摄，及时传

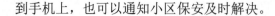

到手机上，也可以通知小区保安及时解决。

1.2 当下物联网发展的特点

1.2.1 物联网带来集群效应

物联网市场潜力巨大，物联网产业在自身发展的同时，还将带动微电子技术、传感元器件、自动控制、机器智能等一系列相关产业的持续发展，带来巨大的产业集群效应。

赛迪顾问研究显示：物联网是信息产业领域未来竞争的制高点和产业升级的核心驱动力。发展物联网产业不仅是提升信息产业核心竞争力、推动经济转型升级、增创发展新优势的战略选择，也是改造提升传统产业、促进两化融合的重要手段。

未来物联网产业的核心层面将形成于四大产业群，即共性平台产业集群、行业应用产业集群、公众应用产业集群、运营商产业集群。这四大产业集群构成了与物联网应用关联度最高的产业群体，并带动传感器、集成电路、软件等相关的一般关联产业群进入高速发展期。从整体市场规模来看，2010 年中国物联网产业市场规模达到了 2000 亿元；至 2015 年，中国物联网整体市场规模达到了 7500 亿元，年复合增长率超过 30%；到 2020 年，物物互联业务与现有人人互联业务之比有望达到 30∶1，物物互联将成下一个万亿产业。从应用层面来看，中国物联网产业在公众业务领域以及平安家居、电力安全、公共安全、智能交通、环保等诸多行业的市场规模均将超过百亿元甚至达到千亿元。

1.2.2 细分市场差距很大

物联网具有广阔的行业应用需求，可被广泛应用于交通、安防、物流、零售等重点领域。然而，由于不同行业在物联网政策倾向、技术与市场成熟度等方面差别较大，物联网的细分市场发展并不均衡。一方面，物联网已在我国公共安全、民航、交通、物流、环境监测、电力等行业初步得到规模性应用。目前国家电网已经采用双向传输的电力线标准，第一批智能电表的招标工作也已结束。而就智能水表和智能暖气表来说，可通过 GPRS、CDMA 等无线通信标准进行无线抄表，甚至可以采用 ZigBee、蓝牙等标准进行人工无线抄表。同时，智能家居、智能医疗等面向个人用户的应用已初步展开。另一方面，由于区域分布不均衡，以及物联网关键技术攻关与应用示范系统建设尚处初级阶段，像城市智能灾害防控、智能医护等应用才刚刚起步，无论在技术还是规模上均有很大的发展空间。

正因为物联网产业具有关联度大、渗透性高、应用范围广等特点，诸多细分市场发展才不能保持绝对的均衡。按照关联度大小，重点培育和发展核心产业，鼓励发展支撑产业，以应用促进和带动产业发展，成为目前发展物联网产业的核心策略。

1.2.3 物联网发展瓶颈因素分析

综观中国物联网产业发展现状与趋势，喜忧参半。物联网行业应用需求广泛，潜在市场规模巨大，政府各部门对发展物联网产业态度积极，这是产业发展之"喜"。"忧"的一面主要表现在物联网产业发展初期阶段，存在诸多产业发展约束因素。赛迪顾问研究发现，中国物联网产业突破发展的关键因素主要有以下五个方面。

(1) 标准化体系的建立。物联网在我国的发展还处于初级阶段，即使在全世界范围，都没有统一的标准体系出台，标准的缺失将大大制约技术的发展和产品的规模化应用。

(2) 自主知识产权的核心技术突破。作为国家战略新兴技术，不掌握关键的核心技术，就不能形成产业核心竞争力。因此，建立国家级和区域物联网研究中心，掌握具有自主知识产权的核心技术将成为物联网产业发展的重中之重。

(3) 积极的可行性政策出台。出台相关的可行性产业扶持政策是中国物联网产业谋求突破的关键因素之一。"政策先行"将是中国物联网产业规模化发展的重要保障。

(4) 各行业主管部门的积极协调与互动。物联网应用领域十分广泛，许多行业应用具有很大的交叉性，但这些行业分属于不同的政府职能部门，在产业化过程中必须加强各行业主管部门的协调与互动，才能有效地保障物联网产业的顺利发展。

(5) 重点应用领域的重大专项实施。推动物联网产业快速发展还必须建立一批重点应用领域的重大专项，推动关键技术研发与应用示范，通过"局部试点，重点示范"的产业发展模式来带动整个产业的发展。

1.3 物联网产业是战略性新兴产业的一大亮点

《国务院关于加快培育和发展战略性新兴产业的决定》把新一代信息技术、节能环保、生物、高端装备制造、新能源、新材料、新能源汽车等 7 个重点产业，列为战略性新兴产业。这些产业知识技术密集、物质资源消耗少、成长潜力大、综合效益好，是引导未来经济、社会发展的重要力量，是抢占新一轮经济、科技发展的制高点。

物联网产业是新一代信息技术产业的重点与引领力量，由于它广泛应用于其他各个新兴产业，成了整个战略性新兴产业的一大亮点。党的十七届五中全会明确提出，要推进物联网的研发与应用，物联网产业链有技术提供商、应用与软件提供商、系统集成商、网络提供商、运营商、服务商、用户等七个环节。以 2009 年在无锡设立国家传感网创新示范区为标志，物联网产业发展已上升为国家发展战略。

就我国来说，计算机产业是在国际上发展的后期介入的，互联网产业是在国际上发展中期介入的，而物联网产业则是与国际同步发展的，具有同发优势，我们更应珍惜这个发展机遇，真正使物联网产业成为推动产业升级迈向信息社会的发动机。

物联网产业的出现，是工业化与信息化深度融合的结果。物联网产业的发展，需要建立工业园区和鼓励产业联盟，这便于发挥产业集群效应、降低联盟成本，形成信息传导与互动的顺畅渠道，促进行业协会的管理。如福建省在 2011 年扶持一个物联网产业集群，两个物联网重点示范区，九类物联网行业应用示范工程，将形成海峡两岸物联网产业发展的集聚区。

物联网产业被认为是一个万亿级的大产业，通信界人士戏说，物联网的推广应用可再造几个"中国移动"，许多企业都想在物联网产业发展中寻找商机，跃跃欲试。为使这个产业发展壮大，政府包括地方政府与企业还必须互相配合，紧密合作，各地政府决不能坐等"摘桃"，理应为物联网产业链上的有关企业创造创业和兴业的环境。

1.4　物联网产业发展中应关注的问题

在认识上，应把物联网产业及其发展提高到全球金融危机后国际科技产业与经济社会发展的竞争焦点和制高点来认识，它关系到 21 世纪第二个十年各国发展的全局利益与长远利益，美国把它与新能源产业及其发展相并列，看作是 2025 年前振兴美国经济的两大武器，影响到美国的潜在利益，我国也已把它列为国家战略，成立了规划和领导物联网产业及其发展的相应组织。

在技术上，应注重射频、分布式计算、传感器、嵌入式智能、无线传输、实时数据交换等各种关键技术的交叉与融合，立足自主创新，拥有自主知识产权，使物联网产业真正成为创新驱动型产业，为此要加大研发投入，培育与引进高端研发团队，促进研发成果及其应用，尤其要准确把握技术突破的方向，优化产业发展技术路线的选择和设计。

在标准化方面，应尽快解决产业标准缺失这一妨碍物联网产业发展的瓶颈问题，与任何信息技术产业一样，公认的通用的统一标准，是物联网技术发展与应用的关键所在，不能标准互异，各搞一套，在沿用国际标准的同时，我国物联网产业应有自己的国家标准，并为其他国家所接受和使用。我国已成立了专门的标准化工作组，以协调技术、政策、利益上的矛盾，在国际上各国正在争夺物联网产业标准的制高点，要使我国在电信联盟等国际组织研究制定物联网标准过程中有更大更多的话语权。

在引导和扩大市场需求方面，要通过广泛推广应用和改进商业模式来开拓产业外的市场需求，还要通过拉长和协调产业链，来开拓产业内部市场需求，务必经常解决市场制约的需求不足问题。尽管物联网产业是供给创造需求的产业，其市场空间远比互联网产业要大，如有人估计，其终端需求有 10 亿量级的信息设备，30 亿量级的智能电子设备，5000 亿级的微处理器和万亿以上的传感器需求，但物联网投入大风险也大，在市场需求尚未涌现前切忌盲目发展。

在应用方面，物联网产业在发展中应抓住三个重点：首先要瞄准智慧城市，把城市及其公共服务的应用，如智能交通、智能电网、智能医疗、智能家居等作为突破口；其次要看好能源企业，它们资金充裕，在低碳化、清洁和绿色的客观要求下，能源网将作为物联网的延伸而发展；再次是现有产品升级换代，如把互联网手机变为物联网的智能手机，普通家电变为物联网的家电等，不管是哪种应用，均需力求降低成本、提高效率。

在产业链调整方面，随着物联网产业的发展，应视其发展所处阶段，对产业链重点应作动态调整。由于物联网发展不久，刚刚起步，产业基础设施支持商占主导地位，网络通信企业与智能芯片企业自然成了产业魁首，从物联网产业发展的全局与长远看，首先要创造条件使这些产业的"领头羊"有长足的发展。

在管理方面，物联网产业发展既要靠政府的力量，又要发挥市场与企业的作用，无论是美国还是中国，政府总是物联网产业发展的呐喊者和领跑者。我国提出要在"十二五"末把中国建设成为一流的物联网技术创新国家，决定从建立产业协作机制、促进军民融合、建设组织保障、加快物联网立法这四个方面给物联网产业发展以政策支持。与此同时，一定要尊重产业发展的市场规律，以企业为主体，运用市场机制，选择恰当的商业模式，确保产业活力。

在物联网的现状与发展瓶颈方面，2009 年对中国物联网的发展来说，可谓不平凡的一年。在这一年，无锡建立了物联网基地；也同样是在这一年，传感器网标准化工作小组成立，标志着我国将加快制定符合我国发展需求的传感网技术标准，力争主导制定传感网国际标准。

物联网的发展对策主要有以下五个方面。

1)　在核心技术及标准建立取得突破

我国应该结合物联网特点，在突破关键共性技术时，研发和推广应用技术。一是加强行业和领域物联网技术解决方案的研发和公共服务平台建设，以应用技术为支撑突破应用创新，做好顶层设计，满足产业需要，形成技术创新、标准和知识产权协调互动机制；二是面向重点业务应用，加强关键技术的研究，建设标准验证、测试和仿真等标准服务平台，加快关键标准的制定、实施和应用；三是积极参与国际标准制定，整合国内研究力量形成合力，推动国内自主创新研究成果推向国际；四是科研机构和高等院校要加强物联网产业化方面的研究，培育相关的专业人才，为我国物联网向产业化方面推进提供人才和智力支持。

2)　加强政府政策指导及扶持力度

我国政府要进一步加大政策扶持力度，制定出我国物联网发展的宏观规划，引导企业和民间资本的有序参与。一是在信贷、税收方面予以扶持；二是要完善相关的法律法规，规范相关准入制度，保障相关信息的安全性，搭建一体化的协调平台，制定出统一的行业技术标准；三是制定出物联网产业发展的长期规划，为国内相关企业和民间资本的加入创造良好的投资环境。

3)　促进产业融合，助推产业转型升级

借助我国当前在物联网产业应用研发上所具有的同发优势，从应用的角度去思考，继续从核心技术上寻求突破，有效利用国内市场自身的力量去开启庞大的物联网应用市场，在这场竞争中实现跨越式发展，并通过自身的高技术能力和强大的品牌优势占据物联网产业链中附加值较高的环节。通过借助物联网技术，将生产要素和供应链进行深度的高效率的重组和融合，实现成本更低和效率更高的发展，加速带动其他应用领域产业链的拓展、延伸和融合，逐渐将国内的一些产业链带入良性循环的发展道路，从而真正使信息网络产业成为推动产业升级、迈向信息社会的"发动机"。

4)　创新商业模式

物联网产业未来发展的成功需要一个好的商业模式支撑。目前，物联网产业处于早期发展阶段，缺乏完整的技术标准体系和成熟清晰的商业发展模式。尽管有业内专家基于产业长期发展角度预测认为产业链上游的基础设施提供商可能最先获益，但究竟哪些公司可以从物联网产业中获益仍无法确定。物联网产业还需要较长的时间才能找到稳定和有利可图的商业模式。当今的网络商业模式中的免费策略仍不失为一种好的选择，在物联网的产业发展初期，可以先通过免费服务吸引大量用户的关注和使用，并逐渐将其中的一部分升级为付费的 VIP，以更好的增值服务作为交换。

5)　构建通道

物联网所需要的自动控制、信息传感、射频识别等上游技术和产业都早已成熟或基本成熟，下游的应用也早已以单体的形式存在。物联网产业的发展一定要以应用为先，契入到其他产业里共同发展，需要构建一个好的通道。要联系物联网产业的上下游，实现上下游产业的联动，促进物联网产业链的沟通协调和发展；加强横向联系，实现跨专业、跨行业的联动，真正方便终端用户的使用。物联网产业未来的发展会随着通道作用的变化而不断演化，在通道的持续成长过程中带动产业链或者说推动产业链共同发展，实现产业间的互联互通，从而加速产业间融合，这是物联网成功的重要保证。

本 章 小 结

本章主要讲述了物联网的概念、当前物联网的发展状况，以及物联网、互联网和网络融合。先从物联网产生的背景引出物联网的概念，随后讲述了当前互联网和物联网的关系，不但讲述了物联网的发展方向，还讲述了当前背景下，未来网络发展的总趋势。希望读者通过本章能够对物联网有一个大致的了解。

习 题

简答题

1. 简述物联网与互联网的关系。
2. 物联网可带来什么集群效益？

第 2 章

物联网体系结构

学习目标

1. 掌握物联网的总体结构和形态结构。
2. 掌握物联网的主要特点。
3. 了解物联网的技术趋势、技术演进路径和发展前景。

知识要点

物联网总体结构、形态结构、主要特点和物联网的技术趋势。

物联网是继计算机、互联网与移动通信网之后的信息产业新方向，其价值在于让物体也拥有了"智慧"，从而实现人与物、物与物之间的沟通。本章将从感知层、网络层、应用层对物联网体系架构进行介绍。同时，本章也是本书的线索和灵魂，读者可以借助本章了解物联网知识体系的基本框架。

2.1 概　　述

要深入研究物联网的体系架构，必须首先了解物联网有哪些应用，了解为了实现丰富多彩的应用，物联网在技术上有哪些需求。本节首先列举了物联网的典型应用场景，并且在分析物联网应用需求的基础上，引出了通用的物联网体系结构，使读者能够对物联网体系架构有一个形象而宏观的认识。

2.1.1　物联网的应用场景

物联网是近年来的热点，人人都在提物联网，但物联网到底是什么？究竟能做什么？本节将对几种与普通用户关系紧密的物联网应用进行介绍。

应用场景一：当你早上拿车钥匙出门上班，在电脑旁待命的感应器检测到之后就会通过互联网络自动发起一系列事件，比如通过短信或者喇叭自动播报今天的天气，在电脑上显示快捷通畅的开车路径并估算路上所花时间，同时通过短信或者即时聊天工具告知你的同事你将马上到达等。

应用场景二：联网冰箱也将是最常见的物联网物品之一。想象一下，联网冰箱可以监视冰箱里的食物，在我们去超市的时候，家里的冰箱会告诉我们缺少些什么，也会告诉我们食物什么时候过期。它还可以跟踪常用的美食网站，为你收集食谱并在你的购物单里添加配料。这种冰箱知道你喜欢吃什么东西，依据的是你给每顿饭做出的评分。它可以照顾你的身体，因为它知道什么食物对你有好处。

应用场景三：用户开通了家庭安防业务，可以通过 PC 或手机等终端远程查看家里的各种环境参数、安全状态和视频监控图像。当网络接入速度较快时，用户可以看到一个以三维立体图像显示的家庭实景图，并且采用警示灯等方式显示危险；用户还可以通过鼠标拖动从不同的视角查看具体情况；在网络接入速度较慢时，用户可以通过一个文本和简单的图示观察家庭安全状态和危险信号。

图 2-1 形象地表示了物联网在我们日常生活中的应用。图中只是物联网应用的很小一部分，实际的物联网应用更加丰富多彩，并且还有待于人们不断地开发实现。

目前已经有不少物联网范畴的应用，譬如已经投入试点运营的高速公路不停车收费系统(ETC)，基于 RFID 的手机钱包付费应用等。当各类感知节点遍布全国之后，即使坐在家中，你也能感知黄果树瀑布流速和水量的大小；通过物联网，能了解到你中意的楼盘的噪声情况、甲醛是否超标等，生活方式会有很多意想不到的改变。不仅是大家的日常生活，物联网的应用还会遍及智能交通、公共安全等多个领域，必将拥有巨大市场。

综上所述，从体系架构角度可以将物联网支持的业务应用分为 3 类。

(1) 具备物理世界认知能力的应用。根据物理世界的相关信息，如用户偏好、生理状态、周边环境等，改善用户的业务体验。

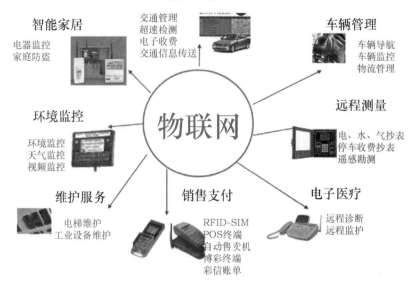

图 2-1 物联网在日常生活中的应用

(2) 在网络融合基础上的泛在化应用。不以业务类型划分，而是从网络的业务提供方式划分，强调泛在网络区别于现有网络的业务提供方式。如异构网络环境的无缝接入，协同异构网络的宽带业务提供，面向应用的终端能力协同等。

(3) 基于应用目标的综合信息服务应用，包括基于应用目标的信息收集、分发、分析、网络和用户行为决策和执行。如以儿童安全为目标的定位、识别、监控、跟踪、预警、交互式的 GPS 导航等。

2.1.2 物联网的需求分析

"物联网"概念的问世，打破了过去的传统思维。过去的思路一直是将物理基础设施和 IT 基础设施分开：一方面是机场、公路、建筑物；而另一方面是数据中心、个人电脑、宽带等。在"物联网"时代，钢筋混凝土、电缆将与芯片、宽带整合为统一的基础设施，在此意义上，基础设施更像是一块新的地球工地，世界的运转就在它上面进行，其中包括经济管理、生产运行、社会管理乃至个人生活。物联网的本质就是物理世界和数字世界的融合。物联网是打破地域限制，实现物物之间按需进行的信息获取、传递、存储、融合、使用等服务的网络。因此，物联网应该具备如下 3 种能力。

(1) 全面感知：利用 RFID、传感器、二维码等随时随地获取物体的信息，包括用户位置、周边环境、个体喜好、身体状况、情绪、环境温度、湿度，以及用户业务感受、网络状态等。

(2) 可靠传递：通过各种网络融合、业务融合、终端融合、运营管理融合，将物体的信息实时准确地传递出去。

(3) 智能处理：利用云计算、模糊识别等各种智能计算技术，对海量数据和信息进行分析和处理，对物体进行实时智能化控制。

物联网并不是一个全新的网络，它是在现有的电信网、互联网、未来融合各种业务的下一代网络以及一些行业专用网的基础上，通过添加一些新的网络能力实现所需的服务。人们可以在不意识到网络存在的情况下，随时随地通过适合的终端设备接入物联网并享受服务。

物联网应具有的特性包括：可扩展性，要求网络的性能不受网络规模的影响；透明性，要求物联网应用不依赖于特定的底层物理网络；一致性，要求可以跨越不同网络的互操作特性；可伸缩性，要求不会因为物联网功能实体的失效导致应用性能急剧恶化，应至少可获得传统网络的性能。

2.1.3 物联网体系架构

物联网的价值在于让物体也拥有了"智慧"，从而实现人与物、物与物之间的沟通，物联网的特征在于感知、互联和智能的叠加。因此，物联网由以下三个部分组成。

(1) 感知部分，即以二维码、RFID、传感器为主，实现对"物"的识别。

(2) 传输网络，即通过现有的互联网、广电网络、通信网络等实现数据的传输。

(3) 智能处理，即利用云计算、数据挖掘、中间件等技术实现对物品的自动控制与智能管理等。

目前的业界物联网体系架构也大致被公认为有这三个层次，底层是用来感知数据的感知层，第二层是数据传输的网络层，最上面则是内容应用层，如图 2-2 所示。所以，本书将分别从这三个层次，对物联网的相关概念和关键技术进行介绍。

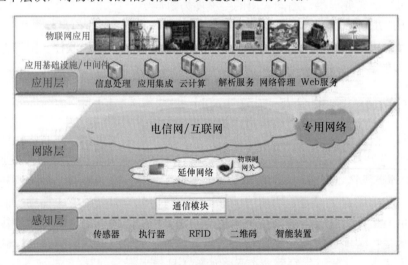

图 2-2 物联网体系架构示意图

在物联网体系架构中，三层的关系可以这样理解：感知层相当于人体的皮肤和五官；网络层相当于人体的神经中枢和大脑；应用层相当于人的社会分工，具体描述如下。

感知层是物联网的皮肤和五官——识别物体，采集信息。感知层包括二维码标签和识读器、RFID 标签和读写器、摄像头、GPS 等，主要作用是识别物体，采集信息，与人体结构中皮肤和五官的作用相似。

网络层是物联网的神经中枢和大脑——信息传递和处理。网络层包括通信与互联网的融合网络、网络管理中心和信息处理中心等。网络层将感知层获取的信息进行传递和处理，类似于人体结构中的神经中枢和大脑。

应用层是物联网的"社会分工"——与行业需求结合，实现广泛智能化。应用层是物联网与行业专业技术的深度融合，与行业需求结合，实现行业智能化，这类似于人的社会分工，最终构成人类社会。

在各层之间，信息不是单向传递的，也有交互、控制等，所传递的信息多种多样，这其中关键是物品的信息，包括在特定应用系统范围内能唯一标识物品的识别码和物品的静态与动态信息。下面对这三层的功能和关键技术分别进行介绍。

2.2　物联网的总体架构

物联网与传统网络的主要区别在于，物联网扩大了传统网络的通信范围，即物联网不仅仅局限于人与人之间的通信，还扩展到人与物、物与物之间的通信。在物联网具体实现过程中，如何完成对物的感知这一关键环节？本节将针对这一问题，对感知层及其关键技术进行介绍。

2.2.1　物联网的感知层

1. 感知层功能

物联网在传统网络的基础上，从原有网络用户终端向"下"延伸和扩展，扩大通信的对象范围，即通信不仅仅局限于人与人之间的通信，还扩展到人与现实世界的各种物体之间的通信。这里的"物"并不是自然物品，而是要满足一定的条件才能够被纳入物联网的范围，例如有相应的信息接收器和发送器、数据传输通路、数据处理芯片、操作系统、存储空间等，遵循物联网的通信协议，在物联网中有可被识别的标识。可以看到现实世界的物品未必能满足这些要求，这就需要特定的物联网设备的帮助才能满足以上条件，并加入物联网。物联网设备具体来说就是嵌入式系统、传感器、RFID 等，在第 3 章中将详细介绍。

物联网感知层解决的就是人类世界和物理世界的数据获取问题，包括各类物理量、标识、音频、视频数据。感知层处于三层架构的最底层，是物联网发展和应用的基础，具有物联网全面感知的核心能力。作为物联网的最基本一层，感知层具有十分重要的作用。

感知层一般包括数据采集和数据短距离传输两部分，即首先通过传感器、摄像头等设备采集外部物理世界的数据，通过蓝牙、红外、ZigBee、工业现场总线等短距离有线或无线传输技术进行协同工作或者传递数据到网关设备。也可以只有数据的短距离传输这一部分，特别是在仅传递物品识别码的情况下。在实际上，感知层这两个部分有时很难明确区分开。

2. 感知层关键技术

感知层所需要的关键技术包括检测技术、中低速无线或有线短距离传输技术等。具体来说，感知层综合了传感器技术、嵌入式计算技术、智能组网技术、无线通信技术、分布式信息处理技术等，能够通过各类集成化的微型传感器的协作实时监测、感知和采集各种环境或监测对象的信息。通过嵌入式系统对信息进行处理，并通过随机自组织无线通信网络以多跳中继方式将所感知的信息传送到接入层的基站节点和接入网关，最终到达用户终端，从而真正实现"无处不在"的物联网理念。

1) 传感器技术

人是通过视觉、嗅觉、听觉及触觉等感觉来感知外界的信息，感知的信息输入大脑进行分析判断和处理，大脑再指挥人做出相应的动作，这是人类认识世界和改造世界具有的最基本的能力。但是通过人的五官感知外界的信息非常有限，例如，人无法利用触觉来感知超过几百摄氏度甚至上千摄氏度的温度，而且也不可能辨别温度的微小变化，这就需要电子设备的帮助。同样，利用电子仪器(特别像计算机控制的自动化装置)来代替人的劳动时，计算机类似于人的大脑，但仅有大脑而没有感知外界信息的"五官"显然是不够的，计算机也还需要它们的"五官"——传感器。传感器是一种检测装置，能感受到被测的信息，并能将检测感受到的信息，按一定规律变换成为电信号或其他所需形式的信息输出，以满足信息的传输、处理、存储、显示、记录和控制等要求。它是实现自动检测和自动控制的首要环节。在物联网系统中，对各种参量进行信息采集和简单加工处理的设备，被称为物联网传感器。传感器可以独立存在，也可以与其他设备以一体方式呈现，但无论哪种方式，它都是物联网中的感知和输入部分。在未来的物联网中，传感器及其组成的传感器网络将在数据采集前端发挥重要的作用。

传感器的分类方法多种多样，比较常用的有按传感器的物理量、工作原理、输出信号的性质这三种方式来分类。此外，按照是否具有信息处理功能来分类的意义越来越重要，特别是在未来的物联网时代。按照这种分类方式，传感器可分为一般传感器和智能传感器。一般传感器采集的信息需要计算机进行处理；智能传感器带有微处理器，本身具有采集、处理、交换信息的能力，具备数据精度高、高可靠性与高稳定性、高信噪比与高分辨率、强自适应性、高性价比等特点。

传感器是摄取信息的关键器件，它是物联网中不可缺少的信息采集手段，也是采用微电子技术改造传统产业的重要方法，对提高经济效益、科学研究与生产技术的水平有着举足轻重的作用。传感器技术水平高低不但直接影响信息技术水平，而且还影响信息技术的发展与应用。目前，传感器技术已渗透到科学和国民经济的各个领域，在工农业生产、科学研究及改善人民生活等方面，起着越来越重要的作用。

2) RFID 技术

RFID 是射频识别(Radio Frequency Identification)的英文缩写，是 20 世纪 90 年代开始兴起的一种自动识别技术，它利用射频信号通过空间电磁耦合实现无接触信息传递并通过所传递的信息实现物体识别。RFID 既可以看作是一种设备标识技术，也可以归类为短距离传输技术，在本书中更倾向于前者。

RFID 是一种能够让物品"开口说话"的技术，也是物联网感知层的一个关键技术。在对物联网的构想中，RFID 标签中存储着规范而具有互用性的信息，通过有线或无线的方式把它们自动采集到中央信息系统，实现物品(商品)的识别，进而通过开放式的计算机网络实现信息交换和共享，实现对物品的"透明"管理。

RFID 系统主要由三部分组成：电子标签(Tag)、读写器(Reader)和天线(Antenna)。其中，电子标签芯片具有数据存储区，用于存储待识别物品的标识信息；读写器是将约定格式的待识别物品的标识信息写入电子标签的存储区中(写入功能)，或在读写器的阅读范围内以无接触的方式将电子标签内保存的信息读取出来(读出功能)；天线用于发射和接收射频信号，往往内置在电子标签和读写器中。

RFID 技术的工作原理是：电子标签进入读写器产生的磁场后，凭借感应电流所获得的能量发送出存储在芯片中的产品信息(无源标签或被动标签),或者主动发送某一频率的信号(有源标签或主动标签);读写器读取信息并解码后,送至中央信息系统进行有关数据处理。

由于 RFID 具有无需接触、自动化程度高、耐用可靠、识别速度快、适应各种工作环境、可实现高速和多标签同时识别等优势,因此可用于广泛的领域,如物流和供应链管理、门禁安防系统、道路自动收费、航空行李处理、文档追踪/图书馆管理、电子支付、生产制造和装配、物品监视、汽车监控、动物身份标识等。以简单 RFID 系统为基础,结合已有的网络技术、数据库技术、中间件技术等,构筑一个由大量联网的读写器和无数移动的标签组成的,比 Internet 更为庞大的物联网,成为 RFID 技术发展的趋势。

3) 二维码技术

(1) 二维码产生背景。人们日常见到的印刷在各种商品外包装上的条形码,是一维条码,也就是平常所说的传统条形码。一维码出现在 20 世纪 20 年代初,并被广泛运用于各个领域,极大地提高了数据采集和信息处理的速度,提高了工作效率,并为管理的科学化和现代化做出了很大贡献。由于受信息容量的限制,一维条码仅仅是对"物品"的标识,而不是对"物品"的描述,所以一维条码的使用不得不依赖数据库的存在。在没有数据库和不便联网的地方,一维条码的使用受到了极大的限制,有时甚至变得毫无意义。另外,要用一维条码表示汉字的场合,显得十分不方便,且效率很低。二维码正是为了解决一维条码无法解决的问题而产生的。二维码出现于 20 世纪 80 年代末,是条码技术发展中一个质的飞跃。二维码在与一维码同样的单位面积上的信息含量是一维码的近百倍,它不但可以存放数字,而且可以直接存放包括汉字在内的所有可以数字化的信息,例如文字、图片、声音、指纹等。二维码的出现是条码技术发展史上的里程碑,从质的方面提高了条码技术的应用水平,从量的方面拓宽了应用领域。在经济全球化、信息网络化、生产国际化的当今社会,作为信息交换、传递的介质,二维码技术有着非常广阔的应用前景。

(2) 二维码技术的发展。国外对二维条码技术的研究始于 20 世纪 80 年代末,在研究出多种二维条码符号的同时,在二维条码标准化研究方面也有着突出表现,二维码技术已经发展到相当成熟的阶段。而我国对二维条码技术的研究开始于 1993 年,起步比较晚。为了满足国内经济市场对于二维码这一新技术的需求,中国物品编码中心在原国家质量技术监督局和国家有关部门的大力支持下,对二维条码技术的研究不断深入。中国物品编码中心立项进行了二维条码码制设计、编码原理等方面的探索研究工作,通过对二维条码图像处理识别、解码算法以及隐形码等关键技术的研究,取得了初步成果。为使二维条码技术能够在我国的证照管理领域得到应用,在国外应用软件平台的基础上,该中心开发了人像照片和指纹数据压缩算法。由于大多数二维条码标准都是从国外引进,不能完全适应国内的应用环境,并且这些二维条码标准没有为中国汉字进行特别的优化设计,编码效率较低。同时,相关的识读设备核心技术几乎都掌握在国外厂商手中,在国内进行销售的大多是国外厂商的代理或组装产品,不仅生产成本高昂,严格的专利保护更导致了国内的二维条码识读设备价格昂贵。另外,国内企业由于使用没有自主知识产权的码制,随时有卷入产权纠纷的风险。2005 年我国几个 IT 厂商因为使用 Data Matrix 码的标准受到专利侵权指控,应用国外条码带来的隐患已经由潜在风险上升为现实的危险。同时,一些特殊行业的应用还存在信息安全隐患。因此,国内市场对拥有自主知识产权的二维码制的需求非常迫切。

(3) 二维码的特点。二维码(2-dimensional bar code)技术是物联网感知层实现过程中最基本和关键的技术之一。二维码也叫二维条码或二维条形码,是用某种特定的几何形体按一定规律在平面上分布(黑白相间)的图形来记录信息的应用技术。从技术原理来看，二维码在代码编制上巧妙地利用构成计算机内部逻辑基础的"0"和"1"比特流的概念，使用若干与二进制相对应的几何形体来表示数值信息，并通过图像输入设备或光电扫描设备自动识读以实现信息的自动处理。与一维条形码相比二维码有着明显的优势，归纳起来主要有以下几个方面：数据容量更大，二维码能够在横向和纵向两个方位同时表达信息，因此能在很小的面积内表达大量的信息；超越了字母数字的限制；条码相对尺寸小；具有抗损毁能力。此外，二维码还可以引入保密措施，其保密性较一维码要强很多。二维码的数据防伪也被渐渐用于人们的生活当中。目前的二维码演唱会门票、新版火车票以及国航登机牌上，都用了二维码的加密功能。经过手机识别后，是一串加密的字符串，该字符串需要对应机构的专门解码软件才可解析出信息，而普通的手机二维码解码软件是无法解析出具体信息的。将一些不便公开的信息经过二维码加密后，便于明文传播，也做到了防伪。可以预测，该应用对于车票类、证件类的应用最为有益。特别是身份证的盗用近年来比较多，将身份证里的一些信息进行加密，可以防止身份证的盗用以及证件的伪造。

二维码可分为堆叠式/行排式二维码和矩阵式二维码。其中，堆叠式/行排式二维码形态上是由多行短截的一维码堆叠而成；矩阵式二维码以矩阵的形式组成，在矩阵相应元素位置上用"点"表示二进制"1"，用"空"表示二进制"0"，并由"点"和"空"的排列组成代码。

二维码具有条码技术的一些共性：每种码制有其特定的字符集；每个字符占有一定的宽度；具有一定的校验功能等。二维码的特点归纳如下。

① 高密度编码，信息容量大：可容纳多达 1850 个大写字母或 2710 个数字或 1108 个字节或 500 多个汉字，比普通条码信息容量约高几十倍。

② 编码范围广：二维码可以把图片、声音、文字、签字、指纹等可以数字化的信息进行编码，并用条码表示。

③ 容错能力强，具有纠错功能：二维码因穿孔、污损等引起局部损坏时，甚至损坏面积达 50%时，仍可以正确得到识读。

④ 译码可靠性高：比普通条码译码错误率百万分之二要低得多，误码率不超过千万分之一。

⑤ 可引入加密措施：保密性、防伪性好。

⑥ 成本低，易制作，持久耐用。

⑦ 条码符号形状、尺寸大小比例可变。

⑧ 二维码可以使用激光或 CCD 摄像设备识读，十分方便。

与 RFID 相比，二维码最大的优势在于成本较低，一条二维码的成本仅为几分钱，而RFID 标签因其芯片成本较高，制造工艺复杂，价格较高。表 2-1 对这两种标识技术进行了比较。

4) ZigBee

ZigBee 是一种短距离、低功耗的无线传输技术，是一种介于无线标记技术和蓝牙之间的技术，它是 IEEE 802.15.4 协议的代名词。ZigBee 的名字来源于蜂群使用的赖以生存和发展的通信方式，即蜜蜂靠飞翔和"嗡嗡"(Zig)地抖动翅膀与同伴传递新发现的食物源的位置、距离和方向等信息，也就是说蜜蜂依靠这样的方式构成了群体中的通信网络。

表 2-1　RFID 与二维码功能比较

功　能	RFID	二　维　码
读取数量	可同时读取多个 RFID 标签	一次只能读取一个二维码
读取条件	RFID 标签不需要光线就可以读取或更新	二维码读取时需要光线
容量	存储资料的容量大	存储资料的容量小
读写能力	电子资料可以重复写	资料不可更新
读取方便性	RFID 标签可以很薄，如在包内仍可读取资料	二维码读取时需要清晰可见
资料准确性	准确性高	需靠人工读取，有人为疏失的可能性
坚固性	RFID 标签在严酷、恶劣与肮脏的环境下仍然可读取资料	当二维码污损将无法读取，无耐久性
高速读取	在高速运动中仍可读取	移动中读取有所限制

ZigBee 采用分组交换和跳频技术，并且可使用 3 个频段，分别是 2.4GHz 的公共通用频段、欧洲的 868MHz 频段和美国的 915MHz 频段。ZigBee 主要应用在短距离范围并且数据传输速率不高的各种电子设备之间。与蓝牙相比，ZigBee 更简单、速率更慢、功率及费用也更低。同时，由于 ZigBee 技术的低速率和通信范围较小的特点，也决定了 ZigBee 技术只适合于承载数据流量较小的业务。

ZigBee 技术主要包括以下特点。

(1) 数据传输速率低。只有 10k～250kb/s，专注于低传输应用。

(2) 低功耗。ZigBee 设备只有激活和睡眠两种状态，而且 ZigBee 网络中通信循环次数非常少，工作周期很短，所以一般来说两节普通 5 号干电池可使用 6 个月以上。

(3) 成本低。因为 ZigBee 数据传输速率低，协议简单，所以大大降低了成本。

(4) 网络容量大。ZigBee 支持星形、簇形和网状网络结构，每个 ZigBee 网络最多可支持 255 个设备，也就是说每个 ZigBee 设备可以与另外 254 台设备相连接。

(5) 有效范围小。有效传输距离为 10～75m，具体依据实际发射功率的大小和各种不同的应用模式而定，基本上能够覆盖普通的家庭或办公室环境。

(6) 工作频段灵活。使用的频段分别为 2.4GHz、868MHz(欧洲)及 915MHz(美国)，均为免执照频段。

(7) 可靠性高。采用了碰撞避免机制，同时为需要固定带宽的通信业务预留了专用时隙，避免了发送数据时的竞争和冲突；节点模块之间具有自动动态组网的功能，信息在整个 ZigBee 网络中通过自动路由的方式进行传输，从而保证了信息传输的可靠性。

(8) 时延短。ZigBee 针对时延敏感的应用做了优化，通信时延和从休眠状态激活的时延都非常短。

(9) 安全性高。ZigBee 提供了数据完整性检查和鉴定功能，采用 AES-128 加密算法，同时根据具体应用可以灵活确定其安全属性。

由于 ZigBee 技术具有成本低、组网灵活等特点，可以嵌入各种设备，在物联网中发挥重要作用。其目标市场主要有 PC 外设(鼠标、键盘、游戏操控杆)、消费类电子设备(电视机、CD、VCD、DVD 等设备上的遥控装置)、家庭内智能控制(照明、煤气计量控制及报警等)、玩具(电子宠物)、医护(监视器和传感器)、工控(监视器、传感器和自动控制设备)等非常广阔的领域。

5) 蓝牙

蓝牙(Bluetooth)是一种无线数据与语音通信的开放性全球规范，和 ZigBee 一样，也是一种短距离的无线传输技术。其实质内容是为固定设备或移动设备之间的通信环境建立通用的短距离无线接口，将通信技术与计算机技术进一步结合起来，使各种设备在无电线或电缆相互连接的情况下，能在短距离范围内实现相互通信或操作的一种技术。

蓝牙采用高速跳频(Frequency Hopping)和时分多址(Time Division Multiple Access，TDMA)等先进技术，支持点对点及点对多点通信。其传输频段为全球公共通用的 2.4GHz 频段，能提供 1Mb/s 的传输速率和 10m 的传输距离，并采用时分双工传输方案实现全双工传输。蓝牙的波段为 2400M～2483.5MHz(包括防护频带)。这是全球范围内无需取得执照(但并非无管制)的工业、科学和医疗用(ISM)波段的 2.4GHz 短距离无线电频段。

蓝牙使用跳频技术，将传输的数据分割成数据包，通过 79 个指定的蓝牙频道分别传输数据包。每个频道的频宽为 1MHz。蓝牙 4.0 使用 2MHz 间距，可容纳 40 个频道。第一个频道始于 2402MHz，每 1MHz 一个频道，至 2480MHz。有了适配跳频(Adaptive Frequency-Hopping，AFH)功能，通常每秒跳 1600 次。最初，高斯频移键控(Gaussian Frequency-Shift Keying，GFSK)调制是唯一可用的调制方案。然而蓝牙 2.0+EDR 使得 π/4-DQPSK 和 8DPSK 调制在兼容设备中的使用变为可能。运行 GFSK 的设备据说可以以基础速率(Basic Rate，BR)运行，瞬时速率可达 1Mb/s。增强数据率(Enhanced Data Rate，EDR)一词用于描述 π/4-DPSK 和 8DPSK 方案，分别可达 2Mb/s 和 3Mb/s。在蓝牙无线电技术中，两种模式(BR 和 EDR)的结合统称为"BR/EDR 射频"，蓝牙是基于数据包、有着主从架构的协议。一个主设备至多可和同一微微网中的七个从设备通信。所有设备共享主设备的时钟。分组交换基于主设备定义的、以 312.5μs 为间隔运行的基础时钟。两个时钟周期构成一个 625μs 的槽，两个时间隙就构成了一个 1250μs 的缝隙对。在单槽封包的简单情况下，主设备在双数槽发送信息、单数槽接收信息，而从设备则正好相反。封包容量可长达 1 个、3 个或 5 个时间隙，但无论是哪种情况，主设备都会从双数槽开始传输，从设备从单数槽开始传输。

蓝牙除具有和 ZigBee 一样，可以全球范围适用、功耗低、成本低、抗干扰能力强等特点外，还有许多它自己的特点。

(1) 同时可传输语音和数据。蓝牙采用电路交换和分组交换技术，支持异步数据信道、三路语音信道以及异步数据与同步语音同时传输的信道。

(2) 可以建立临时性的对等连接(Ad hoc Connection)。

(3) 开放的接口标准。为了推广蓝牙技术的使用，蓝牙技术联盟(Bluetooth SIG)将蓝牙的技术标准全部公开，全世界范围内的任何单位和个人都可以进行蓝牙产品的开发，只要最终通过 Bluetooth SIG 的蓝牙产品兼容性测试，就可以推向市场。

蓝牙作为一种电缆替代技术，主要有以下 3 类应用：语音/数据接入、外围设备互联和个人局域网(PAN)。在物联网的感知层，主要是用于数据接入。蓝牙技术有效地简化了移动通信终端设备之间的通信，也能够成功地简化设备与因特网之间的通信，从而使数据传输变得更加迅速高效，为无线通信拓宽了道路。ZigBee 和蓝牙是物联网感知层典型的短距离传输技术。

物联网是什么？我们经常会说 RFID，这只是感知，其实感知的技术已经有，虽然说未必成熟，但是开发起来并不是很难。但是物联网的价值在什么地方？主要在于网，而不在于物。感知只是第一步，但是感知的信息，如果没有一个庞大的网络体系，不能进行管理和整合，那么这个网络就没有意义。本节还将对物联网架构中的网络层进行介绍。

2.2.2 物联网的网络层

1. 物联网网络层的功能

物联网网络层是在现有网络的基础上建立起来的，它与目前主流的移动通信网、国际互联网、企业内部网、各类专网等网络一样，主要承担着数据传输的功能，特别是当三网融合后，有线电视网也能承担数据传输的功能。

在物联网中，要求网络层能够把感知层感知到的数据无障碍、高可靠性、高安全性地进行传送，它解决的是把感知层所获得的数据在一定范围内，尤其是远距离地传输的问题。同时，物联网网络层将承担比现有网络更大的数据量和面临更高的服务质量要求，所以现有网络尚不能满足物联网的需求，这就意味着物联网需要对现有网络进行融合和扩展，利用新技术以实现更加广泛和高效的互联功能。

由于广域通信网络在早期物联网发展中的缺位，早期的物联网应用往往在部署范围、应用领域等诸多方面有所局限，终端之间以及终端与后台软件之间都难以开展协同。随着物联网的发展，建立端到端的全局网络将成为必需。

2. 网络层关键技术

由于物联网网络层是建立在 Internet 和移动通信网等现有网络基础上，除具有目前已经比较成熟的如远距离有线、无线通信技术和网络技术外，为实现"物物相连"的需求，物联网网络层将综合使用 IPv6、2G/3G、Wi-Fi 等通信技术，实现有线与无线的结合、宽带与窄带的结合、感知网与通信网的结合。同时，网络层中的感知数据管理与处理技术是实现以数据为中心的物联网的核心技术。感知数据管理与处理技术包括物联网数据的存储、查询、分析、挖掘、理解以及基于感知数据决策和行为的技术。

这里将对物联网依托的 Internet、移动通信网和无线传感器网络 3 种主要网络形态以及涉及的 IPv6、Wi-Fi 等关键技术进行介绍。本书第 4 章将对目前主流的网络及其关键技术做详细讲解。

1) Internet

Internet，中文译为因特网，广义的因特网叫互联网，是以相互交流信息资源为目的，基于一些共同的协议，并通过许多路由器和公共互联网连接而成，它是一个信息资源和资源共享的集合。Internet 采用了目前最流行的客户机/服务器工作模式，凡是使用 TCP/IP 协议，并能与 Internet 中任意主机进行通信的计算机，无论是何种类型、采用何种操作系统，均可看成是 Internet 的一部分，可见 Internet 覆盖范围之广。物联网也被认为是 Internet 的进一步延伸。

Internet 将作为物联网主要的传输网络之一，然而为了让 Internet 适应物联网大数据量和多终端的要求，业界正在发展一系列新技术。其中，由于 Internet 中用 IP 地址对节点进行标识，而目前的 IPv4 受制于资源空间耗竭，已经无法提供更多的 IP 地址，所以 IPv6 以其近乎无限的地址空间将在物联网中发挥重大作用。引入 IPv6 技术，使网络不仅可以为人类服务，还将服务于众多硬件设备，如家用电器、传感器、远程照相机、汽车等，它将使物联网无所不在、无处不在地深入社会每个角落。

2) 移动通信网

要了解移动通信网，首先要知道什么是移动通信。移动通信就是移动体之间的通信，或移动体与固定体之间的通信。通过有线或无线介质将这些物体连接起来进行语音等服务的网络就是移动通信网。

移动通信网由无线接入网、核心网和骨干网三部分组成。无线接入网主要为移动终端提供接入网络服务，核心网和骨干网主要为各种业务提供交换和传输服务。从通信技术层面看，移动通信网的基本技术可分为传输技术和交换技术两大类。

在物联网中，终端需要以有线或无线方式连接起来，发送或者接收各类数据；同时，考虑到终端连接方便性、信息基础设施的可用性(不是所有地方都有方便的固定接入能力)以及某些应用场景本身需要监控的目标就是在移动状态下。因此，移动通信网络以其覆盖广、建设成本低、部署方便、终端具备移动性等特点将成为物联网重要的接入手段和传输载体，为人与人之间的通信、人与网络之间的通信、物与物之间的通信提供服务。

在移动通信网中，当前比较热门的接入技术有 3G、Wi-Fi 和 WiMAX。在移动通信网中，3G 是指第三代支持高速数据传输的蜂窝移动通信技术，3G 网络则综合了蜂窝、无绳、集群、移动数据、卫星等各种移动通信系统的功能，与固定电信网的业务兼容，能同时提供语音和数据业务。3G 的目标是实现所有地区(城区与野外)的无缝覆盖，从而使用户在任何地方均可以使用系统所提供的各种服务。3G 包括 3 种主要国际标准，CDMA2000，WCDMA，TD-SCDMA，其中 TD-SCDMA 是第一个由中国提出的，以我国知识产权为主的、被国际上广泛接受和认可的无线通信国际标准，在第 4 章中将详细介绍。

Wi-Fi 全称 Wireless Fidelity(无线保真技术)，传输距离有几百米，可实现各种便携设备(手机、笔记本电脑、PDA 等)在局部区域内的高速无线连接或接入局域网。Wi-Fi 是由接入点 AP(Access Point)和无线网卡组成的无线网络。主流的 Wi-Fi 技术无线标准有 IEEE 802.11b 及 IEEE 802.11g 两种，分别可以提供 11Mb/s 和 54Mb/s 两种传输速率。

WiMAX 全称 World Interoperability for Microwave Access(全球微波接入互操作性)，是一种城域网(MAN)无线接入技术，是针对微波和毫米波频段提出的一种空中接口标准，其信号传输半径可以达到 50km，基本上能覆盖到城郊。正是由于这种远距离传输特性，WiMAX 不仅能解决无线接入问题，还能作为有线网络接入(有线电视、DSL)的无线扩展，方便地实现边远地区的网络连接。

3) 无线传感器网络

无线传感器网络(WSN)的基本功能是将一系列空间分散的传感器单元通过自组织的无线网络进行连接，从而将各自采集的数据通过无线网络进行传输汇总，以实现对空间分散范围内的物理或环境状况的协作监控，并根据这些信息进行相应的分析和处理。无线传感器网络(Wireless Sensor Networks，WSN)是一种分布式传感网络，它的末梢是可以感知和检查外部世界的传感器。WSN 中的传感器通过无线方式通信，因此网络设置灵活，设备位置可以随时更改，还可以和互联网进行有线或无线方式的连接，通过无线通信方式形成一个多跳自组织网络。WSN 的发展得益于微机电系统(Micro-Electro-Mechanism System，MEMS)、片上系统(System on Chip，SoC)、无线通信和低功耗嵌入式技术的飞速发展。

WSN 广泛应用于军事、智能交通、环境监控、医疗卫生等多个领域。

无线传感器网络就是由部署在监测区域内大量的廉价微型传感器节点组成，通过无线通信方式形成的一个多跳的自组织的网络系统，其目的是协作地感知、采集和处理网络覆盖区域中被感知对象的信息，并发送给观察者。传感器、感知对象和观察者构成了无线传感器网络的三个要素。

很多人都认为，这项技术的重要性可与因特网相媲美：正如因特网使得计算机能够访问各种数字信息而可以不管其保存在什么地方，传感器网络将能扩展人们与现实世界进行远程交互的能力。它甚至被人称为一种全新类型的计算机系统，这就是因为它区别于过去硬件的可到处散布的特点以及集体分析能力。然而从很多方面来说，现在的无线传感器网络就如同远在 1970 年的因特网，那时因特网仅仅连接了不到 200 所大学和军事实验室，并且研究者还在试验各种通信协议和寻址方案。而现在，大多数传感器网络只连接了不到 100 个节点，更多的节点以及通信线路会使其变得十分复杂难缠而无法正常工作。另外一个原因是单个传感器节点的价格目前还并不低廉，而且电池寿命在最好的情况下也只能维持几个月。不过这些问题并不是不可逾越的，一些无线传感器网络的产品已经上市，并且具备引人入胜的功能的新产品也会在几年之内出现。

无线传感器网络所具有的众多类型的传感器，可探测包括地震、电磁、温度、湿度、噪声、光强度、压力、土壤成分、移动物休的大小、速度和方向等周边环境中多种多样的现象。基于 MEMS 的微传感技术和无线联网技术为无线传感器网络赋予了广阔的应用前景。这些潜在的应用领域可以归纳为军事、航空、反恐、防爆、救灾、环境、医疗、保健、家居、工业、商业等领域。

很多文献将无线传感器网络归为感知层技术，实际上无线传感器网络技术贯穿物联网的 3 个层面，是结合了计算机、通信、传感器 3 项技术的一门新兴技术，具有较大范围、低成本、高密度、灵活布设、实时采集、全天候工作的优势，且对物联网其他产业具有显著带动作用。本书更侧重于无线传感器网络传输方面的功能，所以放在网络层介绍。

如果说 Internet 构成了逻辑上的虚拟数字世界，改变了人与人之间的沟通方式，那么无线传感器网络就是将逻辑上的数字世界与客观上的物理世界融合在一起，改变人类与自然界的交互方式。传感器网络是集成了监测、控制以及无线通信的网络系统，相比传统网络有如下几个特点。

(1) 节点数目更为庞大(上千甚至上万)，节点分布更为密集。

(2) 由于环境影响和存在能量耗尽问题，节点更容易出现故障。

(3) 环境干扰和节点故障易造成网络拓扑结构的变化。

(4) 通常情况下，大多数传感器节点是固定不动的。

(5) 传感器节点具有的能量、处理能力、存储能力和通信能力等都十分有限。因此，传感器网络的首要设计目标是能源的高效利用，这也是传感器网络和传统网络最重要的区别之一。

2.2.3　物联网的应用层

1. 应用层功能

物联网最终目的是要把感知和传输来的信息更好地利用，甚至有学者认为，物联网本身就是一种应用，可见应用在物联网中的地位。本节将介绍物联网架构中处于关键地位的应用层及其关键技术。

应用是物联网发展的驱动力和目的。应用层的主要功能是把感知和传输来的信息进行分析和处理，做出正确的控制和决策，实现智能化的管理、应用和服务。这一层解决的是信息处理和人机界面的问题。

具体地讲，应用层将网络层传输来的数据通过各类信息系统进行处理，并通过各种设备与人进行交互。这一层也可按形态直观地划分为两个子层：一个是应用程序层；另一个是终端设备层。应用程序层进行数据处理，完成跨行业、跨应用、跨系统之间的信息协同、共享、互通的功能，包括电力、医疗、银行、交通、环保、物流、工业、农业、城市管理、家居生活等，可用于政府、企业、社会组织、家庭、个人等，这正是物联网作为深度信息化网络的重要体现。而终端设备层主要是提供人机界面，物联网虽然是"物物相连的网"，但最终是要以人为本的，最终还是需要人的操作与控制，不过这里的人机界面已远远超出现在人与计算机交互的概念，而是泛指与应用程序相连的各种设备与人的反馈。

物联网的应用可分为监控型(物流监控、污染监控)、查询型(智能检索、远程抄表)、控制型(智能交通、智能家居、路灯控制)、扫描型(手机钱包、高速公路不停车收费)等。目前，软件开发、智能控制技术发展迅速，应用层技术将会为用户提供丰富多彩的物联网应用。同时，各种行业和家庭应用的开发将会推动物联网的普及，也给整个物联网产业链带来利润。

2. 应用层关键技术

物联网应用层能够为用户提供丰富多彩的业务体验，然而，如何合理高效地处理从网络层传来的海量数据，并从中提取有效信息，是物联网应用层要解决的一个关键问题。下面将对应用层的 M2M 技术、用于处理海量数据的云计算技术、人工智能、数据挖掘、中间件等关键技术进行介绍。

1) M2M

M2M 是 Machine-to-Machine(机器对机器)的缩写，根据不同应用场景，往往也被解释为 Man-to-Machine(人对机器)、Machine-to-Man(机器对人)、Mobile-to-Machine(移动网络对机器)、Machine-to-Mobile(机器对移动网络)。由于 Machine 一般特指人造的机器设备，而物联网(The Internet of Things)中的 Things 则是指更抽象的物体，范围也更广。例如，树木和动物属于 Things，可以被感知、被标记，属于物联网的研究范畴，但它们不是 Machine，不是人为事物。冰箱则属于 Machine，同时也是一种 Things。所以，M2M 可以看作是物联网的子集或应用。

M2M 是现阶段物联网普遍的应用形式，是实现物联网的第一步。M2M 业务现阶段通过结合通信技术、自动控制技术和软件智能处理技术，实现对机器设备信息的自动获取和自动控制。这个阶段通信的对象主要是机器设备，尚未扩展到任何物品，在通信过程中，也以使用离散的终端节点为主。并且，M2M 的平台也不等于物联网运营的平台，它只解决了物与物的通信，解决不了物联网智能化的应用。所以，随着软件的发展，特别是应用软件的发展和中间件软件的发展，M2M 平台可以逐渐过渡到物联网的应用平台上。

M2M 将多种不同类型的通信技术有机地结合在一起，将数据从一台终端传送到另一台终端，也就是机器与机器的对话。M2M 技术综合了数据采集、GPS、远程监控、电信、工业控制等技术，可以在安全监测、自动抄表、机械服务、维修业务、自动售货机、公共交通系统、车队管理、工业流程自动化、电动机械、城市信息化等环境中运行并提供广泛的应用和解决方案。

M2M 技术的目标就是使所有机器设备都具备联网和通信能力，其核心理念就是网罗一切(Network Everything)。随着科学技术的发展，越来越多的设备具有了通信和联网能力，网罗一切逐步变为现实。M2M 技术具有非常重要的意义，有着广阔的市场和应用，将会推动社会生产方式和生活方式的新一轮变革。第 5 章将对 M2M 概念、协议等做进一步介绍。

2) 云计算

云计算(Cloud Computing)是分布式计算(Distributed Computing)、并行计算(Parallel Computing)和网格计算(Grid Computing)的发展，或者说是这些计算机科学概念的商业实现。云计算通过共享基础资源(硬件、平台、软件)的方法，将巨大的系统池连接在一起以提供各种 IT 服务，这样企业与个人用户无需再投入昂贵的硬件购置成本，只需要通过互联网来租赁计算力等资源。用户可以在多种场合，利用各类终端，通过互联网接入云计算平台来共享资源。

云计算涵盖的业务范围，一般有狭义和广义之分。狭义云计算指 IT 基础设施的交付和使用模式，通过网络以按需、易扩展的方式获得所需的资源(硬件、平台、软件)。提供资源的网络被称为"云"。"云"中的资源在使用者看来是可以无限扩展的，并且可以随时获取、按需使用、随时扩展、按使用付费。这种特性经常被称为像水电一样使用的 IT 基础设施。广义云计算指服务的交付和使用模式，通过网络以按需、易扩展的方式获得所需的服务。这种服务可以是 IT 和软件、互联网相关的，也可以使用任意其他服务。

云计算由于具有强大的处理能力、存储能力、带宽和极高的性价比，可以有效用于物联网应用和业务，也是应用层能提供众多服务的基础。它可以为各种不同的物联网应用提供统一的服务交付平台，可以为物联网应用提供海量的计算和存储资源，还可以提供统一的数据存储格式和数据处理方法。利用云计算大大简化了应用的交付过程，降低交付成本，并能提高处理效率。同时，物联网也将成为云计算最大的用户，促使云计算取得更大的商业成功。

云计算是通过使计算分布在大量的分布式计算机上，而非本地计算机或远程服务器中，企业数据中心的运行将与互联网更相似。这使得企业能够将资源切换到需要的应用上，根据需求访问计算机和存储系统。

好比是从古老的单台发电机模式转向了电厂集中供电的模式。它意味着计算能力也可以作为一种商品进行流通，就像煤气、水电一样，取用方便，费用低廉。最大的不同在于，它是通过互联网进行传输的。

被普遍接受的云计算特点如下。

(1) 超大规模。

"云"具有相当的规模，Google 云计算已经拥有 100 多万台服务器；Amazon、IBM、微软、Yahoo 等的"云"均拥有几十万台服务器。企业私有云一般拥有数百上千台服务器。"云"能赋予用户前所未有的计算能力。

(2) 虚拟化。

云计算支持用户在任意位置，使用各种终端获取应用服务。所请求的资源来自"云"，而不是固定的有形的实体。应用在"云"中某处运行，但实际上用户无需了解，也不用担心应用运行的具体位置。只需要一台笔记本或者一个手机，就可以通过网络服务来实现我们需要的一切，甚至包括超级计算这样的任务。

(3) 高可靠性。

"云"使用了数据多副本容错、计算节点同构可互换等措施来保障服务的高可靠性，使用云计算比使用本地计算机可靠。

(4) 通用性。

云计算不针对特定的应用，在"云"的支撑下可以构造出千变万化的应用，同一个"云"可以同时支撑不同的应用运行。

(5) 高可扩展性。

"云"的规模可以动态伸缩，满足应用和用户规模增长的需要。

(6) 按需服务。

"云"是一个庞大的资源池，可按需购买；云可以像自来水、电、煤气那样计费。

(7) 极其廉价。

由于"云"的特殊容错措施可以采用极其廉价的节点来构成云，"云"的自动化集中式管理使大量企业无需负担日益高昂的数据中心管理成本，"云"的通用性使资源的利用率较之传统系统大幅提升，因此用户可以充分享受"云"的低成本优势，经常只要花费几百美元、几天时间就能完成以前需要数万美元、数月时间才能完成的任务。

云计算可以彻底改变人们未来的生活，但同时也要重视环境问题，这样才能真正为人类进步做贡献，而不是简单的技术提升。

(8) 潜在的危险性。

云计算服务除了提供计算服务外，还必然提供存储服务。但是云计算服务当前垄断在私人机构(企业)手中，而他们仅仅能够提供商业信用。政府机构、商业机构(特别像银行这样持有敏感数据的商业机构)对于选择云计算服务应保持足够的警惕。一旦商业用户大规模使用私人机构提供的云计算服务，无论其技术优势有多强，都不可避免地让这些私人机构以"数据(信息)"的重要性挟制整个社会。对于信息社会而言，"信息"是至关重要的。另外，云计算中的数据对于数据所有者以外的其他云计算用户是保密的，但是对于提供云计算的商业机构而言确实毫无秘密可言。所有这些潜在的危险，是商业机构和政府机构选择云计算服务特别是国外机构提供的云计算服务时，不得不考虑的一个重要的前提。

3) 人工智能

人工智能(Artificial Intelligence)是探索研究使各种机器模拟人的某些思维过程和智能行为(如学习、推理、思考、规划等)，使人类的智能得以物化与延伸的一门学科。目前对人工智能的定义大多可划分为四类，即机器"像人一样思考""像人一样行动""理性地思考"和"理性地行动"。人工智能企图了解智能的实质，并生产出一种新的能以与人类智能相似的方式作出反应的智能机器。该领域的研究包括机器人、语言识别、图像识别、自然语言处理和专家系统等。目前主要的方法有神经网络、进化计算和粒度计算 3 种。在物联网中，人工智能技术主要负责分析物品所承载的信息内容，从而实现计算机自动处理。

人工智能的定义可以分为两部分，即"人工"和"智能"。"人工"比较好理解，争议性也不大。有时我们要考虑什么是人力所能及制造的，或者人自身的智能程度有没有高到可以创造人工智能的地步等。但总的来说，"人工系统"就是通常意义下的人工系统。

关于什么是"智能"，问题就更多了。这涉及其他诸如意识(Consciousness)、自我(Self)、思维(Mind)(包括无意识的思维(Unconscious Mind))等问题。人唯一了解的智能是人本身的智能，这是普遍认同的观点。但是我们对我们自身智能的理解都非常有限，对构成人的智能的必要元素也了解有限，所以就很难定义什么是"人工"制造的"智能"了。因此人工智能的研究往往涉及对人的智能本身的研究。其他关于动物或其他人造系统的智能也普遍被认为是人工智能相关的研究课题。

人工智能是研究使计算机来模拟人的某些思维过程和智能行为(如学习、推理、思考、规划等)的学科，主要包括计算机实现智能的原理、制造类似于人脑智能的计算机，使计算机能实现更高层次的应用。人工智能涉及计算机科学、心理学、哲学和语言学等学科。可以说几乎是自然科学和社会科学的所有学科，其范围已远远超出了计算机科学的范畴，人工智能与思维科学的关系是实践和理论的关系，人工智能是处于思维科学的技术应用层次，是它的一个应用分支。从思维观点看，人工智能不仅限于逻辑思维，还要考虑形象思维、灵感思维才能促进人工智能的突破性发展。数学常被认为是多种学科的基础科学，数学也进入语言、思维领域，人工智能学科也必须借用数学工具，数学不仅在标准逻辑、模糊数学等范围发挥作用，而且进入人工智能学科，它们将互相促进而更快地发展。

人工智能技术的优点在于：大大改善操作者的作业环境，减轻工作强度；提高了作业质量和工作效率；一些危险场合或重点施工应用得到解决；环保、节能；提高了机器的自动化程度及智能化水平；提高了设备的可靠性，降低了维护成本；故障诊断实现了智能化等。

4) 数据挖掘

数据挖掘(Data Mining)是从大量的、不完全的、有噪声的、模糊的及随机的实际应用数据中，挖掘出隐含的、未知的、对决策有潜在价值的数据的过程。数据挖掘(Data Mining)，又译为资料探勘、数据采矿。它是数据库知识发现(Knowledge-Discovery in Databases，KDD)中的一个步骤。数据挖掘一般是指从大量的数据中通过算法搜索隐藏于其中信息的过程。数据挖掘通常与计算机科学有关，并通过统计、在线分析处理、情报检索、机器学习、专家系统(依靠过去的经验法则)和模式识别等诸多方法来实现上述目标。

数据挖掘主要基于人工智能、机器学习、模式识别、统计学、数据库、可视化技术等，高度自动化地分析数据，做出归纳性的推理。它一般分为描述型数据挖掘和预测型数据挖掘两种：描述型数据挖掘包括数据总结、聚类及关联分析等；预测型数据挖掘包括分类、回归及时间序列分析等。通过对数据的统计、分析、综合、归纳和推理，揭示事件间的相互关系，预测未来的发展趋势，为决策者提供决策依据。在物联网中，数据挖掘只是一个代表性概念，它是一些能够实现物联网"智能化""智慧化"的分析技术和应用的统称。细分起来，包括数据挖掘和数据仓库(Data Warehousing)、决策支持(Decision Support)、商业智能(Business Intelligence)、报表(Reporting)、ETL(数据抽取、转换和清洗等)、在线数据分析、平衡计分卡(Balanced Scoreboard)等技术和应用。

5) 中间件

中间件是为了实现每个小的应用环境或系统的标准化以及它们之间的通信，在后台应用软件和读写器之间设置的一个通用的平台和接口。中间件是指网络环境下处于操作系统、数据库等系统软件和应用软件之间的一种起连接作用的分布式软件，主要解决异构网络环境下分布式应用软件的互联与互操作问题，提供标准接口、协议，屏蔽实现细节，提高应用系统易移植性。在许多物联网体系架构中，经常把中间件单独划分一层，位于感知层与网络层或网络层与应用层之间。本书参照当前比较通用的物联网架构，将中间件划分到应用层。在物联网中，中间件作为其软件部分，有着举足轻重的地位。物联网中间件是在物联网中采用中间件技术，以实现多个系统或多种技术之间的资源共享，最终组成一个资源丰富、功能强大的服务系统，最大限度地发挥物联网系统的作用。具体来说，物联网中间件的主要作用在于将实体对象转换为信息环境下的虚拟对象，因此数据处理是中间件最重要的功能。同时，中间件具有数据的搜集、过滤、整合与传递等特性，以便将正确的对象信息传到后端的应用系统。

目前主流的中间件包括 ASPIRE 和 Hydra。ASPIRE 旨在将 RFID 应用渗透到中小型企业。为了达到这样的目的，ASPIRE 完全改变了现有的 RFID 应用开发模式，它引入并推进一种完全开放的中间件，同时完全有能力支持原有模式中核心部分的开发。ASPIRE 的解决办法是完全开源和免版权费用，这大大降低了总的开发成本。Hydra 中间件特别方便实现环境感知行为和在资源受限设备中处理数据的持久性问题。Hydra 项目的第一个产品是为了开发基于面向服务结构的中间件，第二个产品是为了能基于 Hydra 中间件生产出可以简化开发过程的工具，即供开发者使用的软件或者设备开发套装。

物联网中间件的实现依托于中间件关键技术的支持，这些关键技术包括 Web 服务、嵌入式 Web、Semantic Web 技术、上下文感知技术、嵌入式设备及 Web of Things 等。

2.3　物联网的形态结构

从应用的角度分析，物联网具有 3 种典型的形态结构。

2.3.1　开放式物联网形态结构

传感设备的感知信息包括物理环境的信息和物理环境对信息系统的反馈，对这些信息智能处理后进行发布，为人们提供相关的信息服务(如 PM2.5 空气质量信息发布)，或人们根据这些信息去影响物理世界的行为(如智能交通中的道路诱导系统)。由于物理环境、感知目标存在混杂性以及其状态、行为存在不确定性等，使感知的信息设备存在一定的误差，需要通过智能信息处理来消除这种不确定性及其带来的误差。开放式的物联网结构对通信的实时性要求不高，一般来说通信实时性只要达到秒级就能满足应用的要求。

最大典型的开环式物联网结构是操作指导控制系统，检测原件测得的模拟信号经过 A/D 转换器转换成数字信号，通过网络或数据通道传给主控计算机，主控计算机根据一定的算法对生产过程的大量参数进行巡回检测、处理、分析、记录以及参数的超限报警等处理，通过对大量参数的统计和实时分析，预测生产过程的各种趋势或者计算出可供操作人员选择的最优操作条件及操作方案。操作人员则根据计算机输出的信息去改变调节器的给定值或直接操作执行机构。

2.3.2　闭环式物联网形态结构

闭环式物联网结构中传感设备的感知信息包括物理环境的信息和物理环境对系统的反馈信息，控制单元根据这些信息结合控制与决策算法生成控制命令，执行单元根据控制命令改变物理实体状态或系统的物理环境(如无人驾驶汽车)。一般来说，闭环式物联网结构主要功能都由计算机系统自动完成，不需要人的直接参与，且实时性要求很高，一般要求达到毫秒级，甚至微秒级。对此闭环式物联网结构要求具有精度时间同步、确定性调度功能，甚至要求很高的环境适应性。

(1) 精度时间同步：精度时间同步是保证闭环式物联网各种性能的基础，闭环式物联网系统的时序不容有误，时序错误可能给应用现场带来灾难性的后果。

(2) 通信确定性：要求在规定的时刻对事件准时响应，并做出相应的处理，不丢失信息、不延误操作。闭环式物联网中的确定性往往比实时性还重要，保证确定性是对任务执行有严苛时间要求的闭环式物联网系统必备的特性。

(3) 环境适应性：要求在高温、潮湿、振动、腐蚀、强电磁干扰等工业环境中具备可靠、完整的数据传送能力。环境适应性包括机械环境适应性、气候环境适应性、电磁环境适应性等。

最典型的闭环式物联网结构是现场总线控制系统，现场总线是随着数字通信延伸到工业过程现场而出现的一种用于现场仪表与控制室系统之间的全数字化、开放性、双向多站的通信系统，使计算机控制系统发展成为具有测量、控制、执行和过程诊断等综合能力的网络化控制系统。现场总线控制系统实际上融合了自动控制、智能仪表、计算机网络和开放系统互联(OSI)等技术的精粹。

现场总线等控制网络的出现使控制系统的体系结构发生了根本性改变，形成了在功能上管理集中、控制分散，在结构上横向分散、纵向分级的体系结构。把基本控制功能下放到现场具有智能的芯片或功能块中，不同现场设备中的功能块可以构成完整的控制回路，使控制功能彻底分散，直接面对生产过程，把同时具有控制、测量与通信功能的功能块及功能块应用进程作为网络节点，采用开放的控制网络协议进行互联，形成现场层控制网络。

现场设备具有高度的智能化与功能自治性，将基本过程控制、报警和计算等功能分布在现场完成，使系统结构高度分散，提高了系统的可靠性。同时，现场设备易于增加非控制信息，如自诊断信息、组态信息以及补偿信息等，易于实现现场管理和控制的统一。

2.3.3 融合式物联网形态结构

物联网系统既涉及规模庞大的智能电网，又包含智能家居、体征监测等小型系统。对众多单一物联网应用的深度互联和跨域协作构成了融合式物联网结构，它是一个多层嵌套的"网中网"。目前世界各国都在结合具体行业推广物联网的应用，形成全球的物联网系统还需要非常长的时间。提出面向全球物联网、适应各种行业应用的体系结构，与下一代互联网体系结构相比，具有更巨大的困难和挑战。目前，研究人员通常是从具体行业或应用去探索物联网的体系结构，如图 2-3 所示。

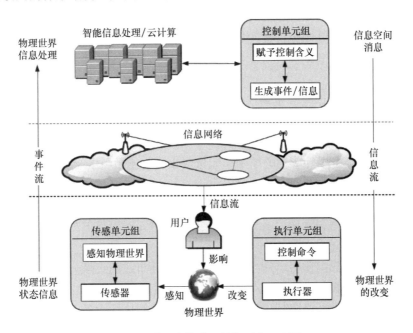

图 2-3 融合式物联网结构形态示意图

　　一个完整的智能电网作为电能输送和消耗的核心载体，包括发电、输电、变电、配电、用电以及电网调度六大环节，是最典型的融合式物联网结构。智能电网通过信息与通信技术对电力应用的各个方面进行了优化，强调电网的安全可靠、经济高效、清洁环保、透明开放、友好互动，其技术集成达到新的高度。

　　图 2-4 是 Tan.Y 等人提出的一种 CPS 体系结构原型，表示了物理世界、信息空间和人的感知的互动关系，给出了感知事件流、控制信息流的流程。物联网与物理信息融合系统两个概念目前越来越趋向一致，都是集成计算、通信与控制于一体的下一代智能系统。

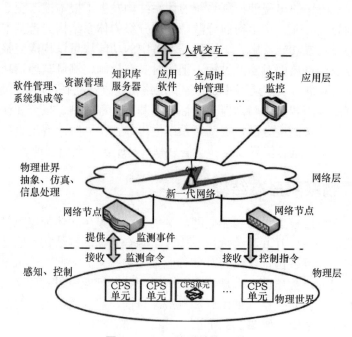

图 2-4　CPS 体系结构原型

CPS 体系结构原型的几个组件描述如下。

　　(1) 物理世界。物理世界包括物理实体(诸如医疗器械、车辆、飞机、发电站)和实体所处的物理环境。

　　(2) 传感器。传感器作为测量物理环境的手段，直接与物理环境或现象相关。传感器将相关的信息传输到信息世界。

　　(3) 执行器。执行器根据来自信息世界的命令，改变物理实体设备状态。

　　(4) 控制单元。基于事件驱动的控制单元接收来自传感单元的事件和信息世界的信息，根据控制规则进行处理。

　　(5) 通信机制。事件/信息是通信机制的抽象元素。事件既可以是传感器表示的"原始数据"，也可以是执行器表示的"操作"。通过控制单元对事件的处理，信息可以抽象地表述物理世界。

　　(6) 数据服务器。数据服务器为事件的产生提供分布式的记录方式，事件可以通过传输网络自动转换为数据服务器的记录，以便于以后检索。

　　(7) 传输网络。传输网络包括传感设备、控制设备、执行设备、服务器，以及它们之间的无线或有线通信设备。

2.4 物联网的主要特点

相对于已有的各种通信和服务网络，物联网在技术和应用层面具有以下几个特点。

(1) 感知识别普适化。作为物联网的末梢，自动识别和传感网络技术近些年来发展迅猛，应用广泛。仔细观察就会发现，人们的衣食住行都能折射出感知技术的发展。无所不在的感知与识别将物理世界信息化，对传统上分离的物理世界和信息世界实现高度融合。

(2) 异构设备互联化。尽管硬件和软件平台千差万别，各种异构设备(不同型号和类别的 RFID 标签、传感器、手机、笔记本电脑等)利用无线通信模块和标准通信协议，构建成自组织网络。在此基础上，运行不同协议的异构网络之间通过"网关"互联互通，实现网际间信息共享及融合。

(3) 联网终端规模化。物联网时代的一个重要特征是"物品触网"，每一件物品均具有通信功能，成为网络终端。据预测，未来 5～10 年内，联网终端的规模有望突破百亿大关。

(4) 管理调控智能化。物联网将大规模数据高效、可靠地组织起来，为上层行业应用提供智能的支撑平台。数据存储、组织以及检测成为行业应用的重要基础设施。与此同时，各种决策手段包括运筹学理论、机器学习、数据挖掘、专家系统等广泛应用于各行各业。

(5) 应用服务链条化。链条化是物联网应用的重要特点。以生产为例，物联网技术覆盖从原材料引进、生产调度、节能减排、仓储物流，到产品销售、售后服务等各个环节，成为提供企业整体信息化程度的有效途径。更进一步，物联网技术在一个行业的应用也将带动相关上下游产业，最终服务于整个产业链。

(6) 经济发展跨越化。经历 2008 年金融危机的冲击，越来越多的人认识到转变发展方式、调整经济结构的重要性。国民经济必须从劳动密集型向知识密集型转变，从资源浪费型向环境友好型转变。在这样的大背景下，物联网技术有望成为引领经济跨越式发展的重要动力。

2.5 物联网的技术趋势

趋势一：中国物联网产业的发展是以应用为先导，存在着从公共管理和服务市场，到企业及行业应用市场，再到个人家庭市场逐步发展成熟的细分市场递进趋势。目前，物联网产业在中国还是处于前期的概念导入期和产业链逐步形成阶段，没有成熟的技术标准和完善的技术体系，整体产业处于酝酿阶段。此前，RFID 市场一直期望在物流零售等领域取得突破，但是由于涉及的产业链过长，产业组织过于复杂，交易成本过高，产业规模有限，成本难以降低等问题，使得整体市场成长较为缓慢。物联网概念提出以后，面向具有迫切需求的公共管理和服务领域，以政府应用示范项目带动物联网市场的启动将是必要之举。进而随着公共管理和服务市场应用解决方案的不断成熟、企业集聚、技术的不断整合和提升逐步形成比较完整的物联网产业链，从而将可以带动各行业大型企业的应用市场。待各个行业的应用逐渐成熟后，带动各项服务的完善、流程的改进，个人应用市场才会随之发展起来。

趋势二：物联网标准体系是一个渐进发展成熟的过程，将呈现从成熟应用方案提炼形成行业标准，以行业标准带动关键技术标准，逐步演进形成标准体系的趋势。物联网概念涵盖众多技术、众多行业、众多领域，试图制定一套普适性的统一标准几乎是不可能的。物联网产业的标准将是一个涵盖面很广的标准体系，将随着市场的逐渐发展而发展和成熟。在物联网产业发展过程中，单一技术的先进性并不能保证其标准一定具有活力和生命力，标准的开放性和所面对的市场的大小是其持续下去的关键和核心问题。随着物联网应用的逐步扩展和市场的成熟，哪一个应用占有的市场份额更大，该应用所衍生出来的相关标准将更有可能成为被广泛接受的事实标准。

趋势三：随着行业应用的逐渐成熟，新的通用性强的物联网技术平台将出现。物联网的创新是应用集成性的创新，一个单独的企业是无法完全独立完成一个完整的解决方案的，一个技术成熟、服务完善、产品类型众多、应用界面友好的应用，将是由设备提供商、技术方案商、运营商、服务商协同合作的结果。随着产业的成熟，支持不同设备接口、不同互联协议、可集成多种服务的共性技术平台将是物联网产业发展成熟的结果。物联网时代，移动设备、嵌入式设备、互联网服务平台将成为主流。随着行业应用的逐渐成熟，将会有大的公共平台、共性技术平台出现。无论终端生产商、网络运营商、软件制造商，还是系统集成商、应用服务商，都需要在新一轮竞争中寻找各自的重新定位。

趋势四：针对物联网领域的商业模式创新将是把技术与人的行为模式充分结合的结果。物联网将机器、人、社会的行动都互联在一起，新商业模式的出现将是把物联网相关技术与人的行为模式充分结合的结果。中国具有领先世界的制造能力和产业基础，具有五千年的悠久文化，中国人具有逻辑理性和艺术灵活性兼具的个性行为特质，物联网领域在中国一定可以产生领先于世界的新的商业模式。

2.6　物联网的技术演进路径

我们把人类信息通信网分为实现人与人通信的电信网(Telecommunication Network)和实现物与物通信的近场通信网(Near Field Communication Network)或传感网(Sensing Network)两个角度，这两个角度的发展是并行推进的，但是显然，电信网的发展要早，并且成熟于传感网，经过上百年无数人的研究发明、推广应用，电信网已经建立了一整套科学的、可控可管的信息通信网络体系，安全高效地服务于人类的信息通信。传感网的发展也有两大趋势。

一是智能化。物品要更加智能，能够自主地实现信息交换才能实现物联网的真正意义，而这将需要对海量数据的处理能力，随着"云计算"技术的不断发展成熟，这一难题将得到解决。

二是IP化。未来的物联网将给所有的物品都设定一个标识，实现"IP到末梢"，这样我们才能随时随地地了解物品的信息，在这方面"可以给每一粒沙子都设定一个IP地址"的IPv6将担负起这项重担，并在全球进行推广。由此，产生了物联网演进的两种模式，即电信网主导模式和传感网主导模式。电信网主导模式就是由传统的电信运营商主导，推动物联网的发展。目前，以中国移动为代表的电信运营商已经发出强烈的呼声；以传感网为主导的模式是以传感网产业为主导，逐步实现与电信网络的融合。目前情况下，由于传感器的研发瓶颈制约了物联网的发展，应当大力加强传感网络的发展，但是从战略角度看，针对未来会出现的信息安全和信息隐私的保护问题，应当选择电信网主导的模式，因为通信产业具有强大的技术基础、产业基础和人力资源基础，能实现海量信息的计算分析，保证网络信息的可控可管，最终保证在信息安全和人们的隐私权不被侵犯的前提下实现泛在网络的通信。

2.7 物联网的发展前景

物联网可以提高经济，大大降低成本，物联网将广泛用于智能交通、地防入侵、环境保护、政府工作、公共安全、智能电网、智能家居、智能消防、工业监测、老人护理、个人健康等多个领域。预计物联网是继计算机、互联网与移动通信网之后的又一次信息产业浪潮。有专家预测 10 年内物联网就可能大规模普及，这一技术将会发展成为一个上万亿元规模的高科技市场。

北京已经着手规划物联网，用于公共安全、食品安全等领域。政府将围绕公共安全、城市交通、生态环境，对物、事、资源、人等对象进行信息采集、传输、处理、分析，实现全时段、全方位覆盖的可控运行管理。同时，还会在医疗卫生、教育文化、水电气热等公共服务领域和社区农村基层服务领域，开展智能医疗、电子交费、智能校园、智能社区、智能家居等建设，实行个性化服务。

本 章 小 结

本章重点介绍了物联网的基本概念、关键支撑技术和主要应用领域。首先概述了物联网的总体结构、形态结构及其物联网的主要特点，其次简要介绍了物联网技术的发展趋势和演进路径，最后分析了物联网的发展前景。

习 题

简答题

1. 物联网的核心和基础是什么？
2. 简述物联网的发展前景。

第 3 章

无线传感器网络

学习目标

1. 了解传感器网络的结构、核心技术和主要特点。
2. 掌握无线传感器网络的概念、组成与安全需求。
3. 了解无线传感器网络的应用领域。

知识要点

传感器网络的主要特点，无线传感器网络的基本概念和安全需求。

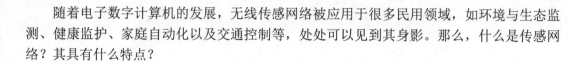

随着电子数字计算机的发展，无线传感网络被应用于很多民用领域，如环境与生态监测、健康监护、家庭自动化以及交通控制等，处处可以见到其身影。那么，什么是传感网络？其具有什么特点？

3.1 传感网概述

20 世纪计算机科学的一项伟大成果是计算机网络技术，以互联网为代表的计算机网络技术是人类通信技术的一次革命。互联网发展迅速，早已超越了当初 ARPANET(阿帕网)的军事和技术目的，已经渗透到人们工作、生活的方方面面，并对企业发展和社会进步产生了巨大影响。2012 年 7 月，中国互联网络信息中心(CNNIC)发布了《第 30 次中国互联网络发展状况统计报告》，该报告指出：截至 2012 年 6 月底，中国网民数量达到 5.38 亿，互联网普及率为 39.9%。但是，互联网这种虚拟的网络世界与人们所生活的现实世界还是有极大区别的，在网络世界中，很难感知现实世界，时代在呼唤着新网络技术的出现。进入 21 世纪以来，随着感知识别技术的快速发展，以传感器和智能识别终端为代表的信息自动生成设备可以实时地对物理世界感知、测量和监控。微电子技术、计算机技术和无线通信技术的发展推动了低功耗、多功能传感器的快速发展，现已研制出了具有感知能力、计算能力和通信能力的微型传感器。物理世界的联网需求和信息世界的扩展需求催生出一类新型网络——传感器网络(简称传感网)。

传感网集成了传感器、嵌入式计算、微机电系统、现代网络与无线通信、信息处理等技术，跨越了计算机、半导体、嵌入式、网络、通信、光学、微机械、化学、生物、航天、医学、农业等众多领域，可以使人们在任何时间、地点和任何环境下获取大量翔实可靠的信息，从而真正实现无处不在的计算理念。传感网是一种新型的信息获取和处理技术，它改变了人类与自然界的交互方式，扩大了人类认知世界的能力。美国《商业周刊》认为传感网是全球未来四大高新技术产业之一，是 21 世纪最具有影响力的 21 项技术之一。2003年，麻省理工学院的《技术评论》杂志在预测未来技术发展的报告中，将传感网列为对人类未来生活产生深远影响的十大新兴技术之首。

3.1.1 传感网的起源与发展

传感网的概念起源于 1978 年美国国防部高级研究计划局(Defense Advanced Research Projects Agency，DARPA)资助卡内基梅隆大学(Carnegie Mellon University，CMU)进行分布式传感网的研究项目，主要研究由若干具有无线通信能力的传感器节点自组织构成的网络。这被看成是无线传感网的雏形。1980 年，DARPA 的分布式传感网项目开创了传感网研究的先河；20 世纪 80—90 年代，研究主要在军事领域，成为网络中心战的关键技术，拉开了无线传感网研究的序幕；从 20 世纪 90 年代中期开始，美国和欧洲等发达国家和地区先后开始了大量的关于无线传感网的研究工作。

进入 21 世纪，随着无线通信、微芯片制造等技术的进步，无线传感网的研究取得了重大进展，并引起了军方、学术界以及工业界的极大关注。美国军方投入了大量经费进行了在战场环境应用无线传感网的研究。工业化国家和部分新兴的经济体都对传感网表现出了极大的兴趣。美国国家科学基金会(NSF)也设立了大量与其相关的项目，2003 年制定了无线传感网研究计划，并在加州大学洛杉矶分校成立了传感网研究中心；2005 年对网络技术和系统的研究计划中，主要研究下一代高可靠、安全可扩展、可编程的无线网络及传感器系统的网络特性。此外，美国交通部、能源部、美国国家航空航天局也相继启动了相关的研究项目。

目前，美国许多著名大学都设有专门从事无线传感网研究的课题研究小组，如麻省理工学院、加州大学伯克利分校等。欧洲、大洋洲和亚洲的一些工业化国家(如加拿大、英国、德国、芬兰、日本、意大利等)的高等院校、研究机构和企业也积极进行无线传感网的相关研究。欧盟第六个框架计划将"信息社会技术"作为优先发展的领域之一，其中多处涉及对无线传感网的研究。日本总务省在 2004 年 3 月成立了"泛在传感器网络"调查研究会。

同时，许多大型企业也投入巨资进行无线传感网的产业化开发。目前，已经开发出一些实际可用的传感器节点平台和面向无线传感网的操作系统及数据库系统。比较有代表性的产品包括加州大学伯克利分校和 Crossbow 公司联合开发的 MICA 系列传感器节点，加州大学伯克利分校开发的 TinyOS 操作系统和 TinyDB 数据管理系统。

我国对无线传感网的研究起步较晚，1999 年中国科学院《知识创新工程点领域方向研究》的"信息与自动化领域研究报告"的推出，标志着无线传感网研究的启动，也是该领域的五大重点项目之一。2001 年，中国科学院依托上海微系统与信息技术研究所成立微系统研究与发展中心，主要从事无线传感网的相关研究工作。国家自然科学基金已经审批了与无线传感网相关的多项课题。2004 年，将一项无线传感网项目"面向传感器网络的分布自治系统关键技术及协调控制理论"列为重点研究项目。2005 年，将网络传感器中的基础理论和关键技术列入计划。2006 年，将水下移动传感网的关键技术列为重点研究项目。国家发展和改革委员会下一代互联网(CNGI)示范工程中，也部署了无线传感器网络相关的课题。2006 年年初发布的《国家中长期科学与技术发展规划纲要》为信息技术定义了三个前沿方向，其中的两个方向(即智能感知技术和自组织网络技术)都与无线传感网的研究直接相关。我国 2010 年远景规划和"十五"计划中，也将无线传感器网络列为重点发展的产业之一。

总之，技术的成熟和硬件成本的降低推动着传感网向大规模、低功耗方向发展。传感网的发展跨越了 4 个阶段。

第 1 阶段：冷战时期的军事传感器网络。

冷战时期，美国使用昂贵的声传感网(acoustic networks)监视潜艇，同时美国国家海洋和大气管理局也使用其中的一部分传感器监测海洋的地震活动。

第 2 阶段：国防高级研究计划局的倡议。

20 世纪 80 年代初，在美国国防部高级研究计划局(DARPA)资助项目的推动下，传感网的研究取得了显著进步。在假设存在许多低成本空间分布传感器节点的前提下，分布式传感网(DSN)以自组织、合作的方式运作，旨在判定是否可以在传感网中使用新开发的 TCP/IP 协议和 ARPA 网(互联网的前身)的方式来通信。

第 3 阶段：20 世纪 80—90 年代的军事应用开发和部署。

20 世纪 80—90 年代，以 DARPA-DSN 研究和实验平台为基础，在军事领域采用传感网技术，使其成为网络中心战的关键组成部分。传感网可以通过多种观察、扩展检测范围以及加快响应时间等方式，提高检测和跟踪性能。

第 4 阶段：现今的传感网研究。

20 世纪 90 年代末至 21 世纪初，计算与通信的发展推动传感网新一代技术的产生。标准化是任何技术大规模部署的关键，其中包括无线传感网。随着 IEEE 802.11a/b/g 的无线网络和其他无线系统(如 ZigBee)的发展，可靠连接变得无处不在。低功耗、低价格处理器的出现，使传感器可部署于更多的应用程序中。

3.1.2 传感网的定义

传感器网络是由许多在空间上分布的自动装置组成的一种计算机网络，这些装置使用传感器协作地监控不同位置的物理或环境状况(比如温度、声音、振动、压力、运动或污染物)。

所谓传感器网络，是由大量部署在作用区域内的、具有无线通信与计算能力的微小传感器节点通过自组织方式构成的能根据环境自主完成指定任务的分布式智能化网络系统。传感网络的节点间距离很短，一般采用多跳(multi-hop)的无线通信方式进行通信。传感器网络可以在独立的环境下运行，也可以通过网关连接到 Internet，使用户可以远程访问。

3.2 传感网的结构与核心技术

3.2.1 传感网的结构

传感器网络由大量部署在作用区域内的、具有无线通信与计算能力的传感器节点组成，这些节点通过自组织方式构成传感器网络，其目的是协作感知、采集和处理网络覆盖地理区域中的感知对象信息并发布给观察者。本小节从节点和网络结构两个方面介绍传感网的体系结构。

1. 传感器节点体系的结构

传感器节点是无线传感网的一个基本组成部分。根据应用需求的不同，传感器节点必须满足的具体要求也不同。传感器节点可能是小型的、廉价的或节能的，必须配备合适的传感器，具有必要的计算和存储资源，并且需要足够的通信设施。一个典型的传感器节点由感知单元、处理单元(包括处理器和存储器)、通信单元、能量供给单元和其他应用相关单元组成，传感器节点的体系结构如图 3-1 所示。

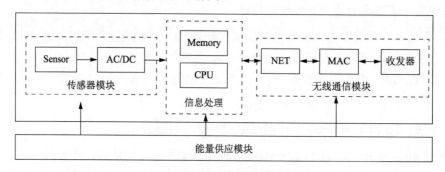

图 3-1 传感器节点的体系结构

在图 3-1 中，感知单元主要用来采集现实世界的各种信息，如温度、湿度、压力、声音等物理信息，并将传感器采集到的模拟信息转换成数字信息，交给处理单元进行处理。处理单元负责整个传感器节点的数据处理和操作，存储本节点的采集数据和其他节点发来的数据。通信单元负责与其他传感器节点进行无线通信、交换控制消息和收发采集数据。能量供给单元提供传感器节点运行所需的能量，是传感器节点最重要的单元之一。另外，为了对节点精确定位以及对移动状态进行管理，传感器节点需要相应的应用支持单元，如位置查找单元和移动管理单元。

传感器节点通常是一个微型嵌入式系统，它的处理能力、存储能力和通信能力是受限的。节点要正常工作，需要软硬件系统的密切配合。软件系统由 5 个基本的软件模块组成，分别是操作系统(OS)微码、传感器驱动、通信处理、通信驱动和数据处理 mini-app 软件模块。OS 微码控制节点的所有软件模块以支持节点的各种功能。TinyOS 就是一种专为嵌入式无线传感网设计的操作系统。传感器驱动模块管理传感器收发器的基本功能；此外，传感器的类型可能是模块或插件式的，根据传感器的不同类型和复杂度，该模块也要支持对传感器进行的相应配置和设置。通信处理模块管理通信功能，包括路由、数据包缓冲和转发、拓扑维护、介质访问控制、加密和前向纠错等。通信驱动模块管理无线电信道传输链路，包括时钟和同步、信号编码、比特计数和恢复、信号分级和调制。数据处理 mini-app 模块支持节点的数据处理，包括信号值的存储与操作或其他基本应用。

2. 传感器网络的结构

传感网由大量的传感器节点组成，节点之间通过无线传输方式通信。一个典型的传感网的体系结构如图 3-2 所示，通常包括传感器节点、汇聚节点和任务管理节点。传感器节点分散在监测区域内，这些节点能够采集数据、分析数据并且把数据路由到一个指定的汇聚节点。传感器节点之间通过自组织方式构成网络，可以根据需要智能地采用不同的网络拓扑结构。传感器节点的监测数据可能被多个节点处理，通常以多跳的方式沿着其他节点逐跳传输，经过路由到其他中间节点进行数据融合和转发后到达汇聚节点，最后通过互联网或者卫星到达用户可以操作的任务管理节点，任务管理节点可以对传感网进行配置和管理。

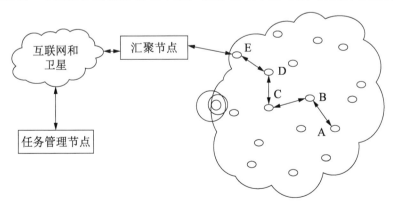

图 3-2　传感网的体系结构

传感器节点的计算能力、存储能力较弱，通信带宽窄，由自身携带的电池供电，因此能量有限。传感器节点不仅要对本地信息进行数据处理，还要对其他节点转发的数据进行存储、管理、融合和转发。汇聚节点的处理能力、存储能力和通信能力相对较强，主要负责发送任务管理节点的监测任务，收集数据并转发到互联网等外部网络上，实现传感网和外部网络之间的通信。汇聚节点可以是一个具有增强功能的传感器节点，具有较多的内存、计算资源和能量供给，也可以是一个仅带有无线通信接口的特殊网关设备。

传感网通常部署在无人照料的恶劣环境中或身体遥不可及的地区，因此网络需要具有自维护的特性。当网络的部分节点因入侵、故障或电池耗竭而失效时，不能影响数据传输和网络监控等主要任务。

3.2.2　传感网络的核心技术

传感网是当今信息领域新的研究热点，是微机电系统、计算机、通信、自动控制、人工智能等多学科交叉的综合性技术，目前的研究涉及通信、组网、管理、分布式信息处理等多个方面。具体而言，传感网的关键技术包括路由协议、MAC协议、拓扑控制、定位、时间同步、数据管理等。

1. 路由协议

路由协议负责将数据分组从源节点通过网络转发到目的节点，协议的主要功能是寻找源节点和目的节点间的优化路径，将数据分组沿着优化路径正确转发。在根据传感网的具体应用设计路由机制时，要满足以下要求。

1)　能量高效

传感网路由协议不仅要选择能量消耗小的消息传输路径，而且要从整个网络的角度考虑，选择使整个网络能量均衡消耗的路由。由于传感器节点的资源是有限的，因而传感网的路由机制要能够简单而且高效地实现信息传输。

2)　可扩展性

在传感网中，检测区域范围或节点密度不同，网络规模会有所不同；节点失败、新节点加入以及节点移动等，也会使得网络拓扑结构动态地发生变化，这就要求路由机制具有可扩展性，能够适应网络结构的变化。

3)　健壮性

能量耗尽或环境因素造成的传感器节点失效、周围环境影响无线链路的通信质量以及无线链路本身的缺点等，这些传感网的不可靠特性要求路由机制具有一定的容错能力。

4)　快速收敛性

传感网的拓扑结构动态变化，节点能量和通信带宽等资源有限，因此要求路由机制能够快速收敛，以适应网络拓扑的动态变化，减少通信协议开销，提高消息传输的效率。

2. MAC协议

在传感网中，介质访问控制(MAC)协议决定无线信道的使用方式，在传感器节点之间分配有限的无线通信资源，用来构建传感网系统的底层基础结构。MAC协议处于传感网协议的底层部分，对传感网的性能有较大影响，是保证传感网高效通信的关键网络协议之一。传感器节点的能量、存储、计算和通信带宽等资源有限，单个节点的功能比较弱，而传感网的强大功能是由众多节点协作实现的。多点通信在局部范围需要MAC协议协调无线信道分配，在整个网络范围内需要路由协议选择通信路径。在设计传感网的MAC协议时，需要着重考虑以下几个方面。

1) 节省能量

传感器节点一般是由电池提供能量，而且电池能量通常难以进行补充，为了长时间保证传感器网络的有效工作，MAC 协议在满足应用要求的前提下，应尽量节省节点的能量。

2) 可扩展性

由于传感器节点数目、节点分布密度等在传感网生存过程中不断发生变化，节点位置也可能移动，还有新节点加入网络的问题，因此传感网的拓扑结构具有动态性。MAC 协议也应具有可扩展性，以适应这种动态变化的拓扑结构。

3) 网络效率

网络效率包括网络的公平性、实时性、网络吞吐量以及带宽利用率等。

3. 拓扑控制

传感网拓扑控制主要研究的问题是在满足网络覆盖度和连通度的前提下，通过功率控制和骨干网节点选择，剔除节点之间不必要的通信链路，形成一个数据转发的优化网络结构。具体地讲，传感网中的拓扑控制按照研究方向可以分为两类：节点功率控制和层次型拓扑控制。功率控制机制调节网络中每个节点的发射功率，在满足网络连通度的前提下，均衡节点的单跳可达邻居数目。层次型拓扑控制利用分簇机制，让一些节点作为簇头节点，由簇头节点形成一个处理并转发数据的骨干网，其他非骨干网节点可以暂时关闭通信模块，进入休眠状态以节省能量。

4. 定位

对于大多数应用，不知道传感器位置而感知的数据是没有意义的。传感器节点必须明确自身位置才能详细说明"在什么位置或区域发生了特定事件"，实现对外部目标的定位和追踪；另外，了解传感器节点位置信息还可以提高路由效率，为网络提供命名空间，向部署者报告网络的覆盖质量，实现网络的负载均衡以及网络拓扑的自配置。而人工部署和为所有网络节点安装 GPS 接收器都会受到成本、功耗、扩展性等问题的限制，甚至在某些场合可能根本无法实现，因此必须采用一定的机制与算法实现传感网的自身定位。

5. 时间同步

在传感网中，单个节点的能力非常有限，整个系统所要实现的功能需要网络内所有节点相互配合共同完成。很多传感网的应用都要求节点的时钟保持同步。

在传感网的应用中，传感器节点将感知到的目标位置、时间等信息发送到网络中的汇聚节点，汇聚节点对不同传感器发送来的数据进行处理后便可获得目标的移动方向、速度等信息。为了能够正确地监测事件发生的顺序，要求传感器节点之间必须实现时间同步。在一些事件监测的应用中，事件自身的发生时间是相当重要的参数，这要求每个节点维持唯一的全局时间以实现整个网络的时间同步。

时间同步是传感网的一个研究热点，在传感网中起着非常重要的作用，国内外的研究者已经提出了多种传感网时间同步算法。

6. 数据管理

传感网本质上是一个以数据为中心的网络，它处理的数据为传感器采集的连续不断的数据流。由于传感网能量、通信和计算能力有限，因此传感网数据管理系统通常不会把数据都发送到汇聚节点进行处理，而是尽可能在传感网中进行处理，这样可以最大限度地降低传感网的能量消耗和通信开销，延长传感网的生命周期。现有的数据管理技术把传感网看作来自物理世界的连续数据流组成的分布式感知数据库，可以借鉴成熟的传统分布式数据库技术对传感网中的数据进行管理。由于传感器节点的计算能力、存储容量、通信能力以及电池能量有限，再加上 Flash 存储器以及数据流本身的特性，给传感网数据管理带来了不同于传统分布式数据库系统的一些新挑战。

传感网数据管理技术包括数据的存储、查询、分析、挖掘以及基于感知数据决策和行为的理论和技术。传感网的各种实现技术必须与这些数据管理技术密切结合，才能够设计出实现高效率的以数据为中心的传感网系统。到目前为止，数据管理技术的研究还不多，还有大量的问题需要解决。

3.3　无线传感器网络

3.3.1　无线传感器网络的概念

无线传感器网络(Wireless Sensor Networks，WSN)是当前在国际上备受关注的、涉及多学科高度交叉、知识高度集成的前沿热点研究领域。传感器技术、微机电系统、现代网络和无线通信等技术的进步，推动了现代无线传感器网络的产生和发展。无线传感器网络扩展了人们的信息获取能力，将客观世界的物理信息同传输网络连接在一起，在下一代网络中将为人们提供最直接、最有效、最真实的信息。无线传感器网络能够获取客观物理信息，具有十分广阔的应用前景，能应用于军事国防、工农业控制、城市管理、生物医疗、环境检测、抢险救灾、危险区域远程控制等领域，已经引起了许多国家学术界和工业界的高度重视，被认为是对 21 世纪产生巨大影响力的技术之一。

无线传感器网络就是由部署在监测区域内大量的廉价微型传感器节点组成，通过无线通信方式形成的一个多跳的自组织的网络系统，其目的是协作地感知、采集和处理网络覆盖区域中被感知对象的信息，并发送给观察者。传感器、感知对象和观察者构成了无线传感器网络的三个要素。

无线传感器网络是一种由大量小型传感器所组成的网络。这些小型传感器一般称作sensor node(传感器节点)或者 mote(灰尘)。此种网络中一般也有一个或几个基站(sink)用来集中从小型传感器收集的数据。无线传感器网络所具有的众多类型的传感器，可探测包括地震、电磁、温度、湿度、噪声、光强度、压力、土壤成分、移动物体的大小、速度和方向等周边环境中多种多样的现象。潜在的应用领域可以归纳为军事、航空、防爆、救灾、环境、医疗、保健、家居、工业、商业等领域。

3.3.2　无线传感器网络的发展历程

传感器网络的发展历程分为以下三个阶段：传感器→无线传感器→无线传感器网络(大量微型、低成本、低功耗的传感器节点组成的多跳无线网络)。

第一阶段：最早可以追溯至越战时期使用的传统传感器系统。当年美越双方在密林覆盖的"胡志明小道"进行了一场血腥较量。"胡志明小道"是胡志明部队向南方游击队输送物资的秘密通道，美军对其进行了狂轰滥炸，但效果不大。后来，美军投放了 2 万多个

"热带树"传感器。"热带树"实际上是由震动和声响传感器组成的系统，它由飞机投放，落地后插入泥土中，只露出伪装成树枝的无线电天线，因而被称为"热带树"。只要对方车队经过，传感器探测出目标产生的震动和声响信息，自动发送到指挥中心，美机立即展开追杀，总共炸毁或炸坏 4.6 万辆卡车。

第二阶段：20 世纪 80 年代至 90 年代。主要是美军研制的分布式传感器网络系统、海军协同交战能力系统、远程战场传感器系统等。这种现代微型化的传感器具备感知能力、计算能力和通信能力。因此在 1999 年，《商业周刊》将传感器网络列为 21 世纪最具影响力的 21 项技术之一。

第三阶段：21 世纪开始至今，也就是"9·11"事件之后。这个阶段的传感器网络技术特点在于网络传输自组织、节点设计低功耗。除了应用于反恐活动以外，在其他领域更是获得了很好的应用，所以 2002 年美国国家重点实验室——橡树岭实验室提出了"网络就是传感器"的论断。

由于无线传感网在国际上被认为是继互联网之后的第二大网络，2003 年美国《技术评论》杂志评出对人类未来生活产生深远影响的十大新兴技术，传感器网络被列为第一。

在现代意义上的无线传感网研究及其应用方面，我国与发达国家几乎同步启动，它已经成为我国信息领域位居世界前列的少数方向之一。在 2006 年我国发布的《国家中长期科学与技术发展规划纲要》中，为信息技术确定了三个前沿方向，其中有两项就与传感器网络直接相关，这就是智能感知和自组网技术。当然，传感器网络的发展也符合计算设备的演化规律。

3.3.3　无线传感器网络的特点

1. 大规模

为了获取精确信息，在监测区域通常部署大量传感器节点，可能达到成千上万，甚至更多。传感器网络的大规模性包括两方面的含义：一方面是传感器节点分布在很大的地理区域内，如在原始大森林采用传感器网络进行森林防火和环境监测，需要部署大量的传感器节点；另一方面，传感器节点部署很密集，在面积较小的空间内，密集部署了大量的传感器节点。

传感器网络的大规模性具有如下优点：通过不同空间视角获得的信息具有更大的性价比；通过分布式处理大量地采集信息能够提高监测的精确度，降低对单个节点传感器的精度要求；大量冗余节点的存在，使得系统具有很强的容错性能；大量节点能够增大覆盖的监测区域，减少洞穴或者盲区。

2. 自组织

在传感器网络应用中，通常情况下传感器节点被放置在没有基础结构的地方，传感器节点的位置不能预先精确设定，节点之间的相互邻居关系预先也不知道，如通过飞机播撒大量传感器节点到面积广阔的原始森林中，或随意放置到人不可到达或危险的区域。这样就要求传感器节点具有自组织的能力，能够自动进行配置和管理，通过拓扑控制机制和网络协议自动形成转发监测数据的多跳无线网络系统。

在传感器网络使用过程中，部分传感器节点由于能量耗尽或环境因素造成失效，也有

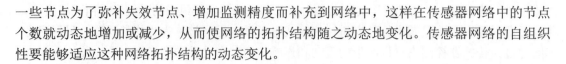

一些节点为了弥补失效节点、增加监测精度而补充到网络中，这样在传感器网络中的节点个数就动态地增加或减少，从而使网络的拓扑结构随之动态地变化。传感器网络的自组织性要能够适应这种网络拓扑结构的动态变化。

3. 动态性

传感器网络的拓扑结构可能因为下列因素而改变：①环境因素或电能耗尽造成的传感器节点故障或失效；②环境条件变化可能造成无线通信链路带宽变化，甚至时断时通；③传感器网络的传感器、感知对象和观察者这三要素都可能具有移动性；④新节点的加入。这就要求传感器网络系统要能够适应这种变化，具有动态的系统可重构性。

4. 可靠性

WSN 特别适合部署在恶劣环境或人类不宜到达的区域，节点可能工作在露天环境中，遭受日晒、风吹、雨淋，甚至遭到人或动物的破坏。传感器节点往往采用随机部署，如通过飞机撒播或发射炮弹到指定区域进行部署。这些都要求传感器节点非常坚固，不易损坏，适应各种恶劣环境条件。

由于监测区域环境的限制以及传感器节点数目巨大，不可能人工"照顾"每个传感器节点，网络的维护十分困难甚至不可维护。传感器网络的通信保密性和安全性也十分重要，要防止监测数据被盗取和获取伪造的监测信息。因此，传感器网络的软硬件必须具有健壮性和容错性。

5. 以数据为中心

互联网是先有计算机终端系统，然后再互联成为网络，终端系统可以脱离网络独立存在。在互联网中，网络设备用网络中唯一的 IP 地址标识，资源定位和信息传输依赖于终端、路由器、服务器等网络设备的 IP 地址。如果想访问互联网中的资源，首先要知道存放资源的服务器 IP 地址。可以说现有的互联网是一个以地址为中心的网络。

传感器网络是任务型的网络，脱离传感器网络谈论传感器节点没有任何意义。传感器网络中的节点采用节点编号标识，节点编号是否需要全网唯一取决于网络通信协议的设计。由于传感器节点随机部署，构成的传感器网络与节点编号之间的关系是完全动态的，表现为节点编号与节点位置没有必然联系。用户使用传感器网络查询事件时，直接将所关心的事件通告给网络，而不是通告给某个确定编号的节点。网络在获得指定事件的信息后汇报给用户。这种以数据本身作为查询或传输线索的思想更接近于自然语言交流的习惯。所以通常说传感器网络是一个以数据为中心的网络。

例如，在应用于目标跟踪的传感器网络中，跟踪目标可能出现在任何地方，对目标感兴趣的用户只关心目标出现的位置和时间，并不关心哪个节点监测到目标。事实上，在目标移动的过程中，必然是由不同的节点提供目标的位置消息。

6. 集成化

传感器节点的功耗低，体积小，价格便宜，实现了集成化。其中，微机电系统技术的快速发展为无线传感器网络节点实现上述功能提供了相应的技术条件，在未来，类似"灰尘"的传感器节点也将会被研发出来。

7. 具有密集的节点布置

在安置传感器节点的监测区域内，布置有数量庞大的传感器节点。通过这种布置方式可以对空间抽样信息或者多维信息进行捕获，通过相应的分布式处理，即可实现高精度的目标检测和识别。另外，也可以降低单个传感器的精度要求。密集布设节点之后，将会存在大多的冗余节点，这一特性能够提高系统的容错性能，对单个传感器的要求得到了大大降低。最后，适当将其中的某些节点进行休眠调整，还可以延长网络的使用寿命。

8. 协作方式执行任务

这种方式通常包括协作式采集、处理、存储以及传输信息。通过协作的方式，传感器的节点可以共同实现对对象的感知，得到完整的信息。这种方式可以有效克服处理和存储能力不足的缺点，共同完成复杂任务的执行。在协作方式下，传感器之间的节点实现远距离通信，可以通过多跳中继转发，也可以通过多节点协作发射的方式进行。

9. 自组织方式

之所以采用这种工作方式，是由无线传感器自身的特点决定的。由于事先无法确定无线传感器节点的位置，也不能明确它与周围节点的位置关系，同时，有的节点在工作中有可能会因为能量不足而失去效用，则另外的节点将会补充进来弥补这些失效的节点，还有一些节点被调整为休眠状态，这些因素共同决定了网络拓扑的动态性。这种自组织工作方式主要包括：自组织通信、自调度网络功能以及自管理网络等。

3.4　无线传感器网络的组成与安全需求

3.4.1　无线传感器网络的组成简介

无线传感器由 3 个节点组成，具体介绍如下。

1. 传感器节点

传感器节点的处理能力、存储能力和通信能力相对较弱，通过小容量电池供电。传感器节点由部署在感知对象附近大量的廉价微型传感器模块组成，其目的是协作地感知、采集和处理网络覆盖区域中感知对象的信息，并发送到汇聚节点。各模块通过无线通信方式形成一个多跳的自组织网络系统，传感器节点采集到的数据沿着其他传感器节点逐跳传输到汇聚节点。一个 WSN 系统通常有数量众多的体积小、成本低的传感器节点。从网络功能上看，每个传感器节点除了进行本地信息收集和数据处理外，还要对其他节点转发来的数据进行存储、管理和融合，并与其他节点协作完成一些特定任务。

2. 汇聚节点

汇聚节点的处理能力、存储能力和通信能力相对较强，它是连接传感器网络与 Internet 等外部网络的网关，实现两种协议间的转换，同时向传感器节点发布来自管理节点的监测任务，并把 WSN 收集到的数据转发到外部网络上。汇聚节点是一个具有增强功能的传感器节点，有足够的能量供给和更多的计算资源，可以汇聚传感器的数据，并对数据进行融合等操作，并负责与外界网络进行数据通信。

3. 管理节点

管理节点用于动态地管理整个无线传感器网络。传感器网络的所有者通过管理节点访问无线传感器网络的资源。

3.4.2　无线传感器网络的安全需求

由于 WSN 使用无线通信，其通信链路不像有线网络一样可以做到私密可控，所以在设计传感器网络时，更要充分考虑信息安全问题。手机 SIM 卡等智能卡，利用公钥基础设施 (Public Key Infrastructure，PKI)机制，基本满足了电信等行业对信息安全的需求。同样，亦可使用 PKI 来满足 WSN 在信息安全方面的需求。

1)　数据机密性

数据机密性是重要的网络安全需求，要求所有敏感信息在存储和传输过程中都要保证其机密性，不得向任何非授权用户泄露信息的内容。

2)　数据完整性

有了机密性保证，攻击者可能无法获取信息的真实内容，但接收者并不能保证其收到的数据是正确的，因为恶意的中间节点可以截获、篡改和干扰信息的传输过程。通过数据完整性鉴别，可以确保数据传输过程中没有任何改变。

3)　数据新鲜性

数据新鲜性问题是强调每次接收的数据都是发送方最新发送的数据，以此杜绝接收重复的信息。保证数据新鲜性的主要目的是防止重放(Replay)攻击。

4)　可用性

可用性要求传感器网络能够随时按预先设定的工作方式向系统的合法用户提供信息访问服务，但攻击者可以通过伪造和信号干扰等方式使传感器网络处于部分或全部瘫痪状态，破坏系统的可用性，如拒绝服务(Denial of Service，DoS)攻击。

5)　健壮性

无线传感器网络具有很强的动态性和不确定性，包括网络拓扑的变化、节点的消失或加入、面临各种威胁等，因此，无线传感器网络对各种安全攻击应具有较强的适应性，即使某次攻击行为得逞，该性能也能保障其影响最小化。

6)　访问控制

访问控制要求能够对访问无线传感器网络的用户身份进行确认，确保其合法性。

3.5　无线传感器网络的应用领域和发展趋势

3.5.1　无线传感器网络的现状

无线传感器网络(WSN)是信息科学领域中一个全新的发展方向,同时也是新兴学科与传统学科进行领域间交叉的结果。无线传感器网络经历了智能传感器、无线智能传感器、无线传感器网络 3 个阶段。智能传感器将计算能力嵌入到传感器中，使得传感器节点不仅具有数据采集能力，而且具有滤波和信息处理能力；无线智能传感器在智能传感器的基础上增加了无线通信能力，大大延长了传感器的感知触角，降低了传感器的工程实施成本；无线传感器网络则将网络技术引入到无线智能传感器中，使得传感器不再是单个的感知单元，而是能够交换信息、协调控制的有机结合体，实现物与物的互联，把感知触角深入世界各个角落，必将成为下一代互联网的重要组成部分。

WSN 技术是多学科交叉的研究领域，因而包含众多研究方向，WSN 技术具有天生的应用相关性，利用通用平台构建的系统都无法达到最优效果。WSN 技术的应用定义要求网络中节点设备能够在有限能量(功率)供给下实现对目标的长时间监控，因此网络运行的能量效率是一切技术元素的优化目标。其核心关键技术包括：组网模式、拓扑控制、媒体访问控制和链路控制、路由、数据转发及跨层设计、QoS 保障和可靠性设计、移动控制模型等。而关键支撑技术包括：WSN 网络的时间同步技术、基于 WSN 的自定位和目标定位技术、分布式数据管理和信息融合、WSN 的安全技术、精细控制、深度嵌入的操作系统技术、能量工程等。

3.5.2　无线传感器网络的发展趋势

WSN 网络是面向应用的，贴近客观物理世界的网络系统，其产生和发展一直都与应用相联系。多年来经过不同领域研究人员的演绎，WSN 技术在军事领域、精细农业、安全监控、环保监测、建筑领域、医疗监护、工业监控、智能交通、物流管理、自由空间探索、智能家居等领域的应用得到了充分的肯定和展示。2005 年，美国军方成功测试了由美国 Crossbow 产品组建的枪声定位系统，为救护、反恐提供有力手段。美国科学应用国际公司采用无线传感器网络，构筑了一个电子周边防御系统，为美国军方提供军事防御和情报信息。中国中科院微系统所主导的团队积极开展基于 WSN 的电子围栏技术的边境防御系统的研发和试点，已取得了阶段性的成果。

在民用安全监控方面，英国的一家博物馆利用无线传感器网络设计了一个报警系统，他们将节点放在珍贵文物或艺术品的底部或背面，通过侦测灯光的亮度改变和振动情况，来判断展览品的安全状态。中科院计算所在故宫博物院实施的文物安全监控系统也是 WSN 技术在民用安防领域中的典型应用。

在医疗监控方面，美国英特尔公司目前正在研制家庭护理的无线传感器网络系统，作为美国"应对老龄化社会技术项目"的一项重要内容。另外，在对特殊医院(精神类或残障类)中病人的位置监控方面，WSN 也有巨大应用潜力。

在智能交通方面，美国交通部提出了"国家智能交通系统项目规划"，预计到 2025 年全面投入使用。该系统综合运用大量传感器网络，配合 GPS 系统、区域网络系统等资源，实现对交通车辆的优化调度，并为个体交通推荐实时的、最佳的行车路线服务。WSN 网络自由部署、自组织工作模式使其在自然科学探索方面有巨大的应用潜力。2005 年，澳洲的科学家利用 WSN 技术来探测北澳大利亚蟾蜍的分布情况。佛罗里达宇航中心计划借助于航天器布撒的传感器节点实现对星球表面大范围、长时期、近距离的监测和探索。智能家居领域是 WSN 技术能够大展拳脚的地方。中国浙江大学计算机系的研究人员开发了一种基于 WSN 网络的无线水表系统，能够实现水表的自动抄录。中国复旦大学、电子科技大学等单位研制了基于 WSN 网络的智能楼宇系统，其典型结构包括照明控制、警报门禁，以及家电控制的 PC 系统。各部件自治组网，最终由 PC 将信息发布在互联网上。人们可以通过互联网终端对家庭状况实施监测。

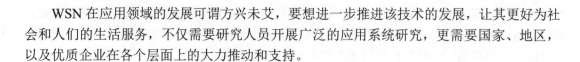

WSN 在应用领域的发展可谓方兴未艾，要想进一步推进该技术的发展，让其更好为社会和人们的生活服务，不仅需要研究人员开展广泛的应用系统研究，更需要国家、地区，以及优质企业在各个层面上的大力推动和支持。

3.5.3　无线传感器网络的应用领域

由于技术等方面的制约，WSN 的大规模商用还有待时日。但随着微处理器体积的缩小和性能的提升，已经有中小规模的 WSN 在工业市场上开始投入商用。其应用主要集中在以下领域。

1. 环境监测和保护

随着人们对于环境问题的关注程度越来越高，需要采集的环境数据也越来越多，无线传感器网络的出现为随机性的研究数据获取提供了便利，并且还可以避免传统数据收集方式给环境带来的侵入式破坏。比如，英特尔研究实验室研究人员曾经将 32 个小型传感器连进互联网，以读出缅因州"大鸭岛"上的气候，用来评价一种海燕巢的条件。无线传感器网络还可以跟踪候鸟和昆虫的迁移，研究环境变化对农作物的影响，监测海洋、大气和土壤的成分等。此外，它也可以应用在精细农业中，来监测农作物中的害虫、土壤的酸碱度和施肥状况等。

2. 医疗护理

罗切斯特大学的科学家使用无线传感器创建了一个智能医疗房间，使用微尘来测量居住者的重要征兆(血压、脉搏和呼吸)、睡觉姿势以及每天 24 小时的活动状况。英特尔也推出了基于 WSN 的家庭护理技术。该技术是作为探讨应对老龄化社会的技术项目 Center for Aging Services Technologies(CAST)的一个环节开发的。该系统通过在鞋、家具以及家用电器等家中道具和设备中嵌入半导体传感器，帮助老龄人士、阿尔茨海默氏病患者以及残障人士的家庭生活。利用无线通信将各传感器联网可高效传递必要的信息从而方便接受护理，而且还可以减轻护理人员的负担。英特尔主管预防性健康保险研究的董事 Eric Dishman 称，"在开发家庭用护理技术方面，无线传感器网络是非常有前途的领域。"

3. 军事领域

由于无线传感器网络具有密集型、随机分布的特点，使其非常适合应用于恶劣的战场环境中，包括侦察敌情、监控兵力、装备和物资，判断生物化学攻击等多方面用途。美国国防部远景计划研究局已投资几千万美元，支持大学进行"智能尘埃"传感器技术的研发。

DARPA 支持的 Sensor IT 项目探索如何将 WSN 技术应用于军事领域，实现所谓"超视距"战场监测。UCB 的教授主持的 Sensor Web 是 Sensor IT 的一个子项目。它原理性地验证了应用 WSN 进行战场目标跟踪的技术可行性，翼下携带 WSN 节点的无人机(UAV)飞到目标区域后抛下节点，最终随机撒落在被监测区域，利用安装在节点上的地震波传感器可以探测到外部目标，如坦克、装甲车等，并根据信号的强弱估算距离，综合多个节点的观测数据，最终定位目标，并绘制出其移动的轨迹。虽然该演示系统在精度等方面还远远达不到装备部队用于实战的要求，这种战场侦察模式尚未应用于实战，但随着美国国防部将其武器系统研制的主要技术目标从精确制导转向目标感知与定位，相信 WSN 提供的这种新颖的战场侦察模式会受到军方的关注。

4. 其他用途

WSN 还被应用于一些危险的工业环境如井矿、核电厂等，工作人员可以通过它来实施安全监测，也可以用在交通领域作为车辆监控的有力工具。WSN 还可以应用在工业自动化生产线等诸多领域，如英特尔正在对工厂中的一个无线网络进行测试，该网络由 40 台机器上的 210 个传感器组成，这样组成的监控系统可以大大改善工厂的运作条件。它可以大幅降低检查设备的成本，同时由于可以提前发现问题，因此能够缩短停机时间，提高效率，并延长设备的使用时间。尽管无线传感器技术仍处于初步应用阶段，但已经展示出了非凡的应用价值，相信随着相关技术的发展和推进，一定会得到更大的应用。

就目前的技术水平来说，让无线传感器网正常运行并大量投入使用还面临着许多问题。

(1) 网络内通信问题。无线传感器网络内正常通信联系中，信号可能被一些障碍物或其他电子信号干扰而受到影响，怎么安全有效地进行通信是个有待研究的问题。

(2) 成本问题。在一个无线传感器网络里面，需要使用数量庞大的微型传感器，这样的话成本会制约其发展。

(3) 系统能量供应问题。目前主要的解决方案有：使用高能电池；降低传感功率；传感器网络的自我能量收集技术和电池无线充电技术。其中后两者备受关注。

(4) 高效的无线传感器网络结构。无线传感器网络的网络结构是组织无线传感器的成网技术，有多种形态和方式，合理的无线传感器网络可以最大限度地利用资源。在这里面，还包括网络安全协议问题和大规模传感器网络中的节点移动性管理等诸多问题有待解决。

总之，无线传感器网络应用前景非常诱人。无线传感器网络(WSN)被认为是影响人类未来生活的重要技术之一，这一新兴技术为人们提供了一种全新的获取信息、处理信息的途径。由于 WSN 本身的特点，使得它与现有的传统网络技术之间存在较大的区别，给人们提出了很多新的挑战。由于 WSN 对国家和社会意义重大，国内外对于 WSN 的研究正热烈开展，希望能够引起测控领域对这一新兴技术的重视，推动对这一具有国家战略意义的新技术的研究、应用和发展。

本 章 小 结

本章系统地介绍了支撑物联网的传感器技术：传感器与传感技术和无线传感器技术。通过对传感器定义、分类，重点介绍了传感器技术的特点和传感器的应用，并且分析了传感器与传感技术的发展前景；也对无线传感器网络的基本结构及发展历史、现状、前景进行了介绍。无线传感器网络经历了节点技术、网络协议设计和智能群体研究三个阶段，吸引了大量学者对其展开研究。目前已经广泛应用于军事、环境监测、医疗保健、家居、商业等领域，能够完成传统系统无法完成的任务。

习 题

一、选择题

1. 传感器节点采集数据中不可缺少的部分是(　　)。

A. 温度　　　　　B. 湿度　　　　　C. 风向　　　　　D. 位置信息

2. 传感器已是一个非常(　　)概念，能把物理世界的量转换成一定信息表达的装置，都可以被称为传感器。

A. 专门的　　　　B. 狭义的　　　　C. 宽泛的　　　　D. 学术的

二、判断题

1. 传感器与传感器节点是相类似的概念。　　　　　　　　　　　　　　　　(　　)

2. 传感器与 RFID 技术的不同之处在于物体的信息产生于物理世界，只是通过传感器被传入信息世界。　　　　　　　　　　　　　　　　　　　　　　　　　　　(　　)

3. 用传感器节点来配置无线传感器网络时，完全无须人们去刻意地配置，可以利用传感器节点部署灵活的特征来完成。　　　　　　　　　　　　　　　　　　　　(　　)

三、简答题

简述无线传感器网络的特征。

第 4 章

自动识别技术

学习目标

1. 掌握自动识别技术的基本概念。
2. 了解条形码技术和射频识别技术。
3. 了解机器视觉识别技术和生物识别技术。

知识要点

自动识别技术的概念和特点；条形码和二维码的概念；射频识别技术的概念和应用。

4.1 自动识别技术概述

4.1.1 自动识别技术的概念

自动识别技术是用机器识别对象的众多技术的总称。具体地讲，就是应用识别装置，通过被识别物品与识别装置之间的接近活动，自动地获取被识别物品的相关信息。自动识别技术是一种高度自动化的信息或数据采集技术，对字符、影像、条码、声音、信号等记录数据的载体进行机器自动识别，自动地获取被识别物品的相关信息，并提供给后台的计算机处理系统来完成相关后续处理。

物联网中非常重要的技术就是自动识别技术，它融合了物理世界和信息世界，是物联网区别于其他网络(如电信网、互联网)最独特的部分。自动识别技术可以对每个物品进行标识和识别，并可以将数据实时更新，是构造全球物品信息实时共享的重要组成部分，是物联网的基石。通俗地讲，自动识别技术就是能够让物品"开口说话"的一种技术。

随着人类社会步入信息时代，人们所获取和处理的信息量不断加大。传统的信息采集输入是通过人工手段录入的，不仅劳动强度大，而且数据误码率高。那么怎么解决这一问题呢？答案是以计算机和通信技术为基础的自动识别技术。自动识别技术将数据自动采集，对信息自动识别，并自动输入计算机，使得人类得以对大量数据信息进行及时、准确的处理。在现实生活中，各种各样的活动或者事件都会产生这样或者那样的数据，这些数据包括人的、物质的、财务的，也包括采购的、生产的和销售的，这些数据的采集与分析对于我们的生产或者生活决策来讲是十分重要的。如果没有这些实际工况的数据支援，生产和决策就将成为一句空话，将缺乏现实基础。在计算机信息处理系统中，数据的采集是信息系统的基础，这些数据通过数据系统的分析和过滤，最终成为影响我们决策的信息。

在当前比较流行的物流研究中，基础数据的自动识别与实时采集更是物流信息系统(Logistics Management Information System，LMIS)的存在基础，因为，物流过程比其他任何环节更接近于现实的"物"，物流产生的实时数据比其他任何工况都要密集，数据量都要大。

自动识别技术是以计算机技术和通信技术的发展为基础的综合性科学技术，它是信息数据自动识读、自动输入计算机的重要方法和手段，归根结底，自动识别技术是一种高度自动化的信息或者数据采集技术。自动识别技术近几十年在全球范围内得到了迅猛发展，初步形成了一个包括条码技术、磁条磁卡技术、IC 卡技术、光学字符识别、射频技术、声音识别及视觉识别等集计算机、光、磁、物理、机电、通信技术为一体的高新技术学科。而中国物联网校企联盟认为自动识别技术可以分为光符号识别技术、语音识别技术、生物计量识别技术、IC 卡技术、条形码技术、射频识别技术(RFID)。

一般来讲，在一个信息系统中，数据的采集(识别)完成了系统原始数据的采集工作，解决了人工数据输入的速度慢、误码率高、劳动强度大、工作简单重复性高等问题，为计算机信息处理提供了快速、准确地进行数据采集输入的有效手段，因此，自动识别技术作为一种革命性的高新技术，正迅速为人们所接受。自动识别系统通过中间件或者接口(包括软件的和硬件的)将数据传输给后台处理计算机，由计算机对所采集到的数据进行处理或者加工，最终形成对人们有用的信息。在有的场合，中间件本身就具有数据处理功能。中间件还可以支持单一系统不同协议的产品的工作。完整的自动识别计算机管理系统包括自动识别系统(Auto Identification System，AIDS)、应用程序接口(Application Interface，API)或者中间件(Middleware)和应用系统软件(Application Software)。自动识别系统完成系统的采集和存储工作，应用系统软件对自动识别系统所采集的数据进行应用处理，而应用程序接口软件则提供自动识别系统和应用系统软件之间的通信接口(包括数据格式)，将自动识别系统采集的数据信息转换成应用软件系统可以识别和利用的信息并进行数据传递。

信息识别和管理过去多采用单据、凭证、传票为载体，利用手工记录、电话沟通、人工计算、邮寄或传真等方法，对信息进行采集、记录、处理、传递和反馈，不仅极易出现差错，也使管理者对物品在流动过程中的各个环节难以统筹协调，不能系统控制，更无法实现系统优化和实时监控，造成效率低下和人力、运力、资金、场地的大量浪费。

近几十年来，自动识别技术在全球范围内得到了迅猛发展，极大地提高了数据采集和信息处理的速度，改善了人们的工作和生活环境，提高了工作效率，并为管理的科学化和现代化做出了重要贡献。自动识别技术可以在制造、物流、防伪和安全等多个领域中应用，可以采用光识别、电识别或射频识别等多种识别方式，是集计算机、光、电、通信和网络技术为一体的高技术学科。

4.1.2　自动识别技术的分类

按照应用领域和具体特征的分类标准进行分类，自动识别技术可以分为条码识别技术、生物识别技术、图像识别技术、磁卡识别技术、IC 卡识别技术、光学字符识别技术和射频识别技术等。这里介绍几种典型的自动识别技术，分别是条码识别技术、磁卡识别技术、IC 卡识别技术和射频识别技术，这几种自动识别采用了不同的数据采集技术，其中条码是光识别技术、磁卡是磁识别技术、IC 卡是电识别技术、射频识别是无线识别技术。

1. 条码识别技术

条码是由一组条、空和数字符号组成，按一定编码规则排列，用以表示一定的字符、数字及符号等信息。条码识别是利用红外光或可见光进行识别。由扫描器发出的红外光或可见光照射条码，条码中深色的"条"吸收光，浅色的"空"将光反射回扫描器，扫描器将光反射信号转换成电子脉冲，再由译码器将电子脉冲转换成数据，最后传至后台，完成对条码的识别。条形码技术是在计算机应用和实践中产生并发展起来的一种广泛应用于商业、邮政、图书管理、仓储、工业生产过程控制、交通等领域的自动识别技术，具有输入速度快、准确度高、成本低、可靠性强等优点，在当今的自动识别技术中占有重要的地位。现如今条码辨识技术已相当成熟，其读取的错误率约为百万分之一，首读率大于 98%，是一种可靠性高、输入快速、准确性高、成本低、应用面广的资料自动收集技术。世界上约有 225 种以上的一维条码，每种一维条码都有自己的一套编码规格，规定每个字母(可能是文字或数字或文数字)是由几个线条(Bar)及几个空白(Space)组成，并对字母做排列。一般较流行的一维条码有 39 码、EAN 码、UPC 码、128 码，以及专门用于书刊管理的 ISBN、ISSN 等。

目前条码的种类很多，大体可以分为一维条码和二维条码。一维条码和二维条码都有许多码制，条码中条、空图案对数据不同的编码方法，构成了不同形式的码制。不同码制有各自不同的特点，可以用于一种或若干种应用场合。

1) 一维条码

一维条码有许多种码制，包括 Code25 码、Code128 码、EAN-13 码、EAN-8 码、ITF25 码、库德巴码、Matrix 码和 UPC-A 码等。如图 4-1 所示为几种常用的一维条码样图。

(a) EAN-13 码　　　　　　(b) EAN-8 码　　　　　　(c) UPC-A 码

图 4-1　几种常用的一维条码样图

目前最流行的一维条码是 EAN-13 条码。EAN-13 条码由 13 位数字组成，其中前 3 位数字为前缀码，目前国际物品编码协会分配给我国并已经启用的前缀码为 690～692。当前缀码为 690 或 691 时，第 4～7 位数字为厂商代码，第 8～12 位数字为商品项目代码，第 13 位数字为校验码；当前缀码为 692 时，第 4～8 位数字为厂商代码，第 9～12 位数字为商品项目代码，第 13 位数字为校验码。EAN-13 条码的构成如图 4-2 所示。

(a) 当前缀码为 690 时　　　　　　(b) 当前缀码为 692 时

图 4-2　EAN-13 条码的构成

2) 二维条码

二维条码技术是在一维条码无法满足实际应用需求的前提下产生的。二维条码在横向和纵向两个方位同时表达信息，因此能在很小的面积内表达大量信息。目前有几十种二维条码，常用的码制有 Data matrix 码、QR Code 码、Maxicode 码、PDF417 码、Code49 码、Code 16K 码和 Codeone 码等。如图 4-3 所示为几种常用的二维条码样图。

(a) Data matrix 码　　　　　　(b) QR Code 码　　　　　　(c) Maxicode 码

图 4-3　几种常用的二维条码样图

2. 磁卡识别技术

磁卡从本质意义上讲和计算机用的磁带或磁盘是一样的，它可以用来记载字母、字符及数字信息。磁卡是一种磁记录介质卡片，通过黏合或热合与塑料或纸牢固地整合在一起，能防潮、耐磨且有一定的柔韧性，携带方便、使用较为稳定可靠。

磁条记录信息的方法是变化磁的极性。在磁性氧化的地方具有相反的极性(如 S-N 和 N-S)，识读器材能够在磁条内分辨到这种磁性变换，这个过程被称为磁变。一部解码器可以识读到磁性变换，并将它们转换回字母或数字的形式，以便由一部计算机来处理。

磁卡的优点是数据可读写，即具有现场改变数据的能力，这个优点使得磁卡的应用领域十分广泛，如信用卡、银行 ATM 卡、会员卡、现金卡(如电话磁卡)和机票等。磁卡的缺点是数据存储的时间长短受磁性粒子极性耐久性的限制；另外，磁卡存储数据的安全性一般较低，如果磁卡不小心接触磁性物质就可能造成数据的丢失或混乱。随着新技术的发展，安全性能较差的磁卡有逐步被取代的趋势，但是在现有条件下，社会上仍然存在大量的磁卡设备，再加上磁卡技术的成熟和低成本，在短期内磁卡技术仍然会在许多领域应用。如图 4-4 所示为一种银行磁卡，该银行磁卡通过背面的磁条可以读写数据。

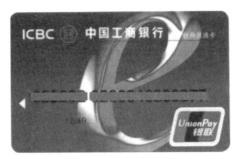 

(a) 银行卡正面　　　　　　　　　　　(b) 银行卡背面的磁条

图 4-4　银行磁卡

3. IC 卡识别技术

IC(Integrated Circuit)卡是一种电子式数据自动识别卡，分接触式 IC 卡和非接触式 IC 卡，这里介绍的是接触式 IC 卡。

接触式 IC 卡是集成电路卡，通过卡里集成电路存储的信息，它将一个微电子芯片嵌入到卡基中，做成卡片形式，通过卡片表面 8 个金属触点与读卡器进行物理连接，来完成通信和数据交换。IC 卡包含了微电子技术和计算机技术，作为一种成熟的高技术产品，是继磁卡之后出现的又一种新型信息工具。

IC 卡的外形与磁卡相似，它与磁卡的区别在于数据存储的媒体不同。磁卡是通过卡上磁条的磁场变化来存储信息，而 IC 卡是通过嵌入卡中的电擦除式可编程只读存储器(EEPROM)来存储数据信息。IC 卡与磁卡相比较，具有存储容量大、安全保密性好、有数据处理能力、使用寿命长等优点。

按照是否带有微处理器，IC 卡可分为存储卡和智能卡两种。存储卡仅包含存储芯片而无微处理器，一般的电话 IC 卡即属于此类。将带有内存和微处理器芯片的大规模集成电路嵌入到塑料基片中，就制成智能卡，它具有数据读写和处理功能，因而具有安全性高、可以离线操作等突出优点，银行的 IC 卡通常是指智能卡。如图 4-5 所示为两种 IC 卡。

4. 射频识别技术

射频识别技术是通过无线电波进行数据传递的自动识别技术。与条码识别技术、磁卡识别技术和 IC 卡识别技术等相比，它以特有的无接触、可同时识别多个物体等优点，逐渐成为自动识别领域中最优秀和应用最广泛的自动识别技术。

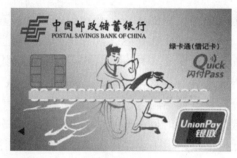

(a) 中国电信 IC 卡　　　　　　　　(b) 银行 IC 卡

图 4-5　IC 卡

4.2　条形码技术

4.2.1　条形码的产生及发展

20 世纪 40 年代末，英国国会举办了一次称为"惊讶之室"的展览，展出了美国各军种采购的同类物品。这些纯属同类的军需物品，都具有不同的价格、不同的规格，甚至不同的名称，例如完全同样的螺栓，各军种各系统却使用着 15 个的编号；另一种军用品竟有 273 个物资编号。这种令人惊讶的物资编码混乱状况，严重影响着对物资的现代化管理，极不适应美利坚合众国兵员众多，军兵种复杂，屯兵广泛，调动频繁，机动性强的特殊要求。因此美国第 82 届国会于 1952 年通过了第 436 号公法，即《国防编目与标准化法》，规定"所有供应活动，从订购到最终处理的各个环节上，每种物品只用一个识别编号"。随即美国总统指令预算署长建立了美国国家编码局，对物资编码实行了严格管理，每项物资均被指定了一个统一的编码，未经该局批准，任何物资不能得到编码号，而无号物资一律不得进入流通领域。他们还以号称是世界最大的后勤用电子计算机，存储有 640 万种编码，并规定任何部门对编码的改动、增补或删除，均需通过编码局。

计算机技术在近年的迅猛发展，又极大地促进了物资编码和物资信息自动化传输工作。通常供编码用的代码类型有数字、文字字母、数字-字母三种，但为使用计算机，并适应计算机的识别需要及提高输入的方便性、灵活性和准确性，从 40 年代末期就产生了一种能为计算机识别，以黑白条纹(或称条纹和间隔)表示的特殊代码——条形码。

条形码随着计算机技术的发展而不断完善和推广：20 世纪 40 年代末期是电子管计算机在世界上最有声色的时代。美国在 1949 年首先发明了圆环状条形码，加快了物资信息交流传递的节奏，但未能在应用上推广；60 年代末，电子管计算机发展成晶体管计算机，计算机结构更加复杂，功能更加完善，有力地推动了编码理论的核心基础理论，即现代通信编码理论的形成，以其奠基人命名的 Shannon 定理应运而生。在这一重要理论指导下，编码学家们创造了很多信息码，最著名的 Hamming 码就是在这时产生的，Hamming 码至今仍广泛地应用在自动控制技术中。20 世纪 70 年代初美国又在商业系统推出了一套适合超级市场和商品零售业使用的通用商品代码 UPC，并很快在全国推广应用。70 年代末期至 80 年代，计算机已经发展成大规模的集成电路，存储容量和运算速度达到了空前水平。特别是微型计算机性能的提高和成本大幅度的降低，为许多部门及行业实现事务管理现代化和生产过程自动化创造了极为有利的条件。同时社会的发展也已进入信息化社会阶段，人们对信息的收集及反馈越来越重视，各种信息已起到指导工业生产和商品流通的重要作用，因此作为信息存储和传递的条形码技术在这样的背景下获得了迅速的发展，世界各国先后发表了几十种条形码。这些条形码在信息容段、用途、可靠性等方面存在差异，主要的有 BAN 码、五取二码、三九码、九三码等。

目前在工业发达国家，条形码在物流信息自动处理和工业自动化生产过程的众多行业应用已十分广泛，并且产生了十分明显的经济效益和社会效益。条形码技术还在许多国家被开发为一门新兴的高技术产业，产值每年以 20% 的增长率迅速增长。

下面介绍一些条形码技术的发展史。

1949 年——N.J.Wodlandal 发明并申请 Eirular 条形码专利。

1960 年——Sylvania 发明铁路车厢条形码识别符号。

1970 年——美国 Ad Hoc 委员会制定出适用于超级市场的 UPC 码。

1971 年——欧洲图书馆使用 Plessey 码。

1972 年——Codabar 码申请专利。

1973 年——美国在超级市场中首先使用 UPC 码。

1974 年——INTERMEC 公司发表三九码。

1977 年——西欧美、法、西德等十二个国家制定并使用物品标志符号 EAN 码(或称欧洲货号)。

1977 年——Codabar 码、十一码获得发展。

1981 年——发表关于条形码用于集装箱的 DSSG 报告。

1981 年——美国分配符号研究公布物料搬运使用的"统一包装箱符号"，改制希望这套符号(即交叉五取二码)能够像用于商业界的 UPC 码一样，迅速应用于各种包装容器的自动管理中。

1982 年——美国国防部规定凡为军队服务的各种包装容器，外表都要印有三九条形码和光学识别码(OCR-A)。

1985 年——美国自动生产部门呈报上级，批准自动化生产的自动管理和自动化仓库的订单分拣与物料管理中，使用三九码和交叉五取二码这两种成熟的条形码。

1988 年——经国务院批准，国家技术监督局成立了"中国物品编码中心"。该中心的任务是研究、推广条码技术；同意组织、开发、协调、管理我国的条码工作。

4.2.2 条形码技术概念及特点

条形码是按特定格式组合起来的一组宽度不同的平行线条，其线条和间隔代表了某些数字或符号，用以表示某些信息。条形码可以印刷在物品、纸包装或其他介质上，做成含有信息的条形码标签，通过光电扫描设备，即可准确反映出所表示的信息。

一幅完整的条形码标签，在条形码图形下面还印有供人员识别的相应文字信息，如图 4-6 所示。

在实际应用中，人们通常对条形码所表示的字符含有的信息赋予一定的含义。例如在仓库管理中表示物品的名称、数量、进出库日期等；在超级市场商品零售过程中则可用来表示零件代号、加工步骤等。将这些具有实际意义的条形码事先印在物品上或包装上，或打印在加工单据上以后，无论物品走到哪里，人们都可以根据事先约定的标准，用专门的阅读设备获得关于此物品的有关信息。

图 4-6　典型的条形码标签

采用条形码这种编码方法具有以下特点。

(1) 条形码在代码编制上巧妙地利用了构成数字计算机内部逻辑基础的"0""1"比特流的概念，使用若干与二进制数相对应的宽窄条纹表示某个文字、数字或符号，这样一种代码非常容易使用简便的阅读设备进行自动识别，经过阅读设备光电转换的信息只需要经过简单的接口电路即能输送到微型机等数据处理装置接口电路，进行信息的判别和处理。因而具有数据处理系统造价便宜、使用方便的优点。

(2) 在计算机的应用上，条形码是一种高效率的数据输入技术。电子计算机的出现为加快传递信息创造了极为有利的条件，而提高计算机的方便性、灵活性、准确性，发挥计算机的应用潜力，又依靠使用效率高、性能好的计算机输入技术。当代已涌现出多种多样的计算机输入技术，条形码正是其中的一种，与其他计算机输入技术如键盘输入、光伏识别、磁墨水识别、语音识别、机器视觉等相比较，条形码具有识别速度快、精准性高、可靠性强、保密性好等优点。据国外报道，采用激光飞点扫描器可对条形码进行高速阅读，每秒可重复识别代码上百次，其置换误差(指由编码、阅读或人工操作所产生的误差)仅为三十万分之一；而如采用光学字符自动识别方法(OCR)，机器识别的置换误差仅为万分之一。

(3) 条形码标签易于制作。它既可以印在商品的外包装上，也可以使用专用条形码打印机与其他文字、图案同时打印。从这个意义上说，条形码是唯一可以直接打印的机器语言。这也是它的另一特点。

(4) 条形码技术是一种网络技术。由条形码形成的各种报文可以方便地使用不同的机器有机地联系起来，形成一个信息传输的廉价通信网络。利用这样的网络，可以使处于不同位置的工作站获得加工过程信息或控制管理信息后，直接与管理计算机通信，再由管理计算机分别运行数据和发出相应的命令。

4.2.3　条形码的分类和编码方法

条码是由一组按一定编码规则排列的条、空符号，用以表示一定的字符、数字及符号组成的信息。条码系统是由条码符号设计、制作及扫描阅读组成的自动识别系统。条码可分为一维码和二维码两种。一维码比较常用，如日常商品外包装上的条码就是一维码。它的信息存储量小，仅能存储一个代号，使用时通过这个代号调取计算机网络中的数据。二维码是近几年发展起来的，它能在有限的空间内存储更多的信息，包括文字、图像、指纹、签名等，并可脱离计算机使用。

条码种类很多，常见的大概有 20 多种码制，其中包括：Code39 码(标准 39 码)、Codabar 码(库德巴码)、Code25 码(标准 25 码)、ITF25 码(交叉 25 码)、Matrix25 码(矩阵 25 码)、UPC-A 码、UPC-E 码、EAN-13 码(EAN-13 国际商品条码)、EAN-8 码(EAN-8 国际商品条码)、中国邮政码(矩阵 25 码的一种变体)、Code-B 码、MSI 码、Code11 码、Code93 码、ISBN 码、ISSN 码、Code128 码(Code128 码，包括 EAN128 码)、Code39EMS(EMS 专用的 39 码)等一维条码和 PDF417 等二维条码。

目前，国际广泛使用的条码种类有以下几种。

(1) EAN、UPC 码——商品条码，用于在世界范围内唯一标识一种商品。我们在超市中最常见的就是 EAN 和 UPC 条码。其中，EAN 码是当今世界上广为使用的商品条码，已成为电子数据交换(EDI)的基础；UPC 码主要为美国和加拿大使用。

(2) Code39 码——因其可采用数字与字母共同组成的方式而在各行业内部管理上被广泛使用。

(3) ITF25 码——在物流管理中应用较多。

(4) Codabar 码——多用于血库，图书馆和照相馆的业务中。

另还有 Code93 码、Code128 码等。

除以上列举的一维条码外，二维条码也已经在迅速发展，并在许多领域得到了应用。

1. EAN 码

EAN 码的全名为欧洲商品条码(European Article Number)，源于 1977 年，由欧洲十二个工业国家所共同发展出来的一种条码。目前已成为一种国际性的条码系统。EAN 条码系统的管理是由国际商品条码协会(International Article Numbering Association)负责各会员国的国家代表号码的分配与授权，再由各会员国的商品条码专责机构，对其国内的制造商、批发商、零售商等授予厂商代表号码。

EAN 码具有以下特性。

(1) 只能储存数字。

(2) 可双向扫描处理，即条码可由左至右或由右至左扫描。

(3) 必须有一检查码，以防读取资料的错误情形发生，位于 EAN 码中的最右边处。

(4) 具有左护线、中线及右护线，以分隔条码上的不同部分与撷取适当的安全空间来处理。

(5) 条码长度一定，较欠缺弹性，但经由适当的管道，可使其通用于世界各国。依结构的不同，EAN 条码可区分为：①EAN-13 码，由 13 个数字组成，为 EAN 的标准编码形式。②EAN-8 码，由 8 个数字组成，属 EAN 的简易编码形式。

EAN-13 码的样式如图 4-7 所示。

EAN-13 码的结构与编码方式包括：

(1) 国家号码由国际商品条码总会授权，我国的国家号码为 690～691，凡由我国核发的号码，均须冠上 "690" 为字头，以区别于其他国家。

(2) 厂商代码由中国商品条码策进会核发给申请厂商，占四个码，代表申请厂商的号码。

(3) 产品代码占五个码，系代表单项产品的号码，由厂商自由编定。

(4) 检查码占一个码，系为防止条码扫描器误读的自我检查。

图 4-7　EAN-13 码

2. EAN-8 码

EAN-8 码的结构如图 4-8 所示。

EAN 缩短码共有 8 位数，当包装面积小于 120 平方厘米以下无法使用标准码时，可以申请使用缩短码。

(1) 国家号码与标准码同。

(2) 厂商单项产品号码，系每一项需使用缩短码的产品均需逐一申请个别号码。

(3) 检查码的计算方式与标准码相同。

EAN-8 码的编码方式大致与 EAN-13 码相同，如图 4-9 所示。

图 4-8　EAN-8 码

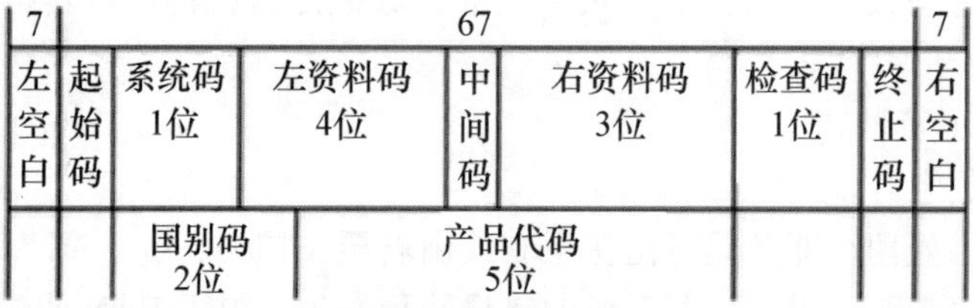

7				67					7
左空白	起始码	系统码 1位	左资料码 4位	中间码	右资料码 3位	检查码 1位	终止码		右空白
		国别码 2位			产品代码 5位				

图 4-9　EAN-8 的编码方式

EAN-8 码具有以下特点。

(1) EAN-8 码共 8 位数，包括国别码 2 位，产品代码 5 位，及检查码 1 位。

(2) EAN-8 从空白区开始共 81 个模组，每个模组长 0.33mm，条码符号长度为 26.73mm。

(3) EAN-8 码左右资料码编码规则与 EAN-13 码相同。

3. UPC 码

UPC 码(Universal Product Code)是最早大规模应用的条码，其特性是长度固定、具有连续性，目前主要在美国和加拿大使用，由于其应用范围广泛，故又被称万用条码。UPC 码仅可用来表示数字，故其字码集为数字 0～9。UPC 码共有 A、B、C、D、E 等五种版本，各版本的 UPC 码格式与应用对象如表 4-1 所示。

表 4-1 UPC 码的各种版本

版　本	应用对象	格　式
UPC-A	通用商品	SXXXXX XXXXXC
UPC-B	医药卫生	SXXXXX XXXXXC
UPC-C	产业部门	XSXXXX XXXXXCXX
UPC-D	仓库批发	SXXXXX XXXXXCXX
UPC-E	商品短码	XXXXXX

注：S—系统码，X—资料码，C—检查码。

下面进一步介绍最常用的 UPC 标准码(UPC-A 码)和 UPC 缩短码(UPC-E 码)的结构与编码方式。

1) UPC-A 码

每个 UPC-A 码包括以下几个部分，如图 4-10 所示。

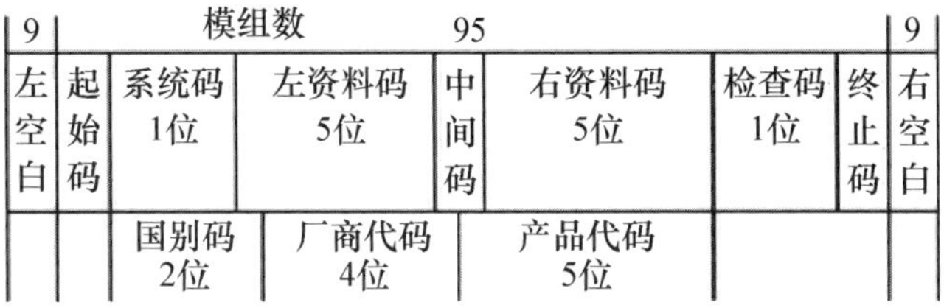

图 4-10 UPC-A 码

UPC-A 码具有以下特点。

(1) 每个字码皆由 7 个模组组合成 2 线条 2 空白，其逻辑值可用 7 个二进制数字表示，例如逻辑值 0001101 代表数字 1，逻辑值 0 为空白，1 为线条，故数字 1 的 UPC-A 码为粗空白(000)-粗线条(11)-细空白(0)-细线条(1)。

(2) 从空白区开始共 113 个模组，每个模组长 0.33mm，条码符号长度为 37.29mm。

(3) 中间码两侧的资料码编码规则是不同的，左侧为奇，右侧为偶。奇表示线条的个数为奇数；偶表示线条的个数为偶数。

(4) 起始码、终止码、中间码的线条高度长于数字码。

2) UPC-E 码

UPC-E 是 UPC-A 码的简化形式，其编码方式是将 UPC-A 码整体压缩成短码以方便使用，因此其编码形式须经由 UPC-A 码来转换。

UPC-E 由 6 位数码与左右护线组成，无中间线。6 位数字码的排列为 3 奇 3 偶，其排列方法取决于检查码的值。UPC-E 码只用于国别码为 0 的商品，其结构如图 4-11 所示。

(1) 左护线：为辅助码，不具任何意义，仅供打印时作为识别之用，逻辑形态为 010101，其中 0 代表细白，1 代表细黑。

(2) 右护线：同 UPC-A 码，逻辑形态为 101。

(3) 检查码：为 UPC-A 码原形的检查码，其作用为一导入值，并不属于资料码的一部分。

(4) 资料码：扣除第一码固定为 0 外，UPC-E 实际参与编码的部分只有六码，其编码方式视检查码的值来决定。

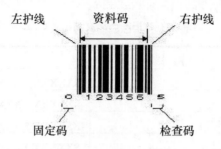

图 4-11　UPC-E 码

4. 39 码

39 码是一种可表示数字、字母等信息的条码，主要用于工业、图书及票证的自动化管理，目前使用极为广泛。

39 码是公元 1974 年发展出来的条形码系统，是一种可供使用者双向扫描的分布式条形码，也就是说相邻两数据码之间，必须包含一个不具任何意义的空白(或细白，其逻辑值为 0)，且其具有支持文数字的能力，故应用较一般一维条形码广泛，目前主要应用于工业产品、商业数据及医院用的保健资料。它的最大优点是码数没有强制的限定，可用大写英文字母码，且检查码可忽略不计。标准的 39 码是由起始安全空间、起始码、数据码、可忽略不计的检查码、终止安全空间及终止码所构成(徐绍文，1985)，以 Z135+这个资料为例，其所编成的 39 码如图 4-12 所示。

图 4-12　39 码

综合来说，39 码具有以下特性。

(1) 条形码的长度没有限制，可随着需求做弹性调整。但在规划长度的大小时，应考虑条形码阅读机所能允许的范围，避免扫描时无法读取完整的数据。

(2) 起始码和终止码必须固定为"＊"字符。

(3) 允许条形码扫描器进行双向的扫描处理。

(4) 由于 39 码具有自我检查能力，故检查码可有可无，不一定要设定。

(5) 条形码占用的空间较大。

可表示的资料包含：0~9 的数字，A~Z 的英文字母，以及"＋""－""＊""/""%""＄""."等特殊符号，再加上空格符" "，共计 44 组编码，并可组合出 128 个 ASCII 码的字符符号，我们以 EAN-13 条形码的生成为例说明条形码的生成方法。

(1) 由 d_0 根据表 4-2 产生和 d_1~d_6 匹配的字母码，该字母由 6 个字母组成，字母限于 A 和 B。

(2) 将 d_1~d_6 和 d_0 产生的字母码按位进行搭配，来产生一个数字-字母匹配对，并通过查表 4-2 生成条形码的第一数据部分。

(3) 将 d_7~d_{12} 和 C 进行搭配，并通过查表 4-3 生成条形码的第二数据部分。

(4) 按照两部分数据绘制条形码：1 对应黑线，0 对应白线。

例如，假设一个条形码的数据码为：6901038100578。d_0=6，对应的字母码为 ABBBAA，d_1~d_6 和 d_0 产生的字母码按位进行搭配结果为：9A、0B、1B、0B、3A、8A，查表 4-2 得第一部分数据的编码为 0001011/0100111、0110011、0100111、0111101、0110111；d_7~d_{12}

和 C 进行搭配的结果为 1C、0C、0C、5C、7C、8C，查表 4-3 得第二部分数据的编码分别为 1100110、1110010、1110010、1001110、1000100、1001000。

表 4-2 映射表

数 字	字 母 码	数 字	字 母 码
0	AAAAAA	5	ABBAAB
1	AABABB	6	ABBBAA
2	AABBAB	7	ABABAB
3	AABBBA	8	ABABBA
4	ABAABB	9	ABBABA

表 4-3 数字-字母映射表

数字-字母匹配对	二进制信息	数字-字母匹配对	二进制信息
0A	0001101	0B	0100111
0C	1110010	1A	0011001
1B	0110011	1C	1100110
2A	0010011	2B	0011011
2C	1101100	3A	0111101
3B	0100001	3C	1000010
4A	0100011	4B	0011101
4C	10111001	5A	0110001
5B	01110001	5C	1001110
6A	0101111	6B	0000101
6C	1010000	7A	0111011
7B	0010001	7C	1000100
8A	0110111	8B	0001001
8C	1001000	9A	0001011
9B	0010111	9C	1110100

4.2.4 条形码识读原理与技术

1. 条形码识读原理

为了阅读出条形码所代表的信息，需要一套条形码识别系统，它由条形码扫描器、放大整形电路、译码接口电路和计算机系统等部分组成。由于不同颜色的物体，其反射的可见波长不同，白色物体能反射各种波长的可见光，黑色物体则吸收各种波长的可见光，所以当条形码扫描器(或称条形码阅读器)光源发出的光经凸透镜 1 后，照射到黑白相间的条形码上时，反射光经凸透镜 2 聚焦后，照射到光电转换器上，于是光电转换器接收到与白条和黑条相应的强弱不同的反射光信号，并转换成相应的电信号输出到放大整形电路。白条、黑条的宽度不同，相应的电信号持续时间长短也不相同。但是，由光电转换器输出的与条形码的条和空相应的电信号一般仅为 10mV 左右，不能直接使用，因而先要将光电转换器输出的电信号送放大器放大。放大后的电信号仍然是一个模拟电信号，以便计算机系统能准确判读。整形电路的脉冲数字信号经译码器译成数字、字符信息，它通过识别起始、终止字符来判别出条形码符号的码制及扫描方向，通过测量脉冲数字电信号 0、1 的数目来判别出条和空的数目，通过测量 0、1 信号持续的时间来判别条和空的宽度。这样便得到了被辨读的条形码符号的条和空的数目及相应的宽度和所用码制，根据码制所对应的编码规则，便可将条形码符号换成相应的数字、字符信息，通过接口电路送给计算机系统进行数据处理和管理，便完成了条形码辨读的全过程，如图 4-13 所示。

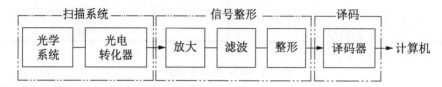

图 4-13　条形码识读原理示意图

2. 条形码阅读器

条形码阅读器又称为条形码扫描器、条形码扫描枪。普通的条形码阅读器通常采用以下 3 种技术：光笔、激光、CCD。

1）　光笔条形码扫描器

光笔是最先出现的一种手持接触式扫描器，它也是最为经济的一种条形码阅读器。使用时，操作者需将光笔接触到条形码表面，通过光笔的镜头发出一个很小的光点，当这个光点从左到右划过条形码时，在"空"部分，光线被反射，"条"的部分光线被吸收，因此在光笔内部产生一个变化的电压，这个电压通过放大、整形后用于译码。光笔类条形码阅读器不论采用何种工作方式，从使用上都存在一个共同点，即阅读条形码信息时，要求扫描器与待识读的条形码接触或离开一个极短的距离(一般仅 0.2～1mm)。

2）　激光条形码阅读器

激光条形码阅读器的工作原理：手持式激光条形码扫描器通过一个激光二极管发出一束光线，照射到一个旋转的棱镜或来回摆动的镜子上，反射后的光线穿过阅读窗照射到条形码表面，光线经过条或空的反射后返回阅读器，由一个镜子进行采集、聚焦，通过光电转换器转换成电信号，该信号将通过扫描器或终端上的译码软件进行译码。

激光条形码扫描器分为手持式(便携式)和固定式两种：手持激光枪连接方便简单、使用灵活；固定式激光条形码扫描器适用于阅读器较大、条形码较小的场合，有效解放双手工作。激光条形码扫描器是各种条形码扫描器中所能提供的各项功能指标最高者，价格相对较高。

3）　CCD 阅读器

CCD 阅读器使用一个或多个 LED，发出的光线能够覆盖整个条形码，条形码的图像被传到一排光上，被每个单独的光电二极管采样，由临近的探测结果为"黑"或"白"区分每一个空和条，从而确定条形码的字符。换言之，CCD 阅读器不是阅读每一个"条"或"空"，而是条形码的整个部分，并转换成可译码的电信号。CCD 为电子耦合器件，比较适合近距离和接触阅读，它的价格没有激光阅读器贵，而且内部没有移动部件。

手机条形码扫描器能扫描条形码到各款智能手机，并与之成为一体，通过调整手机镜头的照相功能，软件将快速扫描识别出一维码和二维码内的信息，使得手机变身数据采集器，能很好地应用于快递物流、医疗管理、家电售后、销售管理、政府政务等各行各业，帮助企业提高移动办事效率，降低规模成本。

4.2.5　二维码

一维条形码只是在一个方向(一般是水平方向)表达信息，而在垂直方向则不表达任何信息。一维条形码的应用可以提高信息录入的速度，减少差错率，但是一维条形码也存在一些不足之处。

(1) 数据容量较小——30 个字符左右。

(2) 只能包含字母和数字。

(3) 条形码尺寸相对较大(空间利用率较低)。

(4) 条形码遭到损坏后便不能阅读。

在水平和垂直方向的二维空间存储信息的条形码，称为二维条形码。与 维条形码一样，二维条形码也有许多不同的编码方法，或称码制。就这些码制的编码原理而言，通常可分为以下三种类型。

(1) 线性堆叠式二维码。它是在一维条形码编码原理的基础上，将多个一维码在纵向堆叠而产生的。典型的码制如 Code 16K、Code 49、PDF417 等。

(2) 矩阵式二维码。它是在一个矩形空间通过黑、白像素在矩阵中的不同分布进行编码。典型的码制如 Aztec、Maxi Code、QR Code、Data Matrix 等。

(3) 邮政码。通过不同长度的条进行编码，主要用于邮件编码，如 Postnet、BPO4-State。

在许多种类的二维条形码中，常用的码制有 Data Matrix、Maxi Code、Aztec、QR Code、Vericode、PDF417、Ultracode、Code 49、Code 16K 等，其中：

● Data Matrix 主要用于电子行业小零件的标识，如 Intel 的奔腾处理器的背面就印制了这种码。

● Maxi Code 是由美国联合包裹服务(UPS)公司研制的，用于包裹的分拣和跟踪。

● Aztec 是由美国韦林(Welch Allyn)公司推出的，最多可容纳 3832 个数字或 3067 个字母字符或 1914 个字节的数据。

下面我们以 PDF417 码为例，介绍二维条形码的特性和特点。

1. PDF417 码简介

PDF417 码是由留美华人王寅敬(音)博士发明的。PDF 是取英文 Portable Data File 三个单词的首字母的缩写，意为"便携数据文件"。因为组成条形码的每一符号字符都是由 4 个条和 4 个空构成，如果将组成条形码的最窄条或空称为一个模块，则上述的 4 个条和 4 个空的总模块数一定为 17，所以称 417 码或 PDF417 码。

2. PDF417 码的特点

(1) 信息容量大。PDF417 码除可以表示字母、数字、ASCII 字符外，还能表达二进制数。为了使得编码更加紧凑，提高信息密度，PDF417 在编码时有三种格式：扩展的字母数字压缩格式，可容纳 1850 个字符；二进制/ASCII 格式，可容纳 1108 个字节；数字压缩格式，可容纳 2710 个数字。

(2) 具有错误纠正能力。一维条形码通常具有校验功能以防止错读，一旦条形码发生污损将被拒读。而二维条形码不仅能防止错误，而且能纠正错误，即使条形码部分损坏，也能将正确的信息还原出来。

(3) 印制要求不高。普通打印设备均可打印，传真件也能阅读。

(4) 可用多种阅读设备阅读。PDF417 码可用带光栅的激光阅读器、线性及面扫描的图像式阅读器阅读。

(5) 尺寸可调，以适应不同的打印空间。

(6) 码制公开已形成国际标准，我国也已制定了 PDF417 码的国标。

3. PDF417 码的纠错功能

二维条形码的纠错功能是通过将部分信息重复表示(冗余)来实现的。比如在 PDF417 码中，某一行除了包含本行的信息外，还有一些反映其他位置上的字符(错误纠正码)的信息。这样，即使条形码的某部分遭到损坏，也可以通过存在于其他位置的错误纠正码将其信息还原出来。

PDF417 的纠错能力依错误纠正码字数的不同分为 0～8 共 9 级，级别越高，纠正码字数越多，纠正能力越强，条形码也越大。当纠正等级为 8 时，即使条形码污损 50%也能被正确读出。PDF417 还有几种变形的码制形式：①PDF417 截短码，在相对"干净"的环境中，条形码损坏的可能性很小，则可将右边的行指示符省略并减少终止符。②PDF417 微码，即进一步缩减的 PDF 码。③宏 PDF417 码，当文件内容太长，无法用一个 PDF417 码表示时，可用包含多个(1～99999 个)条形码分块的宏 PDF417 码来表示。

二维条形码的优势从以上介绍可以看出，与一维条形码相比，二维条形码有着明显的优势，归纳起来主要有以下几个方面。

(1) 数据容量更大，PDF417 码包含了文字框中的所有文字。

(2) 超越了字母数字的限制。

(3) 条形码相对尺寸小。

(4) 具有抗损毁能力。

4.2.6　条形码技术的应用

条形码技术的应用最早起源于铁路车厢的识别；20 世纪 70 年代初期，条形码技术在超级市场商品销售的自动结账和有轨电车的行车调动上获得了应用；进入 80 年代后，社会发展进入信息化社会时代，计算机技术又迅速发展，特别是微型计算机的性能提高和成本大幅度降低，使具有一系列优点、作为信息存储和传递的条形码技术迅速推广应用到各个行业，成为自动识别领域上的一个重要分支，特别是在超级市场、物流管理、图书管理、仓库管理、邮政业务、工业自动化生产等方面获得了广泛应用。下面按应用领域分别予以介绍。

1. 超级市场管理

目前，在各类零售终端，几乎所有的商品都使用条形码。商品的价格、品种、数量、产地以及商场其他方面的统计管理均可用条形码符号，计算机便可自动建立商品信息数据库，数据库中记录商品的种类、货架种类、货架现存商品数量、商品的进价、售价等有关信息。当顾客选好商品后，售货员就用扫描阅读器对着商品包装上的条形码符号一一扫描，这时和扫描阅读器相连接的计算机就完成两个任务：第一个是完成对商品的结算，计算机根据此商品的种类在数据库中自动查询其售价，并做收款累计，当扫描完所有欲购商品的条形码符号后，计算机立即报出总价，并打印所购物品清单。由于扫描条形码符号的速度远远高于敲键盘或打算盘，一个顾客购买的商品的结算时间可减少到几十秒甚至几秒，给顾客带来了极大的方便，同时由于条形码的可靠性和准确性，大大降低了结账出错的可能性。第二个是完成统计任务，由于计算机可以把一天所售的商品一一记录下来，故在每天营业结束后，可根据需求，打印商场一天的营业情况，汇成日报单，以便管理人员进行决策。同时在日常销售中，计算机还可根据数据库中各种商品的数量及时提醒管理人员何时进货等内容。这样有了条形码技术和计算机技术的结合，可使商场大大节省人力、物力、财力，发挥其最大潜力。

零售终端除将条形码应用于购物自动结账外，使用条形码也对商品订购、仓库清点、价格调整和沟通产销信息等工作带来了极大的方便。美国大众百货公司仓库存有 900 多种 35 万件物品，应用条形码技术后，提高了工作效率，减少了差错，加快了物资周转速度，在不增加人员的情况下营业额从 3 亿美元增加到 9 亿美元。

2. 物流管理

按国家物资编号，将相应的条形码符号打印在小商品外包装上，可以大大提高物流管理的水平，有力地促进其科学化和计算机化。

美国于 1981 年和 1982 年相继公布了物料搬运业使用的"统一包装箱符号"和规定为军队服务的包装容器外表都必须印有 39 条形码后，由于配有微型计算机的条形码阅读设备能够准确、实时地采集和处理物流的信息，因而大大提高了物流管理的效率和质量，促使流通成本降低。

3. 仓库管理

在仓库管理中使用条形码技术可大大减少其管理时间和提高物品发放的准确度。仓库中的物品项目、货位都可用条形码符号来识别，物品入库时逐个扫描每一物品的条形符号，计算机便记录物品的名称、数量、所存库位等信息。由于每扫描一个条形码只需 1~2 秒，故大大提高了物品登记速度。物品出库时再扫描一次物品的条形码，计算机便消除此物品的记录，同时又可验证它是否为所需物品，防止人为误发现象。同时，采用便携式条形码阅读器，可以快速准确地收集库存物品的各种情况，大大缩短仓库盘点所需的时间，并提高了准确度。

美国在 20 世纪 70 年代末就对仓库普遍配备了有条形码阅读装置的高效率管理系统，从而提高了物料周转速度，减少了库存积压，降低了操作成本，并减少了差错，每年可节约投入资金几十亿美元。

1986 年，我国第二汽车制造厂产品配套处的自动化仓库也采用了条形码管理，对库内零部件采用激光扫描器进行自动识别。该仓库存有组装汽车常用和贵重的零件 200 多种。库内共有 8080 个货格，仓库滚道的传输速度为每分钟 12 米，传条形码输送货箱之间的最小时间间隔为 25 秒。若使用人工向计算机输入出入货箱的零件代号，不仅劳动强度大，而且容易出差错。而在货物上贴上条形码标签，利用激光扫描器对货箱识别，则读入一个货箱条形码的时间不超过 0.2 秒，这样就可节省出较多时间由计算机进行货格咨询、货箱分配、

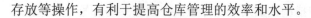

存放等操作，有利于提高仓库管理的效率和水平。

4. 工业自动化生产

在工业自动化生产中使用条形码传递信息，建立配备扫描设备的自动识别系统，有利于监视生产过程和装配过程，确保产品质量，并使劳动生产率提高 18%～25%。

美国数字设备公司使用配备激光扫描器的管理系统监视生产过程，管理着近千个装运工件的小箱，使库存周转期从原来的 15 天减少到 2 天，生产率提高了 38%。该公司用不到两年的时间，就回收了这套系统的全部投资 25 万美元。

美国通用电气公司也投资 200 万美元设立一套配有激光条形码阅读器和计算机的自动识别系统，用来监视、指挥电视机的整个装配过程。由于这套装置能对各种元器件的分拣、识别、组装、测试、储运实行自动跟踪识别，因而不仅大大改进了生产过程的质量管理水平，而且提高了物料周转速度，提高了生产速度和产品质量。这套设备的全部投资预计在两年左右的时间就可以收回。

国内条形码标签大多数由北京政科学研究所提供，该所在条形码标签的制作过程中要求对每张标签的印刷质量都进行检查，检查内容包括条纹的对比度是否满足使用要求，编码是否正确，印刷尺寸是否超出规定的公差范围等，以确保在全国各地使用标签的一致性，这些检查工作若是用人工测量将非常困难。为此，机电部北京自动化所研制了 CBR 型条形码阅读器，为印制过程进行同步识别、自动比较、出错显示，实现了对印刷标签的百分之百在线检查，确保了印刷标签的全部质量。

5. 图书馆管理

图书号和借阅证号码均可用条形码符号表示。在读者借阅图书时，只需分别扫描图书上的条形码符号和借阅证上的条形码符号，便可完成图书的借阅手续，从而大大节省了图书借阅时间，提高了图书馆的工作效率。

6. 邮政业务

条形码在邮政业务上的应用也大有用武之地。挂号信的号码、邮局代号及邮政编码等均可用条形码符号表示，从而可使邮政实行自动分拣，其准确性和快速性远高于手工分拣，获得了十分明显的经济效益和社会效益。

4.3 射频识别技术

4.3.1 射频识别技术概述

RFID 技术中文全称为无线射频识别系统技术(Radio Frequency Identification)，是 20 世纪 90 年代开始兴起的一种非接触式智能自动识别技术。它可以作用于各种恶劣环境，可识别高速运动物体并可同时识别多个标签，操作快捷方便。射频识别技术是一项利用射频信号通过空间耦合(交变磁场或电磁场)实现无接触信息传递并通过所传递的信息无需人工干预达到识别目标的技术。

最简单的 RFID 系统由标签、读写器和天线三部分组成。标签(Tag)由耦合元件及芯片组成，每个标签具有唯一的电子编码，附着在物体上标识目标对象；阅读器(Reader)是读取

(有时还可以写入)标签信息的设备,可设计为手持式或固定式;天线(Antenna)在标签和读取器间传递射频信号。其工作原理是:当标签进入磁场后,通过天线接收读写器输出的信号,凭借感应电流的能量将储存在芯片中的信息发送出去,或是以自身能量源主动发送某频率的信号;读写器接收标签信息并译码后,送至中央信息系统进行相关处理。工作原理如图 4-14 所示。

RFID 按应用频率的不同分为低频(LF)、高频(HF)、超高频(UHF)、微波(MW),相对应的代表性频率分别为:低频 135kHz 以下,高频 13.56MHz,超高频 860M~960MHz,微波 2.4GHz、5.8GHz。RFID 按照能源的供给方式分为无源 RFID、有源 RFID 以及半有源 RFID。无源 RFID 读写距离近,价格低;有源 RFID 可以提供更远的读写距离,但是需要电池供电,成本要更高一些,适用于远距离读写的应用场合。

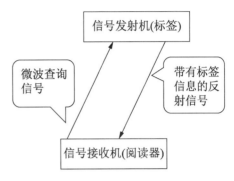

图 4-14 RFID 系统的简单组成

RFID 技术具有广泛的优点。

(1) 非接触性。由于标签与阅读器是以无线信号作为通信媒介,因此具有远距离识别的特点。识别距离取决于无线电的频率。

(2) 可批处理。读写器一次可读取多个标签,这就大大提高了智能识别的效率。

(3) 数据容量大。将来物品所携带信息越来越大,而 RFID 标签可按需要进行容量设计。

(4) 能重复使用。因为标签中存储的是电子数据,因此可以擦除与重写。

(5) 跨介质识别。除非被铁质类金属屏蔽,RFID 信号可以穿透纸张、木材和玻璃等非透明或金属的覆盖物进行穿透性通信。

(6) 对载体要求低。RFID 在读取上并不受载体大小与形状的限制,无需为了精确读取而配合载体的固定尺寸。

(7) 环境适应性强。RFID 系统对水渍、油渍及化学物品等有较强的抗污性能,并能在黑暗中读取数据。

目前 RFID 技术在国外发展很快,产品种类也很多。现在 RFID 技术在国外应用的领域不断扩大,技术日益成熟。德国的 KSW-MICROTEC 公司发明了专为衣物设计的可以洗刷的 RFID 标签;欧洲中央银行于 2005 年开始在其银行单据中嵌入 RFID 标签;美国沃尔玛公司投入巨资用于 RFID 技术。虽然国内 RFID 技术处于刚刚起步不久,但是研究界、政府、企业对这项技术给予极大关注。我国的 RFID 市场空间巨大,市场需求也快速成长,RFID 技术在我国发展的前景非常广阔,对其和其他技术的衔接的研究更有深远意义。

4.3.2 射频识别系统的组成

RFID 系统因应用不同其组成会有所不同,但基本都是由电子标签、读写器和系统高层这三大部分组成。RFID 系统的基本组成如图 4-15 所示。

1. 电子标签

电子标签由芯片及天线组成,附着在物体上标识目标对象,每个电子标签具有唯一的电子编码,存储着被识别物体的相关信息。

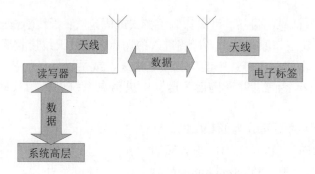

图 4-15 RFID 系统的基本组成

2. 读写器

读写器是利用射频技术读写电子标签信息的设备。RFID 系统工作时，一般首先由读写器发射一个特定的询问信号；当电子标签接收到这个信号后，就会给出应答信号，应答信号中含有电子标签携带的数据信息；读写器接收这个应答信号，并对其进行处理，然后将处理后的应答信号传输给外部主机进行相应操作。

3. 系统高层

最简单的 RFID 系统只有一个读写器，它一次只对一个电子标签进行操作，例如公交车上的票务系统。

复杂的 RFID 系统会有多个读写器，每个读写器要同时对多个电子标签进行操作，并需要实时处理数据信息，这需要系统高层处理问题。系统高层是计算机网络系统，数据交换与管理由计算机网络完成。读写器可以通过标准接口与计算机网络连接，计算机网络完成数据的处理、传输和通信功能。

4.3.3 我国射频识别系统的关键技术

RFID 的关键技术根据 RFID 数据流来决定，可以借鉴 ISO/IEC 和 EPC Global 的框架体系。RFID 的框架体系分为数据采集和数据共享两个部分，主要包括编码标准、数据采集标准、中间件标准、公共服务体系和信息安全标准五方面内客。下面介绍其关键技术。

1. 编码标准

应该制定自己的编码体系，满足国家信息安全和中国特色应用的要求。同时需要考虑与国际通用编码体系的兼容性，使其成为国际承认的编码方式之一。这样可以减小商品流通信息化的成本，同时也是降低国外编码机构收费的一种手段。有关编码方向的标准主要有：

1) 基于 RFID 的物品编码

该标准对物品 RFID 编码的数据结构、分配原则以及编码原则进行规定，为实际编码提供基本原则。

2) 基于 RFID 的物品编码注册和维护

该标准对物品编码申请人的资格、注册程序以及注册后的相关权利和义务进行规定，实现对物品编码的国家层和行业层管理。通过对物品编码注册、维护和注销等加以规定，可以实现物品编码信息的循环流通。

2. 数据采集标准

RFID 数据采集技术框架主要由空中接口协议组成。空中接口协议主要指的是 ISO/IEC 18000 系列标准，包括调制方式、位数据编码方式、帧格式、防冲突算法和命令响应等多项内容。从理论上讲，空中接口协议应趋向于一致，以降低成本并满足标签与读写器之间互相操作性的要求。电子标签的低成本决定了一个标签难以支持多种空中接口协议。如果存在多种空中接口协议，而每一张标签只支持一种协议，就会出现一个读写器的读取范围内，标签具有不同的空中接口协议，这样会导致防冲突算法效率降低，甚至导致有的标签无法读取。

以美国为首的 EPC Global 将 UHF GEN2 CIassI 递交给 ISO，成为 ISO/IEC 18000—6C 标准。日本 UID 则积极推广 ISO/IEC 18000—4。ISO/IEC 18000 系列标准包含大量专利，如果直接采用国外的控制接口协议标准，需要支付巨大的专利费。因此，我国要积极制定具有自主知识产权的 RFID 空中接口协议标准，最大程度地采用自己的专利。最小限度使用国外专利，这是我们制定空中接口协议的最终目标。数据采集系统框架如图 4-16 所示。

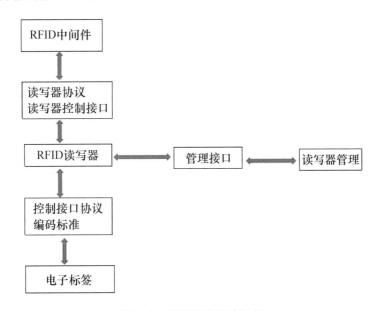

图 4-16 数据采集系统框架

3. 中间件标准

目前，业界对 RFID 中间件标准的制定才刚刚开始，仅 EPC Global 提出中间件规范草案，一些国际著名的 IT 企业，如微软、SAP、Sun 和 ISM 等，都在积极从事 RFID 中间件的研究与开发，但各个厂家的中间件在互联互通方面还处在探索和融合阶段。我国目前使用的中间件基本是从国外进口，随着 RFID 应用的迅速增长，对 RFID 中间件和相关标准的需求将非常迫切。在制定我国自己的中间件标准时，既要借鉴国外的经验和技术，又要考虑我国行业的应用特点和现状，这样才能够设计和开发出具有自主知识产权的 RFID 中间件产品。

4. 公共服务体系标准

公共服务体系是在互联网网络体系的基础上，增加一层可以提供物品信息交流的基础设施，其功能包括编码解析、检索与跟踪服务、目录服务和信息发布服务等。

国外的三大 RFID 标准体系中，ISO 目前没有相应的标准，EPC Global 和日本 UID 考虑了公共服务体系。日本 UID 基于泛在计算体系，目前没有公布相关的规范。EPC Global 制订了"物联网"规范，已公布的规范有 EPCIS C(EPC 信息服务)、ONS(对象域名解析服务)和物品信息描述语言 PML(物体标识语言)。EPC Global DNS 的主要问题是其安全性不能满足我国要求，域名资源由美国控制，其中央数据库也在美国。

公共服务系统是 RFID 技术广泛应用的核心支撑，它关系到国民经济运行、信息安全甚至国防安全。在制定我国 RFID 公共服务体系标准时，既要考虑我国未来 RFID 的应用特点，也要考虑全球贸易，需要支持与 EPC Global "物联网"的互联互通。

5. 信息安全标准

目前，ISO/IEC、EPC 和 UID 三大标准都没有发布信息安全方面的标准。从电子标签到读写器、读写器到中间件、中间件之间以及公共服务体系各因素之间，均涉及信息安全问题。

因此，我国应根据 RFID 系统中的不同节点、不同信息类型，研究其安全性要求，制定 RFID 信息安全标准，确保信息的安全。

4.3.4　射频识别系统的分类

RFID 系统的分类方法很多，常用的分类方法有按照频率分类、按照供电方式分类、按照耦合方式分类、按照技术方式分类、按照信息存储方式分类、按照系统档次分类和按照工作方式分类等。

1. 按照频率分类

RFID 系统工作频率的选择，要顾及其他无线电服务，不能对其他服务造成干扰和影响。通常情况下，读写器发送的频率称为系统的工作频率或载波频率。

1)　低频系统

低频系统的工作频率范围为 30kHz～300kHz，RFID 常见的低频工作频率有 125kHz 和 134.2kHz。目前低频的 RFID 系统比较成熟，主要用于距离短、数据量低的 RFID 系统中。

2)　高频系统

高频系统的工作频率范围为 3MHz～30MHz，RFID 常见的高频工作频率是 6.75MHz、13.56MHz 和 27.125MHz，其中 13.56MHz 使用最为广泛。高频系统的特点是标签的内存比较大，是目前应用比较成熟、使用范围较广的系统。

3)　微波系统

微波的工作频率大于 300MHz，RFID 常见的微波工作频率是 433MHz、860/960MHz、2.45GHz 和 5.8GHz 等，其中 433MHz、860/960MHz 也常称为超高频(UHF)频段。微波系统主要应用于对多个电子标签同时进行操作、需要较长的读写距离、需要高读写速度的场合，是目前射频识别系统研发的核心，是物联网的关键技术。

2. 按照供电方式分类

电子标签按供电方式分为无源电子标签、有源电子标签和半有源电子标签三种，对应的 RFID 系统称为无源供电系统、有源供电系统和半有源供电系统。

1) 无源供电系统

电子标签内没有电池,电子标签利用读写器发出的电磁波束供电。无源电子标签作用距离相对较短,但寿命长且对工作环境要求不高,可以满足大部分实际应用系统的需要。

2) 有源供电系统

电子标签内有电池,电池可以为电子标签提供全部能量。有源电子标签电能充足,工作可靠性高,信号传送的距离较远,读写器需要的射频功率较小。但有源电子标签寿命有限、体积较大、成本较高,且不适合在恶劣环境下工作。

3) 半有源供电系统

半有源电子标签内有电池,但电池仅对维持数据的电路及维持芯片工作的电路提供支持。电子标签未进入工作状态前,一直处于休眠状态,相当于无源标签;电子标签进入读写器的工作区域后,受到读写器发出射频信号的激励,标签进入工作状态。电子标签的能量主要来源于读写器的射频能量,标签电池主要用于弥补射频场强不足。

3. 按照耦合方式分类

根据读写器与电子标签耦合方式、工作频率和作用距离的不同,无线信号传输分为电感耦合方式和电磁反向散射方式两种。

1) 电感耦合方式

在电感耦合方式中,读写器与电子标签之间的射频信号传送为变压器模型,电磁能量通过空间高频交变磁场实现耦合。电感耦合方式分密耦合和遥耦合两种,其中,密耦合系统读写器与电子标签的作用距离较近,典型的范围为 0~1cm,通常用于安全性要求较高的系统中;遥耦合系统读写器与电子标签的作用距离为 15cm~1m,一般用于只读电子标签。

2) 电磁反向散射方式

在电磁反向散射方式中,读写器与电子标签之间的射频信号传送为雷达模型。读写器发射出去的电磁波碰到电子标签后,电磁波被反射,同时携带回电子标签的信息。电磁反向散射方式适用于微波系统,典型的工作频率为 433MHz、860/960MHz、2.45GHz 和 5.8GHz,典型的作用距离为 1m~10m,甚至更远。

4. 按照技术方式分类

按照读写器读取电子标签数据的技术实现方式,射频识别系统可以分为主动广播式、被动倍频式和被动反射调制式三种方式。

1) 主动广播式

主动广播式是指电子标签主动向外发射信息,读写器相当于只收不发的接收机。在这种方式中,电子标签采用有源工作方式,电子标签用自身的射频能量主动发送数据,这种方式的优点是电能充足、可靠性高、信号传送距离远,缺点是标签的使用寿命受到限制,保密性差。

2) 被动倍频式

被动式电子标签是指读写器发射查询信号,电子标签被动接收。被动式电子标签内部不带电池,要靠外界提供能量才能正常工作。被动式电子标签具有长久的使用期,常常用于标签信息需要频繁读写的地方,并且支持长时间数据传输和永久性数据存储。被动倍频

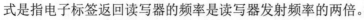

式是指电子标签返回读写器的频率是读写器发射频率的两倍。

3) 被动反射调制式

被动反射调制式依旧是读写器发射查询信号，电子标签被动接收，但此时，电子标签返回读写器的频率与读写器发射频率相同。

5. 按照信息存储方式分类

电子标签保存信息的方式有只读式和读写式两种，具体分为如下四种形式。

1) 只读电子标签

这是一种最简单的电子标签，电子标签内部只有只读存储器(Read Only Memory，ROM)，在集成电路生产时，标签内的信息即以只读内存工艺模式注入，此后信息不能更改。

2) 一次写入只读电子标签

其内部只有 ROM 和随机存储器(Random Access Memory，RAM)。这种电子标签与只读电子标签相比，可以写入一次数据，标签的标识信息可以在标签制造过程中由制造商写入，也可以由用户自己写入，但是一旦写入，就不能更改了。

3) 现场有线可改写式

这种电子标签应用比较灵活，用户可以通过访问电子标签的存储器进行读写操作。电子标签一般将需要保存的信息写入内部存储区，改写时需要采用编程器或写入器，改写过程中必须为电子标签供电。

4) 现场无线可改写式

这种电子标签类似于一个小的发射接收系统，电子标签内保存的信息也位于其内部存储区，电子标签一般为有源类型，通过特定的改写指令用无线方式改写信息。一般情况下，改写电子标签数据所需的时间为秒级，读取电子标签数据所需的时间为毫秒级。

6. 按照系统档次分类

按照存储能力、读取速度、读取距离、供电方式和密码功能等的不同，射频识别系统分为低档系统、中档系统和高档系统。

1) 低档系统

"一位系统"和"只读电子标签"属于低档系统。一位系统的数据量为 1bit，该系统读写器只能发出两种状态，这两种状态分别是"在读写器工作区有电子标签"和"在读写器工作区没有电子标签"。一位系统主要应用在商店的防盗系统中。只读电子标签内的数据通常只由唯一的串行多字节数据组成，适合于只需读出一个确定数字的情况，只要将只读电子标签放入读写器的工作范围内，电子标签就开始连续发送自身序列号，并且只有电子标签到读写器的单向数据流在传输。

2) 中档系统

中档系统电子标签的数据存储容量较大，数据可以读取也可以写入，是带有可写数据存储器的射频识别系统。

3) 高档系统

高档系统一般带有密码功能，电子标签带有微处理器，微处理器可以实现密码的复杂验证，而且密码验证可以在合理的时间内完成。

7. 按照工作方式分类

射频识别系统的基本工作方式有三种，分别为全双工工作方式、半双工工作方式以及时序工作方式。

1) 全双工和半双工工作方式

全双工表示电子标签与读写器之间可以在同一时刻互相传送信息；半双工表示电子标签与读写器之间可以双向传送信息，但在同一时刻只能向一个方向传送信息。

2) 时序工作方式

在时序工作方式中，读写器辐射的电磁场短时间周期性地断开，这些间隔被电子标签识别出来，用于从电子标签到读写器的数据传输。时序工作方式的缺点是在读写器发送间歇时，电子标签的能量供应中断，这就必须通过装入足够大的辅助电容器或辅助电池进行补偿。

4.3.5 射频识别技术标准

目前，RFID 技术还未形成统一的全球化标准，市场走向多标准的统一已经得到业界的广泛认同。RFID 系统也可以说主要是由数据采集和后台数据库网络应用系统两大部分组成。目前已经发布或者正在制定中的标准主要是与数据采集相关的，其中包括标签与读卡器之间的空中接口、读卡器与计算机之间的数据交换协议、标签与读卡器的性能和一致性测试规范以及标签的数据内容编码标准等。后台数据库网络应用系统目前并没有形成正式的国际标准，只有少数产业联盟制订了一些规范，现阶段还在不断演变中。

信息技术发展到今天，已经没有多少人还对标准的重要性持有任何怀疑态度。RFID 技术标准之争非常强烈，各行业都在发展自己的 RFID 技术标准，这也是 RFID 技术目前国际上没有统一标准的一个原因。关键是 RFID 技术不仅与商业利益有关，甚至还关系到国家或行业利益与信息安全。

目前全球有五大 RFID 技术标准化势力，即 ISO/IEC、EPC global、Ubiquitous ID Center、AIM global 和 IP-X。其中，前 3 个标准化组织势力较强大；而 AIM 和 IP-X 的势力则相对弱小。这五大 RFID 技术标准化组织纷纷制定 RFID 技术相关标准，并在全球积极推广这些标准。

1. ISO 制定的 RFID 标准体系

RFID 标准化工作最早可以追溯到 20 世纪 90 年代。1995 年国际标准化组织 ISO/IEC 联合技术委员会 JTCl 设立了子委员会 SC31(以下简称 SC31)，负责 RFID 标准化研究工作。SC31 委员会由来自各个国家的代表组成，如英国的 BSI IST34 委员、欧洲 CEN TC225 成员。他们既是各大公司内部咨询者，也是不同公司利益的代表者。因此在 ISO 标准化制定过程中，有企业、区域标准化组织和国家三个层次的利益代表者。SC31 子委员会负责的 RFID 标准可以分为四个方面：数据标准(如编码标准 ISO/IEC 15691、数据协议 ISO/IEC 15692、ISO/IEC 15693，解决了应用程序、标签和空中接口多样性的要求，提供了一套通用的通信机制)、空中接口标准(ISO/IEC 18000 系列)、测试标准(性能测试 ISO /IEC 18047 和一致性测试标准 ISO/IEC 18046)、实时定位(RTLS)(ISO/IEC 24730 系列应用接口与空中接口通信标准)方面的标准。RFID 系统与 ISO/IEC 数据标准和空中接口标准的关系如图 4-17 所示。

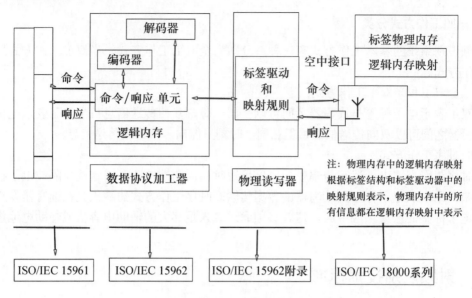

图 4-17　RFID 系统与 ISO/IEC 数据标准和空中接口标准的关系

ISO 对于 RFID 的应用标准由应用相关的子委员会制定。RFID 在物流供应链领域中的应用方面标准由 ISO TC 122/104 联合工作组负责制定,包括 ISO 17358 应用要求、ISO 17363 货运集装箱、ISO 17364 装载单元、ISO 17365 运输单元、ISO 17366 产品包装、ISO 17367 产品标签。RFID 在动物追踪方面的标准由 ISO TC 23 SC19 来制定,包括 ISO 11784/11785 动物 RFID 畜牧业的应用,ISO 14223 动物 RFID 畜牧业的应用——高级标签的空中接口、协议定义。从 ISO 制定的 RFID 标准内容来说,RFID 应用标准是在 RFID 编码、空中接口协议、读写器协议等基础标准之上,针对不同使用对象,确定了使用条件、标签尺寸、标签粘贴位置、数据内容格式、使用频段等方面特定应用要求的具体规范,同时也包括数据的完整性、人工识别等其他一些要求。通用标准提供了一个基本框架,应用标准是对它的补充和具体规定。这一标准制定思想,既保证了 RFID 技术具有互通与互操作性,又兼顾了应用领域的特点,能够很好地满足应用领域的具体要求。

2. EPC global

与 ISO 通用性 RFID 标准相比,EPC global 标准体系是面向物流供应链领域,可以看成是一个应用标准。EPC global 的目标是解决供应链的透明性和追踪性,透明性和追踪性是指供应链各环节中所有合作伙伴都能够了解单件物品的相关信息,如位置、生产日期等信息。为此 EPC global 制定了 EPC 编码标准,它可以实现对所有物品提供单件唯一标识;也制定了空中接口协议、读写器协议。这些协议与 ISO 标准体系类似。在空中接口协议方面,目前 EPC global 的策略尽量与 ISO 兼容,如 CiGen2 UHF RFID 标准递交 ISO 将成为 ISO 18000 6C 标准。但 EPC global 空中接口协议有它的局限范围,仅仅关注 UHF 860M～930MHz。除了信息采集以外,EPC global 非常强调供应链各方之间的信息共享,为此制定了信息共享的物联网相关标准,包括 EPC 中间件规范、对象名解析服务(Object Naming Service,ONS)、物理标记语言(Physical Markup Language,PML)。这样可从信息的发布、信息资源的组织管理、信息服务的发现以及大量访问之间的协调等方面作出规定。"物联网"的信息量和信息访问规模大大超过普通的因特网。"物联网"是基于因特网的,与因特网具有良好的兼容性。物联网标准是 EPC global 所特有的，ISO 仅仅考虑自动身份识别与数据采集的相关标准，数据采集以后如何处理、共享并没有相应规定。物联网是未来的一个目标，对当前应用系统建设来说具有指导意义。

3. 日本 UID 制定的 RFID 技术标准体系

日本泛在 ID(Ubiquious ID，UID)中心制定 RFID 相关标准的思路类似于 EPC global，目标也是构建一个完整的标准体系，即从编码体系、空中接口协议到泛在网络体系结构，但是每一个部分的具体内容存在差异。为了制定具有自主知识产权的 RFID 标准，在编码方面制定了 uCode 编码体系，它能够兼容日本已有的编码体系，同时也能兼容国际其他编码体系。在空中接口方面积极参与 ISO 的标准制定工作，也尽量考虑与 ISO 相关标准兼容。在信息共享方面主要依赖于日本的泛在网络，它可以独立于因特网实现信息的共享。泛在网络与 EPC global 的物联网还是有区别的。EPC 采用业务链的方式，面向企业，面向产品信息的流动(物联网)，比较强调与互联网的结合。UID 采用扁平式信息采集分析方式，强调信息的获取与分析，比较强调前端的微型化与集成。

4. AIM global

AIM global 即全球自动识别组织。自动识别和数据采集(Automatic Identification and Data Collection，AIDC)组织原先制定了通行全球的条形码标准，于 1999 年另成立了 AIM(Automatic Identification Manufactures)组织，目的是推出 RFID 技术标准。AIM 全球有 13 个国家与地区性的分支，且目前其全球会员数已快速累积超过 1000 个。

5. IP-X

IP-X 即南非、澳大利亚、瑞士等国的 RFID 技术标准组织。

6. ISO/IEC 的 RFID 技术标准体系中主要标准介绍

1) 空中接口标准

空中接口标准体系定义了 RFID 不同频段的空中接口协议及相关参数，所涉及的问题包括时序系统、通信握手、数据帧、数据编码、数据完整性、多标签读写防冲突、干扰和抗干扰、识读率和误码率、数据的加密和安全性、读卡器与应用系统之间的接口等，以及读卡器与标签之间进行命令和数据双向交换的机制、标签与读卡器之间的操作性问题。

2) 数据格式管理标准

数据格式管理是对编码、数据载体、数据处理与交换的管理。数据格式管理标准系统主要规范物品编码、编码解析和数据描述之间的关系。

3) 信息安全标准

标签与读卡器之间、读卡器与中间件之间、中间件与中间件之间以及 RFID 相关信息网络方面均需要相应信息安全标准支持。

4) 测试标准

对于标签、读卡器、中间件根据其通用产品规范指定测试标准；针对接口标准制定相应的一致性测试标准。测试标准包括编码一致性测试标准、编码测试标准、读卡器测试标准、空中接口一致性测试标准、闪频性能测试标准、中间件测试标准。

5) 网络服务规范

网络协议是完成有效、可靠通信的一套规则，是任何一个网络的基础，包括物品注册、

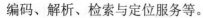

编码、解析、检索与定位服务等。

6) 应用标准

RFID 技术标准包括基础性和通用性标准以及针对事务对象的应用(如动物识别、集装箱识别、身份识别、交通运输、军事物流、供应链管理等)标准，是根据实际需求制定的相应标准。

7. 三大标准体系空中接口协议的比较

目前，ISO/IEC 18000、EPC global、日本 UID 三个空中接口协议正在完善中。这三个标准相互之间并不兼容，主要差别在通信方式、防冲突协议和数据格式这三个方面，在技术上差距其实并不大。这三个标准都按照 RFID 的工作频率分为多个部分。在这些频段中，以 13.56MHz 频段的产品最为成熟，处于 860M～960MHz 内的 UHF 频段的产品因为工作距离远且最可能成为全球通用的频段而最受重视，发展最快。

ISO/IEC 18000 标准是最早开始制定的关于 RFID 的国际标准，按频段被划分为 7 个部分。目前支持 ISO/IEC 18000 标准的 RFID 产品最多。EPC global 是由 UCC 和 EAN 两大组织联合成立、吸收了麻省理工 Auto-ID 中心的研究成果后推出的系列标准草案。EPC global 最重视 UHF 频段的 RFID 产品，极力推广基于 EPC 编码标准的 RFID 产品。目前，EPC global 标准的推广和发展十分迅速，许多大公司如沃尔玛等都是 EPC 标准的支持者。日本的 UID 中心一直致力于本国标准的 RFID 产品开发和推广，拒绝采用美国的 EPC 编码标准。与美国大力发展 UHF 频段 RFID 不同的是，日本对 2.4GHz 微波频段的 RFID 似乎更加青睐，目前日本已经开始了许多 2.4GHz RFID 产品的实验和推广工作。标准的制定面临越来越多的知识产权纠纷。不同的企业都想为自己的利益努力。同时，EPC 在努力成为 ISO 的标准，ISO 最终如何接受 EPC 的 RFID 标准，还有待观望。全球标准的不统一，硬件产品的兼容方面必然不理想，阻碍应用。

8. EPC global 与日本 UID 标准体系的主要区别

1) 编码标准不同

EPC global 使用 EPC 编码，代码为 96 位。日本 UID 使用 uCode 编码，代码为 128 位。uCode 的不同之处在于能够继续使用在流通领域中常用的"JAN 代码"等现有的代码体系。uCode 使用泛在 ID 中心制定的标识符对代码种类进行识别。比如，希望在特定的企业和商品中使用 JAN 代码时，在 IC 标签代码中写入表示"正在使用 JAN 代码"的标识符即可。同样，在 uCode 中还可以使用 EPC。

2) 根据 IC 标签代码检索商品详细信息的功能上有区别

EPC global 中心的最大前提条件是经过网络，而 UID 中心还设想了离线使用的标准功能。Auto ID 中心和 UID 中心在使用互联网进行信息检索的功能方面基本相同。UID 中心使用名为"读卡器"的装置，将所读取到的 ID 标签代码发送到数据检索系统中。数据检索系统通过互联网访问泛在 ID 中心的"地址解决服务器"来识别代码。

除此之外，UID 中心还设想了不通过互联网就能够检索商品详细信息的功能。具体来说就是利用具备便携信息终端(PDA)的高性能读卡器，预先把商品详细信息保存到读卡器中，即便不接入互联网，也能够了解与读卡器中 IC 标签代码相关的商品详细信息。泛在 ID 中心认为：如果必须随时接入互联网才能得到相关信息，那么其方便性就会降低。如果最多只限定 2 万种商品的话，将所需信息保存到 PDA 中就可以了。

3) 采用的频段不同

日本的电子标签采用的频段为 2.45GHz 和 13.56MHz。欧美的 EPC 标准采用 UHF 频段，例如 902MHz～928MHz。此外，日本的电子标签标准可用于库存管理、信息发送和接收以及产品和零部件的跟踪管理等。EPC 标准侧重于物流管理、库存管理等。

4.3.6 射频识别的应用现状

现在 RFID 已经应用于制造、物流和零售等领域，RFID 的产品种类很丰富。展望未来，我们相信 RFID 技术将掀起一场新的技术革命，随着技术的不断进步，当 RFID 电子标签的价格降到 5 美分时，射频识别将会取代条码，成为我们日常生活的一部分。目前 RFID 的应用领域如下。

(1) 制造领域。主要用于生产数据的实时监控、质量追踪和自动化生产等。

(2) 零售领域。主要用于商品的销售数据实时统计、补货和防盗等。

(3) 物流领域。主要用于物流过程中的货物追踪、信息自动采集、仓储应用、港口应用和邮政快递等。

(4) 医疗领域。主要用于医疗器械管理、病人身份识别和婴儿防盗等。

(5) 身份识别领域。主要用于电子护照、身份证和学生证等各种电子证件的识别。

(6) 军事领域。主要用于弹药管理、枪支管理、物资管理、人员管理和车辆识别与追踪等。

(7) 方位安全领域。主要用于贵重物品(烟、酒、药品)防伪、票证防伪、汽车防盗和汽车定位等。

(8) 资产管理领域。主要用于贵重、危险性大、数量大且相似性高的各类资产管理。

(9) 交通管理。主要用于不停车缴费、出租车管理、公交车枢纽管理、铁路机车识别、航空交通管制、旅客机票识别和行李包裹追踪等。

(10) 食品领域。主要用于水果、蔬菜生长和生鲜食品保鲜等。

(11) 图书领域。主要用于书店、图书馆和出版社的数据资料管理。

(12) 动物领域。主要用于畜牧牲口、驯养动物和宠物识别管理等。

4.4 机器视觉识别技术

4.4.1 机器视觉识别概述

美国制造工程师协会(SME)机器视觉分会和美国机器人工业协会(RIA)自动化视觉分会关于机器视觉的定义是："Machine vision is the use of devices for optical non-contact sensing to automatically receive and interpret an image of a real scene in order to obtain information and/or control machines or processes." 译成中文："机器视觉是使用光学器件进行非接触感知，自动获取和解释一个真实场景的图像，以获取信息或控制机器或过程。"

机器视觉就是用机器代替人眼来进行测量和判断。机器视觉系统的工作原理是通过机器视觉产品(即图像摄取装置，分为 CMOS 和 CCD 两种)将被摄取目标转换成图像信号，传送给专用的图像处理系统，根据像素分布和亮度、颜色等信息，转变成数字化信号；图像处理系统对这些信号进行各种运算来抽取目标的特征，进而根据判别的结果来控制现场的设备动作。

机器视觉系统的特点是提高生产的柔性和自动化程度。在一些不适合于人工作业的危险工作环境或人工视觉难以满足要求的场合，常用机器视觉来替代人工视觉；同时在大批量工业生产过程中，用人工视觉检查产品质量效率低且精度不高，用机器视觉检测方法可以大大提高生产效率和生产的自动化程度。而且机器视觉易于实现信息集成，是实现计算机集成制造的基础技术。可以在最快的生产线上对产品进行测量、引导、检测和识别，并能保质保量地完成生产任务。

从应用的层面看，机器视觉研究包括工件的自动检测与识别、产品质量的自动检测、食品的自动分类、智能车的自主导航与辅助驾驶、签名的自动验证、目标跟踪指导、交通流的检测、关键地域的保安监视等。从处理过程看，机器视觉分为低层视觉和高层视觉两阶段。低层视觉包括边缘检测、特征提取、图像分割等；高层视觉包括特征匹配、三维建模、形象分析与识别、景象分析与理解等。从方法层面看，有被动视觉与主动视觉之分，又有基于特征的方法与基于模型的方法之分。从总体上来看，也称作计算机视觉。可以说，计算机视觉侧重于学术研究方面，而机器视觉则侧重于应用方面。

机器视觉作为一门工程学科，正如其他工程学科一样，是建立在对基本过程的科学理解之上的。机器视觉系统的设计依赖于具体的问题，必须考虑一系列诸如噪声、照明、遮掩、背景等复杂因素，折中地处理信噪比、分辨率、精度、计算量等关键问题。

4.4.2 机器视觉系统的典型结构

机器视觉系统的典型结构如图 4-18 所示，机器视觉检测系统采用照相机将被检测目标的像素分布和亮度、颜色等信息转换成数字信号传送给视觉处理器，视觉处理器对这些信号进行各种运算来抽取目标的特征，如面积、数量、位置、长度，再根据预设的允许度实现自动识别尺寸、角度、个数、合格/不合格、有/无等结果，然后根据识别结果控制机器人的各种动作。典型的视觉系统包括以下几个部分。

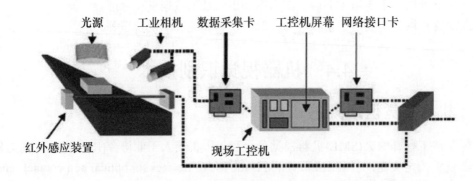

图 4-18 典型的机器视觉系统组成结构示意图

1. 照明

照明是影响机器视觉系统输入的重要因素，它直接影响输入数据的质量和应用效果。由于没有通用的机器视觉照明设备，所以针对每个特定的应用实例，要选择相应的照明装置，以达到最佳效果。光源可分为可见光和不可见光。常用的几种可见光源是白炽灯、日光灯、水银灯和钠光灯。可见光的缺点是光能不能保持稳定。如何使光能在一定程度上保持稳定，是实用化过程中急需解决的问题。另外，环境光有可能影响图像的质量，所以可采用加防护屏的方法来减少环境光的影响。照明系统按其照射方法可分为：背向照明、前向照明、结构光和频闪光照明等。其中，背向照明是被测物放在光源和相机之间，它的优点是能获得高对比度的图像。前向照明是光源和相机位于被测物的同侧，这种方式便于安装。结构光照明是将光栅或线光源等投射到被测物上，根据它们产生的畸变，解调出被测物的三维信息。频闪照明是将高频率的光脉冲照射到物体上，相机拍摄要求与光源同步。前向照明和背向照明的照明方式如图 4-19 所示。

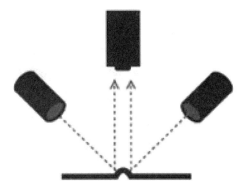

图 4-19　照明方式示意图

2. 镜头

视域(Field Of Vision，FOV)=所需分辨率×亚像素×相机尺寸/PRTM(零件测量公差比)。镜头选择应注意：焦距；目标高度；影像高度；放大倍数；影像至目标的距离；中心点/节点；畸变。

3. 相机

相机按照不同标准可分为：标准分辨率数字相机和模拟相机等。要根据不同的实际应用场合选择不同的相机，如线扫描相机、面阵相机、黑白相机和彩色相机。

4.5　生物识别技术

4.5.1　生物识别技术概述

每个人都有自身固有的生物特征，人体生物特征具有"人人不同、终身不变、随身携带"的特点。由于人体特征具有人体所固有的不可复制的唯一性，这一生物密钥无法复制、失窃或被遗忘，生物识别技术就是利用生物特征或行为特征对个人进行身份识别，利用生物识别技术进行身份认定，安全、可靠、准确。

根据人体不同部位的特征，典型的生物识别技术分为以下几类。

1. 指纹识别技术

世界上的人拥有各自不同的指纹，指纹具有总体特征和局部特征。总体特征是指那些用肉眼可以直接观察到的特征。从局部特征考虑，每个指纹都有几个独一无二、可以测量的特征点，如脊、谷、终点、分叉点或分歧点，每个特征点有大约 7 个特征，每个人的 10

个手指可产生最少 4900 个独立可测量的特征点。

2. 掌纹识别技术

掌纹的测量比较容易实现，对图像获取设备的要求较低，掌纹的处理相对也比较简单，在所有生物特征识别方法中掌纹识别的速度是最快的，如图 4-20 所示。

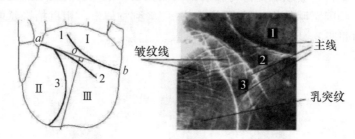

图 4-20　掌纹识别

然而掌纹特征并不具有高度的唯一性，不能用于识别，但是对于一般的认证应用，它足可以满足要求。目前掌纹认证主要有基于特征矢量的方法和基于点匹配的方法，以下将分别介绍。

(1) 基于特征矢量的掌纹认证：大多数的掌纹认证系统都是基于这种方法的。典型的手形特征包括：手指的长度和宽度、手掌或手指的长宽比、手掌的厚度、手指的连接模式等。用户的掌纹表示为由这些特征构成的矢量，认证过程就是计算参考特征矢量与被测手形的特征矢量之间的距离，并与给定的阈值进行比较判别。

(2) 基于点匹配的掌纹认证：上述方法的优点是认证简单快速，但是需要用户很好地配合，否则其性能会大大下降。采用点匹配的方法可以提高系统的健壮性，但这是以增加计算量为代价的。点匹配方法的一般过程为：抽取手部和手指的轮廓曲线；应用点匹配方法，进行手指的匹配；计算匹配参数并由此决定两个掌纹是否来自同一个人。

3. 面相识别技术

面相识别技术包含面相检测、面相跟踪与面相比对等内容。面相检测是指在动态的场景与复杂的背景中，判断是否存在面相并分离出面相，如图 4-21 所示。

4. 签名识别

签名识别是一种行为识别技术，目前签名识别大多还只用于认证。签名认证的困难在于，数据的动态范围大，即使是同一个人的两个签名也绝不会相同，如图 4-22 所示。

图 4-21　面相识别

图 4-22　签名识别

签名认证按照数据的获取方式可以分为离线认证和在线认证两种。离线认证是通过扫描仪获得签名的数字图像。在线认证是利用数字写字板或压敏笔来记录书写签名的过程。

离线数据容易获取，但是它没有利用笔画形成过程中的动态特性，因此比在线签名更容易被伪造。

从签名中抽取的特征包括静态特征和动态特征，静态特征是指每个字的形态，动态特征是指书写笔画的顺序、笔尖的压力、倾斜度以及签名过程中坐标变化的速度和加速度。

目前提出的签名认证方法，按照所应用的模型可以归为 3 类：模板匹配的方法、隐式马尔可夫模型(HMM)方法、谱分析法。模板匹配的方法是计算被测签名和参考签名的特征矢量间的距离进行匹配；HMM 是将签名分成一系列帧或状态，然后与从其他签名中抽取的对应状态相比较；谱分析法是利用倒频谱或对数谱等对签名进行认证。

5. 虹膜识别技术

虹膜是一种在眼睛中瞳孔内的相互交织的各色环状物，其细部结构在出生之前就以随机组合的方式确定下来了。每一个虹膜都包含一个独一无二的基于像冠、水晶体、细丝、斑点、结构、凹点、射线、皱纹和条纹等特征的结构。据称，没有任何两个虹膜是一样的，如图 4-23 所示。

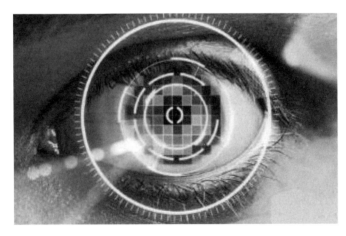

图 4-23　虹膜识别技术

虹膜识别技术将虹膜的可视特征转换成一个 512 字节的虹膜代码，这个代码模板被存储下来以便后期识别所用。对生物识别模板来说，512 个字节是一个十分紧凑的模板，但它对从虹膜获得的信息量来说是十分巨大的。虹膜扫描识别系统包括一个全自动照相机来寻找眼睛并在发现虹膜时就开始聚焦。单色相机利用可见光和红外线，红外线定位在 700～900mm 的范围内。生成虹膜代码的算法是通过二维 Gobor 子波的方法来细分和重组虹膜图像。由于虹膜代码是通过复杂的运算获得的，并能提供数量较多的特征点，所以虹膜识别是精确度相当高的生物识别技术。

6. 声音识别技术

声音识别也是一种行为识别技术，同其他行为识别技术一样，声音的变化范围比较大，很容易受背景噪声、身体和情绪状态的影响。

7. 掌纹识别技术

与指纹识别相比,掌纹识别的可接受程度较高,其主要特征比指纹明显得多,而且提取时不易被噪声干扰。另外,掌纹的主要特征比手形的特征更稳定和更具分类性,因此掌纹识别是一种很有发展潜力的身份识别方法,如图 4-24 所示。

图 4-24　掌纹识别

手掌上最为明显的 3～5 条掌纹线称为主线。在掌纹识别中,可利用的信息有:几何特征,包括手掌的长度、宽度和面积;主线特征;皱褶特征;掌纹中的三角形区域特征;细节特征。目前的掌纹认证方法主要是利用主线和皱褶特征。一般采用掌纹特征抽取和特征匹配两种掌纹识别算法。

8. 真皮层特征识别

以真皮层对于特定波长光线产生反射的特性,采集手部或相关部位真皮形状作为人的生物特征。此技术的防复制能力明显高于指/掌纹特征识别技术,只要相关取样部位受损程度不大,未伤致真皮形变,就可以实现快速而更准确的识别。

9. 静脉特征识别

以特定波长光线被体内特定物质吸收原理制成传感器,采集指/掌等相关部位静脉分布形态作为特征识别依据,由于指/掌的静脉位于肌体深处,在生长定型之后不会随年龄增长发生明显变异;目前的技术在读取静脉图形时,需要同时取决于静脉几何形状和内部供血两个条件,因此伪造难度极大。除非发生重度创伤,导致静脉受损或者截断,否则其余的因素不会对准确识别产生影响。当然在长期提拿重物之后需要短暂恢复,另外还需要应对环境温差大的条件下静脉图形相应的差异。

4.5.2　指纹识别技术

指纹是指人的手指末端正面皮肤上凸凹不平产生的纹线。纹线有规律地排列形成不同的纹型。纹线的起点、终点、结合点和分叉点,称为指纹的细节特征点。指纹识别即指通过比较不同指纹的细节特征点来进行鉴别。由于每个人的指纹不同,就是同一个人的十指之间,指纹也有明显区别,因此指纹可用于身份鉴定。

指纹识别技术涉及图像处理、模式识别、机器学习、计算机视觉、数学形态学、小波分析等众多学科,是目前最成熟且价格便宜的生物特征识别技术。由于每次捺印的方位不完全一样,着力点不同会带来不同程度的变形,又存在大量模糊指纹,如何正确提取特征和实现正确匹配,是指纹识别技术的关键。指纹识别原理如图 4-25 所示。

图 4-25　指纹识别原理

指纹识别包括指纹图像获取、指纹图像压缩、指纹图像处理、指纹分类、指纹形态和细节特征提取与指纹比对等模块。

1. 指纹图像获取

通过专门的指纹采集仪可以采集活体指纹图像。目前，指纹采集仪主要有活体光学式、电容式和压感式。对于分辨率和采集面积等技术指标，公安行业已经形成了国际和国内标准，但其他还缺少统一标准。根据采集指纹面积大体可以分为滚动捺印指纹和平面捺印指纹，公安行业普遍采用滚动捺印指纹。另外，也可以通过扫描仪、数字相机等获取指纹图像。

2. 指纹图像压缩

指纹图像压缩大容量的指纹数据库必须经过压缩后存储，以减少存储空间，主要方法包括 JPEG、WSQ、EZW 等。

3. 指纹图像处理

指纹图像处理包括指纹区域检测、图像质量判断、方向图和频率估计、图像增强、指纹图像二值化和细化等。

4. 指纹分类

纹型是指纹的基本分类，是按中心花纹和三角的基本形态划分的。纹型从属于型，以中心线的形状定名。我国的指纹分析法将指纹分为三大类型，9 种形态。一般地，指纹自动识别系统将指纹分为弓形纹(弧形纹、帐形纹)、箕形纹(左箕、右箕)、斗形纹和杂形纹等。

5. 指纹形态和细节特征提取

指纹形态特征包括中心(上、下)和三角点(左、右)等，指纹的细节特征点主要包括纹线的起点、终点、结合点和分叉点。

6. 指纹比对

可以根据指纹的纹型进行粗匹配，进而利用指纹形态和细节特征进行精确匹配，给出两枚指纹的相似性得分。根据应用的不同，可对指纹的相似性得分进行排序或给出是否为同一指纹的判决结果。

4.5.3 声纹识别技术

声纹识别(Voiceprint Recognition，VPR)也称为说话人识别(Speaker Recognition)，分为说话人辨认(Speaker Identification)和说话人确认(Speaker Verification)两类。前者用以判断某段语音是若干人中的哪一个人所说的，是"多选一"问题；而后者用以确认某段语音是否为指定的某个人所说的，是"一对一判别"问题。不同的任务和应用会使用不同的声纹识别技术，如缩小刑侦范围时可能需要辨认技术，而银行交易时则需要确认技术。不管是辨认还是确认，都需要先对说话人的声纹进行建模，这就是所谓的"训练"或"学习"过程。

所谓声纹(Voiceprint)，是用电声学仪器显示的携带语言信息的声波频谱。人类语言的产生是人体语言中枢与发音器官之间一个复杂的生理物理过程，人在讲话时使用的发声器官——舌、牙齿、喉头、肺、鼻腔在尺寸和形态方面每个人的差异很大，所以任何两个人的声纹图谱都有差异。每个人的语音声学特征既有相对稳定性，又有变异性，不是绝对的、一成不变的。这种变异可来自生理、病理、心理、模拟、伪装，也与环境干扰有关。尽管如此，由于每个人的发音器官都不尽相同，因此在一般情况下，人们仍能区别不同人的声音或判断是否是同一个人的声音。声纹识别原理如图 4-26 所示。

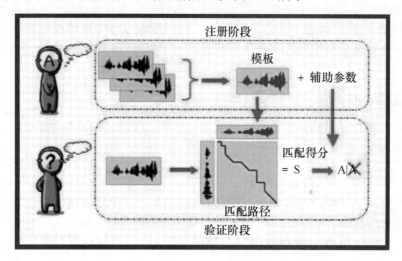

图 4-26　声纹识别原理

声纹识别有两个关键问题，一是特征提取，二是模式匹配(模式识别)。

1. 特征提取

特征提取的任务是提取并选择对说话人的声纹具有可分性强、稳定性高等特性的声学或语言特征。与语音识别不同，声纹识别的特征必须是"个性化"特征，而说话人识别的特征对说话人来说必须是"共性特征"。虽然目前大部分声纹识别系统用的都是声学层面的特征，但是表征一个人特点的特征应该是多层面的，包括：①与人类的发音机制的解剖学结构有关的声学特征(如频率、倒频率、共振峰、基音、反射系数等)、鼻音、带深呼吸音、沙哑音、笑声等；②受社会经济状况、教育水平、出生地等影响的语义、修辞、发音、语言习惯等；③个人特点或受父母影响的韵律、节奏、速度、语调、音量等特征。

从利用数学方法可以建模的角度出发，声纹自动识别模型目前可以使用的特征包括：①声学特征(倒频率)；②词法特征(说话人相关的词 n-gram，音素 n-gram)；③韵律特征(利用 n-gram 描述的基音和能量"姿势")；④语种、方言和口音信息；⑤通道信息(使用何种通道)等。

根据不同的任务需求，声纹识别还面临一个特征选择或特征选用的问题。例如，对"信道"信息，在刑侦应用上，希望不用，也就是说希望弱化信道对说话人识别的影响，因为我们希望不管说话人用什么信道系统它都可以辨认出来；而在银行交易上，希望用信道信息，即希望信道对说话人有较大的影响，从而可以剔除录音、模仿等带来的影响。

2. 模式识别

对于模式识别，有以下几大类方法。

(1) 模板匹配方法：利用动态时间曲线(DTW)以对准训练和测试特征序列，主要用于固定词组的应用(通常为文本相关任务)。

(2) 最近邻方法：训练时保留所有特征矢量，识别时对每个矢量都找到训练矢量中最近的 K 个，据此进行识别，通常模型存储和相似计算的量都很大。

(3) 神经网络方法：有很多种形式，如多层感知、径向基函数(RBF)等，可以显式训练以区分说话人及其背景说话人，其训练量很大，且模型的可推广性不好。

(4) 隐式马尔可夫模型(HMM)方法：通常使用单状态的 HMM，或高斯混合模型(OMM)，是比较流行的方法，效果比较好。

(5) VQ 聚类方法(如 LBG)：效果比较好，算法复杂度也不高，和 HMM 方法配合起来可以收到更好的效果。

(6) 多项式分类器方法：有较高的精度，但模型存储和计算量都比较大。

声纹识别需要解决的关键问题还有很多，例如，短语音问题，能否用很短的语音进行模型训练，而且用很短的时间进行识别，这主要是声音不易获取的应用所需求的；声音模仿(或放录音)问题，要有效地区分开模仿声音(录音)和真正的声音；多说话人情况下目标说话人的有效检测；消除或减弱声音变化(不同语言、内容、方式、身体状况、时间、年龄等)带来的影响；消除信道差异和背景噪声带来的影响等，此时需要用到其他一些技术来辅助完成，如去噪、自适应等。

对说话人确认，还面临一个两难选择问题。通常，表征说话人确认系统性能的两个重要参数是错误拒绝率(False Rejection Rate，FRR)和错误接受率(False Acceptation Rate，FAR)。前者是拒绝真正说话人而造成的错误，后者是接受真正说话人而造成的错误，二者与阈值的设定相关，两者相等的值称为等错率(Equal Error Rate，EER)。在现有的技术水平下，两者无法同时达到最小，需要调整阈值来满足不同应用的需求，如在需要"易用性"的情况下，可以让错误拒绝率低一些，此时错误接受率会增加，从而安全性降低；在对"安全性"要求高的情况下，可以让错误接受率低一些，此时错误拒绝率会增加，从而易用性降低。前者可以概括为"宁错勿漏"，而后者可以概括为"宁漏勿错"。我们把真正阈值的调整称为"操作点"调整。好的系统应该允许对操作点的自由调整。

4.5.4 人脸识别

人脸识别(Human Face Recognition)特指利用分析比较人脸视觉特征信息进行身份鉴别的计算机技术。人脸识别是一个热门的计算机技术研究领域，可以将人脸明暗侦测，自动调整动态曝光补偿，进行人脸追踪侦测，自动调整影像放大；它属于生物特征识别技术，是根据生物体(一般特指人)本身的生物特征来区分生物体个体。人脸识别过程的具体识别示例如图 4-27 所示。

广义的人脸识别实际包括构建人脸识别系统的一系列相关技术，包括人脸图像采集、人脸定位、人脸识别预处理、身份确认以及身份查找等；而狭义的人脸识别特指透过人脸进行身份确认或者身份查找的技术或系统。

人脸的识别过程一般分三步。

(1) 首先建立人脸的面相档案。即用摄像机采集单位人员的人脸的面相文件或取他们的照片形成面相文件，并将这些面相文件生成面纹(Faceprint)编码存储起来。

(2) 获取当前的人体面相。即用摄像机捕捉当前出入人员的面相，或取照片输入，并将当前的面相文件生成面纹编码。

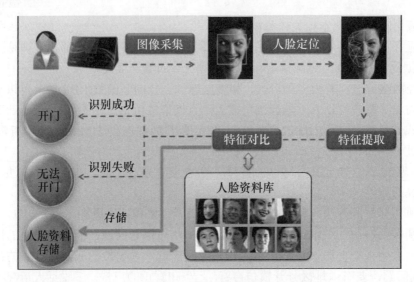

图 4-27 人脸识别原理

(3) 用当前的面纹编码与档案库存的比对。即将当前的面相的面纹编码与档案库存中的面纹编码进行检索比对。上述的"面纹编码"方式是根据人脸部的本质特征和开头来工作的。这种面纹编码可以抵抗光线、皮肤色调、面部毛发、发型、眼睛、表情和姿态的变化，具有强大的可靠性，从而使它可以从百万人中精确地辨认出某个人。人脸的识别过程，利用普通的图像处理设备就能自动、连续、实时地完成。

人脸识别技术包含人脸检测、人脸跟踪、人脸比对 3 个部分。

1) 人脸检测

人脸检测是指在动态的场景与复杂的背景中判断是否存在面相，并分离出这种面相。一般有下列几种方法。

(1) 参考模板法。

首先设计一个或数个标准人脸的模板，然后计算测试采集的样品与标准模板之间的匹配程度，并通过阈值来判断是否存在人脸。

(2) 人脸规则法。

由于人脸具有一定的结构分布特征，所谓人脸规则的方法即提取这些特征生成相应的规则以判断测试样品是否包含人脸。

(3) 样品学习法。

这种方法即采用模式识别中人工神经网络的方法，通过对面相样品集和非面相样品集的学习产生分类器。

(4) 肤色模型法。

这种方法是依据面貌肤色在色彩空间中分布相对集中的规律来进行检测。

(5) 特征子脸法。

这种方法是将所有面相集合视为一个面相子空间，并基于检测样品与其在子空间的投影之间的距离判断是否存在面相。值得提出的是，上述 5 种方法在实际检测系统中也可综合采用。

2) 人脸跟踪

人脸跟踪是指对被检测到的面貌进行动态目标跟踪，具体采用基于模型的方法或基于运动与模型相结合的方法。此外，利用肤色模型跟踪也不失为一种简单而有效的手段。

3) 人脸比对

人脸比对是对被检测到的面相进行身份确认或在面相库中进行目标搜索。实际上就是说，将采样到的面相与库存的面相依次进行比对，并找出最佳的匹配对象。所以，面相的描述决定了面相识别的具体方法与性能。目前主要采用特征向量与面纹模板两种描述方法。

(1) 特征向量法。

几何特征的人脸识别是先确定眼虹膜、鼻翼、嘴角等面相五官轮廓的大小、位置、距离等属性，然后再计算出它们的几何特征量，而这些特征量形成描述该面相的特征向量。这种算法识别速度快，需要的内存小，但识别率较低。

特征向量法是基于 KL 变换的人脸识别方法，KL 变换是图像压缩的一种最优正交变换。高维的图像空间经过 KL 变换后得到一组新的正交基，保留其中重要的正交基，由这些基可以转换成低维线性空间。如果假设人脸在这些低维线性空间的投影具有可分性，就可以将这些投影用作识别的特征矢量，这就是特征脸方法的基本思想。这些方法需要较多的训练样本，而且完全是基于图像灰度的统计特性的。

(2) 面纹模板法。

该方法是在库中存储若干标准面相模板或面相器官模板，在进行比对时，将采样面相所有像素与库中所有模板采用归一化相关量度量进行匹配。此外，还有采用模式识别的自相关网络或特征与模板相结合的方法。

4.5.5　手掌静脉识别

静脉纹络在人体内部很难被伪造，手掌静脉识别原理是根据血液中的血红素有吸收红外线光的特质，将能感应红外线的小型照相机对着手指进行摄影，即可将照着血管的阴影处摄影出图像来。将血管图样进行数字处理，制成血管图样影像。静脉识别系统就是首先通过静脉识别仪取得个人静脉分布图，从静脉分布图依据专用比对算法提取特征值，通过红外线 CCD 摄像头获取手指、手掌、手背静脉的图像，将静脉的数字图像存储在计算机系统中，并存储特征值。静脉比对时，实时采集静脉图，提取特征值，运用先进的滤波、图像二值化、细化技术对数字图像提取特征，同存储在主机中的静脉特征值比对，采用复杂的匹配算法对静脉特征进行匹配，从而对个人进行身份鉴定，确认其身份。全过程为非接触式，如图 4-28 所示。

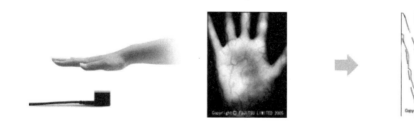

图 4-28　手掌静脉识别

静脉识别分为指静脉识别和掌静脉识别，掌静脉由于保存及对比的静脉图像比较多，识别速度方面较慢；指静脉识别由于其容量比较小，识别速度快。但是两者都具备精确度高、活体识别等优势，在门禁安防等方面各有千秋。总之，指静脉识别反应速度快，掌静脉识别安全系数更高。

掌静脉识别过程如下。

(1) 静脉图像获取：获取手背静脉图像时，手掌无须与设备接触，轻轻一放，即可完成识别。这种方式没有手接触设备时的不卫生的问题以及手指表面特征可能被复制所带来的安全问题，并避免了被当作审查对象的心理不适，同时也不会因脏物污染后无法识别。手掌静脉方式由于静脉位于手掌内部，气温等外部因素的影响程度可以忽略不计，几乎适应于所有用户，用户接受度好。除了无须与扫描器表面发生直接接触以外，这种非侵入性的扫描过程既简单又自然，减轻了用户由于担心卫生程度或使用麻烦而可能存在的抗拒心理。

(2) 活体识别：用手掌静脉进行身份认证时，获取的是手掌静脉的图像特征，是手掌为活体时才存在的图像特征。在该系统中，非活体的手掌是得不到静脉图像特征的，因此无法识别，从而也就无法造假。

(3) 内部特征：用掌背静脉进行身份认证时，获取的是手掌内部的静脉图像特征，而不是手掌表面的图像特征。因此，不存在任何由于手掌表面的损伤、磨损、干燥和潮湿等带来的识别障碍。

(4) 特征匹配：先提取其特征，再与预先注册到数据库或存储在 IC 卡上的特征数据进行匹配以确定个人身份。由于每个人的静脉分布图具备类似于指纹的唯一性且成年后持久不变的特点，所以它能够唯一确定一个人的身份。

本 章 小 结

射频识别技术是一种先进的自动识别技术。它的主要任务是提供关于个人、动物和货物等被识别对象的信息。本章首先对现有的自动识别技术进行了简要的介绍，接着讲述了条形码技术原理、种类、特性、应用和效益，然后讲述了一维条形码和二维码及其相关设备。然后，用机器视觉识别技术和生物识别技术来让我们了解到射频识别技术具体的应用。RFID 技术的应用将会渗透到社会生活的方方面面，它将具有广阔的发展前景。

习 题

一、选择题

1. 物联网在军事和国防领域的应用主要表现为哪两个技术的应用？( )
   A. 射频识别技术和无线传感器网络技术
   B. 射频识别技术和光纤传感技术
   C. 指纹识别技术和无线传感器网络技术
   D. 光纤传感技术和指纹识别技术

2. RFID 标签的分类按通信方式分包括( )。
   A. 主动式标签(TTF)   B. 被动式标签(RTF)
   C. 有源(Active)标签   D. 无源(Passive)标签

3. RFID 标签的分类按标签芯片分为( )。
    A. 只读(R/O)标签   B. CPU 标签
    C. 被动式标签(RTF)   D. 读写(R/W)标签
4. RFID 属于物联网的哪个层? ( )。
    A. 感知层   B. 网络层   C. 业务层   D. 应用层
5. ( )将取代传统条形码，成为物品标识的最有效手段。
    A. 智能条码   B. 电子标签   C. RFID   D. 智能标签

二、判断题

1. RFID 技术是基于雷达技术发展而成的一种先进的非接触式识别技术。   (   )
2. RFID 标签中的信息是由所附着的物体自身生成的。   (   )
3. RFID 的阅读器只能用来对 RFID 标签中的信息进行读取。   (   )

三、简答题

1. RFID 系统中如何确定所选频率适合实际应用?
2. 说明一维条形码和二维条形码的组成及特点。

学习目标

1. 了解什么是 M2M。

2. 掌握 M2M 高层框架及标准。

3. 了解 M2M 技术在实际生活中的应用。

知识要点

M2M 的业务模式；M2M 高层框架；M2M 的标准及应用。

5.1　什么是 M2M

5.1.1　M2M 概述

20 世纪 90 年代中后期，随着各种信息通信手段(如 Internet、遥感勘测、远程信息处理、远程控制等)的发展，加之地球上各类设备的不断增加，人们开始越来越多地关注于如何对设备和资产进行有效监视和控制，甚至如何用设备控制设备——M2M 理念由此起源。

M2M 是现阶段物联网最普遍的应用形式，是实现物联网的第一步。未来的物联网将是由无数个 M2M 系统构成，不同的 M2M 系统会负责不同的功能处理，通过中央处理单元协同运作，最终组成智能化的社会系统。

M2M 表达的是多种不同类型的通信技术有机地结合在一起，例如机器对机器(Machine to Machine)、人对机器(Man to Machine)、机器对人(Machine to Man)、移动网络对机器(Mobile to Machine)。M2M 让机器、设备、应用处理过程与后台信息系统共享信息，并与操作者共享信息。

M2M 是一种以机器智能交互为核心的、网络化的应用与服务。简单地说，M2M 是指机器之间的互联互通。M2M 技术使所有机器设备都具备联网和通信能力，它让机器、人与系统之间实现超时空的无缝连接。M2M 通信技术综合了通信和网络技术，将遍布在日常生产生活中的机器设备连接成网络，使这些设备变得更加"智能"，从而可以创造出丰富的应用，给人们的日常生活、工业生产等带来新一轮的变革。

M2M 实现机器与机器之间自动地数据交换，包括传统意义上的机器，如汽车、自动售货机等，也包括虚拟意义上的机器，如软件等。基于通用通信网络实现的机器与机器之间的"交流"引出了所谓"物联网"的概念，其设想是：在未来机器与机器之间能够通过通信媒介，像人与人之间一样进行交流，并且这种交流是自主的、具有一定智能的。

简单地说，M2M 是将数据从一台终端传送到另一台终端，也就是机器与机器(Machine to Machine)的对话。但从广义上，M2M 可代表机器对机器(Machine to Machine)、人对机器(Man to Machine)、机器对人(Machine to Man)、移动网络对机器(Mobile to Machine)之间的连接与通信，它涵盖了所有实现在人、机器、系统之间建立通信连接的技术和手段。

5.1.2　M2M 发展状况

M2M 技术正演变成为一种用来监控和控制全球行业用户资产、机器及其生产过程所带来的高性能、高效率、高利润的方法，同时具有可靠、节省成本等特点。无线 M2M 方案的无限潜力意味着未来几年市场将会爆炸性增长。

1. 国外发展状况

在国外，法国 Orange 公司、英国 Vodafone 公司、日本 DoCoMo 公司已进入 M2M 产业多年。2006 年 4 月，Orange 推出了一个名为"M2M 连接"的计划，为欧洲的公司提供 M2M 较低的单位数据传输价格和一系列软件工具。Vodafone M2M 业务开展于 2002 年，与 Nokia、Wavecom 等开发商合作，应用领域主要在实时账务解决方案。DoCoMo 于 2004 年底启动基于 m2m-x 的商业服务。

M2M 应用市场正在全球范围快速增长，随着包括通信设备、管理软件等相关技术的深化，M2M 产品成本的下降，M2M 业务将逐渐走向成熟。目前，在美国和加拿大等国已经实现安全监测、机械服务、维修业务、自动售货机、公共交通系统、车队管理、工业流程自动化、电动机械、城市信息化等领域的应用。

欧洲 M2M 市场已比较成熟，产业链较完整。尤其是西欧市场，其已经实现了安全监测、机械服务、汽车信息通信终端、自动售货机、公共交通系统、车队管理、工业流程自动化、城市信息化等领域的应用。

在亚太地区，日本和韩国的 M2M 市场发展较快，日本实行 U-Japan 的泛在网络战略，重点发展汽车信息通信系统以及智能家居，此外还有远程医疗和远程办公。韩国政府则实行 U-Korea 的泛在网络计划，其中也包括很多 M2M 的内容，如智能交通、自动检测和智能家居。

2. 国内发展状况

国内外 M2M 应用繁多，在国内，中国电信、中国移动、中国联通已经开始进入 M2M 市场。中国电信广州研究院 2005 年受中国电信集团委托开始立项研究 M2M 产业，并在 2005 年底对中国电信进入 M2M 产业运营模式提出建议，2006 年底完成统一 M2M 平台开发，2007 年在全国开始推广智能家居、水电抄表、电力监控、销售数据传输等，应用领域包括金融、交通物流、公共事业、政府政务、远程无人彩票销售系统等业务。

各通信运营商都在紧锣密鼓地制订计划或将其推广。中国移动制订了 M2M 发展规划，第一阶段是单一客户的单一应用；第二阶段，是传感器网络由专用网络向公众网络过渡；到了第三阶段，全社会的通信网逐渐建立起来，最后形成一个泛在网络。中国电信将大致分 3 个阶段拓展 M2M 市场：第一阶段的主要目标是快速切入市场；第二阶段将重点提高 M2M 业务的附加值并建立起 M2M 业务管理平台；在第三阶段，则将致力于为政企客户提供真正的泛在网络。中国联通将按 4 个层面发展 M2M：第一层面，加强产业链合作，探索共赢的商业模式；第二层面，加强 M2M 的技术标准化工作；第三层面，积极推广 M2M 的应用；第四层面，完善 M2M 运营管理平台。

中国联通 2006 年在浙江、广东、北京、江苏和山东五个地区开展 M2M 业务，Moto、SK、深圳宏电公司为其合作开发商，应用领域涉及电力、水利、交通、金融、气象等行业，GPRS 网络系统应用典型有江苏省无锡供电局配网自动化、湖北省气象局气象监控、江西省水利监控、北京市商业银行 POS 机业务等。在 CDMA 网络系统开展的典型应用包括江苏省扬州供电局配网自动化、江苏省气象局的气象监控、胜利油田油井监控等。

全球主要的无线通信解决方案提供商泰利特(Telit)、西门子、Wavecome 等都在中国销售模块产品。其中，Telit 于 2007 年初宣布正式在中国成立办事处。

此前，党的十七大明确提出要推进"两化"融合，而作为重要内容的 M2M，也已被正式纳入国家信息产业科技发展规划和 2020 年中长期规划纲要，加以重点扶持。运用 M2M 技术能够将人类社会的所有机器及设备连成网络，实现所有人与人、物与物、人与物间的连接，这一重大理论和实践问题值得我们深入研究。

人们普遍看好 M2M 技术及商业发展的前景，认为数量众多的机器联网将为通信产业带来极大的发展机遇。在市场上，很多传统的大企业纷纷制定了 M2M 的战略规划：摩托罗拉、诺基亚等通信设备商纷纷加大了 M2M 通信模块的投入和研发；沃达丰等电信运营商推出自

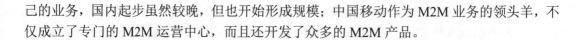

己的业务，国内起步虽然较晚，但也开始形成规模；中国移动作为 M2M 业务的领头羊，不仅成立了专门的 M2M 运营中心，而且还开发了众多的 M2M 产品。

5.1.3 M2M 的业务模式

1. M2M 的内涵

M2M 的理念在 20 世纪 90 年代就已经出现，当时还停留在理论研究阶段。2000 年以后，随着移动互联网的运用，使得以移动通信技术为基础实现机器之间的联网成为可能。2002 年以后，M2M 业务开始在西方发达国家出现，近十年来得到迅速发展，并成为国际通信领域设备商和运营商们热议的焦点。尤其是 2002 年，Opto22、Nokia 联合发布《Opto22 携手 Nokia 共同开发旨在为企业提供无线通信的新技术》，首次用 M2M 来诠释"以以太网和无线网络为基础，实现网络通信中各实体间信息交流"。随后 Nokia 产品经理 Pisani 在《M2M 技术——让你的机器开口讲话》一书中将 M2M 定义为"人、设备、系统的联合体"，并从此被广泛接受。目前，国外尤其是欧美等发达国家，已经形成了比较成熟的产业链，设备商、软件商、运营商等从中获利颇丰。尤其是对运营商而言，由于语音等业务市场饱和，格外关注附加值高的业务的发展，仅 2010 年 M2M 收入就占到电信运营商收入的 20%。

从产品分类、产品特点和产品功能等方面，可以看出 M2M 与众不同的特点。

1） 从 M2M 的产品分类看

按通信对象分类：机器到机器、机器到人、人对机器。

按服务对象分类：行业领域、个人领域。

按接入方式分类：其中无线可分为 SMS/USSD/GRPS/3G 等移动通信方式，蓝牙、ZigBee 等短距通信方式；有线可以分为同轴、LAN、ADSL 光纤等方式。

2） 从 M2M 的产品特点看

可以实现数据的分散采集、机器的集中控制。可根据行业应用需求随意布点机器，比较灵活，同时根据移动通信网络对分散的机器进行集中管理。

可以实现低成本、高收益。一次投入建设，降低布线成本，压缩系统建设周期，实现集约化建设等。

可以降低劳动强度。通过机器自动采集传输数据可以减少手工劳动，提升自动化效率。

可以满足不同需求。通过对不同行业、企业的生产需求定制开发与企业的生产和管理流程密切相关的应用。

3） 从 M2M 的产品功能看

M2M 是一个不同行业应用的产品集合，因此由于行业需求的差异性造成产品功能上存在较大差异，但是一般还是集中在以下四个功能。

(1) 数据查询功能。就是可以通过终端设备访问到数据库，与数据库内数据进行交互与实时查询。

(2) 信息采集功能。就是将各终端设备采集到的信息及时发送回平台。

(3) 遥测遥信功能。就是对危险源、无人看守或者远程目标的生产过程、运行过程进行检测与控制。

(4) 故障管理功能。就是实时对终端设备可能的故障和问题继续进行诊断、预警和修复的过程。

2. M2M 的应用领域

M2M 潜在的应用范围极广，从电力、银行到石油行业，从车辆调度到智能公交，从企业安防到农业自动化监测，从远程抄表到医疗检测等，包含了人类社会生产生活的方方面面。同时，随着经济社会的不断发展，还会不断产生新的需求类型，进而产生更多的全新的应用。不言而喻，随着智能化时代的到来，任何一个行业都有可能成为下一个 M2M 的应用领域。M2M 的主要运用领域包括公共安全、智能建筑、数字化医疗、农业、电力等，其中，参与 M2M 主要业务比如工程建筑、能源与公共事业、医疗卫生、工业和制造业、金融和服务、交通运输的提供者众多。

1) 电力行业

M2M 业务在电力行业中应用，主要是监测配电网运行参数，通过无线通信网络将配电网运行参数传回电力信息中心，将配电网在线数据和离线数据、配电网数据和用户数据、电网结构和地理图形进行信息集成，实现配电系统正常运行及事故情况下的监测、保护、控制、用电和配电的现代化管理维护。

2) 石油行业

M2M 业务在石油行业中应用，主要是采集油井工作情况信息，通过无线通信网络传回后台监控中心，根据油井现场工作情况，远程对油井设备进行遥调遥控，降低工作人员管理劳动强度，及时准确了解油井设备工作情况。

3) 交通行业

M2M 业务在交通行业中应用，主要是车载信息终端采集车辆信息(如车辆位置、行驶速度、行驶方向等)，通过移动通信网络将车辆信息传回后台监控中心，监控中心通过 M2M 平台对车辆进行管理控制。

4) 环保行业

M2M 业务在环保行业中应用，主要是采集环境污染数据，通过无线通信网络将环境污染数据传回环保信息管理系统，对环境进行监控，环保部门灵活布置环境信息监测端点，及时掌握环境信息，解决环境监测点分布分散、线路铺设和设备维修困难、难以实施数据实时搜集和汇总等难题。

5) 金融行业

M2M 业务在金融行业中应用，主要是无线 POS 终端采集用户交易信息，对交易信息进行加密签名，通过无线通信网络传输到银行服务处理系统，系统处理交易请求，返回交易结果通知用户交易完成。

6) 公安交管

M2M 业务在公安交管行业中应用，主要是帮助公安交管部门灵活布置交通信息采集点，及时掌握道路交通信息，以便根据实际情况迅速反应，从而提高公安交管部门办公效率。

7) 医疗监控

M2M 业务在医疗行业中应用，主要是帮助医院实时监控病人的情况。即使病人离开医院，医生依然可以实时监控病人的状况。医生在病人脚部安装监控器，获得的数据通过移动通信网络传输给医生。显然，这种系统无论在人性化方面还是在节省社会资源方面，都有非常大的优势，而且只占用非常有限的医疗资源。

3. M2M 的技术基础

M2M 系统分为三层，分别是应用层、网络传输层和设备终端层，因此相关的技术基础也主要涉及三个方面：设备终端层的技术主要涉及通信模块及控制系统；网络传输层的技术主要涉及用于传输数据的通信网络，比如以公众电话网、无线移动通信网络、卫星通信网络等为代表的广域网，以以太网、Bluetooch、WLAN 等为代表的局域网和以传感器网络、ZigBee 等为代表的个域网等；而应用层的技术主要涉及中间件、业务分析、数据存储和用户界面等。目前，各种移动通信技术都可以作为 M2M 的通信技术基础，但是各自有其不同的优势和特点，在一定的领域都有运用。从目前来看，主要还是移动通信技术占主导地位，其优点在于网络基础好、应用范围广。

未来一段时间，移动通信技术还将成为主流，而短距离通信技术将成为其重要补充。将来移动通信甚至将可能实现全球设备监控的联网，这是实现 M2M 的最理想的方式，目前已经有不少基于移动通信的 M2M 业务。只是由于移动通信模块和网络建设等成本较高，RFHX 无线传感器等短距离通信技术成为其重要的补充。比如蓝牙可以直接与移动通信模块连接，或者通过无线传感器网络与移动通信模块连接，实现扩展和运用；有线网络和Wi-Fi 技术由于其高速率和高稳定性，在一些特殊领域也将有深入的运用。

4. M2M 的产业链

以运营商推动为主，产业链存在很多空白。完整的 M2M 产业链包括芯片商、通信模块商、外部硬件提供商、应用设备和软件提供商、系统集成商、M2M 服务提供商、电信运营商、设备制造商、客户、最终用户、管理咨询提供商和测试认证提供商。

1) 芯片商

通信芯片是 M2M 产业中最底层的环节，也是技术含量最高的环节，是整个通信设备的核心。

2) 通信模块商

通信模块商是指根据芯片商提供的通信芯片，设计生产出能够嵌入在各种机器和设备上的通信模块的厂商。通信模块是 M2M 业务应用终端的基础，除了通信芯片以外，还包括数据端口、数据存储、微处理器、电源管理等功能。通信模块提供商针对 M2M 业务应用可定制开发通信模块。

3) 外部硬件提供商

外部硬件提供商是指提供 M2M 终端除通信模块外的其他硬件设备的厂商，设备包括可以进行数据转换和处理的 I/O 端口设备，用于网络连接的外部服务器和调制解调器，可以操控远程设备的自动控制器，在局域网内传输数据的路由器和接入点以及外部的天线、电缆、通信电源等。外部硬件虽然不是 M2M 终端的核心，但却是终端正常工作所必需的。

4) 应用设备和软件提供商

应用设备和软件提供商是指提供应用软件和相关设备的厂商。产品类型包括应用开发平台、应用中间件、远程监控系统和监测终端、应用软件、嵌入式软件、自动控制软件等。

5) 系统集成商

系统集成商是指把所有的 M2M 组件集成为一个解决方案的厂商。系统集成商是整个产业链的重要环节，其推出的解决方案直接影响 M2M 业务的应用和推广。

6)　电信运营商

电信运营商是运营固定和移动通信业务的运营商。传统运营商的优势在于拥有自己的移动通信网络，可采用系统集成商的解决方案来推出 M2M 业务，也可自主推进 M2M 业务。

7)　M2M 服务提供商

M2M 服务提供商一般不拥有自己的移动通信网络。他们往往租用传统移动运营商的网络来推广 M2M 业务。M2M 服务提供商的优势在于可以协调不同地区和协议的通信网络，整合 M2M 业务。

8)　设备制造商

M2M 业务要实现机器的联网需要设备制造商的支持，而通信模块与设备的接口和协议也需要模块制造商和设备制造商之间协商。

9)　管理咨询提供商

管理咨询提供商提供 M2M 产业的项目计划管理咨询以及产品设计、集成的支持。与国外的产业发展状况相比，中国的产业链环节有所缺失，特别是 M2M 服务商等重要的环节。这说明，虽然我国 M2M 业务应用市场已经初具规模，但产业还比较零散，市场尚处于摸索阶段，未来还有很长的路要走。

因为价值链长且复杂，导致各家企业各有所长，很难形成统一的标准与规范。如在硬件环节，M2M 同质化严重、竞争激烈，各家企业都是私有协议与标准，附加值低；应用系统开发商各持所长；在软件商和系统集成商环节，应用系统开发领域缺乏竞争机制，没有规模的发展，发展的路必将越走越窄；在运营商环节，一些电信运营商面对大量差异化的行业需求束手无策，电信运营商面临各行业的差异化特征，除了做数据通道还未找到新的应用服务。技术规范未统一则是影响 M2M 业务快速发展的另一主要原因。市场的快速、规模发展离不开技术标准的统一。统一的接口、统一的协议使终端生产厂家在产品标准化的基础上大大降低开发成本，这样才能让应用企业可以自由选择市场上的所有终端，不必受制于哪家终端厂商，使整个 M2M 市场步入常态发展。

M2M 在通信芯片商、通信模块商、应用设备和软件商、系统集成商、电信运营、M2M 服务商、管理咨询提供商、测试认证商等产业链上的主要参与者有德州仪器、IBM 等众多世界 500 强企业。

5. M2M 业务流程

M2M 业务流程涉及众多环节，其数据通信过程内部也涉及多个业务系统，包括 M2M 终端、M2M 管理平台、应用系统。

M2M 终端具有的功能包括接收远程 M2M 平台激活指令、本地故障报警、数据通信、远程升级、使用短消息/彩信/GROS 等几种接口通信协议与 M2M 平台进行通信。终端管理模块为软件模块，可以位于 TE(终端设备)或 MT(移动设备)中，主要负责维护和管理通信及应用功能，为应用层提供安全可靠和可管理的通信服务。

M2M 管理平台具有的功能包括 M2M 管理平台为客户提供统一的行业终端管理、终端设备鉴权；支持多种网络接入方式，提供标准化的接口使数据传输简单直接；提供数据路由、监控、用户鉴权、内容计费等管理功能。

M2M 终端获得了信息以后，本身并不处理这些信息，而是将这些信息集中到应用平台上来，由应用系统来实现业务逻辑。因此应用系统的主要功能是把感知和传输来的信息进行分析和处理，做出正确的控制和决策，实现智能化的管理、应用和服务。

M2M 产业面临的最大部分挑战是把垂直筒仓式转变成一套简单可发展的和递增可开展的应用程序。水平平台的出现和部署是 M2M 工业成熟迈进的第二阶段过渡的标志。这个水平平台指的是一个贯穿业务领域、网络和设备的，连贯的有效框架。这是一系列能够功能分离的技术、体系结构和过程，特别是在应用层和网络层。

M2M 平台系统在结构上分为以下几个模块：终端接入模块、应用接入模块、业务处理模块、管理门户模块、BOSS 接口模块、网管接口模块、监控平台接口模块。其中，终端接入模块、应用接入模块、业务处理模块的功能描述如下。

1) 终端接入模块

终端接入模块负责 M2M 平台系统通过行业网关或 GGSN 与 M2M 终端收发协议消息的解析和处理。该模块支持基于短消息、USSD、彩信、GPRS 几种接口通信协议消息，通过将不同网络通信承载协议的接口消息进行处理后封装成统一的接口消息提供给业务处理模块，从而使业务处理模块专注于业务消息的逻辑处理，而不必关心业务消息承载于哪种通信通道，保证了业务处理模块对于不同网络通信承载协议的稳定性。

终端接入模块实现对终端消息的解析和校验，以保证消息的正确性和完整性，并实现流量控制和过负荷控制，以消除过量的终端消息对 M2M 平台的冲击。

终端接入模块从结构上又可以划分为以下两种。

(1) SMS/USSD/MMS 通信模块。该模块与 IAGW 或者 ISMG 连接，IAGW/ISMG 通过不同的网络协议与 USSDC/USSDG、SMSC、MMSC 等业务网元连接，最终实现 M2M 平台系统与 M2M 终端的通信，完成与 M2M 终端之间的上下行消息的传送处理。

(2) GPRS 通信模块。M2M 平台系统与 M2M 终端通过 TCP 或者 UDP 方式进行通信，接收终端的上报数据，并对数据进行校验保证数据的正确性、完整性。

2) 应用接入模块

应用接入模块实现 M2M 应用系统到 M2M 平台的接入。M2M 平台支持 MAS 模式和 ADC 模式的 M2M 应用的接入，通过该模块 M2M 平台对接入的应用系统进行管理和监控，从结构上又可以分为以下几种。

(1) 应用接入控制模块。该模块负责接收 M2M 应用系统的连接请求，并对应用系统进行身份验证和鉴别权，以防止非法用户的接入。

(2) 应用监控模块。此模块对 EC 应用系统的运行行为进行监控和记录，包括系统的状态、连接时间、退出次数等，并对应用发送的信息量、信息条数、接收的信息量进行记录。

(3) 应用通信模块。此模块与 M2M 应用系统通过 TCP/IP 方式进行通信，实现上行到应用的业务消息的路由选择，通过 M2M 平台与 M2M 应用之间的接口协议进行数据传输。

3) 业务处理模块

业务处理模块是 M2M 平台的核心业务处理引擎，实现 M2M 平台系统的业务消息的集中处理和控制，它负责对收到的业务消息进行解析、分派、路由、协议转换和转发，对 M2M 应用业务实时在线连接和维护，同时维护相应的业务状态和上下文关系，还负责流量分配和控制、统计功能、接入模块的控制，并产生系统日志和网管信息。

业务处理模块完成各种终端管理和控制的业务处理，它根据终端或者应用发出的请求消息的命令执行对应的逻辑处理，也可以根据用户通过管理门户发出的请求对终端或者应用发出控制消息进行操作。

业务处理模块从结构上可以划分为以下几种。

(1) 终端监控模块。该模块负责对终端进行远程监控和控制，包括响应终端的注册请求和退出请求、维护终端的在线状态、终端参数采集、终端异常情况报警等功能。

(2) 终端配置模块。该模块实现对终端配置参数的管理，对终端参数的配置包括终端主动请求和 M2M 平台主动下发两种模式。

(3) 软件升级模块。该模块实现终端软件版本的自动升级功能。M2M 平台发送软件升级通知短信到 M2M 终端，通知短信里包括升级服务器的 IP 地址、端口号和升级文件的 URL。M2M 终端可以选择在合适的时候进行升级，下载升级软件后进行安装。

(4) 应用消息传送模块。此功能用于业务流与管理流并行模式，即终端业务流经过 M2M 平台转发到 M2M 应用，或者 M2M 应用业务流经 M2M 平台转发到终端，终端或 M2M 应用可以通过 TRANSPARENT_DATA 指令要求平台透传应用消息。M2M 平台对消息中的用户数据不作解析，直接转发到目的终端或 M2M 应用。对于下行数据，M2M 平台通过消息头中的终端序列号来定位目的终端；对于从终端上行的数据，M2M 平台通过消息体中第一个字段的 EC 账号信息来定位目的 M2M 应用。

(5) 日志模块。该模块记录每个通过 M2M 平台的终端和应用之间的上下行消息，作为日后进行行业业务统计的原始数据。日志模块记录详细的系统运行日志，包括系统运行状态、系统异常情况、异常消息记录等系统运行的各种记录，以便对系统运行进行监控。

5.1.4 促进 M2M 技术的成熟

任何一项业务的成熟都需要经历从萌芽、发展到成熟的三个阶段，在每个不同的阶段，其业务运营模式和各方参与方式都将呈现出不同的特点，对于 M2M 业务而言同样如此。

M2M 市场的成熟曲线包括三个阶段：第一阶段是设备联网，即将设备连接到 M2M 网络中；第二阶段是设备管理，设备能够和使用者实现双向沟通；第三阶段是创新，即思考创新性的应用，以降低经营成本，开拓收入来源。

其中，第一阶段强调尽可能地将设备接入网络，运营商主要考虑市场上可能存在的需求，为满足这些需求去开发点对点的应用，这些应用因为只针对某种需求，因此是相对孤立的；第二阶段运营商建立平台式的发展模式，提供中间件，帮助行业参与者进行业务的开发。

从全球发展来看，M2M 起步较早的市场比如美国和欧洲等部分国家已经进入了第二阶段，一些起步较晚的国家仍处于第一阶段向第二阶段的过渡期。要实现这两个阶段的顺利过渡，运营商首先需要改变思维方式，从第一阶段思考自己有什么需求，扩展到考虑能为合作伙伴提供什么样的平台，以实现多种应用的开发。

其中，促进 M2M 技术成熟的因素主要包括以下几个方面。

(1) 高水平的框架。这指的是一套新兴的基于结构、平台、技术的标准，是以开发非筒仓式的、不过时应用程序为方法整合的框架。

(2) 政策和政府鼓励措施。

(3) 各个行业需要创造出新的标准需求在全球系统的水平上处理 M2M。

M2M 技术扩展了通信的范围，使得通信不再局限于电话、手机、计算机等 IT 类电子设备，而诸如空调、电冰箱等家用电器，汽车、船舶等交通工具，乃至任何没有生命的设备或物品都能进行信息交互，成为通信系统中的一员。随着越来越多设备感知能力和通信能力的获取，网络一切的物联网将初显雏形。只有当 M2M 规模化、普及化，并且终端之间通过网络来实现智能的融合和通信，才能最终实现物联网的构想，所以物联网是 M2M 发展的高级阶段，也是 M2M 发展的最终目标。

因此，M2M 目标实现过程中将经历三个阶段，首先是单一行业的 M2M 单一应用阶段，也是目前我们所处的阶段；其次是跨行业的终端、应用融合集成阶段；最后是网络无处不在的物联网阶段。

M2M 业务潜力巨大，运营商已试验或开展的 M2M 业务只是 M2M 应用中的一小部分，可以说，M2M 业务仍处于起步阶段。在看到 M2M 业务潜在巨大市场的同时，我们也应看到 M2M 业务发展存在许多问题。

第一，缺乏完整的标准体系。国内目前尚未形成统一的 M2M 技术标准规范，甚至业界对 M2M 概念的理解也不尽相同，这将是 M2M 业务发展的最大障碍。目前，各个 M2M 业务提供商根据各行业应用特点及用户需求，进行终端定制，这种模式造成终端难以大规模生产、成本较高、模块接口复杂。此外，不同的 M2M 终端之间进行通信，需要具有统一的通信协议，让不同行业的机器具有共同的"语言"，这些将是 M2M 应用的基础。

第二，商业模式不清晰，未形成共赢的、规模化的产业链。M2M 作为一项复杂的应用，涉及应用开发商、系统集成商、网络运营商、终端制造商及最终用户等各个环节，以及与人们生活相关的各个行业。目前，M2M 应用开发商数量众多，规模较小，各自为战，针对具体业务的开发系统各不相同，开发成本较高；系统集成商只是针对具体某个行业进行系统提供，多个系统和多个行业之间很难进行互联互通；网络运营商正沦为提供通信的管道，客户黏性低、转网成本低，尚未发挥其在产业链中的主导作用；M2M 终端耦合度低，附加值低，同质化竞争严重；用户对 M2M 业务的认识还比较模糊，由于 M2M 业务多数是以具体的行业应用程序来命名，因此大多数用户对此类业务并不称其为 M2M 业务。可见，涉及 M2M 业务的各个环节不能很好地协调，还没有建立一套完整的产业链，也没有形成成熟的商业模式。

第三，M2M 各行业间融合难度大。M2M 业务的最终目标是网络一切，实现全社会的信息化，这必然涉及社会的各个行业，行业融合难度巨大，所以最终目标的实现将会是一个缓慢而曲折的过程。

为了促进全社会的信息化进程，实现物联网的美好理念，需要保证 M2M 业务快速健康发展，针对 M2M 业务发展过程中遇到的挑战，可以从以下几方面进行考虑。

(1) 尽快研究制定统一的技术标准和体系。

标准对业务发展的作用不言而喻，我们亟须建立和健全覆盖到通信协议、接口、终端、网络、业务应用等各方面的标准。只有完善了标准化工作，业务的发展才能处于主动地位。目前，国内的一些运营商已经认识到这个问题，如中国电信开发的 M2M 平台基于开放式架构设计，可以在一定程度上解决标准化问题；中国移动制定了 WMMP 标准，能在网上公开进行 M2M 的终端认证测试工作。所有这些尝试，是基于各自企业自身特点进行的规范，还需进一步打破企业，打破行业界限，尽快研究制定统一的技术标准和体系，以引导 M2M 业务的发展。

(2) 加快创新研究和突破。

M2M 业务发展尚处于起步阶段，需要在技术、政策、商业模式等各方面引入创新机制，特别要在影响 M2M 发展的关键方面进行突破。现有的技术对目前开展的部分 M2M 业务能够良好支持，但面对 M2M 业务的巨大蓝海，却显得无能为力。M2M 最终实现所需要的全面感知、安全可靠的传送能力和智能处理是现有技术还无法完全满足的。因此，需要在传感器、传感器网络、自组织网络、泛在网络和无线通信技术等领域不断研究、不断创新。政策层面涉及的部门、行业众多，需要各部门、各行业通力协作，消除人为障碍，实现共赢。跨部门、跨行业关系和利益的处理，更加需要我们用创新的思维来解决。商业模式方面还没有成熟可供依循的参照，前期只能靠我们大胆探索、勇于创新去寻找。

(3) 加快融合进程。

目前，我国正处在"两化"融合的进程中，从技术角度来说，M2M 理念、技术和应用的发展深刻诠释了"两化"融合的理念，M2M 产业的发展将是"两化"融合的核心推动力，因此可以以此为契机，促进 M2M 产业的发展。M2M 最终目标的实现，是各个行业不断融合、不断信息化的结果，所以加快推进信息技术与各个行业的融合进程，可以促进 M2M 产业的快速发展。

5.2 M2M 高层框架及标准

从数据流的角度考虑，在 M2M 技术中，信息总是以相同的顺序流动。在这个基本的框架内，涉及多种技术问题和选择。例如：机器如何连成网络？使用什么样的通信方式？数据如何整合到原有或者新建立的信息系统中？

但无论哪一种 M2M 技术与应用，都涉及 5 个重要的技术部分：智能化机器、M2M 硬件、通信网络、中间件、应用。

1. 智能化机器

使机器"开口说话"，让机器具备信息感知、信息加工(计算能力)、无线通信能力。实现 M2M 的第一步就是从机器/设备中获得数据，然后把它们通过网络发送出去。使机器具备"说话"(talk)能力的基本方法有两种：生产设备的时候嵌入 M2M 硬件；对已有机器进行改装，使其具备通信/联网能力。

2. M2M 硬件

进行信息的提取，从各种机器/设备那里获取数据，并传送到通信网络。M2M 硬件是使机器获得远程通信和联网能力的部件。现在的 M2M 硬件产品可分为以下五种。

1) 嵌入式硬件

嵌入到机器里面，使其具备网络通信能力。常见的产品是支持 GSM/GPRS 或 CDMA 无线移动通信网络的无线嵌入数据模块。典型产品有：Nokia 12 GSM 嵌入式无线数据模块；Sony Ericsson 的 GR 48 和 GT 48；Motorola 的 G18/G20 for GSM、C18 for CDMA；Siemens 的用于 GSM 网络的 TC45、TC35i、MC35i 嵌入模块。

2) 可组装硬件

在 M2M 的工业应用中，厂商拥有大量不具备 M2M 通信和联网能力的设备仪器，可改装硬件就是为满足这些机器的网络通信能力而设计的。实现形式也各不相同，包括从传感器收集数据的 I/O 设备(I/O Devices)；完成协议转换功能，将数据发送到通信网络的连接终端(Connectivity Terminals)；有些 M2M 硬件还具备回控功能。典型产品有：Nokia 30/31 for

GSM 连接终端。

3) 调制解调器(Modem)

上面提到嵌入式模块将数据传送到移动通信网络上时，起的就是调制解调器的作用。如果要将数据通过公用电话网络或者以太网送出，分别需要相应的 Modem。典型产品有：BT-Series CDMA、GSM 无线数据 Modem 等。

4) 传感器

传感器可分成普通传感器和智能传感器两种。智能传感器(Smart Sensor)是指具有感知能力、计算能力和通信能力的微型传感器。由智能传感器组成的传感器网络(Sensor Network)是 M2M 技术的重要组成部分。一组具备通信能力的智能传感器以 Ad Hoc 方式构成无线网络，协作感知、采集和处理网络覆盖的地理区域中感知对象的信息，并发布给观察者。也可以通过 GSM 网络或卫星通信网络将信息传给远方的 IT 系统。典型产品如 Intel 的基于微型传感器网络的新型计算的发展规划——智能微尘(Smart Dust)等。目前智能微尘面临的最具挑战性的技术难题之一是如何在低功耗下实现远距离传输，另一个技术难题在于如何将大量智能微尘自动组织成网络。

5) 识别标识(Location Tags)

识别标识如同每台机器、每个商品的"身份证"，使机器之间可以相互识别和区分。常用的技术如条形码技术、射频识别卡 RFID 技术(Radio-Frequency Identification)等。标识技术已经被广泛用于商业库存和供应链管理。

3. 通信网络

通信网络将信息传送到目的地。网络技术彻底改变了我们的生活方式和生存面貌，我们生活在一个网络社会。今天，M2M 技术的出现，使得网络社会的内涵有了新的内容。网络社会的成员除了原有人、计算机、IT 设备之外，数以亿计的非 IT 机器/设备正要加入进来。随着 M2M 技术的发展，这些新成员的数量和其数据交换的网络流量将会迅速地增加。

通信网络在整个 M2M 技术框架中处于核心地位，包括广域网(无线移动通信网络、卫星通信网络、Internet、公众电话网)、局域网(以太网、无线局域网 WLAN、Bluetooth)、个域网(ZigBee、传感器网络)。

在 M2M 技术框架的通信网络中，有两个主要参与者，他们是网络运营商和网络集成商。尤其是移动通信网络运营商，在推动 M2M 技术应用方面起着至关重要的作用，他们是 M2M 技术应用的主要推动者。第三代移动通信技术除了提供语音服务之外，数据服务业务的开拓是其发展的重点。随着移动通信技术向 5G 的演进，必定将 M2M 应用带到一个新的境界。国外提供 M2M 服务的网络有 AT&T Wireless 的 M2M 数据网络计划，Aeris 的 MicroBurst 无线数据网络等。

4. 中间件

中间件在通信网络和 IT 系统间起桥接作用。中间件包括两部分：M2M 网关、数据收集/集成部件。网关是 M2M 系统中的"翻译员"，它获取来自通信网络的数据，将数据传送给信息处理系统。其主要的功能是完成不同通信协议之间的转换。典型产品如 Nokia 的 M2M 网关。

数据收集/集成部件是为了将数据变成有价值的信息，对原始数据进行不同加工和处理，并将结果呈现给需要这些信息的观察者和决策者。这些中间件包括：数据分析和商业智能部件，异常情况报告和工作流程部件，数据仓库和存储部件等。

5. 应用

对获得的数据进行加工分析，为决策和控制提供依据。

5.3 M2M 需要 RFID 技术

5.3.1 自动识别技术是 M2M 可以实施的关键

1. 自动识别技术

自动识别技术就是应用一定的识别装置，通过被识别物品和识别装置之间的接近活动，自动地获取被识别物品的相关信息，并提供给后台的计算机处理系统来完成相关后续处理的一种技术。

自动识别技术将计算机、光、电、通信和网络技术融为一体，与互联网、移动通信等技术相结合，实现了全球范围内物品的跟踪与信息的共享，从而给物体赋予智能，实现人与物体以及物体与物体之间的沟通和对话。

物联网中非常重要的技术就是自动识别技术，自动识别技术融合了物理世界和信息世界，是物联网区别于其他网络(如电信网、互联网)最独特的部分。自动识别技术可以对每个物品进行标识和识别，并可以将数据实时更新，是构造全球物品信息实时共享的重要组成部分，是物联网的基石。通俗地讲，自动识别技术就是能够让物品"开口说话"的一种技术。

按照应用领域和具体特征的分类标准，自动识别技术可以分为：条码识别技术、生物识别技术、声音识别技术、人脸识别技术、指纹识别技术、图像识别技术、磁卡识别技术、IC 卡识别技术、光学字符识别技术、射频识别技术。

2. 射频识别技术(RFID)与 M2M 技术

将来，更为重大的发展也许不再是现今互联网上的 PC 和移动网上的手机，而是具有通信性能的其他设备。能够上网的设备或器具将比现在广泛得多，包括从电视机到 MP3 播放机，再到电子报刊、智能大楼，甚至于电冰箱等家电，它们如同互联网上的计算机一样工作，形成机对机(M2M)的通信方式。随着射频标识(RFID)和传感器的大量使用以及网格计算的应用，目前尚处于早期阶段的 M2M 应用将逐渐趋于成熟。在未来某一天，由机器产生的流量将超过人—机应用和人—人应用产生的流量，甚至可能占据全部流量的绝大部分(目前所占百分比很小)。

M2M 应用意味着在传统上不联网的设备或器具(例如空调机、安全系统和电梯等)之间传送遥测、遥控信号。M2M 不仅仅是并行处理，而是分布式计算的使能器。它能使一个家庭变成一台超级计算机，在所有的家庭用具内都装有嵌入式的处理器。

在企业中 M2M 有两种初期应用：监视和控制。监视应用包括资产跟踪、库存管理和供应链自动化。一家制造商可以使用 RFID 标记来跟踪产品部件在厂内的流动情况，或者对仓库内的箱子进行定位。在这种应用中的数据传送是严格单向的，不需要传送任何响应信号。控制应用比较复杂，需要基于多个来源的输入做出决定，再把决定回送出去。例如，一个分布式温度传感器网络可以控制一个取暖系统，节省开支。运动传感器可以检测到有人走向电梯，然后为此人调用电梯，可以节省时间。这种利用无线的大楼自动化将变得更加成本有效。

为了促进 M2M 应用的发展，需要给所有移动物体赋予无线通信功能，给所有难以安装固定线路的地方赋予无线通信功能，给所有执行命令、验证和控制功能的器具(包括用户随身配件)赋予无线通信功能。显然，当单芯片无线电便宜得足以附着于几乎所有东西时，我们就需要考虑用相应的无线技术来形成新的网络，这些网络把人完全排斥在外，而把各种电气用具，甚至把类似杂志这样的惰性物体连接在一起。只要在无线覆盖范围内，就可以形成 M2M 的连接。其中通过 RFID 无线技术就可以实现 M2M 的连接。

3. 无源 RFID

无源 RFID 是比 ZigBee 更小、更便宜的无线电技术，现在已经存在。由于它们自身不含电源或处理器，无源 RFID 标记不能启动传送或中继彼此的业务，只有当它们进入 RFID 阅读器的电磁场范围内才被激活。

无源 RFID 本身并非新东西，成千上万的建筑物使用 RFID 接入卡，数百万辆汽车使用附着在挡风玻璃上的 RFID 标记来付过路费。但有两件事情是新的：一是无源 RFID 的成本已经降到标记可以随意贴的程度；二是新的标准已经推出。一个价值 10 美分的无源 RFID 标记使用电子产品码(EPC)可以存储对某一物体的完整描述。EPC 是基于可扩展置标语言(XML)的一种用来描述物体的标准。

但是，现在很少有企业急于在每件东西上贴上无源 RFID 标记。这是因为虽然标记很便宜，但阅读它们和处理信息所需的基础设施并不便宜，无源 RFID 阅读器的覆盖距离与蓝牙相同，故被跟踪的物体必须在阅读器附近。一种做法是把阅读器放在建筑物的每一入口或出口，再用 ZigBee 把它们连接在一起。另一种做法是使用移动阅读器，它通过 Wi-Fi 转发库存数据或把数据存入存储器。

目前对无源 RFID 的用途和潜力存在估计过高的现象。在美国使用无源 RFID 最多的是 Wal-Mart，它要求其供货商到 2005 年在所有进货上贴上 RFID 标记。但这也就影响其 100 家最大的供货商，只在纸板箱和货柜上使用标记，在货架上的每件产品在可预见的将来不会使用 RFID 标记。

5.3.2 M2M：物联网的主要现实形态

一种典型的物联网概念是将所有的物品通过短距离射频识别(RFID)等信息传感设备与互联网连接起来，实现局域范围内的物品"智能化识别和管理"。而移动业务运营商所定义的 M2M 业务是另一种狭义的物联网业务，其特指基于蜂窝移动通信网络，使用通过程序控制自动完成通信的无线终端开展的机器间交互通信业务，其中至少一方是机器设备。

现阶段各种形式的物联网业务中最主要、最现实的形态是 M2M 业务，其主要原因在于：M2M 业务所基于的数据传输网络是在广阔范围内覆盖的，相对于很多行业而言通信行业更加注重全程全网的标准化和体系架构的开放性，另外电信运营商在 ICT 产业链建设和应用推广中具有重大的影响力和推动力，这些因素使得 M2M 业务正处于快速、规模化的发展过程中。

事实上，对于移动业务运营商而言，M2M 业务的战略价值在于：有助于强化移动运营商之间的经营差异化，M2M 业务所处的市场是一个比较典型的蓝海市场，其市场容量是很大的；大量的 M2M 应用具有非实时或者占用带宽小的特征，对无线接入网络和核心网的压力不大，有助于提高移动运营商的网络资源利用率。

M2M 业务最深层次的价值在于，推动社会信息化向纵深发展，将信息化从满足面向人与人的沟通和办公业务流程的支持，深入到众多行业的生产运营末端系统，从而对"两化融合"形成有效的支撑。M2M 业务可以广泛地应用到众多的行业中，包括车辆、电力、金融、环保等。

据了解，M2M 技术应用系统主要包括企业级管理软件平台、无线通信解决方案以及现场数据采集和监控设备。简单而言，这套系统主要是利用 RFID 收集特殊行业应用终端的相关数据，通过从无线终端到用户端的行业应用中心之间的传输通道，将终端上传的数据进行集中，从而对分散的行业终端进行监控。这样的技术架构可以充分地解决特殊终端与系统中枢之间数据传输困难的问题，突破机器之间数据传输的瓶颈，真正地解决"信息孤岛"的问题。

随着 M2M 技术的不断成熟，其在运输信息化、医疗信息化、物流信息化以及制造业信息化方面的巨大作用将日渐突出，M2M 技术的推广将进一步促进 RFID 技术的应用。

5.4　M2M 技术在贸易与物流中的应用

5.4.1　为什么要在物流中应用 M2M

1. M2M 技术的潜力

在当今全球化的世界中，每天都有大量的人和货物通过"机器"进行流动，由此所引起的无论是在陆地上、水上或空中不断增多的物料流动必须被有效协调起来。M2M 技术在运输和物流领域具有巨大的应用潜力，能够给物料流动中的协调任务提供非常大的帮助。另外，产品从生产到销售的中间流程变得越来越复杂，这里也存在着大量对于流程优化的需求。

M2M 技术为运输、贸易和物流提供了各种各样的应用可能，例如，车队管理和供应链管理、道路通行费管理、海关、超市购物以及其他很多应用场合。我们首先以车队管理来作为一个示例进行分析：在过去几十年里，货物跟踪系统得到了广泛应用，该系统实现了对物体的动态监控和跟踪。货物跟踪系统的基础是美国的全球卫星定位系统，它覆盖了全球并且可以提供卫星定位服务。通过全球卫星定位系统不仅可以确定一个物体的位置，还可以确定物体移动的速度和方向。

2. M2M 在物流中的具体应用

结合全球卫星定位系统的 M2M 应用的基本结构如图 5-1 所示。

这里描述的系统是一个端到端(End to End)解决方案。在这里数据集成点是一个移动的对象，如一辆货车。与数据终端的通信可以通过全球移动通信系统移动电话网络完成，如车队管理控制中心就是一个数据终端。移动物体的定位由全球卫星定位系统来完成。交通工具上的信息技术应用(如导航设备的软件)构成了对于驾驶人员的接口，通过这种方式驾驶人员可以获得相关信息。基于上述原则的高速公路收费系统可以监控行驶在高速公路上的货车，甚至可以实现高速公路的自动结算。

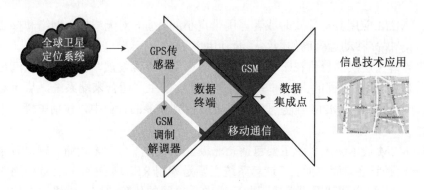

图 5-1　结合全球卫星定位系统的 M2M 应用的基本结构

车队管理的原理与此类似，只是出发点和目标不一样而已。

从图 5-2 可以看出，只需要在交通工具中对上述系统稍加变化就可以实现相关的功能，而且相对于所能达到的效果来讲，所需要的成本很低。

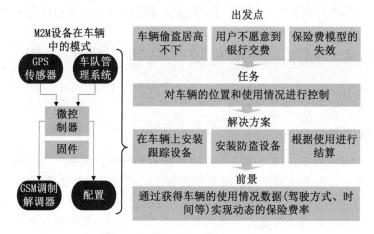

图 5-2　车队管理

另外，供应链管理(Supply Chain Management，SCM)也可以从 M2M 的解决方案中获益，如对冷链物流全程的无缝监控或者运输时间的精确计算。M2M 技术在供应链管理中应用的推动力来自于对产品质量的高要求、避免损失、给路线优化提供更详细的基础数据以及相关法律规定。

供应链中的每个成员都可以通过互联网查看跨企业货物运输的相关数据，并且可以根据他们各自的需求对这些数据进行分析。在一个冷链物流中，系统可以明确划分每个环节各自的责任范围，在出现一个错误的时候，供应链中相关成员能够很快地得到这个错误信息。运输过程中可以通过 M2M 技术实现对冷藏车中的车厢温度进行全程监控，并且通过移动通信网络来传输相应的数据。通过类似的方式方法可以借助于 M2M 技术来实现对货物运输的实时跟踪，从而提高顾客服务的满意度。

3. 无线射频识别芯片的使用

上述应用的成功主要通过无线射频识别芯片来实现。无线射频识别芯片可以记录整个生产流程中的产品数据。从产品的生产、运输，一直到仓储和配送，这些数据可以被传输到中央监控系统，以便进行分析与应用。无线射频识别能够实现运动物体的识别和定位，并且减轻了数据收集和储存的负担。一个无线射频识别系统由一个发送器(Transponder)和一个接收器(读取设备)组成。通常发送器只有一个米粒大小并且与物体连接在一起,接收器用来接收发送器所发出的信号。

无线射频识别中间件构成了这两个系统之间的接口。

使用无线射频识别进行物流流程的优化具有以下三个方面的主要优势。

(1) 降低成本:提高运输效率,减少无效运输,降低仓库库存,自动化,配送订单的合并与分解。

(2) 稳定性:运输任务的收集和处理系统化,避免信息传输断点,数据基础的统一化和完全化。

(3) 安全性与透明性:能够及时发现日期和数量的偏差,保证运输服务协议的履行和运输指令的执行,对物流流程的所有参与者提供数据和记录。

目前,全球范围内生产环境已经发生了根本性的变化。在生产成本压力不断增加的同时,生产订单的波动、订货提前期的缩短、产品客户个性化需求的提高、同类产品供货选项的不断增加以及产品研发成本和市场开发的不可预见性都给企业生产提出了更高要求。

通过无线射频识别可以实现对每一个产品的数据跟踪,所以可以实时监控整个物流流程状态,在其中出现任何意外情况的时候都可以得到及时处理。有关每个产品当前状态和位置的数据一直都可以随时获得,这样就可以实现从一开始便把产品相关信息存储起来。这种解决方案的优点是可以自动识别产品在物流流程中的位置变化、库存状态的实时更新、加工过程中的生产数据透明以及在产品出入库时可以在管理系统中自动进行销账操作。为此需要在生产的一开始就给每个产品都配带一个无线射频识别芯片。

通过对每个物品的实时数据的读取将使流程变得更加优化,生产过程也将变得更加柔性化和可控化,这对于企业的客户关系管理(Customer Relationship Management,CRM)也同样有益处,因为自始至终顾客都可以知道他们所订购的产品在生产过程中的状态。

在产品离开生产车间运往销售商的过程中,首先通过前面所述的货物跟踪系统可以获得运输车辆的实时位置,再通过产品上的无线射频识别芯片以及车厢里的其他传感器,就可以在任何时间远程获得该产品在运输过程中所处的地理位置及实时的外部状态(如通过车厢内的温度传感器可以了解到该产品所处的环境温度),这些功能全部由系统自动完成。这对于冷链物流来讲尤为重要,因为冷链物流的整个流程不允许出现任何断点。其次,通过这种方式可以很容易准确计算车辆到达时间。另外,由于可以实时地了解到产品所处的位置,因此可以实现产品的防盗保护,提高物品在整个物流流程中的安全性。

在产品到达销售商的时候,通过无线射频识别技术可以自动实现产品收货流程并且可以通过短信息和通用分组无线业务给供应商自动发送收货凭证,也可以使从供应商/运输商到销售商的产品责任转移精确到秒,这样也给产品质量问题的界定提供了方便。

这里提到的产品在货物接收和最终销售之间还存在一个临时仓储环节。通过无线射频识别的读取设备可以获得产品的相关数据,也可以实现自动入库操作以及随时了解产品在仓库中的库存数量与位置。仓库中的运输设备及其他仓储设备可以通过 M2M 技术与仓库管理系统自动联系到一起,通过仓库管理系统对仓库整体资源的有效集成,可以更加有效地管理仓库内部的运输操作和提高仓库管理的效率。

4. M2M 技术在物流应用中的好处

M2M 技术在物流流程中的应用可以带来如下一些好处。

(1) 生产：控制生产流程，监控工作流程，在生产过程中可以随时获得相关的状态信息。

(2) 销售：提高产品可获取性，通过全自动的信息基础可以实现更好的客户关系管理，降低成本和提高销售额。

(3) 运输：优化产品容器具管理，使货物的远程跟踪变得更加简单，可以实现贵重产品的防盗。

(4) 入库：入库自动化和接收确认自动化，产品责任权转移快速化。

(5) 库存：产品仓储位置和数量的自动识别，通过智能的仓库管理系统实现仓库内部货物运输的优化，提高仓库管理效率。

另外一个应用领域是自动售货机。人们在很多地方都可以看到自动售货机，很多产品可以通过自动售货机来实现无人销售，如零食、饮料、玩具、各种票证、护照照片或者停车凭证等。通过现金或者银行卡，每周 7 天，每天 24 小时人们都可以在自动售货机上购买他们需要的产品。对在自动售货机内货物的库存数据和自动售货机本身状态的监控是自动售货机运营商们面临的一种挑战，而通过 M2M 技术的应用可以实现自动售货机的远程监控和控制。自动售货机可以随时检查货物的库存状态，在需要进行补货的时候自动发出补货订单。运营商在及时了解到所有自动售货机的缺货品种和数量信息后，就可以更好地组织对它们的补货流程，如配送路线优化等。剩下的工作将主要由物流来完成。在自动售货机发生故障的时候，运营商可以及时获得相关信息并进行及时维护，从而可以显著降低自动售货机的故障时间。同时运营商可以根据销售季节的变化在远程及时调整所销售货物的价格或者在自动售货机的显示屏上发布广告。通过 M2M 技术在自动售货机中实现上述功能将会大大增加其赢利能力。

5.4.2　M2M 技术在物流业中应用的发展现状

1. M2M 技术在物流中的发展应用减缓

M2M 技术在物流中的应用具有越来越重要的意义，这种解决方案允许物流流程中的所有参与者能够及时根据变化的顾客期望、外部条件和交通状况灵活地进行相应的调整，这样企业不仅能够实现操作流程的透明化，而且可以提高他们的灵活性和响应速度。相应的数据传输和处理技术保证了在制造商、供应商、运输服务商、销售商和顾客之间无缝流畅的信息流。但是并不是所有企业都期望这种不断提高的流程透明化。目前有一些企业通过"不透明"来获得好处，并且担心应用 M2M 技术所带来的透明化会带来不可预见的结果。企业的态度决定了市场的发展。

Berg Insight 公司认为，目前 M2M 技术在物流中的应用主要集中在运输方面。移动网络运营商提供了一个几乎覆盖所有范围的网络，并且该网络的价格还可以被人们所接受(见图 5-3)。同时，移动计算提供了一个空前的处理能力以及优良的实用性。但是当前的经济危机减缓了 M2M 技术在物流中的发展应用，一些企业的计划都变成短期行为，并且对于企业来讲，有关 M2M 技术应用方面投资的负担也变得越来越重要，所以 M2M 的相关试验数量有所减少。

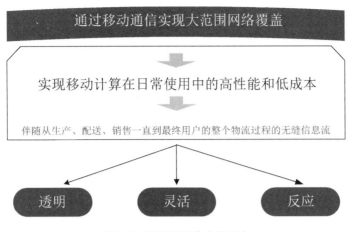

图 5-3　移动通信作为推动力

2. 车队管理系统的应用

移动电话公司沃达丰和 O2 针对运输和物流领域内的特别需求提供了一个量身定做的应用解决方案。这个车队管理系统(Fleet Management System)实现了在车队和调度中心之间的无缝实时通信,并且不需要在车辆上面安装专门的车载单元(On Board Unit,OBU)。调度中心可以直接在互联网上发出相关指令消息,该信息通过相关系统直接被传递到指定车辆。这个车辆管理系统的应用前提是足够的移动电话网络覆盖范围。目前欧洲移动电话网络已经能够无缝地覆盖所有高速公路、国道和省道,所以其应用完全没有问题。

Berg Insight 公司的调查表明,目前基本上所有生产载重汽车的大型制造企业都在他们的汽车上安装了委托代工(Original Equipment Manufacture,OEM)电信设备解决方案,这样就可以通过第三方来读取汽车的相关信息。在德国已经有 90%的载重汽车上安装了这种车载单元。与此相关的一个重要的事件是 2008 年出现的实现"远程下载"汽车行驶里程数的解决方案。

在荷兰,大约有四分之一的物流企业应用了运输管理系统,其中几乎所有拥有超过 100 辆车的物流企业都应用了,但是在少于 10 辆车的物流企业迄今为止都没有使用运输管理系统,其原因估计还是成本问题。另外,只有 5%的物流企业应用了 M2M 技术相关的应用。

西门子公司提供了一项名为 M2M One(现在叫 Cinterion M2M One)的服务,这项服务填补了 M2M 技术试用者和 M2M 服务提供者之间的空白。这项技术是一项端对端解决方案,它不仅包括软件和硬件,也包括系统集成。这个系统是基于全球卫星定位系统。此系统的第一位顾客是墨西哥第二大汽车保险公司,该保险公司使用这套系统来跟踪被偷盗的汽车。西门子公司同样也在很早以前就在市场上推出了地理栅格解决方案,该解决方案可以实现自一个特定的区域记录被观察对象的进出情况。

3. 无线射频识别技术在物流领域的应用

目前,无线射频识别技术在物流领域得到了广泛的应用,也出现了很多行业内应用。马蒂亚斯·霍伊里希认为,到目前为止,物流领域内大概有 30%的企业已经在实践中使用了无线射频识别技术。

通过电子产品编码(Electronic Product Code,EPC)可以实现产品编码的统一。这不仅仅可以应用在商场货架中的产品上或者结账处,也可以用于商品发货包装和托盘当中。通过无线射频识别结合企业特定的装载单元标识可以实现从生产到消费者整个物流流程的覆盖。目前还存在一些技术难题，例如，无线射频识别读取设备本身在读取过程中对于货物数量读取能力有局限性，在金属和液体环境下读取无线射频识别标签无效连接的影响。尽管如此，长尔斯塔特百货公司(Karstadt)已经强制性规定他们的供应商要应用无线射频识别，沃尔玛(Walmart)和麦德龙集团(Metro)也是这样。德国铁路下属的物流企业辛克(Schenker)企业于 2009 年在企业内部使用了无线射频识别技术，并且在他们的物流流程中应用了 M2M解决方案，现在他们的货运车辆已经可以通过短信息来报告其所处的位置。

4. 未来商店计划

一个特别有意义的项目是麦德龙集团进行的未来商店计划(Future Store Initiative)，参见图 5-4：来自于商业、消费品业、信息技术业和服务业的 90 多家企业参与其中，这些企业从 2002 年中期开始在一个共同平台下开发一项创新的商业技术，以便能在购买过程中给消费者提供更多的舒适性和服务以及能够提高商业效率。该计划的核心关键技术就是无线射频识别。麦德龙集团在实际中利用大约 40 台设备进行了试验，企业可以在不同应用领域中测试无线射频识别技术的性能。

未来商店计划中的很多创新技术在实际中得到了应用，信息终端就属于其中一种。客户可以通过使用信息终端触摸屏得到特定的商品信息，这种系统是一项基于网络的服务，它已经在加莱里亚购物中心得到了应用。在麦德龙集团提供的 Cash & Carry 服务中，顾客可以使用购物辅助设备来购物，这台设备基于嵌入式系统，可以提供个性化的价格和活动信息。还有一个已经在实际中逐步得到应用的 M2M 应用是自助服务结账台，在 real 购物中心或宜家(IKEA)内可以发现这种应用。

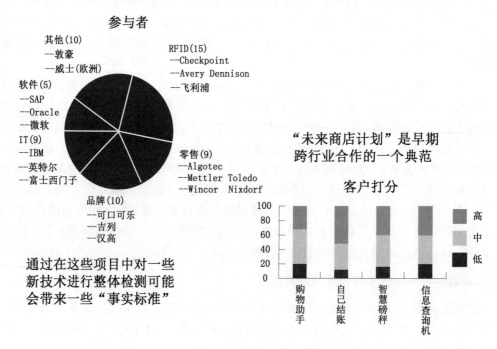

图 5-4　未来商店计划

real 未来商店(real Future Store)也是一个重要的测试平台。通过这个平台，可以在现实环境中测试与仓库管理和销售有关的创新的操作流程和解决方案。在 real 未来商店计划中有一项通过手机实现的应用,即可以通过手机来获得商品的相关信息,并且通过这个帮助可以很快地找到商品所处位置。在结账的时候顾客还可以使用移动支付。这是真正的 M2M 应用。

由于这些试验性项目允许人们进行关于商业、运输和物流的类似的创新技术流程的试验,所以每一个参与者对此类试验性项目都几乎一直保持着充分的积极性。

另外在百货商店和超市中的应用是以移动电话为中心。"宏达魔术"、智能手机(HTC Magic)和苹果智能手机中已经存在一种可以分析商品条形码的软件。实际应用中,在顾客扫描一件比较感兴趣商品的条形码之后,这个软件可以得到产品编码,然后可以根据此编码从互联网上查询到该商品相关信息并进行价格比较,这样顾客就可以发现这件商品的相关详细信息和价格情况。

在自动售货机领域,这些自动售货机已经可以通过全球移动通信系统、通用分组无线业务、数字用户线路、综合业务数字网、蓝牙、ZigBee、无线局域网或者无线射频识别来传输销售信息和商品库存状态。法兰克福火车站的霍夫曼公司(Hofmann)是该领域的一个非常成功的案例,该公司在他们的 80 台自动售货机上面使用了上述 M2M 应用。

M2M 技术应用在运输和物流方面存在的主要问题是系统的脆弱性、缺乏标准和数据保护,另外,还存在着价格低廉的全球卫星定位系统干扰器,这种干扰器可以装在汽车的点火器上面以干扰方圆 5 公里内的信号。这样的话,在一辆汽车被偷窃时,就无法对其进行跟踪。当然也可以通过一些设备来识别这样的情况,然后采取相应的措施,但是目前对于防盗保护所使用的基于 M2M 技术的独立解决方案还不能够完全满足这种需求。

在所有行业中,成本是阻碍大范围内应用 M2M 技术的首要因素,只有一些大型企业才能够负担起实施相应系统的费用。

5.4.3 M2M 技术在物流业中应用的预测和前景

市场研究机构美国海港研究公司(Harbor Research)强调,运输领域属于 M2M 市场中增长最快的一个部分。Berg Insight 公司的调查研究表明,在 2008 年整个欧洲范围内一共有大约 2.54 亿辆机动车,2006 年大约 600 万辆的中型和大型载重汽车承担了欧盟内大约 75%的内陆货物运输量,70 万辆的公交汽车承担了 9.3%的乘客运输量,有 2720 万辆微型车用于上下班和配送服务。一旦经济危机过去之后,这些数字将会出现长期的不断增长。德国交通部的一份报告表明,到 2050 年德国的货物交通流量将会比 2007 年翻一番。

上面这些数据表明,单单在欧洲 M2M 技术就具有巨大的发展空间。所有机动车辆都需要导航、监控、维修以及防盗,但是在机动车辆中集成 M2M 技术还只是部分应用。很多车辆都在运输货物,这些货物同样需要进行监控,以便在一些信息系统的帮助下提高客户满意度。可以在空中、海上或者铁路运输过程中对集装箱进行连续的、无缝的跟踪。世界货物运输量的不断增加也使得物流对于 M2M 技术的需求不断增加。

目前,美国国防部控制之下的全球卫星定位系统是物流应用中的跟踪解决方案的基础,但是值得注意的是,在未来一些年内全球卫星定位系统将会面临竞争,其他一些国家也在研发卫星导航系统,如俄罗斯的"格洛纳斯"系统,中国的"北斗星"系统以及欧洲的"伽利略"系统。目前还不清楚这些全球卫星定位系统的竞争对手究竟在什么时候才能提供民用的导航服务,但是可以确定的是,这些新的、现代的卫星导航系统将能够使 M2M 技术的效率和性能得到进一步提高。

在很多企业实施精益管理的过程中，M2M 技术在仓储、内部生产协调和运输中具有非常大的应用潜力，这里的关键是通过自动化实现精益化，这样可以降低成本，提高生产率以及实现竞争优势。在类似于亚马逊公司(Amazon)这样的企业，每天在他们仓库中有大量的出入库操作，通过 M2M 技术实现的自动化将在面对这些操作的时候具有很大优势。但是目前很多企业首先要必须战胜经济危机之后才能够进行 M2M 解决方案方面的投资。

通过应用 M2M 技术可以实现整个物流流程的优化。M2M 技术的应用对于百货商店、电子商务和超市等来讲特别重要，因为通过 M2M 技术的应用可以使这些企业实现物流流程的更加透明、降低成本、保证产品质量，给顾客提供更多服务的同时还可以实现对订单的全程实时跟踪，并通过物流组织的高效有序实现成本降低。因为可以在任何时间跟踪产品所处的地点，即产品处于物流流程中的哪个环节，从而可使物流流程变得更加透明；通过 M2M 可以更加精确地计算运输时间并且可以自动地进行相关操作记录；通过对产品在物流流程中的整个流动过程的监控可以提高产品质量，例如，如果冷藏食品供应商不能在整个物流流程中实现对产品所处环境的温度状况进行全程无缝监控和记录的话，将无法保证产品质量，未来也就没有顾客愿意与这样的冷藏食品供应商作交易。

未来商店中的购物方式也会发生很大变化。除了在购物结账的时候可以使用移动支付和通过无线方式获得顾客购物车的相关信息外，商店还可以给顾客提供很多其他服务，例如，通过在购物车中集成的终端设备或者直接通过移动电话可以进行商品的选择；顾客选择好商品之后，在移动终端或者手机屏幕上可以自动显示该商品所处的位置，同时顾客可以通过移动终端设备来读取某个产品的详细信息，通过 M2M 网络顾客还可以获得产品的详细的保质期、生产背景等信息并进行价格比较。

5.4.4　纵向 M2M 集成

相对于 M2M 技术在其他很多应用领域来讲，运输、贸易和物流领域中的标准话语权主要集中在价值链的终端企业手里。从麦德龙股份公司(Metro AG)实施的未来商店计划项目、前面所提到的卡尔斯塔特百货公司和沃尔玛超市有关案例中可以看出，这些企业已经在制定相关的技术标准，未来他们会把这些技术标准在他们所处的整个物料流程中强行推广实施。为了能够实现 M2M 技术应用的兼容性，首先需要上面这些大型企业之间进行合作。

运输冷冻比萨或者肉制品的物流企业需要在他们的车辆中安装相应的车载单元来实现对车厢温度的监控和相关数据传输。但是如果这些车载单元只能和他们特定系统兼容的时候，将无益于市场竞争。正如在其他行业中的情况一样，如果只使用专用系统，则 M2M 技术很难获得网络效应优势。

到目前为止，人们在无线射频识别应用中都使用了统一可行的标准，这种做法应该给予很高的评价。几乎所有的大型百货商店和超市都使用了同样的系统，从而对整个市场产生影响。沿着整个物流流程的 M2M 技术纵向集成(见图 5-5)具有特别重要的意义。在一个企业决定使用一项技术之后，整个供应链内的其他成员就必须与这项技术进行兼容，那么从生产企业、批发商到物流企业直至零售商的整个物流流程就可以通过 M2M 技术应用来实现优化，现在这些市场参与者之间的流程已经发展得非常成熟。如很多其他场合一样，M2M 技术不仅仅可以优化现有的结构，而且可以扩展到新的业务范围。

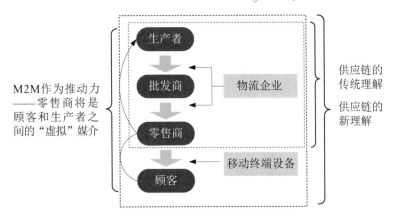

图 5-5 物流中的纵向集成

在传统商业中，零售商通常是物流流程的终点。本书中将把顾客也集成到商业物流流程中，作为一个扩展，顾客作为商业物流流程的终点拉动了整个流程中的商品流动。通过 M2M 技术的应用，零售商将作为顾客和生产之间的连接纽带。

在这种情况下，人们可以想象下面的场景：一个顾客在一家电子产品专业商店那里寻找一款新的笔记本电脑。通过近距离无线通信技术，他的移动电话可以获得该产品的系列信息以及相应资料，并且可以从互联网上及时获得更详细的其他信息和测试报告。最终有一款笔记本电脑让这个顾客非常满意，但是这个顾客突然又想起来在这一系列型号的笔记本电脑中还有一款具有更大的磁盘空间和其他颜色，可是这个店里恰巧没有他想要的那一款，于是这个顾客可以通过他的移动电话来完成这个笔记本电脑的采购。他把这个产品放入他的虚拟购物车，然后走向结账台。在那里同样通过近距离无线通信技术进行结算，同时这个订单被自动发往他所订购笔记本电脑的制造商。制造商收到订单之后将可以通过批发商和物流企业直接把该款笔记本电脑送到顾客手中。在上面描绘的场景中，顾客的购买过程还是通过零售商来完成，但是整个商业流程的纵向集成中，顾客处于此流程的最低端，零售商作为一个中间媒介只是起到一个把顾客的订单传递到生产企业的作用。

基于 M2M 技术，顾客手中的联网终端设备使得供应链、零售商和顾客融合为一个有机整体。手机制造商或者网络运营商应该在硬件或预装的应用软件的标准化中起到导向作用，以便这个有机整体中的各个部分能够互相兼容。同样值得注意的是，在运输、贸易和物流及移动支付(金融服务商)之间的联系，上述领域内的不同企业通过上述终端设备联系到了一起，这些企业的系统之间也需要实现互相兼容。

本 章 小 结

本章重点介绍了物联网的重要组成部分——M2M，首先概述了 M2M 的起源和发展状况，然后阐述了 M2M 的标准以及 M2M 体系架构，介绍了 M2M 的技术和业务概述，最后对 M2M 的产业链进行了分析。

习　题

一、选择题

1. (　　)是现阶段物联网普遍的应用形式，是实现物联网的第一步。

   A. M2M　　　　　　B. M2C　　　　　C. C2M　　　　　D. P2P

2. M2M 技术的核心理念是(　　)。

   A. 简单高效　　B. 网络一切　　C. 人工智能　　D. 智慧地球

3. 物联网中常提到的"M2M"概念不包括下面哪一项？(　　)

   A. 人到人(Man to Man)　　　　　B. 人到机器(Man to Machine)

   C. 机器到人(Machine to Man)　　　D. 机器到机器(Machine to Machine)

二、简答题

1. 说明 M2M 广义和狭义的两种定义。

2. M2M 具有哪些特点？

3. 简述 M2M 关键技术与发展策略。

第 6 章

物联网数据融合技术

学习目标

1. 了解什么是数据融合和物联网中的数据融合。
2. 掌握数据融合中的基本原理及层次结构。
3. 了解数据融合技术与算法。

知识要点

物联网中的数据融合；数据融合的基本原理及层次结构；数据融合技术与算法。

6.1　数据融合概述

6.1.1　什么是数据融合

1. 数据融合的定义

"数据融合"一词最早出现在 20 世纪 70 年代，并于 20 世纪 80 年代发展成一项专门技术。它是人类模仿自身信息处理能力的结果，类似人类和其他动物对复杂问题的综合处理。数据融合技术最早用于军事领域，1973 年美国研究机构就在国防部的资助下，开展了声呐信号解释系统的研究。目前，工业控制、机器人、空中交通管制、海洋监视和管理等领域也向着多传感器数据融合方向发展。物联网概念的提出，使数据融合技术成为其数据处理相关技术开发所要关心的重要问题之一。

在许多应用场合，由单个传感器所获得的信息通常是不完整、不连续或不精确的，此时其他信息源可以提供补充数据。融合多种信息源的数据能够产生一个有关场景的更一致的解释，而使不确定性大大降低。因此，通过多感知节点采集数据，优势互补，可以使目标检测和识别过程变得相对简单，提高准确率。

数据融合概念是针对多传感器系统提出的。在多传感器系统中，由于信息表现形式的多样性，数据量的巨大性，数据关系的复杂性，以及要求数据处理的实时性、准确性和可靠性，都已大大超出了人脑的信息综合处理能力，在这种情况下，多传感器数据融合技术应运而生。多传感器数据融合(Mufti-Sensor Data Fusion，MSDF)，简称数据融合，也被称为多传感器信息融合(Mufti-Sensor Information Fusion，MSIF)。它由美国国防部在 20 世纪 70 年代最先提出，之后英、法、日、俄等国也做了大量的研究。近 40 年来数据融合技术得到了巨大的发展，同时，伴随着电子技术、信号检测与处理技术、计算机技术、网络通信技术以及控制技术的飞速发展，数据融合已被应用在多个领域，在现代科学技术中的地位也日渐突出。

数据融合是多学科交叉的新技术，主要涉及信号处理、概率统计、信息论、模式识别、人工智能、模糊数学等理论。数据融合是对来自单个或多个不同平台原始感知节点的数据进行相关和综合，以获得更精确的目标信息和身份估计的处理过程。融合处理的对象不局限于接收到的初级数据，还包括对多源数据进行不同层次抽象处理后的信息。处理过程可利用各种数学工具。例如，在多传感器数据融合中，各传感器提供的数据都有一定的不确定性和不准确性，因此，对这些数据的融合是一个不确定性信息的推理与决策过程。数据融合的一个显著特点就是决策推理。因此，数据融合技术是一个比较复杂的系统工程，很难给出一个统一、全面、准确的定义。

目前，国内外针对多传感器数据融合给出了众多的定义，而且还在随着时间逐渐发展和完善。常见的几种比较权威的描述如下。

美国国防部实验室联合会(Joint Directors of Laboratories，JDL)于 1991 年从军事应用的角度将数据融合定义为：数据融合是一种多层次、多方面的处理过程(包括对多源数据进行检测、相关、组合和估计等)，以提高状态和特性的估计精度、实现对战场态势和威胁及其重要程度的实时性完整评价。JDL 当前的最新定义是：数据融合是组合数据或信息以估计和预测实体状态的过程。这一定义基本上是对数据融合技术所期望实现的功能性描述，包括低层次上的位置和身份估计，以及高层次上的态势评估和威胁评估。

1997 年，Hall 和 Llinas 在 An Introduction to Multi-sensor Data Fusion C Proceedings of IEEE(IEEE 中多传感器数据融合 C 程序简介)中给出的定义是：利用多个传感器的联合数据以及关联数据库提供的相关信息，来得到比单个传感器更准确、更详细的推论。

同样在 1997 年，Dasarathy 在 Sensor Fusion Potential Exploitation Innovation Architectures and Illustrative Application(传感器融合潜力开发创新体系结构及应用实例)(Proceedings of IEEE)中对数据融合的表述是：数据融合是协同利用多源信息(传感器、数据库、人为获取的信息)进行决策和行动的理论、技术和工具，旨在比仅利用单信息源或非协同利用部分多源信息获得更精确和更稳健的性能。

归纳以上几种定义，结合工程技术领域中的实际应用，数据融合这一技术有 3 层含义。

(1) 数据的全空间性，即数据包括确定的和模糊的，全空间的和子空间的，同步的和异步的，数字的和非数字的，它是复杂的、多维多源的，覆盖全频段。

(2) 数据的融合不同于组合，组合指的是外部特性，融合指的是内部特性，它是系统动态过程中的一种数据综合加工处理。

(3) 数据的互补过程，包括数据表达方式的互补、结构上的互补、功能上的互补、不同层次的互补，是数据融合的核心，只有互补数据的融合才可以使系统发生质的飞跃。数据融合的实质是针对多维数据进行关联或综合分析，进而选取适当的融合模式和处理算法，用以提高数据的质量，为知识提取奠定基础。

目前，随着数据融合技术、传感器技术和计算机应用技术的发展，数据融合比较确切的表述应为：充分利用不同时间、不同空间的多感知节点数据资源，采用计算机技术对按时序获得的观测数据在一定准则下加以自动分析、综合、支配和使用，获得对被测对象的一致性解释与描述，以完成所需的决策和估计任务。融合的基本策略是先对同一层次之间的数据进行融合，从而获得更高层次的信息，再汇入相应的数据融合层次。

综上所述，可以将数据融合定义简洁地表述为：数据融合是利用计算机技术对时序获得的若干感知数据，在一定准则下加以分析、综合，以完成所需决策和评估任务而进行的数据处理过程。

此外，数据融合也可以看成是将不同感知节点、不同模式、不同媒质、不同时间、不同表示的数据进行有机结合，最后得到对被感知对象的更精确描述。单一感知节点只能获得环境特征的部分数据信息，描述对象和环境特征的某个侧面；而融合多个节点的数据信息可以在较短时间内，以较小的代价，得到使用单个感知节点多不可能得到的精确特征。

在数据融合领域，人们经常提及数据融合与信息融合两个术语。实际上它们是有差别的，一些人倾向认为信息融合比数据融合的概念更广泛，这主要是由于"信息"这一术语似乎包含"数据"，另外一些人则倾向认为数据融合比信息融合更广泛，而更多的场合则把"数据融合"与"信息融合"等同看待。从技术上讲，数据通常解释为信息的具体化，信息不仅包含了数据，而且也包含了信号和知识。"信息融合"一词较为广泛、确切、合理，更具有概括性，近年来国际上开始流行 Information Fusion 的说法。尽管如此，在实际应用中，没有必要深入追究它们之间的区别与联系，"数据融合"一词比较常用。

2. 数据融合研究的主要内容

数据融合是针对一个网络感知系统使用多个和(或)多类感知节点(如多传感器)进行的一

种数据处理方法，研究内容包含以下几个主要问题。

(1) 数据对准。在多感知节点数据融合系统中，每个节点提供的观测数据都在各自的参考框架内，在对这些数据进行融合之前，必须先将它们变换到同一个公共参考系中。但应注意，由于多感知节点时空配准引起的舍入误差要得到补偿。

(2) 数据相关。数据相关是指对各节点获得的数据进行关联处理。它的核心问题之一是克服感知节点测量的不准确性和干扰等引起的相关二义性，即保持数据的一致性。另一个课题是要控制和降低相关计算的复杂度，设计开发恰当的处理算法和模型。

(3) 数据识别，即估计目标的类别和类型。多感知节点提供的数据在属性上可以是同类的也可以是异类的，而异类较之同类节点所提供的数据具有更强的多样性和互补性。但由于异类数据在时间上的不同步、数据率不一致以及测量维数不匹配等特点，使得对这些数据的融合处理更加困难。

(4) 感知数据的不确定性。由于感知节点工作环境的不确定性，会使获得的数据含有噪声；在传输过程中可能存在各种干扰，例如传感器、人、数据库、压缩量化方法、数据模型、算法局限等，使获得的数据存在不确定性。在融合处理中需要对多源检测的数据进行分析验证，并补充综合，最大限度地降低数据的不确定性。

(5) 不完整、不一致和虚假数据。由于时、空、频等方面的感知局限，感知过程、人、算法等引起的多义性和冲突等，需要数据融合系统能够对这些不完整数据、不一致数据以及虚假数据进行有效的综合处理。

(6) 数据库。数据库不仅要及时存储当前各节点感知的数据，并把它们及时融合处理，还应向融合推理提供所需的其他数据。与此同时，数据库还应存储融合推理的中间结果、最终态势和决策分析结果等。数据库不仅包含当前实时数据，还包括非实时的先验数据等，它所要解决的难题是容量大、搜索快、开放互联性好，以及良好的用户接口。因此，需要设计开发有效的数据模型、查找检索机制，以及分布式多媒体数据库管理系统等。

(7) 性能评估。如何量化数据融合系统的功效也是需要关注的重要问题之一。由于数据融合理论和技术的发展尚处于完善和成熟过程中，再加上实际应用的具体问题千差万别，要真正建立起完整的、实用的评估体系非常困难。

3. 数据融合的体系结构

由于数据融合应用领域的不同，其融合系统结构也会有所不同。美国国防部实验室联合会数据融合小组(DFS)给出一个在军事领域应用的数据融合系统通用体系结构。该结构开始分为三级，后来发展成四级。需要注意的是，"级"这一术语并不意味着各级之间有时序关系，实际上这些子过程经常并行处理。这个模型已成为我国研究数据融合的基础。

一级处理：包括数据和图像的配准、关联、跟踪和识别。数据配准是把从各个传感器接收的数据或图像在时间上进行校准，使它们有相同的时间基准、平台和坐标系。数据关联是把各个传感器送来的点迹与数据库中的各个航迹相关联，同时对目标位置进行预测，保持对目标连续跟踪，关联不上的那些点迹可能是新的点迹，也可能是虚警。识别主要指身份或属性识别，给出目标的特征，以便进行态势和威胁评估。

二级处理：包括态势提取、态势分析和态势预测，统称为态势评估。态势提取是从大量不完全的数据集合中构造出态势的一般表示，为前级处理提供连贯的说明。态势分析包括实体合并、协同处理和协同关系分析，敌我各实体的分析和敌方活动或作战意图分析。

态势预测包括对未来时刻敌方位置预测和未来兵力部署推理等。

三级处理：鉴于数据融合起源于军事应用领域，威胁评估是针对敌方兵力对我方杀伤能力及威胁程度进行的评估，具体包括综合环境判断、威胁等级判断及辅助决策。

四级处理：也称为优化融合处理，包括优化资源、优化传感器管理和优化武器控制，通过反馈自适应，提高系统的融合效果。也有人把辅助决策作为第四级处理。

6.1.2 物联网中的数据融合

物联网中感知节点之间、感知节点与汇聚节点以及控制中心之间不仅需要进行通信，还要对通信结果做进一步的处理，因此，数据融合是实现物联网的重要技术之一。目前，有关数据融合的各种研究及技术还未成熟，新技术也正在不断涌现。例如，当感知节点具有移动能力时，网络拓扑如何保持实时更新；当环境恶劣时，如何保障通信的安全；如何进一步降低能耗等。物联网本身就是一种新技术，其数据融合则更是尚待研究的内容。

1. 物联网数据融合的意义和作用

物联网(IoT)是利用射频识别(RFID)装置、各种传感器、全球定位系统(GPS)、激光扫描器等各种不同装置、嵌入式软硬件系统，以及现代网络及无线通信、分布式数据处理等诸多技术，协作地实时监测、感知、采集网络分布区域内的各种环境或监测对象的信息，实现包括物与物、人与物之间的互相连接，并且与互联网结合起来形成的一个巨大信息网络系统。在物联网的前端组成中，例如传感网(WSN)，为了获取精确的数据，往往需要在监测区内部署大量的传感器节点，使传感器节点的监测范围互相交叠，以增强整个网络所采集信息的健壮性和准确性。在这种高覆盖密度的区域中，对于同一对象或事件进行监测的邻近节点所报告的数据，会有一定的空间相关性，即距离相近的节点所传输的数据具有一定的冗余度。若所有节点都将监测到的数据发送到汇聚节点，会造成有限网络带宽资源的极大浪费。而大量数据同时传输也会造成频繁的冲突，降低通信效率。此外，数据传输是感知节点能量消耗的主要因素，传输大量冗余数据会使节点消耗过多的能量，从而缩短传感网的生命周期。因此，在大规模传感网中，各个节点多跳传输感知数据到汇聚节点(Sink)前，即所有感知节点的数据包传送到某个特殊节点前，需要对数据进行融合处理。

由于感知节点采用电池供电，电池能量、计算能力、存储容量以及通信带宽等都十分有限。因此，如何利用有限的计算和存储资源，最大化网络生命周期是物联网面临的重要问题。数据融合技术就是解决这些问题的重要手段。

2. 物联网数据融合所要解决的关键问题和要求

物联网数据融合是指，在信息感知过程中，充分利用节点的本地计算能力和存储能力，将多份数据或信息进行处理，组合出更有效、更符合用户需求的数据处理方式。

1) 物联网数据融合需要研究解决的关键问题

在物联网应用中，对数据融合技术的研究，除了数据融合的基本内容之外，需要重点解决融合节点的选择、融合时机的选择和怎样进行数据融合(即融合算法)三个问题。

(1) 数据融合节点的选择。

融合节点的选择与网络层路由协议有密切关系，需要依靠路由协议建立的路由回路数据，并且使用路由结构中的某些节点作为数据融合的节点。

(2) 数据融合时机。

物联网与传感网类似，是一种多跳自组织网络，感知节点需要协作进行数据间传输。尤其是在周期性监测应用中，需要考虑感知节点周期性回传数据，相邻轮次的数据采集具有一定的相关性，需要历史信息等以减少回传的数据量。当确定了数据回传路径中的数据融合点后，数据融合的节能效果还与这些数据融合节点进行数据融合前的等待时间密切相关，需要知道等待多长时间、合并哪些节点传来的数据，即需要恰当确定数据触合节点的数据融合时机。在某个数据融合节点，关于何时及对哪些接收到的数据进行融合并转发，需要结合路由协议中的转发机制考虑。

(3) 数据融合算法。

在数据回传中，需要路由尽可能多地将数据包传送至网络中的某些节点，并在这些节点进行数据融合。采用什么样的融合算法将直接影响数据融合的效能。数据融合是为适应传感网以数据为中心的应用而产生的，融合算法主要关注如何利用本地感知节点的处理能力，对采集到或接收到的其他感知节点发送的多个数据进行网内融合处理，消除冗余信息，然后再回传处理后的数据，其重点在于减少需要传输的数据。

2) 物联网数据融合技术要求

物联网与以往的多传感器数据融合有所不同，具有独特的数据融合技术要求。

(1) 稳定性。传统的多传感器融合系统一般是通过扩展空间覆盖范围和提高抗干扰能力来增强运行的健壮性的。物联网则需要从提高信息感知效率出发，数据融合将基于网内进行。考虑到部分感知节点会由于恶劣环境因素或自身能量耗尽而造成失效等情形，稳健性和自适应性是物联网数据融合实现的基本需求。

(2) 数据关联。传统的多传感器数据融合着重解决的问题是多目标数据关联问题。对物联网而言，由于大量感知节点之间的通信可能引起干扰，且物联网信息感知存在不精确性，因此，应更加注重解决数据的相关二义性问题。

(3) 能量约束。物联网中的网络节点能量有限，且节点发送与接收数据的能耗要远大于计算及存储能耗，因此，物联网的数据融合要考虑感知节点的能耗与能量的均衡性，研究解决如何选择恰当的融合处理节点。

(4) 协议的可扩展性。物联网中存在大量感知节点，可能会密集布设，在设计时需要考虑协议的可扩展性。

6.2　数据融合的基本原理及层次结构

6.2.1　数据融合的基本原理

数据融合是人类和其他生物系统中普遍存在的一种基本功能。人类本能地具有将身体上的各种功能器官(眼、耳、鼻、四肢)所探测到的信息(景物、声音、气味和触觉)与先验知识进行综合的能力，以便对周围的环境和正在发生的事件作出估计。由于人类的感官具有不同度量特征，因而可感知不同空间范围内发生的各种物理现象。这一处理过程是复杂的，也是自适应的，它将各种信息(图像、声音、气味和物理形状或描述)转化为对环境有价值的解释。

多传感器数据融合实际上是对人脑综合处理复杂问题的一种功能模拟，它通过把多个传感器获得的数据信息按照一定的规则组合、归纳、演绎，得到对观测对象的一致解释和描述。多传感器数据融合技术的基本原理就像人脑综合处理信息一样，充分利用多个传感器资源，通过对多传感器及其观测数据的合理支配和使用，把多传感器在空间或时间上冗余或互补信息依据某种准则进行组合，以获得被测对象的一致性解释或描述。具体地说，就多传感器而言，其数据融合原理如下。

(1) 多个不同类型的传感器(有源或无源的)采集观测目标数据。

(2) 对传感器的输出数据(离散的或连续的时间函数数据、输出矢量、成像数据或一个直接的属性说明)进行特征提取，提取代表观测数据的特征矢量。

(3) 对特征矢量进行模式识别处理(例如，汇聚算法、自适应神经网络或其他能将特征矢量变换成目标属性判决的统计模式识别法等)，完成各传感器关于目标的说明。

(4) 将各传感器关于目标的说明数据按同一目标进行分组，即关联。

(5) 利用融合算法将每一目标的各传感器数据进行合成，得到该目标的一致性解释与描述。

6.2.2 物联网中数据融合的层次结构

1. 传感网节点的部署

在传感网数据融合结构中，比较重要的问题是如何部署感知节点。目前，传感网感知节点的部署方式一般有 3 种类型：最常用的拓扑结构是并行拓扑，在这种部署方式中，各种类型的感知节点同时工作；另一种类型是串行拓扑，在这种结构中，感知节点检测数据信息具有暂时性，实际上，合成孔径雷达(Synthetic Aperture Radar，SAR)图像就属于此结构；还有一种类型是混合拓扑，即树状拓扑。

2. 数据融合的层次划分

数据融合大部分是根据具体问题及其特定对象来建立自己的融合层次的。例如，有些应用将数据融合划分为检测层、位置层、属性层、态势评估和威胁评估；有些根据输入/输出数据的特征提出了基于输入/输出特征的融合层次化描述。数据融合层次的划分目前还没有统一标准。

根据多传感器数据融合模型定义和传感网的自身特点，通常按照节点处理层次、融合前后的数据量变化、信息抽象的层次，来划分传感网数据融合的层次结构。

1) 集中式融合和分布式融合

传感网中大量感知的数据从源节点向汇聚节点传送，若从数据流通形式和网络节点的处理层次看，数据融合有集中式融合和分布式融合两种方式。

(1) 集中式融合是指多个源节点直接将数据发送给汇聚节点，所有的细节信息均被保留，最后由汇聚节点进行数据融合。这种方式的优点是信息损失较小，但由于传感网感知节点分布较为密集，多源对同一事件的数据表征存在近似的冗余信息，对冗余信息的传送将使网络消耗更多的能量。所以在节能要求较高的传感网中，集中式融合不利于网络的长期运作。

(2) 分布式融合是一种网内数据融合，源感知节点探测到的数据在逐次转发的过程中不断被处理，即中间节点查看数据包的内容，进行相应的数据融合后转发给下一跳。与集中式相比，这种方式在一定程度上能够提高网络数据收集的整体效率，减少数据传输量，从而降低能耗，但融合精确度较低。

2) 无损融合和有损融合

按照数据融合前后的数据量变化，可将数据融合模型分为无损融合和有损融合。

(1) 在无损融合中，全部细节信息均被保留，仅去除数据中的冗余部分。这种方法不改变各个数据包所携带的数据内容，只缩减数据包头部的数据和传输多个数据包所需的控制开销，保证了数据完整性，但信息整体缩减的大小受到其熵值的限制。

(2) 有损融合通常会采用省略一些细节信息或降低数据质量的方法来减少需要存储或传送的数据量，在一定程度上减少了网络通信量，是进行网内处理的必然结果。相对感知节点的原始数据，有损融合会损失大量信息，仅能满足数据收集者的需求。

3) 像素级融合、特征级融合和决策级融合

按照信息抽象层次，可以将数据融合划分为像素级融合、特征级融合和决策级融合。这种数据融合方式较为合理，也较为常用。

3. 传感网中数据融合的层次结构

目前，传感网数据融合研究主要集中在应用层与网络层。在应用层开发面向应用的数据融合接口，在网络层开发与路由相结合的数据融合技术，这两者均有依赖于应用的数据融合。在现有的协议层之外，还研究了独立于应用的数据融合技术，形成了在网络层与应用层之间的数据融合层。

1) 应用层中的数据融合

应用层数据融合技术是基于查询模式的数据融合技术，核心思想是把分布式数据库技术用于传感网的数据收集过程，采用类似 SQL 的风格实现应用层接口。

在基于分布式数据库的汇聚操作中，用户使用描述性的语言向网络发送查询请求，查询请求在网络中以分布式的方式进行处理，查询结果通过多跳路由返回给用户。处理查询请求和返回查询结果的过程，实质上就是进行数据融合的过程。在应用层，数据融合与应用数据之间没有语义间隔，实现起来比较容易，并可以达到较高的融合度，但同时也会损失一定的数据收集率。由于数据收集的过程采用的是分布式数据库技术，而感知节点的计算能力和存储能力十分有限，如何控制本地计算的复杂度，影响着传感网实现的难易度。

2) 网络层中的数据融合

网络层中的数据融合即所谓的网内数据融合，是指把数据融合与路由技术结合起来实现融合目的。感知节点采集的数据在逐次转发过程中，中间节点查看数据包的内容，将接收的入口数据包融合成数目更少的出口报文转发给下一跳。

不同于传统网络，传感网不关心具体的感知节点上的单个数据，注重的是多感知节点协作采集的数据。比如，在温度监测中，关心的是区域内温度分布的具体数据，而不限于具体的节点值，更多是如何将这些数据通过网络传输到汇聚节点。这就使得在数据传输过程中既要加快冗余数据的收敛，又要以多跳的方式选择能量有效路由，减小数据传输冲突，提高收集效率。目前，针对传感网网络层数据融合的路由协议主要是以数据为中心的路由，即节点根据数据的内容对来自多个数据源的数据进行融合操作，然后转发数据。这种方法的优点是在路由过程中实现数据融合可以有效地减少传输时延。但是，网络层中的数据融合需要跨协议层理解应用层数据的含义，这在一定程度上会增加融合的计算量。在实际应用中，需要根据具体情况将这些路由算法与数据融合技术结合起来，实现数据融合的优化。

3) 独立的数据融合协议层

鉴于在网络层或应用层中实现数据融合,不但会破坏各协议层的完整性,也会导致信息丢失,为此,提出了一个能够适应网络负载变化,独立于应用的数据融合(Application Independent Data Aggregation,AIDA)协议层。

所谓数据融合协议层,是指把数据融合作为独立的层次实现,直接对数据链路层的数据包进行融合,不再关心应用层数据的语义,只是根据下一跳地址通过适当的算法进行多个数据单元的合并,通过减少数据封装头部的开销和媒体访问控制(MAC)子层的发送冲突来达到节省能量的目的。提出 AIDA 的目的除了摒除依赖于应用的融合的弊端之外,还将增强数据融合对网络负载状况的适应性,即当网络负载较轻时不进行融合或进行低程度的融合,在网络负载较重、MAC 层发送冲突较严重时进行较高程度的融合。然而,单独的数据融合协议层并不能将网络的生存时间最大化,只能利用数据融合技术来减轻 MAC 子层拥塞冲突,以此降低能量的消耗。

综上所述,可以将数据融合技术与传感网的多个协议层次进行结合。在应用层,可通过分布式数据库技术,对采集的数据进行初步筛选,达到融合效果。在网络层结合路由协议实现数据融合,以减少数据的传输量。在数据链路层,可以结合 MAC,减少 MAC 层的发送冲突和头部开销,在实现节省能量的同时,还不失去信息的完整性。

6.2.3 基于信息抽象层次的数据融合模型

根据传感网的数据属性及其特征,参考多传感器数据融合层次结构,可将其数据融合划分为像素层、特征层和决策层三个层次,分别称为像素级融合、特征级融合和决策级融合。

1. 像素级融合

像素级融合是指在融合过程中,要求各参与的传感器数据之间具有精确到一个像素的配准精度。在像素级融合中,每一个传感器观测物体,然后组合来自传感器的原始数据,并进行特征识别。此过程一般是从原始数据中提取一个特征矢量来完成,并且根据此特征矢量作出一致性解释与描述。在数据融合中,原始数据必须是匹配的,传感器测量的是同一物理现象,如两个视觉图像传感器;相反,如果传感器不是同类的,它们必须进行特征级或决策级融合。

像素级融合一般采用集中式融合体系进行融合处理,属于低层次的融合。在目标识别的应用中(如成像传感器),通过对包含某像素的模糊图像进行图像处理来确认目标属性的过程就属于像素级融合。

像素级融合的主要优点在于,它能够提供其他融合层次不能提供的细微信息。它没有信息损失,具有较高的融合性能。但是,像素级融合要求精确的传感器配准和很高的传输带宽。

2. 特征级融合

特征级融合是从各个源提供的观测数据中提取一组信息,形成特征矢量,然后把它们融合到一个综合的特征矢量中,再进行识别。这是比较简单的一种数据融合方法,在这种方法中,每一个传感器观测目标,并对各传感器的观测进行特征提取(如提取形状、边沿、方位信息等),产生特征矢量,而后融合这些特征矢量,并作出基于联合特征矢量的属性说明。

特征级融合是像素级融合与更高一级决策级融合的折中形式。特征级融合一般采用分布式或集中式的融合体系。特征级融合可分为两大类：一类是目标状态融合；另一类是目标特性融合。比如在温度监测应用中，特征级融合可以对温度传感器数据进行综合，表示成地区范围、最高温度、最低温度的形式。在目标监测应用中，特征级融合可以将图像的颜色特征表示成 RGB 值。

特征级融合的优点在于需要的通信带宽小，但结果的精确性也相应减小，主要是因为在原始数据中生成特征矢量的同时，信息也在丢失。由于它兼容了像素级融合与决策级融合的优缺点，具有较大的灵活性，在许多情况下很实用。

3. 决策级融合

在决策级融合中，每一个传感器依据本身的单源数据进行独立处理，然后对各传感器的处理结果进行融合，最后得到整个系统的决策。这是最高层次的数据融合。在这种方法中，每个传感器观测目标，并对各传感器的观测进行特征提取，产生特征矢量；而后对特征矢量进行模式识别处理，完成各传感器关于目标的说明；再将各传感器关于目标的说明数据按同一目标进行分级，即关联；最后利用融合算法将某一目标各传感器的数据进行合成，得到该目标的一致性解释与描述。

决策级融合是面向应用的融合。比如在灾难监测应用中，决策级融合可能需要综合多种类型的传感器信息，包括温度、湿度或震动等，进而对是否发生了灾难事故进行判断。在目标监测应用中，决策级融合需要综合监测目标的颜色特征和轮廓特征，对目标进行识别，最终只传输识别结果。

决策级融合的主要优点是容错性强、通信量小、抗干扰能力强；其缺点是信息损失大、精确性差。

总之，上述三个层次的数据融合各有特点，在具体的应用中应根据融合的目的和条件选用。

在物联网实现中，这三个层次的融合技术可以根据应用的特点综合使用。比如有的应用场合感知节点的数据形式比较简单，不需要进行较低层的像素级融合，就使用灵活的特征级融合手段；而有的应用要处理大量的原始数据，则选用像素级融合。

6.3　数据融合技术与算法

6.3.1　传感网数据传输及融合技术

传感网中的数据传输方式，有直接传输和多跳传输两种模型，其数据融合方式下一般是通过网络内部的数据压缩机制，先对采集到的数据或接收到的其他感知节点发送的多个数据进行网内处理，消除冗余信息，然后再传输处理后的数据。

1. 直接传输模型

直接传输模型是指传感器节点将采集到的数据通过较大的功率直接一跳传输到汇聚节点上，进行集中式处理。这种方法的缺点在于：距汇聚节点较远的节点需要很大的发送功率才可能与汇聚节点通信，而感知节点的通信距离是有限的，因此距离汇聚节点较远的节点往往无法与汇聚节点进行可靠的通信，这是不能接受的。且在较大通信距离上的节点需耗费很大的能量才能完成与汇聚节点的通信，容易造成相关节点的能量很快耗尽，在实际中这种直接传输模型很难得到应用。

2. 多跳传输模型

多跳传输模型类似于 Ad-Hoc 网络。每个节点自身不对数据进行任何处理，而是调整发送功率，以较小功率经过多跳将感知数据传输到汇聚节点中，再进行集中处理。多跳传输模型改善了直接传输的缺陷，使能量得到有效利用，这是它得到广泛应用的前提。

多跳传输模型存在的缺点主要是：当网络规模较大时，位于两条或多条路径交叉处的节点以及汇聚节点一跳的节点会出现瓶颈问题，它们除了传输自身的数据之外，还要在多跳传递中充当中介。这种情况下的节点会很快耗尽能量，对于以节能为前提的传感网来说，显然不失为一种有效的传输模型。

3. 传感网中的数据融合技术

为了解决传统传感网中的数据融合问题，可以从不同的应用角度采用不同的数据融合技术。比如，与路由相结合的数据融合技术，基于反向组传播树的数据融合技术，基于性能的数据融合技术，以及基于移动代理的数据融合技术等。

与路由相结合的数据融合技术，目前有查询路由中的数据融合、分层路由中的数据融合以及链式路由中的数据融合三种。基于反向组传播树的数据融合通常是指由多个源节点向一个汇聚节点发送数据的过程。为了能使网内数据融合更有效，要求数据在网络中传输时有一定时间的延迟，以便即使不是一个时间点达到融合节点的数据也能得到充分的融合，因此也称之为基于性能的数据融合。基于移动代理的数据融合是指在一定程度上减小网络的带宽需求、降低能耗的一种数据融合方式。

6.3.2 多传感器数据融合算法

融合算法是数据融合的关键所在。多传感器数据融合的核心问题就是选择使用恰当的融合算法。对于多传感器系统来说，数据具有多样性和复杂性，因此，对数据融合算法的基本要求是具有健壮性和并行处理能力。此外，还有算法的运算速度和精度；与前续预处理系统和后续信息识别系统的接口性能；与不同技术和方法的协调能力；对数据样本的要求等。一般情况下，基于非线性的数学方法，如果它具有容错性、自适应性、联想记忆和并行处理能力，都可以作为融合算法。

目前已有大量的多传感器数据融合算法，基本上可概括为两大类：一是随机类方法，包括加权平均法、卡尔曼滤波法、贝叶斯估计法、D.S 证据推理等；二是人工智能类方法，包括模糊逻辑、神经网络等。不同的方法适用于不同的应用背景。神经网络和人工智能等新概念、新技术在数据融合中将发挥越来越重要的作用。

多传感器数据融合，可以在表述的像素级、特征级或符号级上进行，常采用以下几种融合算法。

1. 像素级数据融合

1) 逻辑滤波器法

逻辑滤波器法是最直观的融合方法，就是将两个像素的灰度值进行逻辑运算，如两个

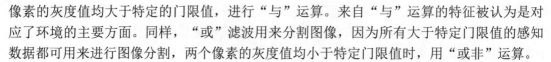

像素的灰度值均大于特定的门限值，进行"与"运算。来自"与"运算的特征被认为是对应了环境的主要方面。同样，"或"滤波用来分割图像，因为所有大于特定门限值的感知数据都可用来进行图像分割，两个像素的灰度值均小于特定门限值时，用"或非"运算。

2) 加权平均法

加权平均法是最简单、最直观的融合多传感器数据的方法，常用于处理来自各个测量精度差异较大的数据源数据。该融合方法将来自于不同感知节点的冗余数据进行加权取平均值，得到的加权平均值即为数据融合结果。加权平均法的优点是信息丢失少，适合对原始数据进行融合；缺点是需要建立数学模型或统计特征，适用范围有限。

3) 数学形态法

数学形态法通过使用从基本算子(集合并、集合交、减、条件加)推演的一套数学形态算子，如膨胀、腐蚀等算法，对图像进行处理。若两个集合互相支持，则通过集合交从两个特征集中提取出高置信度的"核"特征集；若两个集合互相对抗，则通过集合差从两个特征集中提取出高置信度的"核"特征集。两个集合互相支持，则通过集合并从两个特征集中提取出高置信度的"潜在"特征集；若两个集合互相对抗，则通过一个集从另一个集中提取出高置信度的"潜在"特征集。用条件膨胀和条件腐蚀的形态运算来融合"核"与"潜在"特征集。条件膨胀用来提取"潜在"特征集的连接分量，可抑制杂波；条件腐蚀可用来填入在"核"特征集中丢失的分量边界元素。开运算和闭运算的基本作用是对图像进行平滑处理，开运算可以去掉图像中的孤立子域和毛刺，闭运算可以填平一些小洞并将两个邻近的目标连接起来。统计形态的引入为图像融合提供了一种新的思路。将统计的思想与形态滤波相结合估计图像包含的有用信息，噪声抑制效果较好。

4) 图像代数法

图像代数是描述图像算法的高级代数语言，可以用于描述多种像素层的融合算法。它有四种基本的图像代数操作数：坐标集、值域、图像和模板。"坐标集"可定义为矩形、六角形、环形离散矩阵及多层矩阵数组，用来表示不同方格和分辨率图像的相干关系。若来自多传感器的用于像素级融合的图像有相同的基本坐标系，则坐标集称为齐次的，否则称为非齐次的。"值域"对应整数集、实数集、复数集、固定长度的二进制数集，通常对其定义算术和逻辑运算。若一个值集的所有值都来自同一数集，则称为齐次的，否则称为非齐次的。"图像"是最重要的图像代数算子，定义为从坐标集到值集函数的图。"模板"和模板算子是图像代数强有力的工具，它将模板、掩模、窗口、数学形态的构成元素、定义在邻域像素上的其他函数，统一、概括成数学实体。用于变换实值图像的三种基本的模板操作是：广义卷积、乘积最大、和最大。模板操作可通过在全局和局部卷积来改变维数、大小和图像形状。

5) 小波变换图像融合法

小波变换的目的是将原始图像分别分解到一系列频率通道中，具体的融合算法有多种，其中基于小波分解的图像融合、基于微分几何的图像融合较为常用。

(1) 基于小波分解的图像融合。若对二维图像进行 N 层的小波分解，最终将有$(3N+1)$个不同频带，其中包含 $3N$ 个高频带和一个低频带。对图像分解层数 N 的确定和对具体问题用小波的确定还有一些有待研究的问题。基于小波框架、小波包的图像融合方法在一些情况下融合效果较好。基于小波分解的图像融合基本步骤为：①对每一源图像分别进行小波分解，建立图像的小波金字塔分解；②对各分解层分别进行融合处理，各分解层的不同频率分量采用不同的融合算子进行融合处理，最终得到融合后的小波金字塔；③对融合后小波金字塔进行小波逆变换，得到重构图像。

利用分解后的金字塔结构，对不同分解层、不同频带分别进行融合处理，可有效地将来自不同图像的细节融合在一起。人的视网膜图像是在不同频带上分别以不同算子进行融合的。基于小波分解的图像融合也是在不同的频率通道上进行融合处理的，因而可获得与人的视觉特性更为接近的融合效果。

(2) 基于微分几何的图像融合。对多谱图像进行融合，可借助微分几何作为工具，计算一阶多谱对比度，求出最优灰度值。将图像的多波段构成几何流形，将多波段对比度构成的多维向量投影到图像的灰度区间上，这种方法计算的对比度值比梯度法和零交叉法能更充分地利用多谱信息，对噪声抑制效果好。

2. 特征级数据融合

1) 联合统计

当把来自多传感器的数据用于分类和决策时，需要某种类型的判别尺度，对感知的环境与已知特征进行比较。联合统计量可用于快速而有效地分类未知样本的概率密度函数。

2) 神经网络

神经网络是由大量的神经元连接而成的，是一种大规模、分布式的神经元处理系统。由于数据融合过程接近人类思维活动，与人脑神经系统有较强的相似性，因此利用神经网络的结构优势和高速的并行运算能力进行多维数据融合处理是一种有效的技术途径。

进行融合处理时，通过神经网络特定的学习算法来获取知识，得到不确定性推理机制，然后根据这一机制进行融合和再学习。其输入是由各感知节点信源获得的观测值，其输出则是数据融合系统作出的决策。神经网络的层或节点连接可以采用多种形式。对输入向量进行非线性变换，当输入/输出关系未知时，可以得到较为理想的结果。尤其是在进行图像融合时，神经网络经过训练后把每一幅图像的像素点分割成几类，使每幅图像的像素都有一个隶属度函数矢量组，提取特征，将特征表示作为输入参加融合。目前绝大多数的神经网络是用数字化仿真来实现的，使用软件和数字信号处理芯片来模拟并行计算。

神经网络算法的优点是对先验知识要求不高或者无要求，有较强的自适应能力；缺点是运算量大、规则难建立。

3) 卡尔曼滤波

卡尔曼滤波算法是指在已知系统数学模型的情况下，利用状态空间方程和测量模型递推出在统计意义下最优的融合数据估计。利用卡尔曼滤波能有效地使图像对准，使它们可在特征层融合，并可在出现环境噪声和传感器噪声时减少有关环境中物体位置的不确定性。

卡尔曼滤波的优点是信息丢失少，适合对原始数据进行融合；缺点是需建立数学模型或统计特征，适用范围有限。

3. 符号级数据融合

1) 贝叶斯估计

贝叶斯(Bayers)估计算法是最早应用于不确定数据融合的一种推理方法，其基本思想是在设定先验概率的条件下，利用贝叶斯规则计算出后验概率，然后根据后验概率作出决策。贝叶斯估计算法的优点是有数学公理基础，易于理解，计算量小，常用来处理一些不确定性问题；其缺点是先验知识不易寻找合适的概率分布，特别是当数据来自低档感知节点时显得更为困难。此外，在实际中很难知道先验概率，当设定的先验概率与实际情况不符时，推理结果较差。因此贝叶斯估计算法的使用范围较小。

2) D-S 证据推理

登普斯特-谢弗(D-S)证据推理可以处理由不确定信息所引起的不确定性。它采用信任函数而不是概率作为度量，通过对一些事件的概率加以约束建立起信任函数而不必说明精确的难以获得的概率。当约束限制为严格的概率时，它就变成概率论。证据推理首先由Dempster 提出构造不确定推理模型的一般框架，将命题的不确定问题转化为集合的不确定问题，之后 Shafer 对该理论进行了补充，从而形成了处理不确定信息的 D-S 证据推理。

证据推理是一种数学工具，它允许人们对不确定性问题进行建模，并进行推理。其最大特点是对不确定信息采用"区间估计"来描述，而不是用"点估计"的方法。这样在区分不知道与不确定方面有较大的灵活性。D-S 证据推理的缺点是其运算量随着信源数的增加呈指数增长，而且对结果往往给出过高的估计。D-S 证据推理的判决规则常常有很大的主观性。

3) 模糊逻辑

模糊逻辑推理是基于分类的局部理论，最先由 Zadob 于 1965 年提出。模糊逻辑是一类多值型逻辑，通过对每个命题以及运算符分配一个从 0～1 之间的实数，来直接表示推理过程中多传感器数据融合的真实度。模糊逻辑进一步放宽了概率论定义中的制约条件，从而可以对数字化信息进行宽松建模。模糊逻辑对估计过程的模糊扩展可以解决信息或判决的冲突问题。模糊逻辑的主要优点在于能将直观经验和知识中的模糊概念给以定量的描述，处理方法也不是常规方法中的是与否回答，而是对某个特征属性隶属程度给出描述。作为专家系之一的模糊逻辑可应用于众多的数据融合系统，但这一理论的和谐性和数学的严密性迄今尚未得到完全解决。

4) 关系事件代数方法

关系事件代数是条件事件代数的发展，是对不确定性的一种描述。它借助随机集理论，以知识分析的方式进行数据融合，这是一种很有应用前景的数据融合方法。

在上述各种数据融合算法中，比较常用的是小波变换、贝叶斯方法、D-S 证据推理、模糊逻辑和神经网络方法。

本 章 小 结

了解物联网中的数据融合的基本原理、数据融合的层次结构、基于信息抽象层次的数据融合模型。并在此基础上，结合传感器网络的数据传输及融合技术、多传感器数据融合算法，让读者更能了解物联网数据融合技术。

习　题

1. 简述数据融合的定义及特点。
2. 简述数据融合的分类及方法。
3. 简述数据融合的一般模型结构。

第 7 章

地理信息系统

学习目标

1. 了解 GIS 系统的基本概念及特点。

2. 了解 GPS 系统的基本概念及特点。

3. 了解 GLONASS 系统的基本概念及特点。

4. 了解伽利略系统的基本概念及特点。

5. 了解北斗卫星系统的基本概念及特点。

知识要点

GIS 系统；GPS 系统；GLONASS 系统；伽利略系统；北斗卫星系统。

7.1 GIS 系统

7.1.1 GIS 系统的基本概念

地理信息系统(Geographic Information System，GIS)有时又称为"地学信息系统"。它是一种特定的十分重要的空间信息系统。它是在计算机硬软件系统支持下，对整个或部分地球表层(包括大气层)空间中的有关地理分布数据进行采集、存储、管理、运算、分析、显示和描述的技术系统。

位置与地理信息既是基于移动位置服务(Location Based Service，LBS)的核心，也是 LBS 的基础。一个单纯的经纬度坐标只有置于特定的地理信息中，代表为某个地点、标志、方位后，才会被用户认识和理解。用户在通过相关技术获取到位置信息之后，还需要了解所处的地理环境，查询和分析环境信息，从而为用户活动提供信息支持与服务。

地理信息系统是一门综合性学科，结合地理学与地图学以及遥感和计算机科学，已经广泛地应用在不同的领域，是用于输入、存储、查询、分析和显示地理数据的计算机系统。随着 GIS 的发展，也有称 GIS 为"地理信息科学"(Geographic Information Science)；近年来，也有称 GIS 为"地理信息服务"(Geographic Information Service)。GIS 是一种基于计算机的工具，它可以对空间信息进行分析和处理(简而言之，是对地球上存在的现象和发生的事件进行成图和分析)。GIS 技术把地图这种独特的视觉化效果和地理分析功能与一般的数据库操作(例如查询和统计分析等)集成在一起。

地理信息系统是随着地理科学、计算机技术、遥感技术和信息科学的发展而发展起来的一个学科。在计算机发展史上，计算机辅助设计技术(CAD)的出现使人们可以用计算机处理像图形这样的数据，图形数据的标志之一就是图形元素有明确的位置坐标，不同图形之间有各种各样的拓扑关系。简单地说，拓扑关系指图形元素之间的空间位置和连接关系。简单的图形元素如点、线、多边形等；点有坐标(x, y)；线可以看成由无数点组成，线的位置就可以表示为一系列坐标对(x_1, y_1), (x_2, y_2), $\cdots(x_n, y_n)$；平面上的多边形可以认为是由闭合曲线形成范围。图形元素之间有多种多样的相互关系，如一个点在一条线上或在一个多边形内，一条线穿过一个多边形等。在实际应用中，一个地理信息系统要管理非常多、非常复杂的数据，可能有几万个多边形，几万条线，上万个点，还要计算和管理它们之间的各种复杂的空间关系。

7.1.2 GIS 系统的发展历史

我国 GIS 的发展较晚，经历了四个阶段，即起步(1970—1980 年)、准备(1980—1985 年)、发展(1985—1995 年)、产业化(1996 年以后)阶段。GIS 已在许多部门和领域得到应用，并引起了政府部门的高度重视。从应用方面看，地理信息系统已在资源开发、环境保护、城市规划建设、土地管理、农作物调查与结产、交通、能源、通信、地图测绘、林业、房地产开发、自然灾害的监测与评估、金融、保险、石油与天然气、军事、犯罪分析、运输与导航、110 报警系统、公共汽车调度等方面得到了具体应用。

国内外已有城市测绘地理信息系统或测绘数据库正在运行或建设中。一批地理信息系统软件已研制开发成功，一批高等院校已设立了一些与 GIS 有关的专业或学科，一批专门从事 GIS 产业活动的高新技术产业相继成立。此外，还成立了"中国 GIS 协会"和"中国 GPS 技术应用协会"等。

目前国内建设 GIS 系统比较常用的软件有 Supermap GIS 系列、MapGIS 系列、MyGIS 系列。

7.1.3 GIS 系统的组成

从系统论和应用的角度出发，地理信息系统被分为四个子系统，即计算机硬件和系统软件，数据库系统，数据库管理系统，应用人员和组织机构。

(1) 计算机硬件和系统软件：这是开发、应用地理信息系统的基础。其中，硬件主要包括计算机、打印机、绘图仪、数字化仪、扫描仪；系统软件主要指操作系统。

(2) 数据库系统：系统的功能是完成对数据的存储，它又包括几何(图形)数据和属性数据库。几何和属性数据库也可以合二为一，即属性数据存在于几何数据中。

(3) 数据库管理系统：这是地理信息系统的核心。通过数据库管理系统，可以完成对地理数据的输入、处理、管理、分析和输出。

(4) 应用人员和组织机构：专业人员，特别是那些复合人才(既懂专业又熟悉地理信息系统)是地理信息系统成功应用的关键，而强有力的组织是系统运行的保障。

从数据处理的角度出发，地理信息系统又被分为数据输入子系统，数据存储与检索子系统，数据分析和处理子系统，数据输出子系统。

(1) 数据输入子系统：负责数据的采集、预处理和数据的转换。

(2) 数据存储与检索子系统：负责组织和管理数据库中的数据，以便于数据查询、更新与编辑处理。

(3) 数据分析和处理子系统：负责对数据库中的数据进行计算和分析、处理，如面积计算、储量计算、体积计算、缓冲区分析、空间叠置分析等。

(4) 数据输出子系统：以表格、图形、图像方式将数据库中的内容和计算、分析结果输出到显示器、绘图纸或透明胶片上。

7.1.4 GIS 理论研究中亟待解决的问题

1. GIS 理论发展的需求

GIS 是一门技术引导的多技术交叉的信息空间科学，它是对地理信息数据(包括图形和非图形数据，几何数据与属性数据)进行采集、存储、加工和再现，并能回答一系列问题的计算机系统，所以它必然是技术导向的。GIS 不断地用新的技术和方法来装备和发展自己，它在技术上所关注的是：数据采集；数据建模；数据的精度和系统回答问题的可信度；数据量；数据存取与保密；数据分析；用户接口；成本与效益；GIS 系统的寿命；GIS 系统工作的组织问题。这些技术问题，将会随着相关学科和软件、硬件手段的不断进步而日趋完善。同时，GIS 是一门以应用为目的的信息产业，即 GIS 也是应用导向的，即它除了具有基础性和公益性特点，服务于科学研究和造福人类外，它还具有实际应用并创造价值的广阔市场。GIS 的应用可以深入到各个领域、各个机构，形成诸如资源 GIS、灾害监测和防治 GIS、农林牧副渔 GIS 等。

GIS 的不断发展，既依赖于地理学、统计学和测量学这些基础学科，又取决于计算机软件技术、航天技术、遥感技术和人工智能与专家系统技术的进步与成就。它是位于地学与技术科学的边缘，但本质上已是信息科学的一个组成部分。

随着 GIS 理论的发展与完善，以及人们对空间信息需求量的增大，为了使得 GIS 系统得到可持续的发展，则必须使 GIS 向集成化和智能化方向发展，该方向包括以下几个方面。

(1) 图形数据和属性数据的结合：最初，图形和属性数据是完全分开的；然后，通过内部连接，将二者联系起来；再次，进行了混合处理；最后，达到完全的结合。未来 GIS 要求的是将二者的完全结合。

(2) GIS 与 RS 遥感技术的结合：遥感是地理信息系统重要的数据源和数据更新的手段。GIS 则是遥感中数据处理的辅助信息，用于语义和非语义信息的自动提取。GIS 与 RS 可能的结合方式包括：分开但是平行的结合(不同的用户界面、不同的工具库和不同的数据库)、表面无缝的结合(同一用户界面，不同的工具库和不同的数据库)和整体的结合(同一个用户界面、工具库和数据库)。未来要求的是整体的结合。

(3) GIS 与全球定位系统(Global Positioning System，GPS)和电荷耦合元件(Change-coupled Device，CCD)技术的结合：GPS 是全球定位系统，利用 GPS 接收机，可以直接测定地面上任一点的三维坐标。GPS 与 GIS 相结合可以实现电子导航，用于交通管理、公安侦破、自动导航，也可以用作 GIS 实时更新。如果再加上 CCD 摄像机实时摄像和配以影像处理，则可以形成实时 GIS 运行系统，用于公路、铁路线路状况的自动监测和管理，以及作战指挥系统等。

(4) GIS 与专家系统(Expert System)的结合：由于 GIS 是一个基于地理数据的空间信息系统，它必须具有自动采集和处理数据的功能，而且能够智能化地分析和运用数据，提供科学的决策咨询，以回答用户可能提出的各种复杂问题。从这个意义 GIS 与 ES 相结合，形成智能化的高度集成 GIS 系统。

2. GIS 理论研究中的主要问题

基于以上的分析，要想得到一个理想的 GIS 系统，需要 GIS 理论上解决以下主要问题。

1) GIS 设计与实现的方法学问题

由于缺乏严格的工程管理和好的分析设计方法支持，导致了 GIS 软件系统的可靠性和可维护性差。这是一个长期以来人们一直在尽力解决但还未解决的问题。

2) GIS 的功能问题

当前以数据采集、存储、管理和查询检索功能为主的 GIS，还不能完全满足社会和区域可持续发展在空间分析、预测预报、决策支持等方面的要求，直接影响到 GIS 的应用效益和生命力。

3) 多媒体地理信息系统的管理和操作的问题

在一个多种数据类型并存的混合系统中，如何实现对各类数据的随意操作和有效管理，这是现今信息媒体多元化新时代的突出问题，它比单一地图数据库的操作和管理更复杂。

4) GIS 地理信息的深加工问题

目前的 GIS 还远未发挥它提供结论性专题地图和数据集方面的作用，这是涉及对 GIS 地理信息进行深加工的问题。这种深加工的结果，可以是结论性专题地图，也可以是结论性专题数据集。这两种形式都是必需的，前者提供结论性图形信息，后者提供结论性数字信息，提供经过深加工的结论性成果对用户更直接和更有利。

5)　空间信息可视化技术和虚拟现实技术(VR)

可视化技术已经远远超过了传统的符号化及视觉变量表示法的水平,进入了在动态、时空变换、多维的可交互的地图条件下探索视觉效果和提高视觉工具功能的阶段,它的重点是要将那些通常难于设想和接近的环境与事物,以动态直观的方式表现出来。GIS 可视化方面的研究主要集中在以下几个方面:运用动画技术制作动态地图,可用于涉及时空变化的现象或概念的可视化分析;运用 VR 技术进行地形环境仿真,真实再现地景,用于交互式地观察和分析,提高对地形环境的认知效果;运用图形显示技术进行空间数据的不确定性和可靠性的检查,把抽象数据可视化,由此发现规律;运用图形界面和交互式手段进行地图设计和编辑,以直观的方式完成地图设计制作(如地图颜色的可视化设计);可视化技术用于视觉感受及空间认知理论的研究。

7.1.5　实用地理信息系统发展趋势与展望

随着计算机和信息技术的发展,GIS 迅速地变化着。在未来 10 年内的 GIS 发展从下面几个方面来概括。

1. GIS 网络化

对于 GIS 的发展,计算机网络技术是起到质变作用的重要技术。它的发展使得以往很多难以完成的事情得以实现,如网络技术使得数据库在地理位置上以分布的方式存在,这样做,各个数据库可以局部地进行生产、更新、维护和管理,而网络又使这些分布在局部的数据库相互之间可以连接起来实现共享使用。高速度的数据传输使得数据库之间的数据传输能够快速地实现。万维网的发展给 GIS 数据在更大范围内的发布、出版、获取和查询提供了有效可行的途径。网络浏览器的使用从视觉上给提供和使用地理数据的人们带来了方便。地理数据不仅可以按照地理位置、专题内容、生产机构、使用价格等进行搜索,甚至可以直接在网上进行数据的各类空间操作,使用网络提供的各类模型进行模拟,直接产生新的数据结果,真正地实现"网络就是计算机"这一新的概念模式。网络技术虽然发展速度惊人,但是在 GIS 应用方面还有一定局限,主要表现为地理数据的传输:目前,对于 GIS 数据的网络传输仍然有一些局限,由于 GIS 的数据通常容量较大,现在网络宽带的能力在中远距离的大量数据传输过程中,速度不够令人满意,这将会是网络技术在 GIS 发展过程中的一个瓶颈问题;GIS 网络软件的开发——网络技术给 GIS 技术的发展带来了更多潜力,但是到目前为止,GIS 软件工业界还没有充分地将这些潜力发挥出来,许多技术在 GIS 领域仍然处于研究和试验阶段,达到商业化、实用化还有一定的距离;网络技术在 GIS 中的有效使用——技术的发展只有在给人们带来利益时才有真正的价值。网络技术有巨大潜力,但是如何在 GIS 领域得到有效的使用,充分、恰当地发挥出它的潜能仍然是需要人们探索的问题。

2. GIS 标准化

今后 5～10 年是 GIS 界的主要标准化制定时期。GIS 发展到今天这样,能够在各种领域得到使用的盛况,人们不断意识到软件、硬件、数据等要素进行必要的标准化才能实现更有效、广泛地对 GIS 的使用。GIS 的标准化将在国际、国家、省、市、县和机构范围内多层次地进行,其内容可能包括到 GIS 的各个组成部分、各个操作过程、各种数据类型、

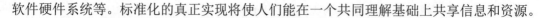

软件硬件系统等。标准化的真正实现将使人们能在一个共同理解基础上共享信息和资源。

3. 数据商业化

在西方社会，计算机硬件设备的生命周期通常为 3～5 年，计算机软件的生命周期一般为 7～15 年，而地理数据的生命周期则为几十年。地理数据的开发、更新和维护既费时又费力，在 GIS 界曾经有人统计过，GIS 硬件、软件和数据的造价比是 1∶10∶100，所以如何更有效地生产和维护地理数据将会是 GIS 未来面临的主要挑战之一。GIS 产生的主要目的之一是对于空间信息进行更好的管理和处理，GIS 空间分析功能实际上是使用现有的数据来产生新的数据，所以数据是整个 GIS 的操作对象。没有数据，则谈不上信息系统。如果数据问题能够解决，信息系统才有意义和价值，才能够真正运行。

4. 系统专门化

目前，GIS 软件和系统还是被作为一个整体独立存在。许多软件提供全面的 GIS 功能可以在任何一种需要 GIS 的部门使用，没有具体专业领域的限制；而从使用 GIS 机构的角度上看，很多机构只是需要 GIS 软件中的部分功能，而目前 GIS 软件设置使得用户在购买 GIS 系统时往往要求整个软件一起购买。首先，从 GIS 用户方面考虑，GIS 可能不将作为一个独立的系统存在于机构内，而是作为机构整个管理和运作系统的一个部分，GIS 的各种功能将融合在与专业领域更直接的系统之中。其次，从 GIS 的工业发展角度上考虑，目前的 GIS 软件所提供的各种功能也将与各类专业软件系统融合起来，共同发展。软件的部件化是这个趋势的前兆，也为 GIS 软件的专业化做了必要的准备。将来的各类应用系统中，GIS 可能将作为一个必需的部分存在。

5. GIS 企业化

GIS 网络化的发展使得 GIS 在机构内部各部门之间更有效地进行通信、交流和各种资源的共享。企业和机构可以从更高的层次上对 GIS 在企业中的使用进行统筹安排和计划，这种方式被称为"企业化 GIS"。企业化 GIS 对技术和管理人员有更高的要求，需要企业不断地对人员进行技术和管理培训。

6. GIS 全球化

网络技术的发展使得世界空间缩小，使人们之间的关系更加紧密；世界经济的发展也在要求人们建立一个更稳定、和谐的环境。在这个环境中 GIS 越来越成为一种有效的工具来帮助人们了解他们所生存和依赖的自然条件状况和社会变化状况。目前世界各国都在积极地发展和使用 GIS、制定有关地理信息的政策、开展国家的 GIS 项目，例如世界银行和其他国际信贷组织都要求在它们资助的项目中使用 GIS 来辅助决策。GIS 的标准化对于它在国际范围内的推广和使用将起到促进作用，国际标准组织已经专门就地理空间技术从各个方面进行标准化制定和实施。

7. GIS 大众化

GIS 不仅在国际舞台上已经越来越受到人们重视，甚至在人们日常生活中也潜移默化地改变着人们的生活。以往人们需要使用地图来定向、定位和导航，而现在地图已经存储在数据库中；从一个地点到另一个地点的最佳路线轻而易举地就可以使用 GIS 系统得到；到一个新地方，不需要再费力寻找餐馆、旅店、娱乐中心、购物中心、银行、旅游景点等，GIS 就是最好的向导。

7.2 GPS 系统

7.2.1 GPS 系统的基本概念

GPS 即全球定位系统(Global Positioning System)。简单地说，这是一个由覆盖全球的 24 颗卫星组成的卫星系统。这个系统可以保证在任意时刻，地球上任意一点都可以同时观测 4 颗卫星，以保证卫星可以采集到该观测点的经纬度和高度，以便实现导航、定位、授时等功能。这项技术可以用来引导飞机、船舶、车辆以及个人，安全、准确地沿着选定的路线，准时到达目的地。全球定位系统(GPS)是 20 世纪 70 年代由美国陆海空三军联合研制的新一代空间卫星导航定位系统。其主要目的是为陆、海、空三大领域提供实时、全天候和全球性的导航服务，并用于情报收集、核爆监测和应急通信等一些军事目的，是美国独霸全球战略的重要组成。经过 20 余年的研究实验，耗资 300 亿美元，到 1994 年 3 月，全球覆盖率高达 98% 的 24 颗 GPS 卫星星座已布设完成。GPS 全球卫星定位系统由三部分组成：空间部分——GPS 星座；地面控制部分——地面监控系统；用户设备部分——GPS 信号接收机。

GPS 系统的前身为美军研制的一种子午仪卫星定位系统(Transit)，1958 年研制，1964 年正式投入使用。该系统用 5～6 颗卫星组成的星网工作，每天最多绕过地球 13 次，并且无法给出高度信息，在定位精度方面也不尽如人意。然而，子午仪系统使得研发部门对卫星定位取得了初步的经验，并验证了由卫星系统进行定位的可行性，为 GPS 系统的研制埋下了铺垫。由于卫星定位显示出在导航方面的巨大优越性及子午仪系统存在对潜艇和舰船导航方面的巨大缺陷，美国海陆空三军及民用部门都感到迫切需要一种新的卫星导航系统。为此，美国海军研究实验室(NRL)提出了名为 Tinmation 的用 12～18 颗卫星组成 10 000km 高度的全球定位网计划，并于 1967 年、1969 年和 1974 年各发射了一颗试验卫星，在这些卫星上初步试验了原子钟计时系统，这是 GPS 系统精确定位的基础。而美国空军则提出了 621-B 的以每星群 4～5 颗卫星组成 3～4 个星群的计划，这些卫星中除 1 颗采用同步轨道外，其余的都使用周期为 24h 的倾斜轨道。该计划以伪随机码(PRN)为基础传播卫星测距信号，其强大的功能，使得当信号密度低于环境噪声的 1% 时也能将其检测出来。伪随机码的成功运用是 GPS 系统得以取得成功的一个重要基础。海军的计划主要用于为舰船提供低动态的二维定位，空军的计划能够提供高动态服务，然而系统过于复杂。由于同时研制两个系统会造成巨大的费用，而且这两个计划都是为了提供全球定位而设计的，所以 1973 年美国国防部将两者合二为一，并由国防部牵头的卫星导航定位联合计划局(JPO)领导，还将办事机构设立在洛杉矶的空军航天处。该机构成员众多，包括美国陆军、海军、海军陆战队、交通部、国防制图局、北约和澳大利亚的代表。

7.2.2 GPS 系统的组成

1. 空间部分

GPS 的空间部分是由 24 颗工作卫星组成，它位于距地表 20200km 的上空，均匀分布在

6 个轨道面上(每个轨道面 4 颗),轨道倾角为 55°。此外,还有 4 颗有源备份卫星在轨运行。卫星的分布使得在全球任何地方、任何时间都可观测到 4 颗以上的卫星,并能保持良好定位解算精度的几何图像。这就提供了在时间上连续的全球导航能力。GPS 卫星产生两组电码,一组称为 C/A 码(Coarse/Acquisition Code,11023MHz);另一组称为 P 码(Procise Code,10123MHz)。P 码因频率较高,不易受干扰,定位精度高,因此受美国军方管制,并设有密码,一般民间无法解读,主要为美国军方服务。C/A 码人为采取措施而刻意降低精度后,主要开放给民间使用。

2. 地面控制部分

地面控制部分由一个主控站、5 个全球监测站和 3 个地面控制站组成。监测站均配装有精密的铯钟和能够连续测量到所有可见卫星的接收机。监测站将取得的卫星观测数据,包括电离层和气象数据,经过初步处理后,传送到主控站。主控站从各监测站收集跟踪数据,计算出卫星的轨道和时钟参数,然后将结果送到 3 个地面控制站。地面控制站在每颗卫星运行至上空时,把这些导航数据及主控站指令注入到卫星。这种注入对每颗 GPS 卫星每天一次,并在卫星离开注入站作用范围之前进行最后的注入。如果某地面站发生故障,那么在卫星中预存的导航信息还可用一段时间,但导航精度会逐渐降低。

3. 用户设备部分

用户设备部分即 GPS 信号接收机。其主要功能是能够捕获到按一定卫星截止角所选择的待测卫星,并跟踪这些卫星的运行。当接收机捕获到跟踪的卫星信号后,即可测量出接收天线至卫星的伪距离和距离的变化率,解调出卫星轨道参数等数据。根据这些数据,接收机中的微处理计算机就可按定位解算方法进行定位计算,计算出用户所在地理位置的经纬度、高度、速度、时间等信息。接收机硬件和机内软件以及 GPS 数据的后处理软件包构成完整的 GPS 用户设备。GPS 接收机的结构分为天线单元和接收单元两部分。接收机一般采用机内和机外两种直流电源。设置机内电源的目的在于更换外电源时不中断连续观测。在用机外电源时机内电池自动充电。关机后,机内电池为 RAM 存储器供电,以防止数据丢失。目前各种类型的接收机体积越来越小,重量越来越轻,便于野外观测使用。

7.2.3 GPS 系统的特点

GPS 导航定位以其高精度、全天候、高效率、多功能、操作简便、应用广泛等特点著称。

1. 全球性、全天候连续不断的导航能力

GPS 能为全球任何地点或近地空间的各类用户提供连续的、全天候的导航能力,用户不用发射信号,因而能满足无限多的用户使用。

2. 实时导航、定位精度高、数据内容多

利用 GPS 定位时,在 1s 内可以取得几次位置数据,这种近乎实时的导航能力对于高动态用户具有很大意义,同时能为用户提供连续的三维位置、三维速度和精确的时间信息。目前利用 C/A 码的实时定位精度可达 20~50m,速度精度为 0.1m/s,利用特殊处理可达 0.005m/s,相对定位可达毫米级。

随着 GPS 系统的不断完善，软件的不断更新，目前，20km 以内相对静态定位，仅需 15～20 分钟；快速静态相对定位测量时，当每个流动站与基准站相距在 15km 以内时，流动站观测时间只需 1～2 分钟，然后可随时定位，每站观测只需几秒钟。

3. 抗干扰能力强、保密性好

GPS 采用扩频技术和伪码技术，用户只需接收 GPS 的信号，自身不用发射信号，因而不会受到外界其他信号源的干扰。

4. 功能多、用途广泛

GPS 是军民两用的系统，其应用范围极其广泛。在军事上，GPS 将成为自动化指挥系统，在民用上可广泛应用于农业、林业、水利、交通、航空、测绘、安全防范、电力、通信、城市多个领域，尤其以地面移动目标监控在 GPS 应用方面最具代表性和前瞻性。

7.2.4 GPS 系统的现状

GPS 最初就是为军方提供精确定位而建立的，至今它仍然由美国军方控制。军用 GPS 产品主要用来确定并跟踪在野外行进中的士兵和装备的坐标，给海中的军舰导航，为军用飞机提供位置和导航信息等。

我国的《全球定位系统(GPS)测量规范》已于 1992 年 10 月 1 日起实施。此外，在军事部门、交通部门、邮电部门、地矿、煤矿、石油、建筑以及农业、气象、土地管理、金融、公安等部门和行业，在航空航天、测时授时、物理探矿、姿态测定等领域，也都开展了 GPS 技术的研究和应用。

我国在静态定位和动态定位应用技术及定位误差方面作了深入的研究，研制开发了 GPS 静态定位和高动态高精度定位软件以及精密定轨软件。在理论研究与应用开发的同时，培养和造就了一大批技术人才和产业队伍。

近几年，我国已建成了北京、武汉、上海、西安、拉萨、乌鲁木齐等永久性的 GPS 跟踪站，进行对 GPS 卫星的精密定轨，为高精度的 GPS 定位测量提供观测数据和精密星历服务，致力于我国自主的广域差分 GPS(WADGPS)方案的建立，参与全球导航卫星系统(GNSS)和 GPS 增强系统(WAAS)的筹建。同时，我国已着手建立自己的卫星导航系统(双星定位系统)，能够生产导航型 GPS 接收机。GPS 技术的应用正向更深层次发展。

为适应 GPS 技术的应用与发展，1995 年成立了中国 GPS 协会，协会下设四个专业委员会，希望通过广泛的交流与合作，发展我国的 GPS 应用技术。

目前，GPS 系统的应用已十分广泛，我们可以应用 GPS 信号进行海、空和陆地的导航，导弹的制导，大地测量和工程测量的精密定位，时间的传递和速度的测量等。对于测绘领域，GPS 卫星定位技术已经用于建立高精度的全国性的大地测量控制网，测定全球性的地球动态参数；用于建立陆地海洋大地测量基准，进行高精度的海岛陆地联测以及海洋测绘；用于监测地球板块运动状态和地壳形变；用于工程测量，成为建立城市与工程控制网的主要手段。用于测定航空航天摄影瞬间的相机位置，实现仅有少量地面控制或无地面控制的航测快速成图，导致地理信息系统、全球环境遥感监测的技术革命。

许多商业和政府机构也使用 GPS 设备来跟踪它们的车辆位置，这一般需要借助无线通信技术。一些 GPS 接收器集成了收音机、无线电话和移动数据终端来适应车队管理的需要。

7.2.5　GPS 系统的应用领域

1. GPS 在道路工程中的应用

GPS 在道路工程中的应用，目前主要是用于建立各种道路工程控制网及测定航测外控点等。随着高等级公路的迅速发展，对勘测技术提出了更高的要求，由于线路长，已知点少，因此，用常规测量手段不仅布网困难，而且难以满足高精度的要求。目前，国内已逐步采用 GPS 技术建立线路首级高精度控制网，然后用常规方法布设导线加密。实践证明，在几十千米范围内的点位误差只有 2cm 左右，达到了常规方法难以实现的精度，同时也大大提前了工期。GPS 技术也同样应用于特大桥梁的控制测量中。由于无需通视，可构成较强的网形，提高点位精度，同时对检测常规测量的支点也非常有效。GPS 技术在隧道测量中也具有广泛的应用前景，GPS 测量无需通视，减少了常规方法的中间环节，因此，速度快、精度高，具有明显的经济和社会效益。

2. GPS 在汽车导航中的应用

1)　导航功能

导航系统上任意标注两点后，导航系统便会自动根据当前的位置，为车主设计最佳路线。另外，它还有修改功能，假如用户因为不小心错过路口，没有走车载 GPS 导航系统推荐的最佳线路，车辆位置偏离最佳线路轨迹 200m 以上，车载 GPS 导航系统会根据车辆所处的新位置，重新为用户设计一条回到主航线路线，或是为用户设计一条从新位置到终点的最佳线路。

2)　转向语音提示功能

车辆只要遇到前方路口或者转弯，车载 GPS 语音系统提供用户转向等语音提示。这样可以避免车主走弯路。它能够提供全程语音提示，驾车者无需观察其显示界面就能实现导航的全过程，使得行车更加安全舒适。

3)　增加兴趣点功能

由于我国大部分城市都处于建设阶段，随时随地都有可能冒出新的建筑物，由此，电子地图的更新也成为众多消费者关心的问题。因此遇到一些电子地图上没有的目标点，只要你感兴趣或者认为有必要，可将该点或者新路线增加到地图上。这些新增的兴趣点，与地图上原有的任何一个点一样，均可套用进电子地图查阅等功能。

4)　定位

GPS 通过接收卫星信号，可以准确地定出其所在的位置，位置误差小于 10m。如果机器里带地图的话，就可以在地图上相应的位置用一个记号标记出来。同时，GPS 还可以取代传统的指南针，显示方向，取代传统的高度计，显示海拔高度等信息。

5)　测速

通过 GPS 对卫星信号的接收计算，可以测算出行驶的具体速度，比一般的里程表准确很多。

6)　显示航迹

如果去一个陌生的地方，去的时候有人带路，回来时怎么办？不用担心，GPS 带有航迹记录功能，可以记录下用户车辆行驶经过的路线，小于 10m 的精度，甚至能显示两个车的区别。回来时，用户可以启动它的返程功能，让它领着用户顺着来时的路线顺利回家。

3. GPS 的其他应用

GPS 除了用于导航、定位、测量外，由于 GPS 系统的空间卫星上载有的精确时钟可以发布时间和频率信息，因此，以空间卫星上的精确时钟为基础，在地面监测站的监控下，传送精确时间和频率是 GPS 的另一重要应用，应用该功能可进行精确时间或频率的控制，可为许多工程实验服务。此外，还可利用 GPS 获得气象数据，为某些实验和工程应用。

7.3 GLONASS 系统

7.3.1 GLONASS 系统的基本概念

格洛纳斯卫星是俄罗斯/苏联发展的时间测距体制无源全球导航卫星系统的空间部分。1976 年苏联颁布建立 GLONASS 系统的法令，第一颗 GLONASS 卫星于 1982 年 10 月 12 日发射升空。历经 13 年，共发射 27 次，把 67 颗卫星送入太空，仅仅有两次发射失败(第 9 次和第 11 次发射失败，损失了 6 颗卫星)。

1996—1998 年，由于经济困难，GLONASS 星座得不到正常的维护，导致系统性能衰退。从 2001 年 12 月 1 日至 2002 年 5 月 30 日，GLONASS 系统仅有 7 颗卫星在正常运行。

GLONASS 星座由 21 颗工作星和 3 颗备份星组成，所以 GLONASS 星座共由 24 颗卫星组成。24 颗卫星均匀地分布在 3 个近圆形的轨道平面上，这三个轨道平面两两相隔 120 度，每个轨道面有 8 颗卫星，同平面内的卫星之间相隔 45 度，轨道高度 1.91 万千米，运行周期 11 小时 15 分，轨道倾角 64.8 度。

GLONASS 卫星结构采用增压密封圆柱体，卫星下面装有 12 个导航信号天线、各种测控天线和姿态敏感器等，圆柱侧壁是轨道校正发动机、姿态控制系统、热控制通气窗和太阳帆板等。卫星均采用三轴稳定方式，采用精密铯钟作为其频率基准，整星质量 1400 千克，高 3 米，太阳帆板展开时宽度为 7m 以上，功率为 1600 瓦，寿命 1～3 年。在建立 GLONASS 星座系统时，共使用了两种火箭发射卫星，一种是质子号火箭(一箭三星发射入轨)，另一种是联盟号火箭。

7.3.2 GLONASS 系统的特点

GLONASS 与 GPS 有许多不同之处。

(1) 卫星发射频率不同。GPS 的卫星信号采用码分多址体制，每颗卫星的信号频率和调制方式相同，不同卫星的信号靠不同的伪码区分。而 GLONASS 采用频分多址体制，卫星靠频率不同来区分，每组频率的伪随机码相同。由于卫星发射的载波频率不同，GLONASS 可以防止整个卫星导航系统同时被敌方干扰，因而，具有更强的抗干扰能力。

(2) 坐标系不同。GPS 使用世界大地坐标系(WGS-84)，而 GLONASS 使用苏联地心坐标系(PE-90)。

(3) 时间标准不同。GPS 系统是与世界协调时相关联，而 GLONASS 则与莫斯科标准时相关联。

7.3.3 GLONASS 系统的应用领域

卫星导航首先是在军事需求的推动下发展起来的，GLONASS 与 GPS 一样可为全球海陆空以及近地空间的各种用户提供全天候、连续提供高精度的各种三维位置、三维速度和时间信息(PVT 信息)，这样不仅为海军舰船、空军飞机、陆军坦克、装甲车、炮车等提供精确导航，也在精密导弹制导、C3I 精密敌我态势产生、部队准确的机动和配合、武器系统的精确瞄准等方面广泛应用。另外，卫星导航在大地和海洋测绘、邮电通信、地质勘探、石油开发、地震预报、地面交通管理等各种国民经济领域有越来越多的应用。

GLONASS 的出现，打破了美国对卫星导航独家垄断的地位，消除了美国利用 GPS 施以主权威慑给用户带来的后顾之忧，GPS/GLONASS 兼容使用可以提供更好的精度几何因子，消除 GPS 的 SA 影响，从而提高定位精度。

7.4 伽利略系统

7.4.1 伽利略系统的基本概念

伽利略卫星导航系统(Galileo satellite navigation system，GNS)，是由欧盟研制和建立的全球卫星导航定位系统，该计划于 1999 年 2 月由欧洲委员会公布，欧洲委员会和欧空局共同负责。系统由轨道高度为 23616km 的 30 颗卫星组成，其中 27 颗工作星，3 颗备份星。卫星轨道高度约 2.4 万千米，位于 3 个倾角为 56 度的轨道平面内。截至 2016 年 12 月，已经发射了 18 颗工作卫星，具备了早期操作能力(EOC)，并计划在 2019 年具备完全操作能力(FOC)。全部 30 颗卫星(调整为 24 颗工作卫星、6 颗备份卫星)计划于 2020 年发射完毕。

7.4.2 伽利略系统的发展历史

欧盟于 1999 年首次公布伽利略卫星导航系统计划，其目的是摆脱欧洲对美国全球定位系统的依赖，打破其垄断。该项目总共将发射 32 颗卫星，总投入达 34 亿欧元。因各成员国存在分歧，计划已几经推迟。

1999 年欧洲委员会的报告对伽利略系统提出了两种星座选择方案。

(1) 21+6 方案，采用 21 颗中高轨道卫星加 6 颗地球同步轨道卫星。这种方案能基本满足欧洲的需求，但还要与美国的 GPS 系统和本地的差分增强系统相结合。

(2) 36+9 方案，采用 36 颗中高轨道卫星和 9 颗地球同步轨道卫星或只采用 36 颗中高轨道卫星。这一方案可在不依赖 GPS 系统的条件下满足欧洲的全部需求。该系统的地面部分将由正在实施的欧洲监控系统、轨道测控系统、时间同步系统和系统管理中心组成。

为了降低全系统的投资，上述两个方案都没有被采用，其最终方案是：系统由轨道高度为 23616km 的 30 颗卫星组成，其中 27 颗工作星，3 颗备份星。每次发射将会把 5 颗或 6 颗卫星同时送入轨道。

伽利略系统的构建计划最早在 1999 年欧盟委员会的一份报告中提出，经过多方论证后，于 2002 年 3 月正式启动。系统建成的最初目标是 2008 年，但由于技术等问题，延长到了 2011 年。2010 年初，欧盟委员会再次宣布，伽利略系统将推迟到 2014 年投入运营。与美国的 GPS 系统相比，伽利略系统更先进，也更可靠。美国 GPS 向别国提供的卫星信号，只能发现地面大约 10 米长的物体，而伽利略的卫星则能发现 1 米长的目标。一位军事专家形象地比喻说，GPS 系统只能找到街道，而伽利略系统则可找到家门。

伽利略系统计划对欧盟具有关键意义，它不仅能使人们的生活更加方便，还将为欧盟的工业和商业带来可观的经济效益。更重要的是，欧盟将从此拥有自己的全球卫星导航系统，有助于打破美国 GPS 导航系统的垄断地位，从而在全球高科技竞争浪潮中获取有利位置，并为将来建设欧洲独立防务创造条件。

作为欧盟主导项目，伽利略系统并没有排斥外国的参与，中国、韩国、日本、阿根廷、澳大利亚、俄罗斯等国也在参与该计划，并向其提供资金和技术支持。伽利略卫星导航系统建成后，将和美国 GPS、俄罗斯"格洛纳斯"、中国北斗卫星导航系统共同构成全球四大卫星导航系统，为用户提供更加高效和精确的服务。2015 年 3 月 30 日，欧洲发射两颗伽利略导航卫星，欲抗衡 GPS。

7.4.3 伽利略系统的组成

- 卫星数量：30 颗。
- 离地面高度：23 222 千米(MEO)。
- 三条轨道，56°倾角(每条轨道将有九颗卫星运作，最后一颗作后备)。
- 卫星寿命：12 年以上。
- 卫星重量：每颗 675 千克。
- 卫星长宽高：2.7m×1.2m×1.1m。
- 太阳能集光板阔度：18.7m。
- 太阳能集光板功率：1500W。

7.4.4 伽利略系统的应用服务

(1) 基本服务：导航、定位、授时。

(2) 特殊服务：搜索与救援(SAR 功能)。

(3) 扩展服务：GNS 在飞机导航和着陆系统中的应用，铁路安全运行调度、海上运输系统、陆地车队运输调度、精准农业。

7.5 北斗卫星系统

7.5.1 北斗卫星系统的基本概念

中国北斗卫星导航系统(BeiDou Navigation Satellite System，BDS)是中国自行研制的全球卫星导航系统，是继美国全球定位系统(GPS)、俄罗斯格洛纳斯卫星导航系统(GLONASS)之后第三个成熟的卫星导航系统。北斗卫星导航系统(BDS)和美国 GPS、俄罗斯 GLONASS、欧盟 GALILEO，是联合国卫星导航委员会已认定的供应商。

北斗卫星导航系统由空间段、地面段和用户段三部分组成，可在全球范围内全天候、全天时为各类用户提供高精度、高可靠定位、导航、授时服务，并具短报文通信能力，已经初步具备区域导航、定位和授时能力，定位精度 10m，测速精度 0.2m/s，授时精度 10ns。

2017 年 11 月 5 日，中国第三代导航卫星顺利升空，它标志着中国正式开始建造"北斗"全球卫星导航系统。

7.5.2　北斗卫星系统的发展历史

卫星导航系统是重要的空间信息基础设施。中国高度重视卫星导航系统的建设,一直在努力探索和发展拥有自主知识产权的卫星导航系统。2000 年,首先建成北斗导航试验系统,使我国成为继美、俄之后的世界上第三个拥有自主卫星导航系统的国家。该系统已成功应用于测绘、电信、水利、渔业、交通运输、森林防火、减灾救灾和公共安全等诸多领域,产生了显著的经济效益和社会效益。特别是在 2008 年北京奥运会、汶川抗震救灾中发挥了重要作用。为了更好地服务于国家建设与发展,满足全球应用需求,我国启动实施了北斗卫星导航系统建设。

2012 年 12 月 27 日,北斗系统空间信号接口控制文件正式版 1.0 正式公布,北斗导航业务正式对亚太地区提供无源定位、导航、授时服务。

2013 年 12 月 27 日,北斗卫星导航系统正式提供区域服务一周年新闻发布会在国务院新闻办公室新闻发布厅召开,正式发布了《北斗系统公开服务性能规范(1.0 版)》和《北斗系统空间信号接口控制文件(2.0 版)》两个系统文件。

2014 年 11 月 23 日,国际海事组织海上安全委员会审议通过了对北斗卫星导航系统认可的航行安全通函,这标志着北斗卫星导航系统正式成为全球无线电导航系统的组成部分,取得面向海事应用的国际合法地位。中国的卫星导航系统已获得国际海事组织的认可。

2017 年 11 月 5 日,中国第三代导航卫星——北斗三号的首批组网卫星(2 颗)以“一箭双星”的发射方式顺利升空,它标志着中国正式开始建造“北斗”全球卫星导航系统。

7.5.3　北斗卫星系统的应用

1. 国际应用

2013 年 5 月 22 日至 23 日,国务院总理李克强访问巴基斯坦期间,中巴双方签署有关北斗系统在巴使用的合作协议。巴基斯坦媒体报道,中国北京北斗星通导航技术股份有限公司将斥资数千万美元,在巴基斯坦建立地面站网,强化北斗系统的定位精确度。

其次,时任全国政协副主席、中国科学技术部部长万钢透露,2013 年中国将在东盟各国合作建设北斗系统地面站网。而根据中国卫星导航定位协会最新预测数据,到 2015 年,中国卫星导航与位置服务产业产值将超过 2250 亿元,至 2020 年则将超过 4000 亿元。

2014 年 7 月 26 日,来自泰国、马来西亚、文莱、印度尼西亚、柬埔寨、老挝、朝鲜、巴基斯坦等八个国家的 19 名学员代表赴武汉中国光谷北斗基地,参观学习中国最新的北斗技术。他们是由中国科技部国家遥感中心主办的“2014 北斗技术与应用国际培训班”的学员,均为各国卫星导航、遥感、地理信息系统、空间探测相关专业或从事相关管理工作的高级人员。活动为东盟及亚洲地区国家提供了以北斗卫星导航系统为主的空间信息技术培训,使中国北斗科技加快进入东盟及亚洲国家。

2. 国内示范

2014 年 11 月,国家发展改革委批复 2014 年北斗卫星导航产业区域重大应用示范发展专项,成都市、绵阳市等入选国家首批北斗卫星导航产业区域重大应用示范城市。

本 章 小 结

本章主要介绍了 GIS 系统、GPS 系统、GLONASS 系统、伽利略系统和北斗卫星系统在物联网中的应用及发展前景。

习 题

1. 地理信息系统的功能有哪些？
2. GPS 相对定位影响测量精度的主要误差按来源可以分为哪几种？

第 8 章

物联网是分布式系统

学习目标

1. 掌握分布式系统的基本概念及架构。
2. 了解分布式系统与物联网的概念及技术框架。

知识要点

分布式系统的基本概念；分布式与物联网的结合；云计算与物联网。

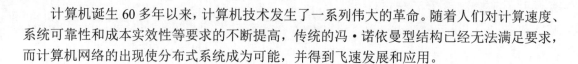

计算机诞生 60 多年以来，计算机技术发生了一系列伟大的革命。随着人们对计算速度、系统可靠性和成本实效性等要求的不断提高，传统的冯·诺依曼型结构已经无法满足要求，而计算机网络的出现使分布式系统成为可能，并得到飞速发展和应用。

8.1 分布式系统概述

8.1.1 分布式系统的定义

分布式计算(Distributed Computing)是一门计算机科学，主要研究分布式系统(Distributed System)。简单来说，分布式系统是指由多个相互连接的处理资源组成的计算机系统，计算机之间通过消息传递进行通信和动作协调，从用户角度来说，它如同一个集中的单机系统。大多数分布式系统建立在计算机网络之上。网络中的计算机可能在空间上有距离，可能在不同的国家和地区，也可能在同一栋楼房或者同一个房间。举例说，在线学习网络就是一个典型的分布式系统，服务器在地理上分布在不同的学校，它们之间通过网络相连，学校可以自由增设服务器来提高学习系统的负载能力。

对于分布式系统的定义有以下说明。

(1) 分布式系统是由多个处理器或者计算机系统组成，这些计算资源可以是物理上相邻的，也可以是地理上分散的。

(2) 分布式系统中的计算机是一个整体，对用户是透明的，用户在使用资源时无须知道这些资源在哪里。

(3) 程序可以分散到各个计算资源上运行，在程序需要协作时，它们通过交换消息来协调彼此的动作。

(4) 不存在集中的控制环节，各个计算系统之间是平等的。构造和使用分布式系统的动力来源于对资源共享的愿望。"资源"一词是相当抽象的，但是它很好地描述了能在网络化计算机系统中共享的事物范围。它涉及的范围从硬件组件如 CPU、硬盘、打印机到软件定义的实体如文件、数据库和所有的数据对象，包括来自数字摄像的视频和移动电话表示的声频连接。

典型的分布式计算资源共享过程是：把一个需要非常大的计算能力才能解决的问题分成许多小的部分，然后把这些部分分配给许多计算机进行处理，最后把这些计算结果综合起来得到最终的结果。这就是分布式的研究内容。最近的分布式项目利用世界各地的成千上万名志愿者的计算机的闲置计算能力，通过互联网，就可以分析来自外太空的电信号，寻找隐蔽的黑洞，并探索可能存在的外星智慧生命；可以寻找超过 1000 万位数字的梅森素数；也可以寻找并发现对抗艾滋病病毒的更有效的药物。这些项目都很庞大，需要惊人的计算量，仅仅由单台计算机在短时间内计算完成是绝对不可能的。即使有了计算能力超强的超级计算机，但是一些科研机构的经费也是十分有限。分布式计算的发展则提供了一种新的廉价而高效的选择。

8.1.2 分布式系统的特征

分布式系统的各种特性，包括透明性、资源共享、并发性、异构性、容错性、安全性、开放性和分散控制。

1. 透明性

透明性是指事物本来具有某种属性，但是这种属性从某种角度上看是不可见的。在分布式计算系统中是指对用户和应用程序员屏蔽分布式系统的组件的分散性，系统被认为是一个整体，而不是独立组件的集合。从用户或应用程序员的角度来看，网络中的全部机器表现为一个整体，看不到机器的边界和网络本身，也不知道数据存储在何处以及程序在何处执行。

分布式系统的透明性主要表现在以下几个方面。

(1) 访问透明性。用相同的操作访问本地和远程的资源，用户无须区分本地资源和远程资源。

(2) 位置透明性。不需要知道资源的位置就能够访问它们。当该资源在系统中移动时，在资源名字保持不变的情况下，原有的程序都可正常运行。

(3) 并发透明。多个进程能并发地对共享资源进行操作而互不干扰和破坏。

(4) 复制透明性。允许资源的多个副本同时在系统中存在以增加可靠性和性能，而用户和应用程序员无须了解副本的存在。

(5) 故障透明性。屏蔽错误，不论是硬件故障还是软件组件故障，整个系统都不会失效，允许用户和应用程序完成它们的任务。

(6) 移动透明性。在不影响用户或程序的操作的前提下，允许资源和客户在系统内移动。

(7) 性能透明性。当负载变化时，允许系统重构以提高性能。

(8) 伸缩透明性。在不改变系统结构或应用算法的前提下，允许系统和应用扩展。

访问透明性和位置透明性是两个最重要的透明性，它们的有无对分布式资源的利用有非常大的影响。它们有时也被称为网络透明性。

2. 资源共享

将一组计算机连接成分布式系统的最常见原因，是允许其分享物理资源和计算资源(如打印机、文件、数据库、邮件服务、股票行情和合作应用程序等)。支持资源共享的分布式系统组件发挥类似于操作系统的作用，且与其越来越难以区分。

3. 并发性

分布式系统中的每个节点既独立工作，又与所有其他节点并行工作。每个节点多于一个进程(执行程序)，每个进程多于一个线程(并行执行任务)，可在系统中充当组件。大多数组件具有反应性，对来自用户的命令和来自其他组件的消息不断地进行响应。像操作系统一样，分布式系统旨在避免终止，因此应始终保持至少部分可用的状态。

分布式系统中服务和应用两者均提供可被客户共享的资源。因此，可能几个客户同时试图访问同一个共享的资源。例如，学校选课系统的数据库在选课时可能被非常频繁地访问。最简单的办法是管理共享资源的进程在一个时刻接受一个客户请求。但这种方法限制了吞吐量，因此服务和应用通常允许并发地处理多个客户的请求。为了详细说明此问题，假设每个资源被封装成一个对象，调用在并发线程中执行。在这种情况下，几个线程可能在一个对象内并发地执行，它们对于对象的操作可能相互冲突，产生不一致的结果。为了使对象在并发环境中能安全使用，对象的同步操作必须保持数据的一致性。这可通过标准

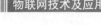

的技术，如大多数操作系统使用的信号量技术来实现。

4. 异构性

系统中包含的节点可以由不同的计算与通信硬件组成。组成系统的软件可以包括不同的编程语言和开发工具。有些异构性问题可以通过使用共同的消息格式或者在不同平台(如个人计算机、服务器和大型机)上易于执行的低级协议来解决。其他异构问题可能要求构建将一套格式或协议转变为另一套的网桥。

互联网由多种网络组成，但由于所有连接到互联网的计算机都使用互联网协议相互通信，因而屏蔽了它们的区别。例如，以太网中的计算机要在以太网上实现互联网协议，而在另一种网络上的计算机需要在自己的网络上实现互联网协议。数据类型在不同种类的硬件上可以有不同的表示方法。例如，整数的字节顺序就有两种方法表示。如果要在不同硬件上运行的两个程序之间进行消息交换，那么就要处理这些在表示上的不同。互联网所有计算机的操作系统都要实现互联网协议，但它们没必要提供相同的协议接口。例如，UNIX中消息交换的调用方法与 Windows NT 中的调用方法不同。

不同的编程语言对字符和数据结构采用不同的表示方法，如果要求用不同语言编写的程序能够相互通信，就必须解决这些差异。如果不使用公共标准，不同开发者编写的程序就不能相互通信。中间件(middle ware)能很好地解决这个问题。中间件是指一个独立的软件层，分布式应用软件借助这种软件在不同的技术之间共享资源。中间件位于客户机/服务器的操作系统之上，管理计算机资源和网络通信，是连接两个独立应用程序或独立系统的软件。相连接的系统，即使它们具有不同的接口，但通过中间件相互之间仍能交换信息。执行中间件的一个关键途径是信息传递。通过中间件，应用程序可以工作于多平台或 OS 环境。

更彻底的系统集成可以通过这样的方式实现，即要求所有的节点支持对独立于平台的程序指令进行处理的共同虚拟机。虚拟机方法提供了一种使代码可在任何硬件上运行的方法：某种语言的编译器生成一台虚拟机的代码而不是某种硬件代码。例如，Java 编译器生成 Java 虚拟机的代码，而为了使 Java 程序能运行要在每种硬件上实现 Java 虚拟机。

5. 容错性

在单独一台计算机上运行的程序，其可靠性充其量仅与该计算机的可靠性相等。而另一方面，大多数分布式系统需要至少保持部分可用和发挥作用的状态，即使其节点、应用程序或通信链路出现故障或不正常情况。除彻底出故障外，应用程序可能因为宽带不足、网络争用、软件开销或其他系统限制而出现服务质量难以接受的情况。因此，在分布式系统的构建中，容错的需求提出了一些最为重要且困难的挑战。

6. 安全性

分布式系统维护的众多信息源对用户具有很高的内在价值，因此它们的安全性相当重要。信息源的安全有三个部分：机密性(防止泄露给未授权的个人)、完整性(防止改变或讹误)、可用性(防止对访问资源手段的干扰)。

只有特许用户可访问敏感数据或执行关键操作。分布式系统的安全性本质上是个多层次问题：从为每个节点的常驻硬件与操作系统提供基本安全保证，到信息加密与验证协议，到为隐私、内容适宜性和个人责任等问题提供支持的机制。解决可靠性问题的技术，包括使用数字证书和阻止组件编码执行修改磁盘文件等可能具有危险性的操作。

7. 开放性

大多数分布式系统是可扩展的，因为在系统运行期间，可以添加或改变节点、组件和应用程序。这就提供了容纳扩展所必需的可扩展性，以及随着系统所驻留的环境变化而变化并与之对应的能力。开放性要求每个组件遵守一组最起码的策略、惯例和协议，以确保更新或添加的组件之间具有互操作性。以往，最成功的开放式系统是那些提出最低限度要求的系统。例如，超文本传输协议的简易性就是万维网成功的一个主要原因。

国际标准化组织和美国国家标准协会等标准组织与对象管理组等工业财团，一起制定了构成许多互操作性保障基础的基本格式和协议标准。另外，单个分布式系统还依赖于和环境细节或地域相关的策略和机制。

8. 分散控制

单独的计算机无须对整个系统的配置、管理或策略控制担负责任。分布式系统则是通过自主主体协议连接的域，而这些自主主体为提供聚合功能要达成足够的共同策略。分散化在有些方面是可取的，如为容错而预先采取的措施；分散化在另一些方面则是必不可少的，因为集中控制不能适应当前系统所支持的节点与连接数量。然而，对系统范围的策略实施管理的工具则可能限于特定用户使用。

8.2　分布式系统的架构

分布式计算中存在各种不同的硬件和软件架构。在底层，需要将多个 CPU 通过某种网络相连，无论该网络是通过电路板还是松散耦合的设备和电缆相连。在更高的层次，需要通过某种通信系统为这些不同 CPU 上的进程之间提供交互。平台是最底层的硬件和软件层，这些底层向上层提供服务，它们在每个计算机中都是独立实现的，提供系统的编程接口，方便进程直接地通信和协调。中间件是提供操作系统和分布式应用之间连接的软件，它的目的是屏蔽异构性，为应用程序员提供方便的编程模型。中间件表示成一组计算机上的进程或对象，它们相互交互，实现分布式应用的通信和资源共享支持。中间件可以提供有用的构造模块，构造在分布式系统中一起工作的软件组织。特别地，它通过对抽象的支持，如远程方法调用、进程组之间的通信、事件的通知、共享数据的复制、多媒体数据的实时传送，提高了应用程序通信活动的层次。

中间件可分为远程过程调用中间件、消息中间件、对象中间件和数据访问中间件等。远程过程调用包(如 Sun RPC)和组通信系统(如 ISIS)是最早、当前使用最广泛的中间件的实例。随着对象技术与分布式计算技术的发展，两者相互结合形成了分布对象计算，并发展为当今软件技术的主流方向。主流的面向对象中间件产品和标准包括 OMG 的公共对象请求代理体系结构(CORBA)、Sun 公司的 Java RMI/EJB、Microsoft 的分布式组件对象模型(DCOM)等。它们的异构性和开放性各有不同，适用于异构环境、开放的 CORBA 是互联网与企业应用事实上的工业标准，而特定于 Windows 平台、专有的 DCOM 则是桌面系统的首选。Java RMI/EJB 则兼具二者优势。

随着软件产业模式从以产品为中心的制造业转变为以客户为中心的服务业，WWW 从两层体系转变为三层体系，分布计算中间件从 Intranet 扩展到 Internet，上述中间件技术已不能适应这些发展需求，因而导致新型中间件技术——Web Services 的产生。Web Services

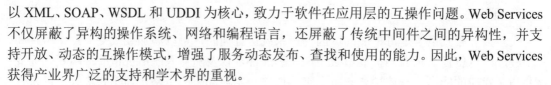

以 XML、SOAP、WSDL 和 UDDI 为核心，致力于软件在应用层的互操作问题。Web Services 不仅屏蔽了异构的操作系统、网络和编程语言，还屏蔽了传统中间件之间的异构性，并支持开放、动态的互操作模式，增强了服务动态发布、查找和使用的能力。因此，Web Services 获得产业界广泛的支持和学术界的重视。

1) 客户机/服务器模型

随着计算机软件系统的规模不断增大并且系统复杂度不断提高，在软件开发过程对整个软件系统的体系结构进行分析与设计远比对算法与数据结构的选择更加重要。软件体系结构关心的正是整个软件系统的结构，它决定一个软件系统由什么样的组件构成，以及这些组件之间的交互关系如何，并提供一种模式指导组件的合成。分布式软件系统通常基于客户机/服务器(Client/Server)模型，因而组成系统的最核心组件是客户程序与服务程序。然而，不同的分布式软件体系结构还决定了各自不同的组件以及这些组件之间的交互方式。客户机/服务器模型是最重要的体系结构，现在仍被最广泛地使用。

2) 对等模型

客户端/服务器模型假设某些机器更适合提供某些服务，如一个文件服务器可以是一个具有大容量磁盘空间和备份设施的系统。而一个对等(peer-to-peer)模型则假设每台机器具有相当的能力，没有机器专用于服务其他机器。

8.3　分布式系统的发展与挑战

自 20 世纪 40 年代第一台计算机诞生以来，计算机技术取得了飞速的发展。50 年代，计算机是串行处理机，一次运行一个作业直至完成。这些处理机通过一个操作员从控制台操纵，而对于普通用户则是不可访问的。在 60 年代，需求相似的作业作为一个组以批处理的方式通过计算机运行以减少计算机的空闲时间。同一时期还提出了其他一些技术，如利用缓冲、假脱机和多道程序等的脱机处理。70 年代产生了分时系统，不仅作为提高计算机利用率的手段，也使用户离计算机更近了。分时是迈向分布式系统的第一步，用户可以在不同的地点共享并访问资源。从 80 年代中期开始，计算机技术领域中两方面的进步开始使得多台计算机连接成为可能。第一项进步是高性能微处理器的开发，第二项进步是高速计算机网络的发明。有了以上这些技术的使用，到了 90 年代，分布式系统迎来了它发展的春天。当用户需要完成任何任务时，分布式计算提供尽可能多的计算机能力和数据的透明访问，同时实现高性能与高可靠性的目标。

在过去十多年里，无数研究人员都在研究分布式硬件结构和软件设计来开发利用其潜在的并行性和容错性。大规模分布式系统旨在多机上达到高度并行和并发。2010 年 10 月，拥有最高性能的集群是中国制造的由 86016 个 CPU 处理器核心和 3211264 个 GPU 核心组成的天河一号系统(Tianhe 1A)。最大的计算网格连接了数百个服务器集群。一个典型的 P2P 网络可能包含数百万同时运行的客户机。最近，已经见证了一个探索互联网云计算应用的热潮。云计算是分布式处理、并行处理和网格计算的发展，或者说是这些计算机科学概念的商业实现。云计算的基本原理是，通过使计算分布在大量的分布式计算机上，而非本地计算机或远程服务器中，企业数据中心的运行将更与互联网相似。这使得企业能够将资源切换到需要的应用上，根据需求访问计算机和存储系统。

尽管分布式系统日益普及而且越来越重要，但开发人员仍需面对如下一系列的挑战。

(1) 固有的复杂度。其源于分布式系统基础原理的挑战。例如，分布式系统的组件通常驻留在不同节点的独立地址空间中，因此与集中式系统不同，分布式系统节点间通信需要采用不同的机制、策略以及协议。此外，在分布式系统中，同步和互相协作也更加复杂，这是因为组件间可能并行运行，而网络通信则是异步的且具有不确定性。连接分布式系统中不同组件的网络会引入额外的影响因素，如延迟、抖动、瞬时失效以及过载，这些都会对系统的效率、可预测性和可靠性产生相应的影响。

(2) 附加的复杂度。其主要来自于软件工具和开发技术的局限性。如不可移植的编程 API 以及不成熟的分布式调试器。具有讽刺意味的是，很多附加复杂度的引入源于开发人员的有意选择，他们更倾向于使用那些在分布式系统中难于扩展的底层语言和平台，如 C 语言和基于 C 语言的操作系统 API 和库。随着应用需求复杂度的上升，新的分布式基础架构随之出现并被发布，但它们当中的某些并不成熟可靠。这使得开发、继承和升级可用系统变得更加复杂。

(3) 方法和技术上的不足。流行的软件分析方法和设计技术主要关注于构建那些"尽力而为"满足 QoS 需求的单进程、单线程应用。而开发高质量的分布式系统，特别是那些有严格性能要求的系统，如视频会议或航空控制系统，往往被留给那些有经验的软件架构师和工程人员来完成。此外，获取开发分布式系统的经验不仅需要花费大量的时间去斟酌那些与平台相关的细节，还需要通过反复尝试的方法来修正出现的错误。

(4) 对核心概念和技术持续的重新创建和重新发现。在软件产业的历史上，人们经常会为已解决的问题重新创建完全不兼容的解决方案。目前，至少许多通用或实时操作系统可以管理同样的硬件资源。类似地，还有许多互不兼容的操作系统封装库、虚拟机和中间件，以提供存在细微差别的 API 接口，这些接口实现了本质上基本相同的功能和服务。如果将精力集中用于改进一小部分的解决方案，那么分布式系统的开发人员就可以通过重用通用工具、标准平台及组件的方式来进行快速革新。

8.4 分布式系统与物联网

8.4.1 概念

在一个分布式系统中，一组独立的计算机展现给用户的是一个统一的整体，就好像是一个系统似的。系统拥有多种通用的物理和逻辑资源，可以动态地分配任务，分散的物理和逻辑资源通过计算机网络实现信息交换。系统中存在一个以全局的方式管理计算机资源的分布式操作系统。分布式操作系统是以全局方式管理系统资源的，它可以为用户任意调度网络资源，并且调度过程是"透明"的。当用户提交一个作业时，分布式操作系统能够根据需要在系统中选择最合适的处理器，将用户的作业提交到该处理程序，在处理器完成作业后，将结果传回给用户。在这个过程中，用户不会意识到有多个处理器的存在，这个系统就像是一个处理器一样。

物联网(the Internet of Things)是指在物理世界的实体中部署具有一定感知能力、计算能力和执行能力的嵌入式芯片和软件，使之成为智能物体，通过网络设施实现信息传输、协同和处理，从而实现物与物、物与人之间的互联。具体地说，就是把感应器嵌入和装备到电网、铁路、桥梁、隧道、公路、建筑、供水系统、大坝、油气管道等各种物体中，然后将"物联网"与现有的互联网整合起来,实现人类社会与物理系统的整合。它是一种"万物沟通"的,具有全面感知、可靠传送、智能处理特征的,连接物理世界的网络,可实现任何时间、任何地点及任何物体的连接,使人类可以更加精细和动态的方式管理生产和生活,达到"智慧"状态,提高资源利用率和生产率水平,改善人和自然界的关系,从而提高整个社会的信息化能力。

物联网通过智能标识、射频识别(RFID)、红外感应器、全球定位系统、激光扫描器等信息传感设备,可以把任何物品与互联网连接起来,进行信息交换和通信,以实现智能化识别、定位、跟踪、监控和管理,将世界一网打尽。

8.4.2 物联网与分布式系统

1. 物联网的技术框架

如图 8-1 所示,基于 ITU 的架构,物联网的技术体系框架包括感知层技术、网络层技术、应用层技术和公共支撑技术。若以电信网的架构来看,主要是向下多了一个感知延伸层,上面多了更多的应用。

(1) 感知层:数据采集和感知主要用于采集物理世界中发生的物理事件和数据,包括各类物理量、标识、音频、视频数据。物联网的数据采集涉及传感器、RFID、多媒体信息采集、二维码和实时定位等技术。传感器网络组网和协同信息处理技术实现传感器、RFID等数据采集技术所获取数据的短距离传输、自组织组网以及多个传感器对数据的协同信息处理过程。

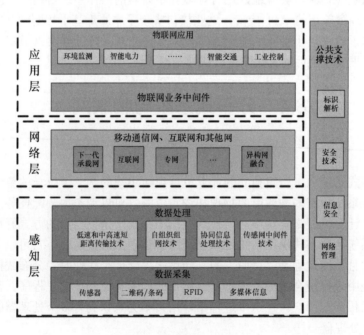

图 8-1 物联网技术框架

(2) 网络层:实现更加广泛的互联功能,能够把感知到的信息无障碍、高可靠、高安全地进行传送,这需要传感器网络与移动通信技术、互联网技术相融合。虽然这些技术已较成熟,基本能满足物联网的数据传输要求,但是,为了支持未来物联网新的业务特征,现在传统传感器、电信网、互联网可能需要做一些优化。

(3) 应用层：主要包含应用支撑平台子层和应用服务子层。其中应用支撑平台子层用于支撑跨行业、跨应用、跨系统之间的信息协同、共享、互通等功能；应用服务子层包括智能交通、智能医疗、智能家居、智能物流、智能电力、环境监测和工业监控等行业应用。

(4) 公共支撑技术：公共支撑技术不属于物联网技术的单个特定层面，而是与物联网技术架构的三层都有关系，它包括标识与解析、安全技术、网络管理和 QoS 管理。由此可见，"全网感知、可靠传送和智能处理"是物联网必须具备的三个重要特征，也是"智慧地球"所期望的"更彻底的感知、更全面的互联互通、更深入的智能化"之核心所在。

其中分布式系统应主要位于网络层与应用层两层，在现有的面向互联网的成熟技术体系，应该在一些关键技术上作出进一步改进，以面向物联网更为广义的理论与技术支撑需求。

2. 物联网的技术支撑

物联网中需要考虑物对物、人对物和人对人通信，需要考虑工业应用、家庭应用、个人应用、接入方式等。基于业务场景和业务需求研究，进行业务功能和特征分析，定义通用的业务功能，然后抽象物联网网络资源，设计可扩展的支持各类业务和复杂合成业务提供的业务架构、研发业务分发平台和第三方开放业务接口平台，实现与底层异构网络无关性的业务分发机制。以面向行业信息化服务为主，个人公共服务为辅，构建公共技术和业务平台。

物联网的业务支撑体系需要结合 P2P、云计算等分布式计算技术对数据进行智能分析和处理。在开放式的物联网环境中采用云计算非常必要。

(1) 由于物联网业务类型多、涉及行业广、应用类型差别大、业务数据量巨大等特性，传统的硬件环境难以支撑。

(2) 运营商积累了大量闲置的计算能力和存储能力，从绿色环保角度有必要加以利用。

(3) 随着业务开发者、应用部署数量的增加，对物联网的计算能力要求呈增长趋势，需要引入弹性计算能力，而云计算具备这样的能力。

云计算是建立物联网综合服务平台的关键技术。"云"是一种提供资源的平台。云计算是一种商业计算模型。它将计算任务分布在大量计算机构成的资源池(平台)上，使各种应用系统能够根据需要获取计算力、存储空间和信息服务。云计算的应用包含这样的一种思想，把力量联合起来，给其中的任何一个成员使用。所以云计算的本质问题是分布式处理的问题，其上如数据存储等关键技术环节亦即分布式存储技术的应用问题。

3. 物联网与云计算

云计算的分布式中央处理单元是物联网的核心部分，也是物联网发展的基石。两者的有机结合，并通过对各种能力资源共享、业务快速部署、人与物交互的新业务扩展、信息价位深度挖掘等多方面的促进，可以带动整个产业链和价值链的升级与跃进，而当物联网达到一定规模时，对云计算的依赖性将更强。

云计算是在电子、通信、计算机与网络技术的共同作用下，从图灵计算逐渐向网络计算演化的一个必然阶段。它是一个基于互联网的计算，能向各种互联网应用提供硬件服务、基础架构服务、平台服务、软件服务和存储服务的系统。

目前云计算没有统一的定义，维基百科对其定义是：云计算是一种互联网上异构、自治的服务进行按需即取的计算。"云"是云计算虚拟化、透明性、动态可扩展、聚散自如等特点的形象描述，同时是底层基础设施的一种抽象。

云计算是分布式计算、并行计算和网格计算等技术的综合发展。其核心是将大型数据中心的计算资源进行虚拟化并向用户提供以计算资源为形式的服务。随着 Google、IBM、Amazon 等云计算的领跑者在商业应用中取得成功，云计算得到了中国国内和国际 IT 业界、学术界乃至政府部门的热烈响应。美国政府在 IT 政策和战略中加入了云计算因素，美国国防信息系统部门(DISA)在其数据中心内部搭建云环境。2009 年 9 月，美国总统奥巴马宣布将执行一项影响深远的长期性云计算政策，希望借此压缩美国政府支出；日本内务部和通信监管机构计划建立 Kasumigaseki Cloud——一个大规模的云计算基础设施，以支持所有政府运作所需的信息系统；中国政府在"十二五"信息规划的技术背景中特别对云计算技术做了阐述，明确提出云计算技术是中国下一个五年信息化产业发展的重点领域之一。

云计算与物联网相辅相成。一方面，物联网的发展需要云计算强大的处理和存储能力作为支撑，使用云计算设施对物联网泛在感知层采集的海量数据进行处理、分析、挖掘，可以迅速、准确、智能地对物理世界进行管理和控制，从而为泛在智能服务提供技术保障；另一方面，物联网将成为云计算最大的用户，为云计算取得更大的商业成功奠定基础。

云计算与物联网各自具备很多优势，如果把云计算与物联网结合起来，我们可以看出，云计算其实就相当于一个人的大脑，而物联网就是其眼睛、鼻子、耳朵和四肢等。

云计算与物联网的结合方式可以分为以下几种。

(1) 单中心，多终端。此类模式中，分布范围较小的各物联网终端(传感器、摄像头或 3G 手机等)，把云中心或部分云中心作为数据/处理中心，终端所获得的信息、数据统一由云中心处理及存储，云中心提供统一界面给使用者操作或者查看。这类应用非常多，如小区及家庭的监控、对某一高速路段的监测、幼儿园小朋友监管以及某些公共设施的保护等都可以用此类信息。这类主要应用的云中心，可提供海量存储和统一界面、分级管理等功能，对日常生活提供较好的帮助。一般此类云中心以私有云居多。

(2) 多中心，大量终端。对于很多区域跨度加大的企业、单位而言，多中心、大量终端的模式较适合。譬如，一个跨多地区或者多国家的企业，因其分公司或分厂较多，要对其各公司或工厂的生产流程进行监控、对相关的产品进行质量跟踪等。当然同理，有些数据或者信息需要及时甚至实时共享给各个终端的使用者也可采取这种方式。举个简单的例子，如果北京地震中心探测到某地 10 分钟后会有地震，只需要通过这种途径，仅仅十几秒就能将探测情况的报告信息发出，可尽量避免不必要的损失。中国联通的"互联云"思想就是基于此思路提出的。这个模式的前提是我们的云中心必须包含公共云和私有云，并且它们之间的互联没有障碍。这样，对于有些机密的事情，比如企业机密等可较好地保密而又不影响信息的传递与传播。

(3) 信息、应用分层处理，海量终端。这种模式可以针对用户的范围广、信息及数据种类多、安全性要求高等特征来打造。当前，客户对各种海量数据的处理需求越来越多，针对此情况，我们可以根据客户需求及云中心的分布进行合理的分配。对需要大量数据传送，但是安全性要求不高的，如视频数据、游戏数据等，我们可以采取本地云中心处理或存储。对于计算要求高，数据量不大的，可以放在专门负责高端运算的云中心里。而对于数据安全要求非常高的信息和数据，我们可以放在具有灾备中心的云中心里。此模式是具体根据应用模式和场景，对各种信息、数据进行分类处理，然后选择相关的途径给相应的终端。以上三种只是云计算与物联网结合的方式粗线条的勾勒，还有很多种其他具体的模式，由于笔者浅见，也许有很多模式或者方式已经在实际应用当中了。

物联网与云计算结合的两个重要方面是规模化与业务模式。首先，规模化是物联网与云计算结合的基础。一方面，云计算中心对接入网络终端的普适性，推动了物联网应用的广泛性；另一方面，物联网感知的泛在性在云计算超大规模的分布式计算性质、物联网感知数据的冗余性与云计算冗余数据存储有机地联系对应。云计算和物联网的结合有效地发挥了各自的优势和特点，相得益彰，因此，物联网发展的规模需要足够大，才能有效地与云计算结合，施展各自优势，如应用在智能电网、物流管理、地震台监测等。当然，两者的结合也不能一概而论，对于一般性的、局域的、家庭网的物联网应用，则无需结合云计算。

其次，适合的业务模式是实现调和产业链建设的价值平衡，并有效促进产业与行业发展。只有通过适合的业务模式和实用的实际服务，才能使物联网和云计算更好地服务，形成一个有效、良性的价值链体系和业务生态系统，从而推动整个信息产业能够良性可持续发展。物联网与云计算的结合在实现了泛在智能服务、创造更多价值的同时，在信息的安全性、价值链形成过程中的利益分配平衡也存在着一定的风险和不确定性，需要进一步研究探索。

分布式系统的内涵复杂，一台电脑，一部手机，乃至一个传感器都可以成为整个系统的节点，提供存储或计算等功能，这实际上是物联网得以实现的前提。就现有的网络状况来说，分布式系统的相关理念与技术已在目前的体系下发展成熟，它的新一轮发展必然会与物联网等新的理论架构结合在一起，二者是相辅相成的。

分布式系统的理论内涵经过多年的进化与改革，已经发展出诸如云计算、海计算等在内的多个前沿分支，而物联网是个更大更广的概念，它依赖于既有的分布式计算的成果，目前更是和云计算等更紧密地结合在一起共同向前发展。在现有的网际互联的基础上，物联网的提出为网络下一步的发展提出了可能的方向，这建立在分布式计算、分布式存储等技术逐渐成熟的基础之上，而分布式系统相关技术将在物联网的大框架内得到极大的推进，或许会诞生许多更新的技术，分布式系统也会以更新的姿态出现在不远的将来。

本 章 小 结

本章首先概述了分布式系统的基本概念和主要特征，其次简要介绍了分布式系统的架构和发展及其挑战，最后着重阐述了物联网与分布式系统的关联及其技术支撑。

习 题

1. 分布式系统有哪些特征？
2. 简述分布式系统的架构。
3. 简述物联网技术与分布式系统的联系。

第 9 章

物联网中间件设计

学习目标

1. 掌握物联网中间件的概念。

2. 掌握物联网中间件的体系框架与核心模块。

3. 了解物联网中间件的设计及发展趋势。

知识要点

物联网中间件的概念、体系架构、核心模块以及物联网中间件的设计。

9.1 物联网中间件概述

9.1.1 什么是物联网中间件

如果说软件是物联网的灵魂,中间件(Middleware)就是这个灵魂的核心。物联网中间件处于物联网的集成服务器端和感知层、传输层的嵌入式设备中。服务器端中间件称为物联网业务基础中间件,一般都是基于传统的中间件(应用服务器、ESB/MQ 等)构建,加入设备连接和图形化组态展示等模块;嵌入式中间件是一些支持不同通信协议的模块和运行环境。

物联网中间件是物联网应用的共性需求(感知、互联互通和智能),与已存在的各种中间件及信息处理技术,包括信息感知技术、下一代网络技术、人工智能与自动化技术的聚合与技术提升。

一方面,受限于底层不同的网络技术和硬件平台,物联网中间件研究主要还集中在底层的感知和互联互通方面,现实目标包括屏蔽底层硬件及网络平台差异,支持物联网应用开发、运行时共享和开放互联互通,保障物联网相关系统的可靠部署与可靠管理等内容。

另一方面,当前物联网应用复杂度和规模还处于初级阶段,物联网中间件支持大规模物联网应用还存在环境复杂多变、异构物理设备、远距离多样式无线通信、大规模部署、海量数据融合、复杂事件处理、综合运维管理等诸多仍未克服的障碍。因此物联网中间件就是构建一个模块化、高可靠性、高扩展性、易于维护、易于使用、支持快速开发、标准调用的物联网中间能力层。

中间件有两层含义。从狭义的角度,中间件意指 Middleware,它是表示网络环境下处于操作系统等系统软件和应用软件之间的一种起连接作用的分布式软件,通过 API 的形式提供一组软件服务,可使得网络环境下的若干进程、程序或应用可以方便地交流信息和有效地进行交互与协同。简言之,中间件主要解决异构网络环境下分布式应用软件的通信、互操作和协同问题,它可屏蔽并发控制、事务管理和网络通信等各种实现细节,提高应用系统的易移植性、适应性和可靠性。从广义的角度,中间件在某种意义上可以理解为中间层软件,通常是指处于系统软件和应用软件之间的中间层次的软件,其主要目的是对应用软件的开发提供更为直接和有效的支撑。

综上概括中间件定义为:

(1) 独立的系统软件或服务程序。

(2) 应用于客户机、服务器的操作系统之上。

(3) 用于管理计算机资源和网络通信。

(4) 连接两个独立应用程序或独立系统的软件。

(5) 相连系统即使具有不同接口,利用中间件仍然能相互交换信息。

(6) 执行的关键途径是信息传递。

中间件的特点:

(1) 满足大量应用的需要。

(2) 运行于多种硬件和 OS 平台。

(3) 支持分布计算,提供跨网络、硬件和 OS 平台的透明应用或服务交互。

(4) 支持标准的协议。

(5) 支持标准的接口。

中间件的作用：

(1) 控制 RFID 读写设备按照预定的方式工作，保证不同读写设备之间能够很好地配合协调。

(2) 按照一定的规则筛选过滤数据，筛除冗余数据，将有效的数据传送给后台的应用系统。

9.1.2 物联网中间件的分类

中间件所包括的范围十分广泛，针对不同的应用需求涌现出多种各具特色的中间件产品。因此，在不同的角度或不同的层次上，对中间件的分类也会有所不同。基于目的和实现机制的不同，业内将中间件主要分为以下几类。

1. 数据访问中间件

数据访问中间件是在系统中建立数据应用资源互操作的模式，实现异构环境下的数据库连接或文件系统连接的中间件，从而为在网络中虚拟缓冲存取、格式转换、解压等带来方便。数据访问中间件在所有的中间件中是应用最广泛、技术最成熟的一种。不过在数据访问中间件处理模型中，数据库是信息存储的核心单元，而中间件完成通信的功能。这种方式虽然灵活，但是并不适合于一些要求高性能处理的场合，因为其中需要进行大量的数据通信，而且当网络发生故障时，系统将不能正常工作。

2. 远程过程调用中间件

远程过程调用中间件(Remote Procedure Call Middleware，RPCM)是另外一种形式的中间件，是一种广泛使用的分布式应用程序处理方法，用于执行一个位于不同地址空间里的过程，并且从效果上看和执行本地调用相同。其工作方式是：当一个应用程序 A 需要与远程的另一个应用程序 B 交换信息或要求 B 提供协助时，A 在本地产生一个请求，通过通信链路通知 B 接收信息或提供相应的服务，B 完成相关处理后将信息或结果返回给 A。

PRCM 在客户/服务器计算方面，比数据访问中间件又迈进了一步。在 RPC 模型中，Client 和 Server 只要具备了相应的 RPC 接口，并且具有 RPC 运行支持，就可以完成相应的互操作，而不必限制于特定的 Server。因此，RPC 为 Client/Server 分布式计算提供了有力的支持。同时，远程过程调用(RPC)所提供的是基于过程的服务访问，Client 与 Server 进行直接连接，没有中间机构来处理请求，因此也具有一定的局限性。比如，RPC 通常需要一些网络细节以定位 Server；在 Client 发出请求的同时，要求 Server 必须处于工作状态等。

3. 面向对象的中间件

面向对象的中间件(Object Oriented Middleware，OOM)将编程模型从面向过程升级为面向对象，对象之间的方法调用通过对象请求代理(Object Request Broker，ORB)转发。ORB 能够为应用提供位置透明性和平台无关性，接口定义语言(Interface Definition Language，IDL) 还可以提供语言无关性。此外，该类中间件还为分布式应用环境提供多种基本服务，如名录服务、事件服务、生命周期服务、安全服务和事务服务等。这类中间件的代表有 CORBA、COOM 和 Java RMI。

4. 基于事件的中间件

大规模分布式系统拥有数量众多的用户和联网设备，没有中心控制点，系统需对环境、信息和进程状态的变化作出响应。此时传统的一对一请求/应答模式已不再适合，而基于事件的系统以事件作为主要交互手段，允许对象之间异步、对等的交互，特别适合广域分布式系统对松散、异步交互模式的要求。基于事件的中间件(Event-Based Middleware，EBM)关注为建立基于事件的系统所需的服务和组件的概念、设计、实现和应用问题。它提供了面向事件的编程模型，支持异步通信机制，与面向对象的中间件相比有更好的可扩展性。

5. 面向消息的中间件

面向消息的中间件(MOM)是基于报文传递的网络通信机制的自然延伸，其工作方式类似于电子邮件：发送方只负责消息的发送，消息内容由接收方解释并采取相应的行动消息暂存在消息队列中，若需要可在任何时候取出，通信双方不需要同时在线。它利用高效、可靠的消息传递机制进行与平台无关的数据交流，并基于数据通信实现分布式系统的集成。通过提供消息传递和消息排队模型，可在分布环境下扩展进程间的通信，并支持多通信协议、语言、应用程序、硬件和软件平台。由于没有同步建立过程，也不需要对调用参数进行编/解码，所以消息中间件效率较高，而且有更强的可扩展性和灵活性，更适合建立企业级或跨企业的大规模分布式系统。但消息中间件的异步通信方式可能不适合有实时要求的应用。另外从编程的角度看，其抽象级别较低，容易出错，不易调试，因此消息中间件可看成实际需求和抽象等级间的一种折中。消息中间件通常有消息传递/消息队列和出版/订阅两种类型。在交互模式上，前者是"推"模式，后者是"拉"模式。典型的面向消息的中间件产品有 BEA 的 Message Q、微软的 MSMQ、IBM 的消息排队系统 MQ Series，以及 Sun 的 Java Message Queue。消息传递和排队技术主要有以下三个特点。

(1) 通信程序可在不同的时间运行。程序不在网络上直接相互通话，而是间接地将消息放入消息队列，程序间没有直接的联系，也不必同时运行。当消息放入适当的队列时，目标程序甚至根本不需要在运行之中；即使目标程序在运行，也不意味着要立即处理该消息。

(2) 对应用程序的结构没有约束。在复杂的应用场合中，通信程序之间不仅可以是一对一的关系，还可以进行一对多和多对一方式，甚至是上述多种方式的组合。多种通信方式的构造并没有增加应用程序的复杂性。

(3) 程序与网络复杂性相隔离。程序将消息放入消息队列或从消息队列中取出，实现相互之间的通信，与此关联的全部活动(比如维护消息队列、维护程序和队列之间的关系、处理网络的重新启动和在网络中移动消息等)是 MOM 的任务，程序不直接与其他程序通话，且不涉及网络通信的复杂性。

6. 对象请求代理中间件

随着面向对象技术与分布式计算技术的发展，两者相互结合形成了分布对象计算，并发展为当今软件技术的主流方向。1990 年年底，对象管理集团(OMG)首次推出对象管理结构(Object Management Architecture，OMA)，对象请求代理(Object Request Broker，ORB)是其中的核心组件。它的作用在于提供一个通信框架，定义异构环境下对象透明地发送请求和接收响应的基本机制，建立对象之间的 Client/Server 关系。ORB 使得对象可以透明地向其他对象发出请求或接收其他对象的响应，这些对象可以位于本地也可以位于远程机器。ORB 拦截请求调用，并负责找到可以实现请求的对象、传送参数、调用相应的方法、返回结果等。Client 对象并不知道同 Server 对象通信、激活或存储、Server 对象的机制，也不必知道 Server 对象位于何处、用何种语言、使用什么操作系统或其他不属于对象接口的系统成分。值得指出的是，Client 和 Server 角色只是用来协调对象之间的相互作用，根据相应的场合，ORB 上的对象可以是 Client，也可以是 Server，甚至两者兼而有之。当对象发出一个请求时，它是处于 Client 角色；当它在接收请求时，它就处于 Server 角色。另外，由于 ORB 负责对象请求的传送和 Server 的管理，Client 和 Server 之间并不直接连接，因此与 RPC 所支持的单纯 Client/Server 结构相比，ORB 可以支持更加复杂的结构。

7. 事务处理监控中间件

一个事务是具有原子性、一致性、隔离性和持久性(Atomicity，Consistency，Isolation，Durability，ACID，数据库事务正确执行的四个基本要素)的一个工作单元。事务处理中间件又叫作事务处理监控器(Transaction Processing Monitors，TPM)，它支持分布式组件的事务处理，通常有请求队列、会话事务、工作流等模式，可视为事务处理应用程序的"操作系统"。多数事务监控器支持负载均衡和服务组件的管理，具有事务的分布式两阶段提交、安全认证和故障恢复等功能。事务处理监控最早出现在大型机上，为其提供支持大规模事务处理的可靠运行环境。其一方面通过复用和路由技术协调大量客户对服务器的访问，提高系统的可扩展性；另一方面扩展了数据库管理系统的事务处理概念，在各个子系统之间协调全局事务的处理。随着分布计算技术的发展，分布应用系统对大规模的事务处理提出了需求，比如商业活动中大量的关键事务处理。事务处理监控介于 Client 和 Server 之间，进行事务管理与协调、负载平衡、失败恢复等，以提高系统的整体性能。

总体来说，事务处理监控主要有进程管理、事务管理以及通信管理等功能。

(1) 进程管理包括启动 Server 进程，为其分配任务，监控其执行并对负载进行平衡。

(2) 事务管理，保证在其监控下的事务处理的原子性、一致性、独立性和持久性。

(3) 通信管理，为 Client 和 Server 之间提供了多种通信机制，包括请求响应、会话、排队、订阅发布和广播等。

事务处理监控能够为大量的 Client 提供服务，如飞机订票系统。如果 Server 为每一个 Client 都分配其所需的资源，则 Server 将不堪重负。但实际上，在同一时刻并不是所有的 Client 都需要请求服务，而一旦某个 Client 请求了服务，它希望得到快速的响应。事务处理监控在操作系统之上提供一组服务，对 Client 请求进行管理并为其分配相应的服务进程，使 Server 在有限的系统资源下能够高效地为大规模的客户群提供服务。

中间件能够屏蔽操作系统和网络协议的差异，为应用程序提供多种通信机制，并提供相应的平台以满足不同领域的需要。因此，中间件为应用程序提供了一个相对稳定的高层应用环境。然而，中间件所应遵循的一些原则离实际还有很大距离。多数流行的中间件服务使用专有的 API 和专有的协议，使得应用建立于单一厂家的产品，来自不同厂家的实现很难互操作。有些中间件服务只提供一些平台的实现，从而限制了应用在异构系统之间的移植。应用开发者在这些中间件服务之上建立自己的应用还要承担相当大的风险，随着技术的发展往往还需要重设他们的系统。尽管中间件服务提高了分布式计算的抽象化程度，但应用开发者还需要面临许多艰难的设计选择，例如，开发者需决定分布式应用在 Client

方和 Server 方的功能分配。

9.1.3 物联网中间件的研究现状

在物联网底层感知与互联互通方面，EPC 中间件相关规范、OPC 中间件相关规范已经过多年的发展，相关商业产品在业界已被广泛接受和使用。WSN 中间件，以及面向开放互联的 OSGi 中间件，正处于研究热点；在大规模物联网应用方面，面对海量数据实时处理等的需求，传统面向服务的中间件技术将难以发挥作用，而事件驱动架构、复杂事件处理 CEP 中间件则是物联网大规模应用的核心研究内容之一。

1. EPC 中间件

EPC(Electronic Product Code)中间件扮演电子产品标签和应用程序之间的中介角色。应用程序使用 EPC 中间件所提供的一组通用应用程序接口，即可连到 RFID 读写器，读取 RFID 标签数据。基于此标准接口，即使存储 RFID 标签数据的数据库软件或后端应用程序增加或改由其他软件取代，或者读写 RFID 读写器种类增加等情况发生时，应用端不需修改也能处理，省去多对多连接的维护复杂性等问题。

在 EPC 电子标签标准化方面，美国在世界领先成立了 EPC Global(电子产品代码环球协会)，参加的有全球最大的零售商沃尔玛连锁集团、英国 Tesco 等 100 多家美国和欧洲的流通企业，并由美国 IBM 公司、微软、麻省理工学院自动化识别系统中心等信息技术企业和大学进行技术研究支持。

EPC Global 主要针对 RFID 编码及应用开发规范方面进行研究，其主要职责是在全球范围内对各个行业建立和维护 EPC 网络，保证供应链各环节信息的自动、实时识别采用全球统一标准。EPC 技术规范包括标签编码规范、射频标签逻辑通信接口规范、识读器参考实现、Savant 中间件规范、ONS 对象名解析服务规范、PML 等内容。其中：

(1) EPC 标签编码规范通过统一的、规范化的编码来建立全球通用的物品信息交换语言。

(2) EPC 射频标签逻辑通信接口规范制定了 EPC(Class 0 - ReadOnly，Class 1 - Write Once，Read Many，Class 2/3/4)标签的空中接口与交互协议。

(3) EPC 标签识读器提供一个多频带低成本 RFID 标签识读器参考平台。

(4) Savant 中间件规范，支持灵活的物体标记语言查询，负责管理和传送产品电子标签相关数据，可对来自不同识读器发出的海量标签流或传感器数据流进行分层、模块化处理。

(5) ONS 本地物体名称解析服务规范能够帮助本地服务器吸收用标签识读器侦测到的 EPC 标签的全球信息。

(6) 物体标记语言(PML)规范，类似于 XML，可广泛应用在存货跟踪、事务自动处理、供应链管理、机器操纵和物对物通信等方面。

在国际上，目前比较知名的 EPC 中间件厂商有 IBM、Oracle、Microsoft、SAP、Sun(Oracle)、Sybase、BEA(Oracle)等的相关产品，这些产品部分或全部遵照 EPC Global 规范实现，在稳定性、先进性、海量数据的处理能力方面都比较完善，已经得到了企业的认同，并可以与其他 EPC 系统进行无缝对接和集成。

2. OPC 中间件

OPC(OLE for Process Control，用于过程控制的 OLE)是一个面向开放工控系统的工业标准。管理这个标准的国际组织是 OPC 基金会，它由一些世界上占领先地位的自动化系统、仪器仪表及过程控制系统公司与微软紧密合作而建立，面向工业信息化融合方面的研究，目标是促使自动化/控制应用、现场系统/设备和商业/办公室应用之间具有更强大的互操作能力。OPC 基于微软的 OLE(Active X)、COM(构件对象模型)和 DCOM(分布式构件对象模型)技术，包括一整套接口、属性和方法的标准集，用于过程控制和制造业自动化系统，现已成为工业界系统互联的缺省方案。

OPC 诞生以前，硬件的驱动器和与其连接的应用程序之间的接口并没有统一的标准。例如，在工厂自动化领域，连接可编程逻辑控制器(Programmable Logic Controller，PLC)等控制设备和 SCADA/HMI 软件，需要不同的网络系统构成。根据某调查结果，在控制系统软件开发的所需费用中，各种各样机器的应用程序设计占费用的七成，而开发机器设备间的连接接口则占了三成。此外，在过程自动化领域，当希望把分布式控制系统(Distributed Control System，DCS)中所有的过程数据传送到生产管理系统时，必须按照各个供应厂商的各个机种开发特定的接口，必须花费大量时间去开发分别对应不同设备互联互通的设备接口。

OPC 的诞生，为不同供应厂商的设备和应用程序之间的软件接口提供了标准化，使其间的数据交换更加简单化。作为结果，可以向用户提供不依靠于特定开发语言和开发环境的可以自由组合使用的过程控制软件组件产品。

OPC 是连接数据源(OPC 服务器)和数据使用者(OPC 应用程序)之间的软件接口标准。数据源可以是 PLC、DCS、条形码读取器等控制设备。随控制系统构成的不同，作为数据源的 OPC 服务器既可以是和 OPC 应用程序在同一台计算机上运行的本地 OPC 服务器，也可以是在另外的计算机上运行的远程 OPC 服务器。

OPC 接口是适用于很多系统的具有高厚度柔软性的接口标准。OPC 接口既可以适用于通过网络把最下层的控制设备的原始数据提供给作为数据的使用者(OPC 应用程序)的 HMI(硬件监控接口)/SCADA、批处理等自动化程序，以至更上层的历史数据库等应用程序，也可以适用于应用程序和物理设备的直接连接。

OPC 统一架构(OPC Unified Architecture)是 OPC 基金会发布的数据通信统一方法，它克服了 OPC 之前不够灵活、平台局限等问题，涵盖了 OPC 实时数据访问规范 (OPC DA)、OPC 历史数据访问规范 (OPC HDA)、OPC 报警事件访问规范(OPC A&E)和 OPC 安全协议(OPC Security)的不同方面，以使数据采集、信息模型化以及工厂底层与企业层面之间的通信更加安全、可靠。

3. WSN 中间件

无线传感器网络不同于传统网络，具有自己的特征，如有限的能量、通信带宽、处理和存储能力，动态变化的拓扑，节点异构等。在这种动态、复杂的分布式环境上构建应用程序并非易事。相比 RFID 和 OPC 中间件产品的成熟度和业界广泛应用程度，WSN 中间件还处于初级研究阶段，所需解决的问题也更为复杂。

WSN 中间件主要用于支持基于无线传感器应用的开发、维护、部署和执行，其中包括复杂高级感知任务的描述机制，传感器网络通信机制，传感器节点之间协调以在各传感器节点上分配和调度该任务，对合并的传感器感知数据进行数据融合以得到高级结果，并将所得结果向任务指派者进行汇报等机制。

针对上述目标，目前的 WSN 中间件研究提出了诸如分布式数据库、虚拟共享元组空间、事件驱动、服务发现、移动代理等许多不同的设计方法。

1) 分布式数据库

基于分布式数据库设计的 WSN 中间件把整个 WSN 网络看成一个分布式数据库，用户使用类 SQL 的查询命令以获取所需的数据。查询通过网络分发到各个节点，节点判定感知数据是否满足查询条件，决定数据的发送与否。典型实现如 Cougar、TinyDB、SINA 等。分布式数据库方法把整个网络抽象为一个虚拟实体，屏蔽了系统分布式问题，使开发人员摆脱了对底层问题的关注和烦琐的单节点开发。然而，建立和维护一个全局节点和网络抽象需要整个网络信息，这也限制了此类系统的扩展。

2) 虚拟共享元组空间

所谓虚拟共享元组空间，就是分布式应用利用一个共享存储模型，通过对元组的读、写和移动以实现协同。在虚拟共享元组空间中，数据被表示为称为元组的基本数据结构，所有的数据操作与查询看上去像是本地查询和操作一样。虚拟共享元组空间通信范式在时空上都是去耦的，不需要节点的位置或标志信息，非常适合具有移动特性的 WSN，并具有很好的扩展性。但它的实现对系统资源要求也相对较高，与分布式数据库类似，考虑到资源和移动性等的约束，把传感器网络中所有连接的传感器节点映射为一个分布式共享元组空间并非易事。典型实现包括 TinyLime、Agilla 等。

3) 事件驱动

基于事件驱动的 WSN 中间件支持应用程序通过指定感兴趣的某种特定的状态变化。当传感器节点检测到相应事件的发生就立即向相应程序发送通知。应用程序也可指定一个复合事件，只有发生的事件匹配了此复合事件模式才通知应用程序。这种基于事件通知的通信模式，通常采用 Pub/Sub 机制，可提供异步的、多对多的通信模型，非常适合大规模的 WSN 应用，典型实现包括 DSWare、Mires、Impala 等。尽管基于事件的范式具有许多优点，然而在约束环境下的事件检测及复合事件检测对于 WSN 仍面临许多挑战，事件检测的时效性、可靠性及移动性支持等仍值得进一步研究。

4) 服务发现

基于服务发现机制的 WSN 中间件，可使得上层应用通过使用服务发现协议，来定位可满足物联网应用数据需求的传感器节点。例如，MiLAN 中间件可由应用根据自身的传感器数据类型需求，设定传感器数据类型、状态、QoS 以及数据子集等信息描述，通过服务发现中间件以在传感器网络中的任意传感器节点上进行匹配，寻找满足上层应用的传感器数据。传感器功能，例如通过对两个或多个传感器数据进行融合，以提高传感器数据质量等。由于 MiLAN 采用传统的 SDP、SLP 等服务发现协议，这对资源受限的 WSN 网络类型来说具有一定的局限性。

5) 移动代理

移动代理(或移动代码)可以被动态注入并运行在传感器网络中。这些可移动代码可以收集本地的传感器数据，然后自动迁移或将自身复制至其他传感器节点上运行，并能够与其他远程移动代理(包括自身复制)进行通信。SensorWare 是此类型中间件的典型，基于 TCL 动态过程调用脚本语言实现。

除上述提到的 WSN 中间件类型外，还有许多针对 WSN 特点而设计的其他方法。另外，在无线传感器网络环境中，WSN 中间件和传感器节点硬件平台(如 ARM、Atmel 等)、适用操作系统(TinyOS、ucLinux、Contiki OS、Mantis OS、SOS、MagnetOS、SenOS、PEEROS、AmbitentRT、Bertha 等)、无线网络协议栈(包括 MiLAN 甚至可为上层应用提供虚拟传感链路、路由、转发、节能)、节点资源管理(时间同步、定位、电源消耗)等功能联系紧密。

4. OSGi 中间件

OSGi(Open Services Gateway initiative)是一个 1999 年成立的开放标准联盟,旨在建立一个开放的服务规范,一方面,为通过网络向设备提供服务建立开放的标准;另一方面,为各种嵌入式设备提供通用的软件运行平台,以屏蔽设备操作系统与硬件的区别。OSGi 规范基于 Java 技术,可为设备的网络服务定义一个标准的、面向组件的计算环境,并提供已开发的像 HTTP 服务器、配置、日志、安全、用户管理、XML 等很多公共功能标准组件。OSGi 组件可以在无需网络设备重启下被设备动态加载或移除,以满足不同应用的不同需求。将 OSGi 服务平台添加到一个网络设备中,可以为其增加在网络的任何地方管理组件的生命周期的能力。软件组件可以从运行中被安装、升级或者移除而不需要中断设备的操作。软件组件可以动态地发现和使用其他库或者应用程序。通过这个平台,软件组件可以作为商品在柜台中出售以及在家里开发。OSGi 联盟已经开发出很多标准组件接口,普通的功能如 HTTP Server、configuration、logging、security、user administration、XML 等。一致的插件机制可以使这些组件满足不同买主的不同需求。OSGi 最初的目的就是为各种嵌入式设备提供通用的软件运行平台,即可以屏蔽设备操作系统与硬件区别的中间件平台。PC 基本上被 Wintel 架构垄断,运行在 PC 上的应用程序完全可以在另一台 PC 上运行;但对于其他设备来说就不同,它们的硬件平台可能完全不同,其操作系统也是来自不同厂商,所以任何设备上的应用程序都需要定制,于是就产生了对中间件平台的需求。

OSGi 并不是专为家庭网络而制定的,除了住宅网关,像车载电脑等其他移动嵌入式设备也都可以通过 OSGi 接入 Internet,获取不同的应用服务。它为服务供应商、软件供应商、网关开发人员以及设备供应商提供了一个开放、通用的架构,使它们能互动地开发、部署和管理服务。其软件环境基于 Sun 公司的 Java 虚拟机,并不涉及具体的连接协议。对于任何新设备,它都能够灵活地将其纳入现有网络。可以使用 OSGi 的对象包括各种数字和模拟的机顶盒、服务网关、有线电视电缆调制解调器、消费类电子产品、PC、工业计算机、汽车等。

因为 OSGi 基于 Java 技术,而 Java 最大的好处就是平台无关性。在不同类型的住宅网关设备上都可以实现 OSGi 软件。而且 OSGi 规范可以与各种设备访问标准桥接,比如遵循 OSGi 的系统可以很好地部署和管理 Jini 服务,它可以提供 Jini 设备与服务提供商之间的交互。对于像 HAVi、UPnP 等基于非 Java 技术的标准和规范,OSGi 也可以提供与它们沟通的桥梁。

软件组件架构致力于一个软件开发中越来越大的问题:大量的基础配置需要开发和维护。标准化的 OSGi 组件架构显然可以简化这个配置过程。

OSGi 规范的核心组件是 OSGi 框架,该框架为应用组件(bundle)提供了一个标准运行环境,包括允许不同的应用组件共享同一个 Java 虚拟机,管理应用组件的生命期(动态加载、卸载、更新、启动、停止等)、Java 安装包、安全、应用间依赖关系,服务注册与动态协作机制，事件通知和策略管理的功能。

基于 OSGi 的物联网中间件技术早已被广泛地用到了手机和智能 M2M 终端上，在汽车业(汽车中的嵌入式系统)、工业自动化、智能楼宇、网格计算、云计算、各种机顶盒、Telematics等领域都有广泛应用。有业界人士认为，OSGi 是"万能中间件"(Universal Middleware)，可以毫不夸张地说，OSGi 中间件平台一定会在物联网产业发展过程中大有作为。

5. CEP 中间件

复杂事件处理(Complex Event Progressing，CEP)技术是 20 世纪 90 年代中期由斯坦福大学的 David Luckham 教授所提出，是一种新兴的基于事件流的技术，它将系统数据看作不同类型的事件，通过分析事件间的关系，如成员关系、时间关系以及因果关系、包含关系等，建立不同的事件关系序列库，即规则库，利用过滤、关联、聚合等技术，最终由简单事件产生高级事件或商业流程。不同的应用系统可以通过它得到不同的高级事件。

复杂事件处理技术可以实现从系统中获取大量信息，进行过滤组合，继而判断推理决策的过程。这些信息统称事件，复杂事件处理工具提供规则引擎和持续查询语言技术来处理这些事件。同时工具还支持从各种异构系统中获取这些事件的能力。获取的手段可以是从目标系统去取，也可以是已有系统把事件推送给复杂事件处理工具。

物联网应用的一大特点，就是对海量传感器数据或事件的实时处理。当为数众多的传感器节点产生出大量事件时，必定会让整个系统效能有所延迟。如何有效管理这些事件，以便能更有效地快速回应，已成为物联网应用急需解决的重要议题。

由于面向服务的中间件架构无法满足物联网的海量数据及实时事件处理需求，物联网应用服务流程开始向以事件为基础的 EDA 架构(Event-Driven Architecture)演进。物联网应用采用事件驱动架构主要的目的，是使得物联网应用系统能针对海量传感器事件，在很短的时间内立即做出反应。事件驱动架构不仅可以依数据/事件发送端决定目的，更可以动态依据事件内容决定后续流程。

复杂事件处理代表一个新的开发理念和架构，具有很多特征，例如分析计算是基于数据流而不是简单数据的方式进行的。它不是数据库技术层面的突破，而是整个方法论的突破。目前，复杂事件处理中间件主要面向金融、监控等领域，包括 IBM 流计算中间件InfoSphere Streams，以及 Sybase、Tibico 等的相关产品。

6. 其他相关中间件

国际电信联盟对物联网提出的任何时刻、任何地点、任意物体之间互联(Any Time、Any Place、Any Things Connection)，无所不在的网络(Ubiquitous Networks)和无处不在的计算的发展愿景，在某种程度上，与普适计算的核心思想是一致的。普适计算(Ubiquitous Computing或 Pervasive Computing)，又称普存计算、普及计算，是一个强调和环境融为一体的计算概念，而计算机本身则从人们的视线里消失。在普适计算的模式下，人们能够在任何时间、任何地点，以任何方式进行信息的获取与处理。

另外，由于行业应用的不同，即使是 RFID 应用，也可能因其在商场、物流、健康医疗、食品回溯等领域的不同，而具有不同的应用架构和信息处理模型。针对智能电网、智能交通、智能物流、智能安防、军事应用等领域的物联网中间件，也是当前物联网中间件研究的热点内容。

9.2 物联网中间件的体系框架与核心模块

9.2.1 物联网中间件的体系框架

对于应用软件开发，中间件远比操作系统和网络服务更为重要，中间件提供的程序接口定义了一个相对稳定的高层应用环境，不管底层的计算机硬件和系统软件怎样更新换代，只要将中间件升级更新，并保持中间件对外的接口定义不变，应用软件几乎无须进行任何修改，从而保护了企业在应用软件开发和维护中的大量投资。

图 9-1 为一个标准的中间件体系结构框架，由此可以看出，中间件应该具备两个关键特征：首先要为上层的应用服务，这是一个基本条件；此外又必须连接到操作系统的层面，并且保持运行工作状态。只有同时具备这两个特征才能称之为中间件。除了这两个关键特征之外，中间件还有一些特点，例如：满足大量应用的需要；运行于多种硬件和操作系统平台；支持分布式计算，提供跨网络、硬件和操作系统平台的透明性的应用或服务的交互；支持标准的协议；支持标准的接口。由于标准接口对于可移植性，以及标准协议对于互操作性的重要性，中间件已成为许多标准化工作的主要部分。

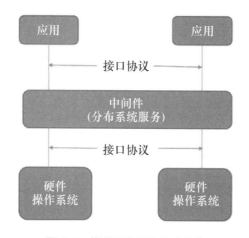

图 9-1 物联网中间件体系结构

中间件研究的领域和范围非常广泛，不仅涉及电子政务、银行、电信、交通等多个不同行业，而且涉及桌面领域、移动领域和互联网领域，从技术集成角度也涉及运营和管理环境，安全框架、开发框架、集成框架以及应用服务器等内容。

9.2.2 物联网中间件的核心模块

中间件的核心模块主要包括事件管理系统(Event Management System，EMS)、实时内存事件数据库(Real-time In-memory Event Database，RIED)以及任务管理系统(Task Management System，TMS)等三个主要模块。

1. 事件管理系统(EMS)

EMS 配置在"边缘 EPC 中间件"端，用于收集所读到的标签信息。EMS 的主要任务是：
(1) 能够让不同类型的读写器将信息写入到适配器。

(2) 从读写器中收集标准格式的 EPC 数据。

(3) 允许过滤器对数据 EPC 数据进行平滑处理。

(4) 允许将处理后的数据写入 RIED 或数据库，或者通过 HTTP/JMS/SOAP 将 EPC 数据广播到远程服务器。

(5) 对事件进行缓冲，使得数据记录器(Logger)、数据过滤器(Filter)和适配器(Adapter)能够互不干扰地相互工作。

2. 实时内存事件数据库(RIED)

RIED 是一个内存数据库，用来存储"边缘 EPC 中间件"的事件信息，其中"边缘 EPC 中间件"维护来自读写器的信息，并提供过滤和记录事件的框架。事件记录器(Logger)能够将事件记录到数据库，但数据库不能在一秒钟内处理上千个事务，为此 RIED 提供了与数据库连通的接口，但是比数据库的性能大大提高了。应用程序能够使用 JDBC 或者本地接口访问 RIED，RIED 提供诸如 SELECT、UPDATE、INSERT 和 DELETE 之类的 SQL 操作，RIED 支持一个定义在 SQL92 中的子集，RIED 同时提供快照功能，能够维护数据库不同时间的数据快照。

RIED 组件由以下几方面构成。

(1) JDBC 接口。JDBC 接口使远程的机器能够使用标准的 SQL 查询语句访问 RIED，并能够使用标准的 URL 定位 RIED。

(2) DML 剖析器。DML 剖析器剖析 SQL 数据修改语言，包括标准 SQL 的 SELECT、INSERT 和 UPDATE 命令。RIED 的 DML 剖析器是整个 SQL92 DML 规范的子集。

(3) 查询优化器。查询优化器使用 DML 剖析器的输出，并将其转化为 RIED 可以查询的执行计划，计划定义中定义的搜索路径是用来找到一个有效的执行计划的。

(4) 本地查询处理器。本地查询接口处理直接来自应用程序(或者 SQL 剖析器) 的执行计划。

(5) 排序区。排序区是本地查询处理器用来执行排序、分组和连接操作的，排序区使用哈希表来进行连接和分组操作，它使用一种很有效的排序算法来做排序操作。

(6) 数据结构。RIED 使用"有效线程安全持久数据结构"来存储不同的数据快照，这个持久数据结构允许持续创建新的数据快照，这在实时操作中是必需的。

(7) DDL 剖析器。DDL 剖析器处理计划定义文档和初始化内存模型中的不同数据结构，DDL 剖析器还提供查找定义在 DDL 中的查询路径的功能。

(8) 回滚缓冲。在 REED 中执行的事务可以提交或者回滚，回滚缓冲持有所有的更新直到事务被提交。

3. 任务管理系统(TMS)

物联网中间件系统使用定制的任务来执行数据管理和数据监控。一般来说，一个任务可以看作多任务系统的一个线程，EPC 中间件的 TMS 管理任务的方法恰似操作系统管理进程的方法。同时，TMS 提供一些任务操作系统不能提供的特性，例如：具有时间段任务的外部接口，从冗余的类服务器中随选加载 Java 虚拟机的统一类库，强健的调度程序维护任务的持久化信息，能够在 EPC 中间件瘫痪或者任务瘫痪以后重新启动任务。

中间件的 TMS 简化了分布式 EPC 中间件的维护，企业可以通过仅仅保证一系列的类服务器上的任务更新，并更新相关的 EPC 中间件上的调度任务就可以维护 EPC 中间件了。但是，硬件和核心的软件(如操作系统和 Java 虚拟机)必须定期更新。为 TMS 编写的任务可以访问所有 EPC 中间件的工具。TMS 的任务可以执行各式各样的企业操作，例如：数据收集，发送或者接收另一个 EPC 中间件的产品信息；XML 查询，查询 ONS/XML 服务器手机动态/静态产品实例信息；远程任务调度，调度或者删除另外一个 EPC 中间件上的任务；职员警告，在一些定义的事件(货架缺货、盗窃、产品过期)发生时，向相关职员发送警告；远程更新，发送产品信息给远程的供应链管理系统。在 TMS 系统中有如下组件：任务管理器、SOAP(Simple Object Access Protocol，简单对象访问协议)服务器、类服务器、数据库。

1) 任务管理器

TMS 主要是代表用户负责执行和维护运行在 EPC 中间件上的任务，每个提交给系统的任务都有一个时间表，时间表中表明任务的运行周期，是否连续执行等。基于任务的特点和与任务相关的时间表，定义如下任务类型。

(1) 一次性任务：若请求是一次性的查询，那么任务管理器就生成该查询任务并返回运行结果。

(2) 循环性任务：请求有一个循环的时间表，任务管理器就将该任务作为持久化数据存储并按照给定的时间表循环执行该任务。

(3) 永久性任务：若请求是一个永久性的需要不断执行的任务，任务管理器会定期监视该任务，如果任务瘫痪，任务管理器就重新生成该任务并执行。

2) SOAP 服务器

SOAP 服务器的任务是将功能和任务管理器的接口作为服务的形式提供给所有的系统访问，并通过一个简单的部署描述文件来完成部署，该文件用来描述应该提供哪些任务管理器的接口。

3) 类服务器

类服务器使得给系统动态加载额外服务成为可能，任务管理器指向类服务器并在类服务器有效时加载所要加载的新的类。这样可以很容易地实现更新、添加和修改任务而不需要重新启动系统。

4) 数据库

数据库为任务管理器提供一个持久化的存储场所，数据库存有提交的任务及其相应进度表的详细信息，因此所有提交给系统的任务将会存活下来，即使任务管理器出乎意外地瘫痪。在每一个循环中，任务管理器查询数据库中的任务并更新相关的记录。如果需要部署一个新的任务，则需要按照其他步骤进行。

9.2.3 物联网中间件的关键技术

中间件技术主要有 COM、CORBA、J2EE 三个标准。目前技术比较成熟的 RFID 中间件主要是国外的产品，供应商大多数仍是传统的 J2EE 中间件的供应商。目前国内公司也已涉足中间件这一领域，并已开发出拥有自主知识产权的中间件产品，同时还与国际厂商开展了积极的合作。

1. RFID 中间件技术

RFID 中间件是一种面向消息的中间件，信息是以消息的形式，从一个程序传送到另一个或多个程序。信息可以以异步的方式传送，所以传送者不必等待回应。面向消息的中间件包含的功能不仅是传递(Passing)信息，还必须包括解译数据、安全性、数据广播、错误恢复、定位网络资源、找出符合成本的路径、消息与要求的优先次序以及延伸的除错工具等服务。

RFID 中间件是实现 RFID 硬件设备与应用系统之间数据传输、过滤、数据格式转换的一种中间程序，将 RFID 读写器读取的各种数据信息，经过中间件提取、解密、过滤、格式转换，导入企业的管理信息系统，并通过应用系统反映在程序界面上，供操作者浏览、选择、修改、查询。中间件技术也降低了应用开发的难度，使开发者不需要直接面对底层架构，而通过中间件进行调用。

根据 RFID 系统各部件的不同功能，中间件可以划分为表示逻辑层、业务逻辑层和数据访问层 3 个功能层。表示逻辑层指示用户如何与应用程序进行交互以及信息如何表示，业务逻辑层是装载应用程序的核心，用来控制内嵌在应用程序中的业务处理(或其他功能)的规则；数据访问层负责本层控制与程序使用数据源(一般是数据库)的链接，并从这些数据源中取得数据，提供给业务逻辑层。

应用程序的接口由 3 个截然不同的层次组成：

(1) 内容层：该层详细地说明了中间件和应用程序之间抽象的交换内容，是应用程序接口的核心部分，定义为能够完成何种请求的操作。

(2) 信息层：该层说明了内容层中被定义的抽象内容是如何通过一种特殊的网络传输编译并传输的。安全服务也在这一层被界定，信息层详细阐述了一个基本的网络连接是如何被建立的，任务初始化信息都需要建立同步或者初始化安全服务以及一些类似于通过每一条信息被执行的编译码的运行。

(3) 传输层：该层与操作系统规定的网络工作设备关系密切。

2. 物联网中间件技术指标

物联网中间件是一种消息导向的软件中间件，信息是以消息的形式从一个程序模块传递到另一个或多个程序模块。消息可以非同步的方式传送，所以传送者不必等待回应。在研究中间件理论和方法的基础之上，物联网中间件结合物联网应用特性进一步扩展并深化了企业应用中间件在企业中的应用。其主要性能指标有：

(1) 独立性。物联网中间件独立并介于信息采集与后端应用程序之间，不依赖于某个系统和应用系统，并且能够与多个信息采集模块以及多个后端应用程序连接，以减轻架构及其维护的复杂性。

(2) 数据流。它是物联网中间件最重要的组成部分，其主要任务在于将实体对象格式转换为信息环境下的虚拟对象，因此数据处理是物联网最重要的功能。物联网中间件具有数据的采集、过滤、整合与传递等特性，以便将正确的对象信息传到企业后端的应用系统。

(3) 处理流。物联网中间件是一个消息中间件，功能是提供顺序的消息流，具有数据流设计与管理的能力。在系统中需要维护数据的传输路径，数据路由和数据分发规则。同时在数据传输中对数据的安全性进行管理，包括数据的一致性，保证接收方收到的数据和发送方一致。同时还要保证数据传输中的安全性。

9.3　物联网中间件的设计

9.3.1　需求分析

系统的设计思路是期望完成一个物联网中间件，使其完成对读写器要读取的 RFID 标签能够识别出其数据编码，对读取进来的标签信息进行数据平滑、数据校验以及数据暂存等功能。数据经物联网中间件处理后，传送到应用程序接口。系统设计主要是一个有弹性的环境，当要加入一个新的标准或者当一个射频识别标准改变了其中的数据格式时，只需修改系统中的相关组件，不必更改整个系统的结构，也不会更改数据库的存储方式，以降低日后系统的维护成本。因此，这里介绍通用的设计方案，以解决目前适应各种不同标准的读写器、标签种类很多的问题，并希望日后能够改良，提供更好的服务给物流系统中的应用以及相关研究人员。

1. 系统结构设计

从传统的一层结构到现在的多层结构，软件系统的发展经历了很大的变化。传统的应用系统模式是"主机/终端"或"客户机/服务器"，客户机/服务器系统的结构是指把一个大型的计算机应用系统变为多个能够互为独立的子系统，而服务器便是整个应用系统资源的存储与管理中心，多台客户机则各自处理相应的功能，共同实现完整的应用。随着 Internet 的发展壮大，这些传统模式已经不能适应新的环境，于是就产生了新的分布式应用系统，即所谓的"浏览器/服务器"结构、"瘦客户机"模式。

在 Client/Server 结构模式中，客户端直接连接到数据库服务器，由二者分担业务处理，这样的体系有以下缺点。

(1) Client 与 Server 直接连接，安全性低。非法用户容易通过 Client 直接闯入中心数据库，造成数据损失。

(2) Client 程序庞大，并且随着业务规则的变化，需要随时更新 Client 短程序，大大增加维护量，造成维护工作困难。

(3) 大量的数据直接通过 Client/Server 传送，在业务高峰期容易造成网络流量骤增，网络堵塞。

随着中间件与 Web 技术的发展，三层或多层分布式应用体系越来越流行。在这种体系结构中，客户机只存放表示层软件，业务逻辑(包括事务处理、监控、信息排队、Web 服务等)采用专门的中间件服务器，后台是数据库、其他应用系统。系统架构的三层或多层分布式体系结构主要包括 4 个层次：表示层、Web 层、业务层和企业信息系统层。

1)　表示层

表示层用于信息系统的用户进行交互以及显示根据特定规则进行计算后的结果。基于 J2EE 规范的客户端可以是基于 Web 的，也可以是不基于 Web 的独立应用系统。若在基于 Web 的 J2EE 客户端应用中，用户在客户端启动浏览器后，从 Web 服务器中下载 Web 层中的静态 HTML 页面或由 JSP 或 Servlets 动态生成的网页；若在不基于 Web 的 J2EE 客户端应用中，独立的客户端应用程序可以运行在一些基于网络的系统(如手持设备移动产品等)中。同样，这样独立的应用也可以运行在客户端的 Java Applet 中。

2) Web 层

Web 层有 JSP 网页、基于 Web 的 Java Applets 以及用于动态生成的网页的 Servlets 构成。这些基本元素在组装过程中通过打包来创建 Web 组件。运行在 Web 层中的 Web 组件依赖 Web 容器来支持诸如响应客户请求和查询 EJB 组件之类的功能。

3) 业务层

在基于 J2EE 规范构建的企业信息系统中，将解决或满足特定业务领域商务规则的代码构建成为业务层中的 Enterprise JavaBean(EJB)组件。EJB 组件可以完成从客户端应用程序中接收数据、按照商务规则对数据进行处理、将处理结果发送到企业信息系统层进行存储、从存储系统中检索数据以及将数据发送回客户端等功能。部署和运行在业务层中的 EJB 组件依赖于 EJB 容器来管理事务、生命周期、状态转换、多线程以及资源存储等。这样，由业务层和 Web 层构成了多层分布式应用体系结构中的中间层。

4) 企业信息系统层

企业信息系统层通常包括企业资源规划(ERP) 系统、大型机事务处理(Mainframe Transaction Processing，MTP)系统、关系数据库系统(Relation Database System，RDBS)以及其他在构建 J2EE 分布式应用系统时已有的企业信息管理软件。

随着基于 Web 的瘦客户机结构的发展，基于多层分布式体系的应用将会越来越广泛。而中间件作为分布式体系应用中的关键技术，以其独特的优势为各种分布式应用的开发注入了强大动力，极大地推动了应用系统集成的发展。

5) 多层应用体系结构特点

(1) 在三层逻辑层之间，建立起两级映射关系，通过映射可以使其中一层发生改变时，不对系统的整体构成影响，可以降低系统的维护代价。

(2) 在三层体系结构中，用户通过浏览器就可以访问数据库，减轻了客户端的维护，便于软件的升级。

(3) 多层体系结构可以有效地优化系统的总体性能，提高系统的可靠性和伸缩性。

(4) 多层体系结构可以方便地集成现有的信息系统。

由于应用服务器的负载均衡能力，多层应用体系结构可以平衡各节点的负载情况，充分利用网络资源，这是目前得到广泛应用的一种标准结构。在这种结构中，用户使用标准的浏览器(如 IE)通过 Internet 和 HTTP 协议访问服务方提供的 Web 服务器，Web 服务器分析用户浏览器提出的请求，如果是页面请求，则直接用 HTTP 协议向用户返回要浏览的页面。如果有数据库查询操作的请求(包括修改、添加记录等)，则将这个需求传递给 Web 服务器和数据库之间的中间件，由中间件再向数据库系统提出操作请求，得到结果后再返回给 Web 服务器，Web 服务器把数据库操作的结果生成 HTML 页面，再返回给浏览器。

2. 系统架构

所构建的应用按照面向服务架构(Service-Oriented Architecture，SOA)的类型划分层次。这种层次划分方法适合于使用和构建服务，也是采用 SOA 架构的重要前提。物联网中间件解决方案的架构就是基于这种 SOA 分层方法的。每一层都有一组明确的功能，而且都利用定义明确的接口与其他层交互。分离组件使应用有了更好的可维护性和可扩展性。下面详细介绍解决方案架构中的每一层。

1) 表示层

表示层提供配送中心、供应商门户、零售店门户等三类。表示层中所有组件起的都是系统接口的作用。这些接口使用户得以向系统发出请求。它综合使用 HTML(特别是表格)、图形内容和 JavaScript。表示层以适于用户阅读的方式整合第三方 EIS 和服务。灵活的导航系统方便使用内容管理功能。可定制的外观和感受可以为不同的用户群体提供不同的信息。

2) 业务流程层

业务流程层囊括了应用对工作流的所有需要。它提供了使业务流程自动化和减少或消除为完成业务流程所需的人工干预的能力。业务流程层协调服务、数据源和人之间的交互，从而实现业务流程自动化。连接 RFID 解决方案最重要的一个接口就是通过业务流程层实现的。由于 RFID 解决方案主要是解决集成问题，事件模型和 RFID 消息总线是该架构的两个关键组件，是作为接入系统的主要接口。事件模型监听与渠道相关的 EDI(Electronic Data Interchange，电子数据交换)和 FTP(File Transfer Protocol，文件传输协议)等外部源事件，以及包含读写器数据的 JMS(Java Message Service，Java 消息服务)事件。RFID 消息总线负责将放置在总线上的消息传送给一个或多个感兴趣的接收者。这一层的构成中还包含一组与 RFID 相关的业务流程，负责处理那些到达消息总线的消息。本层中的业务流程是消息总线上事件的使用者。业务流程层通过意义明确的接口，与服务层和集成层进行通信。

3) 服务层

服务层是执行业务逻辑和进行数据处理的地方。它还提供了用于支持企业应用的重要基础架构。服务层最常见的组件是 Enterprise Java Beans(EJB，Java 企业柄，Java 核心代码，是 J2EE 的一部分)和面向 Web 服务接口的定制控件。控件是较新的 Java 结构，使用它时开发者不必了解复杂的 J2EE 就可以构建业务逻辑。由开发人员构建业务逻辑，由 BEA WebLogic Workshop 框架创建适当的 J2EE 结构(如无状态会话 bean、有状态会话 bean、实体 bean、消息驱动 bean 等)，从而提供希望得到的操作。服务层依赖集成层从不同的外部源获得所需的数据、存储数据和向/从其他相关系统发送/接收信息。

4) 集成层

集成层提供访问 RFID 应用以外其他企业信息系统(Enterprise Information System，EIS)的功能，这一层隐藏了从架构中级别较高的层次访问外部系统的复杂性。对 RFID 来说，外部系统包括(但不局限于)以下系统：Velosel 公司的产品信息管理系统(PIM)，VeriSign 公司的对象名称服务系统(ONS)，Connecterra 公司的 ECP-IS。各种数据库管理系统访问这些外来系统的机制可以多种多样。对数据库的访问通过 JDBC(Java Database Connectivity，Java 数据库节点)来实现。访问目录服务(如 LDAP)可以通过标准的 LDAP 应用编程接口(API)实现。访问内容管理系统可以通过 WebLogic Portal 来管理服务提供商接口(SPI)。访问 PIM、ONS 和 EPC-IS 可以通过 Web 服务接口实现。

访问其他系统的方法有许多，如 JCA 适配器、数据引擎(SAP 和 Siebel)以及 Web 服务等。假如 Web 服务是标准的而且是免费的，那它将是最有前途的一种集成方法。然而，由于它是一种相对比较新的技术，只有某些最新版本的 EIS 产品才有此项功能。最简单的配置方法是利用适配器，它们使利用源数据浏览和进行 XML 转换变得非常轻松。

Java 消息服务(Java Messaging Service，JMS)提供了一种以异步方式与外部系统集成的方法。JMS 使系统能够对后端系统进行异步呼叫；反过来，后端系统也可以在物联网解决方案中发起异步处理。例如，处理传入读写器事件就是由 RFID 解决方案中异步完成的。数

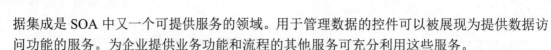

据集成是 SOA 中又一个可提供服务的领域。用于管理数据的控件可以被展现为提供数据访问功能的服务。为企业提供业务功能和流程的其他服务可充分利用这些服务。

9.3.2 设计目标与实现功能

1. 设计目标

参考 EPC 系统，这里介绍一个基本物联网中间件的设计。在读写器读取 RFID 标签并识别出数据编码后，物联网中间件能对读取进来的标签信息进行数据平滑、校验以及暂存等操作。数据经过物联网中间件进行这些处理后，再被传送给应用程序接口。由于目前标准繁多，要适用于这些不同标准的读写器，况且标签种类也各不相同，考虑到日后的维护成本，希望加入一个新的标准或者当一个 RFID 标准改变了其中的数据格式时，只需修改系统的相关组件，而不必改动整个系统的结构，也不会变更数据库的存储方式。

2. 功能实现

物联网中间件不仅可以为应用程序提供集成功能，还可以提供数据过滤功能来减少从读写器到应用程序的数据量，同时为标签物体或其他对象提供与应用程序之间的稳定通信和实时信息。通常物联网中间件具有读写器接口、事件管理器、应用程序接口、对象信息服务(Object Information Service，OIS)以及对象名解析服务(ONS)等功能。

1) 读写器接口

物联网中间件必须优先为各种形式的读写器提供集成功能，读写器接口即是实现此项功能的重要组成部分。

协议处理器确保中间件能够通过各种网络通信方案连接到 RFID 读写器，如 RS-232、TCP/IP 等接口及各自的数据交换协议与应用程序通信，因此协议处理器使得来自很多不同生产厂商的读写器能够以无缝方式与中间件应用程序相互作用。早期的读写器只用唯一的通道周期性地轮流检测读写器来得到标签数据，但如今开发出的读写器有两个通道：一个是所谓的控制通道，用来处理应用程序发出的指令和对应用程序的响应；另一个是通知通道，它取代了轮流检测方式而以异步方式自动地将标签信息传输给应用程序。

作为 RFID 标准化制定主体的 EPC Global 组织负责制定并推广描述 RFID 读写器与其应用程序间通过普通接口来相互作用的规范。通常，每次读写器完成阅读后读得的标签数据以该阅读周期被发送到应用程序。在这种情况下，只要标签在读写器的工作范围内，对它的阅读指令就被不断地发送给应用程序。同时，所制定的规范提出了根据减少引入的标签数据规模的需要确定事件产生的办法。

2) 事件管理器

事件管理器用于对来自读写器接口的 RFID 事件数据进行过滤、聚合和排序操作，并且通告数据与外部系统相关联的内容。从读写器传来的 RFID 事件数据的传输速率从每秒几十个到每秒上百个，进行适当的过滤处理就显得尤其重要，应除去那些多余的和非必需的信息。过滤所使用的规则主要取决于所涉及的服务类型。下面介绍所有应用程序均要求具有的共性的过滤功能。

根据阅读区域的范围和该地区物体运动的速率，读写器会将冗余数据报告给应用程序，直到标签离开该区域为止。一个基本的过滤器用来去除多余的标签阅读事件。在某些情况下，由于 RFID 读写器不能 100%准确地报告标签数据，某个标签可能在读写器的每个阅读周期内都不能被发现。当此区域附近有未预料到的标签物体经过时也可能产生意外读取，此时则需要应用滤波算法。实际上，这就类似于读写器接口的数据生成器的"Firm Read"事件的功能。

与此同时，每个标签都有其唯一的 ID，若该 ID 和预先设定的编码相匹配，则过滤器允许其传输到应用程序；而当两者不匹配时则会被忽略掉。若标签物体被放在一起，则多个读写器能够报告相同的标签数据，而且结果与相同的语法操作有关。例如，当读写捕捉某仓库的进货数据情况时，就需要应用协调算法从来自众多的读写器标签数据中选择一个数据。实际上，是否过滤标签数据，基本上是看有关事件是否与用户应用程序相关联。过滤了的数据能够被快速传给其他过滤器进行更深入的处理，或者为了发送到外部程序而先记录下来。流程设计者实现了描述事件数据怎样能被过滤、缓冲和记录的过程模块，流程处理器执行流程设计者给定的步骤并显示结果。

3) 应用程序接口

应用程序接口使得应用程序系统能够控制读写器，其中服务接收器(Service Listener，SL)接收应用程序系统的指令，提供诸如 XML-RPC、SOAP-RPC、Web-Service 之类的通信功能。消息处理器(Message Processor)分析传送的指令，并将其结果传送到读写器接口中的命令处理器，命令处理器响应后传回应用程序系统。

Auto-ID Center 通过 Savant 设计应用程序接口，包括 3 个区分明显的层。内容层(Content Layer)对在 Savant 和应用程序之间进行交换的抽象信息进行详细解释。信息层(Message Layer)详细说明抽象的信息是怎样被编码、封装和转换的。传输层(Transport Layer)有两种信息通道，其一是控制通道(Control Channel)，用于 Savant 和应用程序之间的请求/响应命令；其二是通知通道(Notification Channel)用于由 Savant 将单向传输的信息异步地传送给应用程序。

几乎所有的读写器都不同时支持两种信息通道。因此，要求中间件必须提供相应模块，通过执行控制通道的轮流检测机制实现两种信息通道。

4) 对象信息服务

对象信息服务(OIS)由两部分组成：一个是目标存储库(Object Repository)，用于存储与标签物体有关的信息并使之能供后续查询；另一个是服务引擎(Service Engine)，提供目标存储库管理的信息接口。

5) ONS

对象名解析服务(ONS)是一种目录服务，它采用域名解析服务(DNS)的基本原理，来处理电子产品码与相应的 EPCIS 信息服务 PML 地址的映射管理和查询。

9.3.3 结构选择

计算机体系结构经历了从主机集中的终端方式、C/S 结构、B/S 结构，以及现在使用越来越普遍的多层次客户/服务器结构。传统的分布式系统采用客户端/服务器两层结构，客户端往往过于庞大，负载过重，导致"胖客户端"产生，而且系统维护成本提高。在这种传统模式下开发的系统，移植性和可扩展性较差，开发和维护繁杂，不能适应不断增长的多方面需求。分布式多层结构模式的出现很好地解决了两层 C/S 结构的上述问题。三层结构描述是将客户端的事务处理逻辑独立出来而单独构成一层，即应用层。这样，客户层、应用层和原有的数据层便形成了一个三层体系结构，如图 9-2 所示。

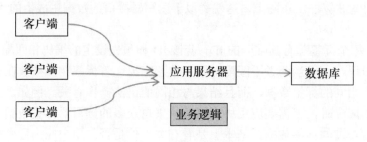

图 9-2　计算机体系结构

在以中间件为平台的应用系统中，客户端提出的服务请求不是直接提交给数据库，而是通过中间件提供的高速数据特点传送至服务器端，进而提交数据库。同时交易服务中与数据库无关的逻辑处理也由中间件完成，这样就分担很多原来需要数据库完成的工作，提高了系统的工作效率。

1. 客户层

客户层又称逻辑表示层，其表现形式为用户界面，其主要功能是实现用户交互和数据表示，为以后处理手机信息，向第二层业务逻辑请求调用核心服务处理，并显示结果。

2. 应用层

应用层又称为业务逻辑层，它实现核心业务逻辑服务，将这些服务按名字广播、管理并接收客户服务请求，向资源管理器提交数据操作，同时将处理结果返回给请求者、客户或其他服务器。

3. 数据层

数据层又称为数据逻辑层，负责管理应用系统数据资源，完成数据操作；中间层的服务器组件在完成服务的过程中，通过本层资源管理存取相关数据。

中间件三层结构模式是应用系统的基础，既作为底层支撑环境，又作为客户端和服务器的连接纽带，使系统成为一个有机、高效的整体，它主要提供下面两个功能。

(1) 负责客户端与服务器之间的联系与通信，并提供了表示层与业务层之间、业务层与业务层之间、业务层与数据层之间、数据层与数据层之间的连接和完善的通信机制。

(2) 提供了一个三层结构应用开发和运行的平台。中间件为建立运行、管理和维护三层 C/S、B/S 体系结构的应用提供了一个基础框架，降低了应用开发、管理和维护的人力、物力成本，提供了成功率，真正使大型企业应用的高效实现成为可能。

9.4　物联网中间件的发展趋势

9.4.1　主流的物联网中间件开发平台

1. OMG 的 CORBA

公共对象请求代理体系结构(Common Object Request Broker Architecture，CORBA)是对象管理组织(OMG)基于众多开放系统平台厂商提交的分布对象互操作内容基础上制定的分布式应用程序框架的规范。

CORBA 是由绝大多数分布计算平台厂商所支持和遵循的系统规范，具有模型完整、先进，独立于系统平台和开发语言，被支持程度广泛的特点，已逐渐成为分布计算技术的标准。COBRA 标准主要分为 3 个层次：对象请求代理、公共对象服务和公共设施。最底层是对象请求代理(Object Request Broker，ORB)，规定了分布对象的定义(接口)和语言映射，实现对象间的通信和互操作，是分布对象系统中的"软总线"；在 ORB 之上定义了很多公共服务，可以提供诸如并发服务、名字服务、事务(交易)服务、安全服务等各种各样的服务；最上层的公共设施则定义了组件框架，提供可直接为业务对象使用的服务，规定业务对象有效协作所需的协定规则。CORBA 的优点是大而全，互操作性和开放性非常好，缺点是庞大而复杂，并且技术和标准的更新相对较慢，在具体的应用中使用不是很多。

2. Sun 公司的 J2EE

为了推动基于 Java 的服务器端应用开发，Sun 公司在 1999 年底推出了 Java2 技术及相关的 J2EE 规范。J2EE 的目标是提供与平台无关的、可移植的、支持并发访问和安全的、完全基于 Java 的开发服务器端中间件的标准。J2EE 简化了构件可伸缩的、基于构件服务器端应用的复杂度。在 J2EE 中，Sun 公司给出了完整的基于 Java 语言开发面向企业分布应用的规范，其中在分布式互操作协议上，J2EE 同时支持远程方法调用(Remote Method Invocation，RMI)和因特网对象请求代理间协议(Internet Inter-ORB Protocal，IIOP)，在服务器端分布式应用的构造形式包括了 Java Servlet、JSP(Java Server Page)、EJB 等多种形式，以支持不同的业务需求。EJB 是 Sun 公司推出的基于 Java 的服务器端构件规范 J2EE 的一部分，在 J2EE 推出之后得到了广泛的发展，已经成为应用服务器端的标准技术。Sun EJB 技术是在 Java Bean 本地构件基础上发展的面向服务器端分布应用构件技术。它基于 Java 语言，提供了基于 Java 二进制字节代码的重用方式。EJB 给出了系统的服务器端分布构件规范，这包括了构件、构件容器的接口规范以及构件打包、构件配置等的标准规范内容。EJB 技术的推出，使得用 Java 基于构件方法开发服务器端分布式应用成为可能。从企业应用多层结构的角度看，EJB 是业务逻辑层的中间件技术，与 JavaBeans 不同，它提供了事务处理的能力。自从三层结构提出以后，中间层，也就是业务逻辑层，是处理事务的核心，从数据存储层分离，取代了存储层的大部分地位。从分布式计算的角度，EJB 像 CORBA 一样，提供了分布式技术的基础，提供了对象之间的通信手段。从 Internet 技术应用的角度，EJB 和 Servlet、JSP 一起成为新一代应用服务器的技术标准，EJB 中的 Bean 可以分为会话 Bean 和实体 Bean，前者维护会话，后者处理事务，现在 Servlet 负责与客户端通信，访问 EJB，并把结果通过 JSP 产生页面传回客户端。J2EE 的优点是技术先进，架构优秀，真正的三层结构，用 Java 开发构件，能够做到"Write once，run any-where"，开发大型的应用优势明显，可以配置到包括 Windows 平台在内的任何服务器端环境中去。缺点是缺少一系列的接口支持，技术进入门槛高，开发起来的难度大。

3. Microsoft COM/DCOM

以 Microsoft 为首的 DCOM/COM/COM+阵营，从 DDE、OLE 到 ActiveX 等，提供了中间件开发的基础，如 VC、VB、Delphi 等都支持 DCOM，包括 OLE DB 在内新的数据库存

取技术。随着 Windows 2000 的发布，Microsoft 的 DCOM/COM/COM+技术，在 DNA2000 分布计算结构基础上，展现了一个全新的分布构件应用模型。首先，DCOM/COM/COM+的构件仍然采用普通的 COM(Component Object Model)模型。COM 最初作为 Microsoft 桌面系统的构件技术，主要为本地的 OLE 应用服务，但是随着 Microsoft 服务器操作系统 NT 和 DCOM 的发布，COM 通过底层的远程支持使得构件技术延伸到了分布应用领域。DCOM/COM/COM+更将其扩充为面向服务器端分布应用的业务逻辑中间件。通过 COM+的相关服务设施，如负载均衡、内存数据库、对象池、构件管理与配置等，DCOM/COM/COM+将 COM、DCOM、MTS 的功能有机地统一在一起，形成了一个概念、功能强的构件应用体系结构。而且，DNA 2000 是单一厂家提供的分布对象构件模型，开发者使用的是同一厂家提供的系列开发工具，这比组合多家开发工具更有吸引力，不足的是其依赖于 Microsoft 的操作系统平台，因而在其他开发系统平台(如 UNIX、Linux)上不能发挥作用。

9.4.2　物联网中间件的发展趋势

物联网中间件是在 2000 年以后才出现的，最初只是面向单个读写器或在特定应用中驱动交互的程序，现如今 IBM、Microsoft 等公司都提出了物联网中间件的解决方案，国内研究与推广中间件的公司也日渐增多。随着应用的普及和研究的深入，以及 Internet 的发展，目前的中间件技术主要呈现出四方面的趋势。

(1) 中间件越来越多地向传统运行层(操作系统)渗透，提供更强的运行支撑，特别地，分布式操作系统的诸多功能逐步融入中间件，在 CORBA 和 RMI 中，中间件往往以类库的形式被上层应用主动地载入应用运行空间，与之相反，在 CCM 和 EJB 中，中间件是独立的运行程序，负责装载上层应用并为之提供运行空间。

(2) 应用软件需要的支持机制越来越多地由中间件提供，中间件不再局限于提供适用于大多数应用的支持机制，适用于某个领域内大部分应用的支持机制也开始得到重视。在最新的 CORBA 规范中，增加了对实时应用和嵌入式应用的支持，而特定于无线应用的移动中间件、支持网格计算的中间件也是目前的研究热点。

(3) 中间件也开始考虑对高层设计和应用部署等开发工作的支持，CORBA 和 RMI 提供了支持基于构件的软件开发的 CCM 和 EJB 构件模型，J2EE 提出了包括构件开发、构件组装、应用部署等在内的基于构件的软件开发过程模型，OMG 提出的模型驱动体系则考虑如何利用 UML 更有效地开发基于中间件的应用系统。对于目前的面向切面编程(Aspect Oriented Programming，AOP)，中间件由于其封装的共性特征及其动态配置能力，成为支持侧面动态编程的主流支撑平台。

(4) 物联网中间件必将与云计算相结合，并全面实现虚拟化。虚拟化是实现资源整合的一种非常重要的技术手段。通过集群技术(Cluster)可将多台服务器虚拟为一台服务器，既实现可用性，也解决性能的可伸缩性问题。云计算是代表网格计算价值的一个新的临界点，它提供更高的效率、更好的可扩展性和更容易的应用交付模式。云计算可实现硬件资源的虚拟化及软件交付模式的虚拟化。物联网中间件必将与云计算相结合，不仅能解决物联网中海量信息的过滤、整合、存储的问题，还能解决物联网中不同应用系统之间的互操作问题。

本 章 小 结

本章主要介绍了物联网产业链核心技术之一——具有承上启下作用的中间件技术。各种中间件及中间件技术种类繁多，需要我们有一个整体和综合的把握，对相似的物联网中间件技术进行分类比较和区分，在不同的应用环境中，采取最有效的物联网中间件技术手段。要深入理解中间件技术，不但要掌握物联网底层技术，还要对于物联网的上层技术具有深入的理解，才能开发出最有价值的物联网中间件。

习 题

1. 什么是中间件？中间件有什么特点？
2. 简述 RFID 中间件的功能和作用。
3. 简述中间件的工作原理及分类。

第 10 章

物联网信息安全

学习目标

1. 了解物联网安全问题及体系结构。

2. 了解物联网安全关键技术。

3. 掌握物联网安全问题中的六大关系。

4. 了解物联网安全技术体系及应用。

知识要点

物联网安全问题；物联网安全关键技术；物联网安全问题的六大关系；物联网安全技术体系。

10.1　物联网安全概述

10.1.1　物联网安全问题

物联网的应用给人们的生活带来了很大的方便，与传统网络相比，物联网发展带来的安全问题将更为突出，要强化安全意识，把安全放在首位，超前研究物联网产业发展可能带来的安全问题。物联网安全除了要解决传统信息的问题之外，还需要克服成本、复杂性等新的挑战。物联网安全面临的新挑战主要包括需求与技术的矛盾，安全复杂性进一步加大，信息技术发展本身带来的问题，以及物联网系统攻击的复杂性和动态性仍较难把握等方面。总的来说，物联网安全的主要特点即大众化、轻量级、非对称和复杂性。

(1) 大众化。物联网时代，当每个人习惯于使用网络处理生活中的所有事务的时候，当你习惯于网上购物、网上办公的时候，信息安全就与你的生活紧密地结合在一起了，不再是可有可无。物联网时代如果出现了安全问题，那每个人都将面临重大损失。只有当安全与每个人的利益相关的时候，所有人才会重视安全，也就是所谓的"大众化"。

(2) 轻量级。物联网中需要解决的安全威胁数量庞大，并且与人们的生活密切相关。物联网安全必须是轻量级、低成本的安全解决方案。只有这种轻量级的思路，普通大众才可能接受。轻量级解决方案正是物联网安全的一大难点，安全措施的效果必须要好，同时要低成本，这样的需求才可能催生出一系列的安全新技术。

(3) 非对称。物联网中，各个网络边缘的感知节点能力较弱，但是其数量庞大，而网络中心的信息处理系统的计算处理能力强，整个网络呈现出非对称的特点。物联网安全在面向这种非对称网络的时候，需要将能力弱的感知节点安全处理能力与网络中心强的处理能力结合起来，采用高效的安全管理措施，使其形成综合能力，从而能够整体上发挥出安全设备的效能。

(4) 复杂性。物联网安全十分复杂，从目前可认知的观点出发可以知道，物联网安全面临的威胁、要解决的安全问题、所采用的安全技术，不但数量上比互联网大很多，而且还可能出现互联网所没有的新问题和新技术。物联网安全涉及信息感知、信息传输和信息处理等多个方面，并且更加强调用户隐私。物联网安全各个层面的安全技术都需要综合考虑，系统的复杂性是一大挑战，同时也将呈现大量的商机。

比如，我们不再需要装着大量的现金去购物，我们可以通过一个很小的射频芯片就能够感知我们身体体征状况，我们还可以使用终端设备控制家中的家用电器，让我们的生活变得更加人性化、智能化、合理化。如果在物联网的应用中，网络安全无法保障，那么个人隐私、物品信息等随时都可能被泄露。而且如果网络不安全，物联网的应用为黑客提供了远程控制他人物品，甚至操纵一个企业的管理系统，一个城市的供电系统，夺取一个军事基地的管理系统的可能性。我们不能否认，物联网在信息安全方面存在许多问题，这些安全问题主要体现在以下几个方面。

1. 感知节点和感知网络的安全问题

在无线传感网中，通常是将大量的传感器节点投放在人迹罕至或者比较恶劣的环境下，感知节点不仅仅数目庞大而且分布的范围也很大，攻击者可以轻易地接触到这些设备，从而对它们造成破坏，甚至通过本地操作更换机器的软硬件。通常情况下，传感器节点所有的操作都依靠自身所带的电池供电，它的计算能力、存储能力、通信能力受到节点自身所带能源的限制，无法设计复杂的安全协议，因而也就无法拥有复杂的安全保护能力。而感知节点不仅要进行数据传输，而且还要进行数据采集、融合和协同工作。同时，感知网络多种多样，从温度测量到水文监控，从道路导航到自动控制，它们的数据传输和消息也没有特定的标准，所以无法提供统一的安全保护体系。

2. 自组网的安全问题

自组网作为物联网的末梢网，由于其拓扑的动态变化会导致节点间信任关系的不断变化，这给密钥管理带来很大的困难。同时，由于节点可以自由漫游，与邻近节点通信的关系在不断地改变，节点加入或离开无需任何声明，这样就很难为节点建立信任关系，以保证两个节点之间的路径上不存在想要破坏网络的恶意节点。路由协议中的现有机制还不能处理这种恶意行为的破坏。

3. 核心网络安全问题

物联网的核心网络应当具备相对完整的保护能力，只有这样才能够使物联网具备有更高的安全性和可靠性，但是在物联网中节点的数目十分庞大，而且以集群方式存在，因此会导致在数据传输时，由于大量机器的数据发送而造成网络拥塞。而且，现有通信网络是面向连接的工作方式，而物联网的广泛应用必须解决地址空间空缺和网络安全标准等问题，从现状看物联网对其核心网络的要求，特别是在可信、可知、可管和可控等方面，远远高于目前的 IP 网所提供的能力，因此认为物联网必定会为其核心网络采用数据分组技术。此外，现有的通信网络的安全架构均是从人的通信角度设计的，并不完全适用于机器间的通信，使用现有的互联网安全机制会割裂物联网机器间的逻辑关系。

4. 物联网业务的安全问题

通常在物联网形成网络时，是将现有的设备先部署后连接网络，然而这些联网的节点没有人来看守，所以如何对物联网的设备进行远程签约信息和业务信息配置就成了难题。另外，物联网的平台通常是很庞大的，要对这个庞大的平台进行管理，我们必须需要一个更为强大的安全管理系统，否则独立的平台会被各式各样的物联网应用所淹没，但如此一来，如何对物联网机器的日志等安全信息进行管理成为新的问题，并且可能割裂网络与业务平台之间的信任关系，导致新一轮安全问题的产生。

5. RFID 系统安全问题

RFID 射频识别是一种非接触式的自动识别技术，它通过射频信号自动识别目标对象并获取相关数据，可识别高速运动物体并可同时识别多个标签，识别工作无需人工干预，操作也非常方便。RFID 系统同传统的 Internet 一样，容易受到各种攻击，这主要是由于标签和读写器之间的通信是通过电磁波的形式实现的，其过程中没有任何物理或者可视的接触，这种非接触和无线通信存在严重安全隐患。RFID 的安全缺陷主要表现在以下三方面。

(1) RFID 标识自身访问的安全性问题。由于 RFID 标识本身的成本所限，使之很难具备足以自身保证安全的能力。这样，就面临很大的问题。非法用户可以利用合法的读写器或者自制的读写器，直接与 RFID 标识进行通信。这样，就可以很容易地获取 RFID 标识中的数据，并且还能够修改 RFID 标识中的数据。

(2) 通信信道的安全性问题。RFID 使用的是无线通信信道，这就给非法用户的攻击带来了方便。攻击者可以非法截取通信数据；可以通过发射干扰信号来堵塞通信链路，使得读写器过载，无法接收正常的标签数据，制造拒绝服务攻击；可以冒名顶替向 RFID 发送数据，篡改或伪造数据。

(3) RFID 读写器的安全性问题。RFID 读写器自身可以被伪造；RFID 读写器与主机之间的通信可以采用传统的攻击方法截获。所以，RFID 读写器自然也是攻击者要攻击的对象。由此可见，RFID 所遇到的安全问题比通常的计算机网络安全问题要复杂得多。

10.1.2　物联网安全体系结构

考虑到物联网安全的总体需求就是物理安全、信息采集安全、信息传输安全和信息处理安全的综合，安全的最终目标是确保信息的机密性、完整性、真实性和网络的容错性，因此结合物联网分布式连接和管理(DCM)模式，本书给出相应的安全层次模型，并结合每层安全特点对涉及的关键技术进行系统阐述，如图 10-1 所示。

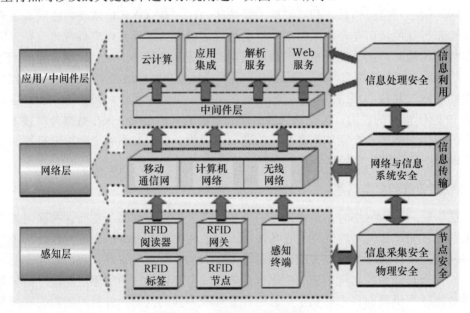

图 10-1　物联网安全体系结构

1. 感知层安全

如果感知节点所感知的信息部采取安全防护或者安全防护的强度不够，则很可能这些信息会被第三方非法获取，这种信息泄密某些时候可能会造成很大的危害。由于安全防护措施的成本因素或者使用便利性等因素，很可能某些感知节点不会或者采取很简单的信息安全防护措施，这样将导致大量的信息被公开传输，很可能在意想不到的时候引起严重后果。感知层普遍的安全威胁是某些普通节点被攻击者控制之后，其与关键节点交互的所有信息都将被攻击者获取。攻击者的目的除了窃取信息外，还可能通过其控制的感知节点发出错误的信息，从而影响系统的正常运行。感知层安全措施必须能够判断和阻断恶意节点，并且还需要在阻断恶意节点后，保证感知层的连通性。

物联网感知层的任务是实现智能感知外界信息功能，包括信息采集、捕获和物体识别，该层的典型设备包括 RFID 装置、各类传感器(如红外、超声、温度、湿度、速度等)、图像捕捉装置(摄像头)、全球定位系统(GPS)、激光扫描仪等，其涉及的关键技术包括传感器、RFID、自组织网络、短距离无线通信、低功耗路由等。

1) 传感技术及其联网安全

作为物联网的基础单元，传感器在物联网信息采集层面能否如愿以偿完成它的使命，成为物联网感知任务成败的关键。

传感器技术是物联网技术的支撑、应用的支撑和未来泛在网的支撑。传感器感知了物体的信息，RFID 赋予它电子编码。传感网到物联网的演变是信息技术发展的阶段表征。传感技术利用传感器和多跳自组织网，协作地感知、采集网络覆盖区域中感知对象的信息，并发布给向上层。由于传感网络本身具有无线链路比较脆弱，网络拓扑动态变化，节点计算能力、存储能力和能源有限，无线通信过程中易受到干扰等特点，使得传统的安全机制无法应用到传感网络中。

目前传感器网络安全技术主要包括基本安全框架、密钥分配、安全路由和入侵检测和加密技术等。安全框架主要有 SPIN(包含 SNEP 和 uTESLA 两个安全协议)、Tiny Sec、参数化跳频、LISP、LEAP 协议等。传感器网络的密钥分配主要倾向于采用随机预分配模型的密钥分配方案。安全路由技术常采用的方法包括加入容侵策略。入侵检测技术常常作为信息安全的第二道防线，其主要包括被动监听检测和主动检测两大类。除了上述安全保护技术外，由于物联网节点资源受限，且是高密度冗余撒布，不可能在每个节点上运行一个全功能的入侵检测系统(IDS)，所以如何在传感网中合理地分布 IDS，有待于进一步研究。

2) RFID 相关安全问题

如果说传感技术是用来标识物体的动态属性，那么物联网中采用 RFID 标签则是对物体静态属性的标识，即构成物体感知的前提。RFID 是一种非接触式的自动识别技术，它通过射频信号自动识别目标对象并获取相关数据。识别工作无须人工干预。RFID 也是一种简单的无线系统，该系统用于控制、检测和跟踪物体，由一个询问器(或阅读器)和很多应答器(或标签)组成。通常采用 RFID 技术的网络涉及的主要安全问题有：

(1) 标签本身的访问缺陷。任何用户(授权以及未授权的)都可以通过合法的阅读器读取 RFID 标签，而且标签的可重写性使得标签中数据的安全性、有效性和完整性都得不到保证。

(2) 通信链路的安全。当电子标签向读写器传送数据，或者读写器从电子标签上查询数据时，数据是通过无线电波在空中传播的。在这个通信过程中，数据容易受到攻击，就是所谓通信链路安全问题。通常包括以下三个方面。

① 非法读写器截获数据：非法读写器中途截取标签传输的数据。

② 第三方堵塞数据：非法用户可以利用某种方式去堵塞数据和读写器之间的正常传输。

③ 伪造标签发送数据：伪造的标签向读写器提供无用信息或者错误数据，可以有效地欺骗 RFID 系统接受、处理并且执行错误的电子标签数据。

(3) 移动 RFID 的安全。主要存在假冒和非授权服务访问问题。目前，实现 RFID 安全性机制所采用的方法主要有物理方法、密码机制以及二者结合的方法。

2. 网络层安全

物联网网络层的网络环境与目前的互联网网络环境一样，也存在安全挑战，而由于其中涉及大量异构网络的互联互通，跨网络安全域的安全认证等方面会更加严重。网络层很可能面临非侵权节点非法接入的问题，如果网络层不采取网络接入措施，就很可能被非法接入，其结果可能是网络层负担加重或者传输错误信息。互联网或者下一代网络将是物联网网络层的核心载体，互联网遇到的各种攻击仍然存在，甚至更多，需要有更好的安全防护措施和抗毁容灾机制。物联网终端设备的防护能力也有很大差别，传统互联网安全方案难以满足需求，并且也很难采用通用的安全方案解决所有问题，必须针对具体需求制定多种安全方案。

物联网网络层主要实现信息的转发和传送，它将感知层获取的信息传送到远端，为数据在远端进行智能处理和分析决策提供强有力的支持。考虑到物联网本身具有专业性的特征，其基础网络可以是互联网，也可以是具体的某个行业网络。物联网的网络层按功能可以大致分为接入层和核心层，因此物联网的网络层安全主要体现在两个方面。

1) 来自物联网本身的架构、接入方式和各种设备的安全问题

物联网的接入层将采用如移动互联网、有线网、Wi-Fi、WiMAX 等各种无线接入技术。接入层的异构性使得如何为终端提供移动性管理以保证异构网络间节点漫游和服务的无缝移动成为研究的重点，其中安全问题的解决将得益于切换技术和位置管理技术的进一步研究。另外，由于物联网接入方式将主要依靠移动通信网络，移动网络中移动站与固定网络端之间的所有通信都是通过无线接口来传输的，然而无线接口是开放的，任何使用无线设备的个体均可以通过窃听无线信道而获得其中传输的信息，甚至可以修改、插入、删除或重传无线接口中传输的消息，达到假冒移动用户身份以欺骗网络端的目的，因此移动通信网络存在无线窃听、身份假冒和数据篡改等不安全的因素。

2) 进行数据传输的网络相关安全问题

物联网的网络核心层主要依赖于传统网络技术，其面临的最大问题是现有的网络地址空间短缺，主要的解决方法寄希望于正在推进的 IPv6 技术。IPv6 采纳 IPSec 协议，在 IP 层上对数据包进行了高强度的安全处理，提供数据源地址验证、无连接数据完整性、数据机密性、抗重播和有限业务流加密等安全服务。但任何技术都不是完美的，实际上 IPv4 网络环境中大部分安全风险在 IPv6 网络环境中仍将存在，而且某些安全风险随着 IPv6 新特性的引入将变得更加严重：首先，拒绝服务攻击(DDoS)等异常流量攻击仍然猖獗，甚至更为严重，主要包括 TCP-flood、UDP-flood 等现有 DDoS 攻击，以及 IPv6 协议本身机制的缺陷所引起的攻击。其次，针对域名服务器(DNS)的攻击仍将继续存在，而且在 IPv6 网络中提供域名服务的 DNS 更容易成为黑客攻击的目标。再次，IPv6 协议作为网络层的协议，仅对网络层安全有影响，其他(包括物理层、数据链路层、传输层、应用层等)各层的安全风险在 IPv6 网络中仍将保持不变。此外，采用 IPv6 替换 IPv4 协议需要一段时间，向 IPv6 过渡只能采用逐步演进的办法，为解决两者间互通所采取的各种措施将带来新的安全风险。

3. 应用层安全

物联网应用是信息技术与行业专业技术紧密结合的产物。物联网应用层充分体现物联网智能处理的特点，其涉及业务管理、中间件、数据挖掘等技术。考虑到物联网涉及多领域多行业，因此广域范围的海量数据信息处理和业务控制策略将在安全性和可靠性方面面临巨大挑战，特别是业务控制、管理和认证机制、中间件以及隐私保护等安全问题显得尤为突出。联网应用层涉及方方面面的应用，智能化是重要特征。智能化应用能够很好地

处理海量数据，满足使用需求，但如果智能化应用一旦被攻击者利用，将造成更严重的后果。

1) 业务控制和管理

由于物联网设备是先部署后连接网络，而物联网节点又无人值守，所以如何对物联网设备远程签约，如何对业务信息进行配置就成了难题。另外，庞大且多样化的物联网必然需要一个强大而统一的安全管理平台，否则单独的平台会被各式各样的物联网应用所淹没，但这样将使如何对物联网机器的日志等安全信息进行管理成为新的问题，并且可能割裂网络与业务平台之间的信任关系，导致新一轮安全问题的产生。传统的认证是区分不同层次的，网络层的认证负责网络层的身份鉴别，业务层的认证负责业务层的身份鉴别，两者独立存在。但是大多数情况下，物联网机器都是拥有专门的用途，因此其业务应用与网络通信紧紧地绑在一起，很难独立存在。

2) 中间件

如果把物联网系统和人体做比较，感知层好比人体的四肢，传输层好比人的身体和内脏，那么应用层就好比人的大脑，软件和中间件是物联网系统的灵魂和中枢神经。目前，使用最多的几种中间件系统是 CORBA、DCOM、J2EE/EJB 以及被视为下一代分布式系统核心技术的 Web Services。

在物联网中，中间件处于物联网的集成服务器端和感知层、传输层的嵌入式设备中。服务器端中间件称为物联网业务基础中间件，一般都是基于传统的中间件(应用服务器、ESB/MQ 等)，加入设备连接和图形化组态展示模块构建；嵌入式中间件是一些支持不同通信协议的模块和运行环境。中间件的特点是其固化了很多通用功能，但在具体应用中多半需要二次开发来实现个性化的行业业务需求，因此所有物联网中间件都要提供快速开发(RAD)工具。

3) 隐私保护

在物联网发展过程中，大量的数据涉及个体隐私问题(如个人出行路线、消费习惯、个体位置信息、健康状况、企业产品信息等)，因此隐私保护是必须考虑的一个问题。如何设计不同场景、不同等级的隐私保护技术将是物联网安全技术研究的热点问题。当前隐私保护方法主要有两个发展方向：一是对等计算(P2P)，通过直接交换共享计算机资源和服务；二是语义 Web，通过规范定义和组织信息内容，使之具有语义信息，能被计算机理解，从而实现与人的相互沟通。

10.2　物联网的安全关键技术

1. 密钥管理机制

目前，物联网并没有统一的安全定义和体系标准，国内外的研究学者针对物联网提出了不同的安全体系架构。通常物联网环境中的对象必须具备全面感知以及可靠传送信息和智能处理信息的能力。因此，国内外主要针对物联网逻辑层安全开展研究，目前已经提出许多针对性的解决方案。然而，物联网作为一个应用整体仅仅将对各层独立的安全措施简单相加，不足以提供可靠的安全保障，而且物联网与几个逻辑层所对应的基础设施之间存在许多本质区别，这些区别直接影响着物联网整体安全性。目前密钥认证协商协议主要分为基于身份和基于证书两种的模式。基于证书的认证协商协议由于其交互过程相对复杂，不适用于物联网的环境。密钥作为物联网安全技术的基础，它就像一把大门的钥匙一样，在网络安全中起着决定性作用。对于互联网由于不存在计算机资源的限制，非对称和对称密钥系统都可以适用，移动通信网是一种相对集中式管理的网络，而无线传感器网络和感知节点由于计算资源的限制，对密钥系统提出了更多的要求，因此，物联网密钥管理系统面临两个主要问题：一是如何构建一个贯穿多个网络的统一密钥管理系统，并与物联网的体系结构相适应；二是如何解决 WSN 中的密钥管理问题，如密钥的分配、更新、组播等问题。

(1) 对称密钥管理。对称加密是基于共同保守秘密来实现的。采用对称加密技术的贸易双方必须要保证采用的是相同的密钥，要保证彼此密钥的交换是安全可靠的，同时还要设定防止密钥泄密和更改密钥的程序。这样，对称密钥的管理和分发工作将变成一件潜在危险的和烦琐的过程。通过公开密钥加密技术实现对称密钥的管理使相应的管理变得简单和更加安全，同时还解决了纯对称密钥模式中存在的可靠性问题和鉴别问题。

贸易方可以为每次交换的信息(如每次的 EDI 交换)生成唯一一把对称密钥并用公开密钥对该密钥进行加密，然后再将加密后的密钥和用该密钥加密的信息(如 EDI 交换)一起发送给相应的贸易方。由于对每次信息交换都对应生成了唯一一把密钥，因此各贸易方就不再需要对密钥进行维护和担心密钥的泄露或过期。这种方式的另一优点是，即使泄露了一把密钥也只影响一笔交易，而不会影响到贸易双方之间所有的交易关系。这种方式还提供了贸易伙伴间发布对称密钥的一种安全途径。

(2) 公开密钥管理/数字证书。贸易伙伴间可以使用数字证书(公开密钥证书)来交换公开密钥。国际电信联盟(ITU)制定的标准 X.509，对数字证书进行了定义，该标准等同于国际标准化组织(ISO)与国际电工委员会(IEC)联合发布的 ISO/IEC 9594—8：195 标准。数字证书通常包含有唯一标识证书所有者(即贸易方)的名称、唯一标识证书发布者的名称、证书所有者的公开密钥、证书发布者的数字签名、证书的有效期及证书的序列号等。证书发布者一般称为证书管理机构(CA)，它是贸易各方都信赖的机构。数字证书能够起到标识贸易方的作用，是目前电子商务广泛采用的技术之一。

(3) 密钥管理相关的标准规范。目前国际有关的标准化机构都着手制定关于密钥管理的技术标准规范。ISO 与 IEC 下属的信息技术委员会(JTC1)已起草了关于密钥管理的国际标准规范。该规范主要由三部分组成：一是密钥管理框架；二是采用对称技术的机制；三是采用非对称技术的机制。

实现统一的密匙管理系统可以采用两种方法：一种是以互联网为中心的集中式管理方法，另外一种是以各自网络为中心的分布式管理方法。在此模式下，互联网和移动通信网比较容易实现对密匙进行管理，但是在 WSN 环境中对汇聚点的要求就比较高了，尽管我们可以在 WSN 中采用簇头选择方法，推选簇头，形成层次式网络结构，每个节点与相应的簇头通信，簇头间以及簇头与汇聚节点之间进行密钥的协商，但对多跳通信的边缘节点，以及由于簇头选择算法和簇头本身的能量消耗，使 WSN 的密钥管理成为解决问题的关键。

2. 数据处理与隐私性

物联网的数据要经过信息感知、获取、汇聚、融合、传输、存储、挖掘、决策和控制等处理流程，而末端的感知网络几乎要涉及上述信息处理的全过程，只是由于传感节点与汇聚点的资源限制，在信息的挖掘和决策方面不占据主要的位置。物联网应用不仅面临信息采集的安全性，也要考虑到信息传送的私密性，要求信息不能被篡改和非授权用户使用，同时，还要考虑到网络的可靠、可信和安全。物联网能否大规模推广应用，很大程度上取决于其是否能够保障用户数据和隐私的安全。

就传感网而言，在信息的感知采集阶段就要进行相关的安全处理，如对 RFID 采集的信息进行轻量级的加密处理后，再传送到汇聚节点。这里要关注的是对光学标签的信息采集处理与安全，作为感知端的物体身份标识，光学标签显示了独特的优势，而虚拟光学的加密解密技术为基于光学标签的身份标识提供了手段，基于软件的虚拟光学密码系统由于可以在光波的多个维度进行信息的加密处理，具有比一般传统的对称加密系统有更高的安全性，数学模型的建立和软件技术的发展极大地推动了该领域的研究和应用推广。

3. 安全路由

物联网安全路由协议中我们至少要解决两个问题：一是多网融合的路由问题；二是传感网的路由问题。前者可以考虑将身份标识映射成类似的 IP 地址，实现基于地址的统一路由体系；后者是由于 WSN 的计算资源的局限性和易受到攻击的特点，要设计抗攻击的安全路由算法。

WSN 中路由协议常受到的攻击主要有以下几类：虚假路由信息攻击、选择性转发攻击、污水池攻击、女巫攻击、虫洞攻击、Hello 洪泛攻击、确认攻击等。

针对无线传感器网络中数据传送的特点，目前已提出许多较为有效的路由技术。按路由算法的实现方法划分，有洪泛式路由，如 Gossiping 等；以数据为中心的路由，如 Directed Diffusion、SPIN 等；层次式路由，如低功耗自适应集簇分层型协议(Low Energy Adaptive Clust EringHierarchy，LEACH)、TEEN 等；基于位置信息的路由，如 GPSR、GEAR 等。

4. 认证与访问控制

认证就是通过对身份表示的鉴别服务来确认其身份及其合法性，认证的方法基于身份标识的不同可分为：基于信息秘密的身份认证、基于信任物体的身份认证和基于生物特征的身份认证。

访问控制是给出一套方法，将系统中的所有功能标识、组织并托管起来，然后提供一个简单的唯一的接口，这个接口的一端是应用系统，一端是权限引擎。权限引擎可以决定具体应用是否对某资源具有实施某个动作(运动、计算)的权限。访问控制是几乎所有系统(包括计算机系统和非计算机系统)都需要用到的一种技术。访问控制是按用户身份及其所归属的某项定义组来限制用户对某些信息项的访问，或限制对某些控制功能的使用的一种技术。访问控制通常用于系统管理员控制用户对服务器、目录、文件等网络资源的访问。

5. 入侵检测与容侵容错技术

通常在网络中存在恶意入侵的节点，在这种情况下，网络仍然能够正常地进行工作，这就是所谓的容侵。WSN 的安全隐患在于网络部署区域的开放性以及无线电网络的广播特性，攻击者往往利用这两个特性，通过阻碍网络中节点的正常工作，进而破坏整个传感器网络的运行，降低网络的可用性。在恶劣的环境中或者是人迹罕至的地区，这里通常是无人值守的，这就导致 WSN 缺少传统网络中的物理上的安全，传感器节点很容易被攻击者俘获、毁坏或妥协。现阶段无线传感器网络的容侵技术主要集中于网络的拓扑容侵、安全路由容侵以及数据传输过程中的容侵机制。

我们就结合一种 WSN 中的容侵框架，进行探讨 WSN 中是如何对网络的安全做维护。

容侵框架包括三个部分。

(1) 判定恶意节点：主要任务是要找出网络中的攻击节点或被妥协的节点。基站随机发送一个通过公钥加密的报文给节点，为了回应这个报文，节点必须能够利用其私钥对报文进行解密并回送给基站，如果基站长时间接收不到节点的回应报文，则认为该节点可能遭受到入侵。另一种判定机制是利用邻居节点的签名。如果节点发送数据包给基站，需要获得一定数量的邻居节点对该数据包的签名。当数据包和签名到达基站后，基站通过验证签名的合法性来判定数据包的合法性，进而判定节点为恶意节点的可能性。

(2) 发现恶意节点后启动容侵机制：当基站发现网络中可能存在的恶意节点后，则发送一个信息包告知恶意节点周围的邻居节点可能的入侵情况。因为还不能确定节点是恶意节点，邻居节点只是将该节点的状态修改为容侵，即节点仍然能够在邻居节点的控制下进行数据的转发。

(3) 通过节点之间的协作，对恶意节点做出处理决定(排除或是恢复)：一定数量的邻居节点产生编造的报警报文，并对报警报文进行正确的签名，然后将报警报文转发给恶意节点。邻居节点监测恶意节点对报警报文的处理情况。正常节点在接收到报警报文后，会产生正确的签名，而恶意节点则可能产生无效的签名。邻居节点根据接收到的恶意节点的无效签名的数量来确定节点是恶意节点的可能性。通过各个邻居节点对节点是恶意节点性测试信息的判断，选择攻击或放弃。

10.3　物联网安全问题中的六大关系

1. 物联网安全与现实社会的关系

我们知道，是生活在现实社会的人类创造了网络虚拟社会的繁荣，同时也是人类制造了网络虚拟社会的麻烦。现实世界中真善美的东西，网络的虚拟社会都会有。同样，现实社会中丑陋的东西，网络的虚拟社会一般也会有，只是表现形式不一样。互联网上如此之多的信息安全问题是人类自身制造的。同样，物联网的安全也是现实社会安全问题的反映。因此，我们在建设物联网的同时，需要拿出更大的精力去应对物联网所面临的更加复杂的信息安全问题。物联网安全是一个系统的社会工程，光靠技术来解决物联网安全问题是不可能的，它必然要涉及技术、政策、道德与法律规范。

2. 物联网安全与计算机、计算机网络安全的关系

所有的物联网应用系统都是建立在互联网环境之中的，因此，物联网应用系统的安全都是建立在互联网安全的基础之上的。互联网包括端系统与网络核心交换两个部分。端系统包括计算机硬件、操作系统、数据库系统等，而运行物联网信息系统的大型服务器或服务器集群，及用户的个人计算机都是以固定或移动方式接入到互联网中的，它们是保证物联网应用系统正常运行的基础。任何一种物联网功能和服务的实现都需要通过网络核心交换在不同的计算机系统之间进行数据交互。病毒、木马、蠕虫、脚本攻击代码等恶意代码可以利用 E-mail、FTP 与 Web 系统进行传播，网络攻击、网络诱骗、信息窃取可以在互联网环境中进行。那么，它们同样会对物联网应用系统构成威胁。如果互联网核心交换部分不安全了，那么物联网信息安全的问题就无从谈起。因此，保证网络核心交换部分的安全，以及保证计算机系统的安全是保障物联网应用系统安全的基础。

3. 物联网安全与密码学的关系

密码学是信息安全研究的重要工具，在网络安全中有很多重要的应用，物联网在用户身份认证、敏感数据传输的加密上都会使用到密码技术。但是物联网安全涵盖的问题远不止密码学涉及的范围。密码学是数学的一个分支，它涉及数字、公式与逻辑。数学是精确的和遵循逻辑规律的，而计算机网络、互联网、物联网的安全涉及的是人所知道的事、人与人之间关系、人和物之间的关系，以及物与物之间的关系。物是有价值的，人是有欲望的，是不稳定的，甚至是难于理解的。因此，密码学是研究网络安全所必需的一个重要的工具与方法，但是物联网安全研究所涉及的问题要广泛得多。

4. 物联网安全与国家信息安全战略的关系

物联网在互联网的基础上进一步发展了人与物、物与物之间的交互，它将越来越多地应用于现代社会的政治、经济、文化、教育、科学研究与社会生活的各个领域，物联网安全必然会成为影响社会稳定、国家安全的重要因素之一。因此，网络安全问题已成为信息化社会的一个焦点问题。每个国家只有立足于本国，研究网络安全体系，培养专门人才，发展网络安全产业，才能构筑本国的网络与信息安全防范体系。如果哪个国家不重视网络与信息安全，那么它们必将在未来的国际竞争中处于被动和危险的境地。

5. 物联网安全与信息安全共性技术的关系

对于物联网安全来说，它既包括互联网中存在的安全问题(即传统意义上的网络环境中信息安全共性技术)，也有它自身特有的安全问题(即物联网环境中信息安全的个性技术)。物联网信息安全的个性化问题主要包括无线传感器网络的安全性与 RFID 安全性问题。

6. 物联网应用系统建设与安全系统建设的关系

网络技术不是在真空之中，物联网是要提供给全世界的用户使用的，网络技术人员在研究和开发一种新的物联网应用技术与系统时，必须面对一个复杂的局面。成功的网络应用技术与成功的应用系统的标志是功能性与安全性的统一。不应该简单地把物联网安全问题看作是从事物联网安全技术工程师的事，而是每位信息技术领域的工程师与管理人员共同面对的问题。在规划一种物联网应用系统时，除了要规划出建设系统所需要的资金，还需要考虑拿出一定比例的经费用于安全系统的建设。这是一个系统设计方案成熟度的标志。物联网的建设涉及更为广阔的领域，因此物联网的安全问题应该引起我们更加高度的重视。

10.4　物联网安全机制加强

物联网系统的安全主要包括：读取控制、隐私保护、用户认证、不可抵赖性、数据保密性、通信层安全、数据完整性、随时可用性。前 4 项主要处在物联网 DCM 三层架构的应用层，后 4 项主要位于传输层和感知层。其中"隐私权"和"可信度"(数据完整性和保密性)问题在物联网体系中尤其受关注。专家早在物联网概念提出之初就制定出相关的解决方案和思路。

(1) 用户身份识别与安全登录。采用数字证书认证方式来鉴别登录系统用户身份的唯一性、合法性，实现了可靠的身份认证。

(2) 重要数据安全传输。使用安全网关建立虚拟安全专网来保护系统的数据。采用基于 SSL 协议安全性最高的双向身份认证的密钥协议，密码算法使用各种标准的加密算法，可以提供不低于 128 比特的安全加密强度。

(3) 操作行为的抗抵赖性。使用共同认可的、安全的、标准化的数字证书，结合安全网关对业务操作过程跟踪，从而可以鉴定责任人、责任事件，提高操作行为的不可抗抵赖性要求。

(4) 电子签名的法律有效性。将数字水印技术应用于电子签名中，此签名具有与手写签名同等的法律效力。当发生纠纷的时候，提取原水印签名信息可作为电子证据。正如物联网是信息化发展的更高阶段，基于物联网的信息安全措施是当下亟待解决的关键问题，在政策与管理层面，需要将物联网信息安全技术列入国家战略性发展规划范围；整合现有相关资源，引导资源投入和技术、产品创新；推进产学研结合，在有条件的地方开展示范项目建设。信息安全专家慎重表明，要发展好物联网，一定要充分考虑到网络安全、系统稳定、信息保护等方面存在的问题，做好备选方案，把握好发展需求与技术管理体系之间的平衡，实现物联网产业的有序健康发展。

物联网的安全机制可以从以下几个方面加强。

(1) 认证和访问控制。对用户访问网络资源的权限进行严格的多等级认证和访问控制，进行用户身份认证，对口令加密、更新和鉴别，设置用户访问目录和文件的权限，控制网络设备配置的权限等。例如，可以在通信前进行节点与节点的身份认证；设计新的密钥协商方案，使得即使有一小部分节点被操纵后，攻击者也不能或很难从获取的节点信息推导出其他节点的密钥信息。另外，还可以通过对节点设计的合法性进行认证等措施来提高感知终端本身的安全性能。

(2) 数据加密。加密是保护数据安全的重要手段。加密的作用是保障信息被攻击者截获后不能被破译。同时，对传输信息加密可以解决窃听问题，但需要一个灵活、强健的密钥交换和管理方案，密钥管理方案必须容易部署而且适合感知节点资源有限的特点。另外，密钥管理方案还必须保证当部分节点被操纵后不会破坏整个网络的安全性。目前，机密技术很多，但是如何让加密算法适应快速节能的计算需求，并提供更高效和可靠的保护，尤其是在资源受限的情况下，或在人和物体相对运动彼此断裂的情况下，进行安全加密和认证，是物联网发展对加密技术提出的更高挑战和要求。

(3) 立法保护。目前监管体系存在着执法主体不集中，多重多头管理对重要程度不同的信息网络的管理要求没有差异、没有标准，缺乏针对性等问题，对应该重点保护的单位和信息系统无从入手实施管控。因此，我国需要从立法角度，针对物联网隐私规章的地域性影响数据所有权等问题，明晰统一的法律诠释并建立完善的保护机制。通过政策法规加大对物联网信息涉及的国家安全、企业机密和个人隐私的保护力度，进一步加强对监管机构的人、财、物的投入，完善监管组织体系，形成监管合力，这些都是解决物联网安全和隐私问题的重要手段。

物联网的信息安全保障体系要增强五种能力：一是要创建物联网的信任体系；二是要提升物联网系统的安全检测和防护能力；三是要建立物联网系统的监控能力；四是要加强物联网的应急反应和容灾能力；五是要强化系统安全的管理和可控。强化这五种能力的目的是保证物联网的六性，即保密性、完整性、真实性、可核查性、可控性、可用性。鉴于物联网与大数据的紧密联系，保障物联网安全的关键是保障好大数据的安全。大数据时代的首要特征是广泛获取海量数据，这是起步；而提炼其中有价值的信息是关键；重视信息安全是保障；形成科学的结论是目的；服务社会的发展是前景。这是大数据的五大特征。从 20 世纪 80 年代开始到现在产生的数据量一直在海量提升。目前，大数据的"量"正在发生颠覆性的变化，预计到 2020 年，每个人每天所生产的数据就可以达到 1.1TB。

物联网的环境、主体、传输手段都具有多样化的特点，和传统的桌面网、管理网差别很大。保障物联网发展中的大数据安全要分别从感知端、传递网、智能化处理端这三个层次入手。物联网的安全对策归纳起来主要是五个领域：①对物联网信任体系的建设，包括身份认证、授权、责任认定、密码体系等。②提高检测防护的五种能力。③做好物联网的监控审计，包括感知端、传递网和智能化处理端。④在紧急情况下的应急容灾。⑤从顶层设计构建信息安全管理体系(ISMS)。一定要认真落实物联网信息安全对策，以保障物联网的安全推进，支持国民经济和社会管理的健康发展。

10.5 物联网安全技术体系

1. 横向防御体系

物联网横向防御体系，包括物理安全、安全计算环境、安全区域边界、安全通信网络、安全管理中心、应急响应恢复与处置六个方面。其中"一个中心"管理下的"三重保护"是核心，物理安全是基础，应急响应处置与恢复是保障。安全计算环境子系统主要实现计算环境内部的安全保护；安全区域边界子系统主要实现出/入区域边界的数据流向控制；安全通信子系统主要实现网络传输和交换的数据信息的保密性和完整性的安全保护；应急相应处置与恢复主要用于处理系统故障或异常，并保证系统可以从故障或异常中及时恢复。

安全体系中的安全技术范围涵盖以下内容：物理安全主要包括物理访问控制、环境安全(监控、报警系统、防雷、防火、防水、防潮、静电消除器等装置)、电磁屏蔽安全、设计采购施工(Engineering Procurement Construction，EPC)设备安全。安全计算环境主要包括感知节点身份鉴别、自主/强制/角色访问控制、授权管理(PKI/PMI 系统)、感知节点安全防护(恶意节点、节点失效识别)、标签数据源可信、数据保密性和完整性、EPC 业务认证、系统安全审计。安全区域边界主要包括节点控制(网络访问控制、节点设备认证)、信息安全交换(数据机密性与完整性、指令数据与内容数据分离、数据单向传输)、节点完整性(防护非法外联入侵行为、恶意代码防范)、边界审计。安全通信网络主要包括链路安全(物理专用或逻辑隔离)、传输安全(加密控制、消息摘要或数字签名)。安全管理中心主要包括业务与系统管理(业务准入介入与控制、用户管理、资源管理、EPCIS 管理)、安全监测系统(入侵检测、违规检查、EPC 数字取证)、安全管理(EPC 策略管理、审计管理、授权管理、异常与报警管理)。应急响应恢复与处置主要包括容灾备份、故障恢复、安全事件处理与分析、应急机制。

2. 纵深防御体系

(1) 物联网可以依据保护对象的重要程度以及防范范围，将整个保护对象从网络空间划分为若干层次，不同层次采取不同的安全技术。目前，物联网体系以互联网为基础，因此，可以将保护范围划分为：边界防护、区域防护、节点防护、核心防护(应用防护或内核防护)，从而实现纵深防御。物联网边界防护包括两个层面：①物联网边界可以指单个应用的边界，即核心处理层与各个感知节点之间的边界，例如智能家居中控制中心与居家的洗衣机或路途中汽车之间的边界，也可理解是传感网与互联网之间的边界。另外，物联网边界也可以指不同边界之间的边界，例如，感知电力与感知工业之间的业务应用之间的边界。②防护是比边界更小的范围，特指单个业务应用内的区域，例如安全管理中心区域。节点防护一般具体到一台服务器或感知节点的防护，其保护系统的健壮性，消除系统的安全漏洞等。核心防护可以针对某一个具体的安全技术，也可以是具体的节点或用户，也可以是操作系统的内核防护，它抗攻击强度最大，能够保证核心的安全。

(2) 可信接入技术是通过不同可信计算机平台之间通信网络工程中基于可信计算技术的相互认证操作，确保系统各可信平台之间的通信关系满足特定的安全策略。每个可信计算机平台在启动时都将进行硬件检查和操作系统版本检测，以确定设备是某个安全区域的内部设备，操作系统是可信操作系统。在用户登录并执行具体的安全程序之后，可信认证将据此确定用户所属的安全区域，并在用户与外界进行通信网络连接时，将相关的信息发送给对方。在通信网络连接的另一端，系统将根据这些信息决定通信网络连接是否允许、确定通信网络连接的流向控制，并可以在介入端根据这些信息标识通信网络连接相关的主体与客体。可信接入可以用于安全管理中心与安全计算环境之间的连接，实现安全管理中心到安全计算环境的可信安全策略管理机制的单向信息流向；可信接入也可以用于安全审计/检测中心与安全计算环境之间的连接，实现安全计算环境中的可信审计/检测机制到安全审计/检测中心的单向信息流向。这样，安全计算环境中的用户将无法攻击安全管理中心，也无法从审计/检测中心窃取信息。可信接入机制也可以用于运行于节点和安全服务器之间的连接，节点连接到服务器上之后，根据节点的状态，安全服务器可以为节点的连接赋予适合的安全标识，使其能够被纳入适合的应用策略域。物联网安全要求接入的节点具有一定的安全保障措施，因此要求终端节点对物联网平台来说是可信的，且不同业务平台之间的互联安全可靠。物联网通过平台验证和加密信息通信节点之间、不同业务平台之间的可信互联。由于物体标签携带的数据量小，无法直接实现节点与物联网平台的可信接入，但可以通过专用于安全的 EPCIS 安全服务器实现可信接入。

10.6　已有技术在物联网中的应用

异常行为检测对应的物联网安全需求为攻击检测和防御、日志和审计。

异常行为检测的方法通常有两个：一个是建立正常行为的基线，从而发现异常行为，另一种是对日志文件进行总结分析，发现异常行为。

物联网与互联网的异常行为检测技术也有一些区别，如利用大数据分析技术，对全流量进行分析，进行异常行为检测。在互联网环境中，这种方法主要是对 TCP/IP 协议的流量进行检测和分析，而在物联网环境中，还需要对其他协议流量进行分析，如工控环境中的 Modbus、Profibus 等协议流量。此外，物联网的异常行为检测也会应用到新的应用领域中，如在车联网环境中对汽车进行异常行为检测。360 研究员李均利用机器学习的方法，为汽车的不同数据之间的相关性建立了一个模型，这个模型包含了诸多规则，依靠对行为模式、数据相关性和数据的协调性的分析对黑客入侵进行检测。

1. 代码签名

对应的物联网安全需求：设备保护和资产管理、攻击检测和防御。

通过代码签名可以保护设备不受攻击，保证所有运行的代码都是被授权的，保证恶意代码在一个正常代码被加载之后不会覆盖正常代码，保证代码在签名之后不会被篡改。相较于互联网，物联网中的代码签名技术不仅可以应用在应用级别，还可以应用在固件级别，所有的重要设备，包括传感器、交换机等都要保证所有在上面运行的代码经过签名，没有被签名的代码不能运行。

由于物联网中的一些嵌入式设备资源受限，其处理器能力、通信能力、存储空间有限，所以需要建立一套适合物联网自身特点的，综合考虑安全性、效率和性能的代码签名机制。

2. 白盒密码

对应的物联网安全需求：设备保护和资产管理。

物联网感知设备的系统安全、数据访问和信息通信通常都需要加密保护。但由于感知设备常常散布在无人区域或者不安全的物理环境中，这些节点很可能会遭到物理上的破坏或者俘获。如果攻击者俘获了一个节点设备，就可以对设备进行白盒攻击。传统的密码算法在白盒攻击环境中不能安全使用，甚至显得极度脆弱，密钥成为任何使用密码技术实施保护系统的单一故障点。在当前的攻击手段中，很容易通过对二进制文件的反汇编、静态分析，对运行环境的控制结合使用控制 CPU 断点、观测寄存器、内存分析等来获取密码。在已有的案例中我们看到，在未受保护的软件中，密钥提取攻击通常可以在几个小时内成功提取以文字数据阵列方式存放的密钥代码。

白盒密码算法是一种新的密码算法，它与传统密码算法的不同点是能够抵抗白盒攻击环境下的攻击。白盒密码使得密钥信息可充分隐藏、防止窥探，因此确保了在感知设备中安全地应用原有密码系统，极大提升了安全性。

白盒密码作为一个新兴的安全应用技术，能普遍应用在各个行业领域、各个技术实现层面。例如，HCE 云支付、车联网，在端点(手机终端、车载终端)层面实现密钥与敏感数据的安全保护；在云计算上，可对云上的软件使用白盒密码，保证在云这个共享资源池上，进行加解密运算时用户需要保密的信息不会被泄露。

3. Over-The Air(OTA)

对应的物联网安全需求：设备保护和资产管理。

空中下载技术(Over-The Air，OTA)最初是运营商通过移动通信网络(GSM 或者 CDMA)的空中接口对 SIM 卡数据以及应用进行远程管理的技术，后来逐渐扩展到固件升级、软件安全等方面。

随着技术的发展，物联网设备中总会出现脆弱性，所以设备在销售之后，需要持续地打补丁。而物联网的设备往往数量巨大，如果花费人力去人工更新每个设备是不现实的，所以 OTA 技术在设备销售之前应该被植入到物联网设备之中。

4. 深度包检测(DPI)技术

对应的物联网安全需求：攻击检测和防御。

互联网环境中通常使用防火墙来监视网络上的安全风险，但是这样的防火墙针对的是 TCP/IP 协议，而物联网环境中的网络协议通常不同于传统的 TCP/IP 协议，如工控中的 Modbus 协议等，这使得控制整个网络风险的能力大打折扣。因此，需要开发能够识别特定网络协议的防火墙，与之相对应的技术则为深度包检测技术。

深度包检测技术(Deep Packet Inspection，DPI)是一种基于应用层的流量检测和控制技术，当 IP 数据包、TCP 或 UDP 数据流通过基于 DPI 技术的带宽管理系统时，该系统通过深入读取 IP 包载荷的内容来对 OSI 七层协议中的应用层信息进行重组，从而得到整个应用程序的内容，然后按照系统定义的管理策略对流量进行整形操作。

思科和罗克韦尔自动化联手开发了一项符合工业安全应用规范的深度数据包检测(DPI)技术。采用 DPI 技术的工业防火墙有效扩展了车间网络情况的可见性。它支持通信模式的记录，可在一系列安全策略的保护之下提供决策制定所需的重要信息。用户可以记录任意网络连接或协议(比如 EtherNet/IP)中的数据，包括通信数据的来源、目标以及相关应用程序。

在融合型全厂以太网(CPwE)架构中的工业区域和单元区域之间，采用 DPI 技术的车间应用程序能够指示防火墙拒绝某个控制器的固件下载。这样可防止滥用固件，有助于保护运营的完整性。只有授权用户才能执行下载操作。

5. 防火墙

对应的物联网安全需求：攻击检测和防御。

物联网环境中，存在很小并且通常很关键的设备接入网络，这些设备由 8 位的 MCU 控制。由于资源受限，对于这些设备的安全实现非常有挑战。这些设备通常会实现 TCP/IP 协议栈，使用 Internet 来进行报告、配置和控制功能。由于资源和成本方面的考虑，除密码认证外，许多使用 8 位 MCU 的设备并不支持其他安全功能。防火墙控制嵌入式系统处理的数据包，锁定非法登录尝试、拒绝服务攻击、分组洪水、端口扫描和其他常见的网络威胁。

10.7　物联网安全研究点

1. 物联网安全网关

物联网设备缺乏认证和授权标准，有些甚至没有相关设计，对于连接到公网的设备，这将导致可通过公网直接对其进行访问。另外，也很难保证设备的认证和授权实现没有问题，所有设备都进行完备的认证未必现实(设备的功耗等)，可考虑额外加一层认证环节，只有认证通过，才能够对其进行访问，结合大数据分析提供自适应访问控制。

对于智能家居内部设备(如摄像头)的访问，可将访问视为申请，由网关记录并通知网关 APP，由用户在网关 APP 端进行访问授权。

未来物联网网关可以发展成富应用平台，就像当下的手机一样。一是对于用户体验和交互性来说拥有本地接口和数据存储是非常有用的；二是即使与互联网的连接中断，这些应用也需要持续工作。物理网关对于嵌入式设备可以提供有用的安全保护。低功耗操作和受限的软件支持意味着频繁的固件更新代价太高甚至不可能实现。反而，网关可以主动更新软件(高级防火墙)以保护嵌入式设备免受攻击。实现这些特性需要重新思考运行在网关上的操作系统及其机制。

软件定义边界可以被用来隐藏服务器和服务器与设备的交互，从而最大化地保障安全和运行时间。细粒度访问控制：研究基于属性的访问控制模型，使设备根据其属性按需细粒度访问内部网络的资源。自适应访问控制：研究安全设备按需编排模型，对于设备的异常行为进行安全防护，限制恶意用户对于物联网设备的访问。同时，安全网关还可与云端通信，实现对于设备的 OTA 升级，可以定期对内网设备状态进行检测，并将检测结果上传到云端进行分析等。

但是，也应意识到安全网关的局限性，安全网关更适用于对于固定场所中外部与内部连接之间的防护，如家庭、企业等，对于一些需要移动的设备的安全，如智能手环等，或者内部使用无线通信的环境，则可能需要使用其他方式来解决。

2. 应用层的物联网安全服务

应用层的物联网安全服务主要包含两个方面，一是大数据分析驱动的安全，二是对于已有的安全能力的集成。

由于感知层的设备性能所限，并不具备分析海量数据的能力，也不具备关联多种数据发现异常的能力，一种自然的思路是在感知层与网络层的连接处提供一个安全网关，它负责采集数据，如流量数据、设备状态等，这些数据上传到应用层，利用应用层的数据分析能力进行分析，根据分析结果，下发相应指令。

传统的 Web 安全中的安全能力，如 URL 信誉服务、IP 信誉服务等，同样可以集成到物联网环境中，可作为安全服务模块，由用户自行选择。

物联网漏洞挖掘主要关注两个方面，一个是网络协议的漏洞挖掘，另一个是嵌入式操作系统的漏洞挖掘。它们分别对应网络层和感知层，应用层大多采用云平台，属于云安全的范畴，可应用已有的云安全防护措施。

在现代的汽车、工控等物联网行业，各种网络协议被广泛使用，这些网络协议带来了大量的安全问题。需要利用一些漏洞挖掘技术对物联网中的协议进行漏洞挖掘，先于攻击者发现并及时修补漏洞，有效减少来自黑客的威胁，提升系统的安全性。

物联网设备多使用嵌入式操作系统，如果这些嵌入式操作系统遭受了攻击，将会对整个设备造成很大的影响。对嵌入式操作系统的漏洞挖掘也是一个重要的物联网安全研究方向。

3. 物联网僵尸网络研究

2017 年最为有名的物联网僵尸网络便是 Mirai 了，它通过感染网络摄像头等物联网设备进行传播，可发动大规模的 DDoS 攻击，它对 Brian Krebs 个人网站和法国网络服务商 OVH 发动 DDoS 攻击，对于美国 Dyn 公司的攻击 Mirai 也贡献了部分流量。

对于物联网僵尸网络的研究包括传播机理、检测、防护和清除方法。

4. 区块链技术

区块链解决的核心问题是在信息不对称、不确定的环境下，如何建立满足经济活动赖以发生、发展的"信任"生态体系。

在物联网环境中，所有日常家居物件都能自发、自动地与其他物件或外界世界进行互动，但是必须解决物联网设备之间的信任问题。

传统的中心化系统中，信任机制比较容易建立，存在一个可信的第三方来管理所有的设备的身份信息。但是物联网环境中设备众多，未来可能会达到百亿级别，这会对可信第三方造成很大的压力。

区块链系统网络是典型的 P2P 网络，具有分布式异构特征，而物联网天然具备分布式特征，网中的每一个设备都能管理自己在交互作用中的角色、行为和规则，对建立区块链

系统的共识机制具有重要的支持作用。

5. 物联网安全设备设计

物联网设备制造商并没有很强的安全背景，也缺乏标准来说明一个产品是否是安全的。很多安全问题来自于不安全的设计。信息安全厂商可以做三点：一是提供安全的开发规范，进行安全开发培训，指导物联网领域的开发人员进行安全开发，提高产品的安全性；二是将安全模块内置于物联网产品中，比如工控领域对于实时性的要求很高，而且一旦部署可能很多年都不会对其进行替换，这时的安全可能更偏重于安全评估和检测，如果将安全模块融入设备的制造过程，将能显著降低安全模块的开销，对设备提供更好的安全防护；三是对出厂设备进行安全检测，及时发现设备中的漏洞并协助厂商进行修复。

6. 物联网的应用

物联网在智能家居、医疗、城市化、环保、智能化校园等方面也发挥着举足轻重的作用。

1) 智能家居

智能家居产品融合自动化控制系统、计算机网络系统和网络通信技术于一体，将各种家庭设备(如音视频设备、照明系统、窗帘控制、空调控制、安防系统、数字影院系统、网络家电等)通过智能家庭网络联网实现自动化，通过中国电信的宽带、固话和3G无线网络，可以实现对家庭设备的远程操控。

与普通家居相比，智能家居不仅提供舒适宜人且高品位的家庭生活空间，实现更智能的家庭安防系统，还将家居环境由原来的被动静止结构转变为具有能动智慧的工具，提供全方位的信息交互功能。

2) 智能医疗

智能医疗系统借助简易实用的家庭医疗传感设备，对家中病人或老人的生理指标进行自测，并将生成的生理指标数据通过中国电信的固定网络或3G无线网络传送到护理人或有关医疗单位。根据客户需求，中国电信还提供相关增值业务，如紧急呼叫救助服务、专家咨询服务、终生健康档案管理服务等。智能医疗系统真正解决了现代社会子女们因工作忙碌无暇照顾家中老人的无奈，可以随时表达孝子情怀。

3) 智能城市

智能城市产品包括对城市的数字化管理和城市安全的统一监控。前者利用"数字城市"理论，基于3S(地理信息系统GIS、全球定位系统GPS、遥感系统RS)等关键技术，深入开发和应用空间信息资源，建设服务于城市规划、城市建设和管理，服务于政府、企业、公众，服务于人口、资源环境、经济社会的可持续发展的信息基础设施和信息系统。后者基于宽带互联网的实时远程监控、传输、存储、管理的业务，利用中国电信无处不达的宽带和3G网络，将分散、独立的图像采集点进行联网，实现对城市安全的统一监控、统一存储和统一管理，为城市管理和建设者提供一种全新、直观、视听觉范围延伸的管理工具。

4) 智能环保

智能环保产品通过对地表水水质的自动监测，可以实现水质的实时连续监测和远程监控，及时掌握主要流域重点断面水体的水质状况，预警预报重大或流域性水质污染事故，解决跨行政区域的水污染事故纠纷，监督总量控制制度落实情况。太湖环境监控项目，通过安装在环太湖地区的各个监控的环保和监控传感器，将太湖的水文、水质等环境状态提供给环保部门，实时监控太湖流域水质等情况，并通过互联网将监测点的数据报送至相关管理部门。

5)　智能校园

智能化校园建设可以实现的功能包括电子钱包、身份识别和银行圈存。电子钱包即通过手机刷卡实现主要校内消费；身份识别包括门禁、考勤、图书借阅、会议签到等；银行圈存即实现银行卡到手机的转账充值、余额查询。目前校园手机一卡通的建设，除了满足普通一卡通功能外，还实现了借助手机终端实现空中圈存、短信互动等应用，极大地帮助中小学行业用户实现学生管理电子化，老师排课办公无纸化和学校管理的系统化，使学生、家长、学校三方可以时刻保持沟通，方便家长及时了解学生的学习和生活情况，通过一张薄薄的"学籍卡"，真正达到了对未成年人日常行为的精细管理，最终达到学生开心、家长放心、学校省心的效果。

本 章 小 结

物联网的安全和互联网的安全问题一样，永远都是一个被广泛关注的话题。本章主要介绍物联网的相关安全技术知识，包括物联网的安全特点、安全模型、安全管理等。在此基础上着重介绍无线传感器网络信息安全需求及特点，包括密钥管理、安全路由和安全聚合等相关内容。最后就物联网现阶段的安全作简要介绍并提出未来研究的方向。

习 题

一、选择题

1. 物联网入侵检测的步骤不包括(　　　)。
    A. 信息收集　　　B. 信息保护　　　C. 数据分析　　　D. 响应
2. 感知层可能遇到的安全挑战不包括(　　　)。
    A. 感知层的节点无法捕获信息
    B. 感知层的网关节点被恶意控制
    C. 感知层的普通节点被恶意控制
    D. 感知层的节点受来自于网络的 DoS 攻击

二、判断题

1. 现有的通信网络的安全架构是从人的角度设计的，它也完全适用于设备间的通信安全。 　　　　　　　　　　　　　　　　　　　　　　　　　　　　　　　(　　　)
2. 所有的物联网应用系统都是建立在互联网环境中。 　　　　　　　　　　(　　　)
3. 信息保密技术是研究计算机互联网信息安全的一个重要工具和方法，与物联网信息安全无关。 　　　　　　　　　　　　　　　　　　　　　　　　　　　　　(　　　)
4. 在物联网中，主机和节点之间以及簇头和成员节点之间多采用广播通信，该方式与点到点的通信相同。 　　　　　　　　　　　　　　　　　　　　　　　　　(　　　)
5. 具有防冲突性能的 RFID 系统可以同时识别进入识别距离的所有射频卡。 (　　　)
6. 蓝牙的密钥管理机制中的链路密钥的主要作用是生成加密密钥。 　　　(　　　)

7. 访问控制的主要功能是身份认证、授权、文件保护和审计。　　　（　　）

8. 消息认证是一个结果，用来检验接收消息的真实性和完整性，同时还用于验证消息的顺利性和时间性。　　　（　　）

9. 网络病毒的检测通常采用手工检测和自动检测两种方法。　　　（　　）

10. 状态监视技术是属于第三代防火墙技术。　　　（　　）

三、简答题

1. 物联网密钥管理流程有哪些步骤？

2. 概要说明物联网安全技术分类。

3. 举例说明 RFID 系统安全技术解决方案。

4. 物联网传输层的安全防范对策有哪些？

第 11 章

物联网系统设计方法及案例分析

学习目标

1. 了解物联网系统设计的原则及设计步骤。

2. 掌握物联网系统的构建。

3. 了解物联网系统的相关案例。

知识要点

物联网系统的原则及设计步骤；物联网系统的相关案例及应用。

11.1 物联网系统的设计基础

11.1.1 物联网系统设计的原则

1. 实用性和先进性原则

在设计物联网系统时首先应该注重实用性，紧密结合具体应用的实际需求。在选择具体的网络通信技术时一定要同时考虑当前及未来一段时间内主流应用技术，不要一味地追求新技术和新产品，一方面新的技术和产品还有一个成熟的过程，立即选用可能会出现各种问题；另一方面，最新技术的产品价格肯定非常昂贵，会造成不必要的资金浪费。

组建物联网时，尽可能采用先进的传感网技术以适应更高的多种数据、语音(VoIP)、视频(多媒体)的传输需要，使整个系统在相当一段时期内保持技术上的先进性。性价比高，实用性强，这是对任何一个网络系统最基本的要求。组建物联网也一样，特别是在组建大型物联网系统时更是如此。否则，虽然网络性能足够了，但如果企业目前或者未来相当长一段时间内都不可能有实用价值，就会造成投资的浪费。

2. 安全性原则

除了需要解决通信网络的传统网络安全问题之外，还存在一些与传统网络安全问题完全不同的特殊安全问题。例如，物联网机器/感知节点的本地安全问题，物联网络的传输与信息安全问题，核心承载网络的传输与信息安全问题，以及物联网业务的安全问题等。物联网安全涉及许多方面，最明显、最重要的就是对外界入侵、攻击的检测与防护。现在的互联网几乎时刻受到外界的安全威胁，稍有不慎就会被病毒、黑客入侵，致使整个网络陷入瘫痪。在一个安全措施完善的网络中，不仅要部署病毒防护系统、防火墙隔离系统，还可能要部署入侵检测、木马查杀和物理隔离系统等。当然所选用系统的具体等级要根据相应网络规模大小和安全需求而定，并不一定要求每个网络系统都全面部署这些防护系统。

除了病毒、黑客入侵外，网络系统的安全性需求还体现在用户对数据的访问权限上，一定要根据对应的工作需求为不同用户、不同数据域配置相应的访问权限。同时，用户账户(特别是高权限账户)的安全也应受到重视，要采取相应的账户防护策略(如密码复杂性策略和账户锁定策略等)，保护好用户账户，以防被非法用户盗取。

3. 标准化、开放性、互联性和可扩展性原则

物联网系统是一个不断发展的应用信息网络系统，所以它必须具有良好的标准化、开放性、互联性与扩展性。

标准化是指积极参与国际和国内相关标准制订。物联网的组网、传输、信息处理、测试、接口等一系列关键技术标准应遵循国家标准化体系框架及参考模型，推进接口、架构、协议、安全、标识等物联网领域标准化工作；建立起适应物联网发展的检测认证体系，开展信息安全、电磁兼容、环境适应性等方面监督检验和检测认证工作。

开放性和互联性是指凡是遵循物联网国家标准化体系框架及参考模型的软硬件、智能控制平台软件、系统级软件或中间件等都能够进行功能集成、网络集成，互联互通，实现网络通信、资源共享。

扩展性是指设备软件系统级抽象，核心框架及中间件构造、模块封装应用、应用开发环境设计、应用服务抽象与标准化的上层接口设计、面向系统自身的跨层管理模块化设计、应用描述及服务数据结构规范化、上下层接口标准化设计等要有一定的兼容性，保障物联网应用系统以后扩容、升级的需要，能够根据物联网应用不断深入发展的需要，易于扩展网络覆盖范围、扩大网络容量和提高网络功能，使系统具备支持多种通信媒体、多种物理接口的能力，可实现技术升级、设备更新等。在进行网络系统设计时，在有标准可执行的情况下，一定要严格按照相应的标准进行设计，而不要我行我素，特别是节点部署、综合布线和网络设备协议支持等方面。只有基于开放式标准，包括各种传感网、局域网、广域网等，再坚持统一规范的原则，才能为其未来的发展奠定基础。

4. 可靠性与可用性原则

可靠性与可用性原则决定了所设计的网络系统是否能满足用户应用和稳定运行的需求。

网络的"可用性"体现在网络的可靠性及稳定性方面。网络系统应能长时间稳定运行，而不应经常出现这样或那样的运行故障，否则给用户带来的损失可能是非常巨大的，特别是大型外贸、电子商务类型的企业。当然这里所说的"可用性"还表现在所选择产品要能真正用得上，如所选择的服务器产品只支持 UNIX 系统，而用户系统中根本不打算用 UNIX 系统，则所选择的服务器就用不上。

电源供应在物联网系统的可用性保障方面也居于重要地位，尤其是关键网络设备和关键用户机，需要为它们配置足够功率的不间断电源(UPS)，以免数据丢失。例如，服务器、交换机、路由器、防火墙等关键设备要接在有 1h 以上(通常是 3h)的 UPS 电源上，而关键用户机则需要支持 15min 以上的 UPS 电源。

为保证各项业务应用，物联网必须具有高可靠性，尽量避免系统的单点故障。要在网络结构、网络设备、服务器设备等各个方面进行高可靠性的设计和建设。在采用硬件备份、冗余等可靠性技术的基础上，还需要采用相关的软件技术提供较强的管理机制、控制手段和事故监控与网络安全保密等技术措施，以提高整个物联网系统的可靠性。

另外，可管理性也是值得关注的。由于物联网系统本身具有一定复杂性，随着业务的不断发展，物联网管理的任务必定会日益繁重，所以在物联网规划设计中，必须建立一套全面的网络管理解决方案。物联网需要采用智能化、可管理的设备，同时采用先进的网络管理软件，实现先进的分布式管理，最终能够实现监控、监测整个网络的运行情况，并做到合理分配网络资源、动态配置网络负载、迅速确定网络故障等。通过先进的管理策略、管理工具来提高物联网的运行可靠性，简化网络的维护工作，从而为维护和管理提供有力的保障。

11.1.2 物联网系统的设计步骤

1. 用户需求调查与分析

物联网是在计算机互联网的基础上，利用射频识别、无线数据通信、计算机等技术，构造一个覆盖世界上万事万物的实物互联网。与其说物联网是一个网络，不如说是一个应用业务集合体，它将千姿百态的各种业务网络组成一个互联网络。因此，在规划设计物联网时，应充分调查分析物联网的应用背景和工作环境，及其对硬件和软件平台系统的功能要求及影响。这是首先要做的，也是在进行系统设计之前需要做的。俗语说"没有调查就没有发言权"，用户需求分析的原因也就在这里。通常采用自顶向下的分析方法，了解用户所从事的行业、该用户在行业中的地位与其他单位的关系等。在了解了用户建网的目的和目标之后，应进行更细致的需求分析和调研，一般应做好以下几个方面的需求分析工作。

(1) 一般状况调查。在设计具体的物联网系统之前，先要比较确切地了解用户当前和未来 5 年内的网络规模发展，还要分析用户当前的设备、人员、资金投入、站点分布、地理分布、业务特点、数据流量和流向，以及现有软件、广域互联的通信情况等。从这些信息中可以得出新的网络系统所应具备的基本配置需求。

(2) 性能和功能需求调查。就是向用户(通常是公司总监或者 IT 经理、项目负责人等)了解用户对新的网络系统所希望实现的功能、接入速率、所需存储容量(包括服务器和感知节点两个方面)、响应时间、扩充要求、安全需求，以及行业特定应用需求等。这些都非常关键，一定要仔细询问，并做好记录。

(3) 应用和安全需求调查。这两个方面在整个用户调查中也非常重要，特别是应用需求，决定了所设计的物联网系统是否满足用户的应用需求。安全需求方面的调查，在网络安全威胁日益增强、安全隐患日益增多的当今显得格外重要。一个没有安全保障的网络系统，再好的性能、再完善的功能、再强大的应用系统都没有任何意义。

(4) 成本/效益评估。根据用户的需求和现状分析，对设计的物联网系统所需要投入的人力、财力、物力，以及可能产生的经济、社会效益进行综合评估。这是网络系统集成商向用户提出系统设计报价和让用户接受设计方案的最有效参考依据。

(5) 书写需求分析报告。详细了解用户需求、现状分析和成本/效益评估后，要以书面形式向用户和项目经理人提出分析报告，以此作为下一步设计系统的基础与前提。

2. 网络系统初步设计

在全面、详细地了解用户需求，并进行了用户现状分析和成本/效益评估之后，在用户和项目经理认可的前提下，就可以正式进行物联网系统设计了。首先需要给出一个初步的方案，一般包括以下几个方面。

(1) 确定网络的规模和应用范围。确定物联网覆盖范围(这主要根据终端用户的地理位置分布而定)和定义物联网应用的边界(着重强调的是用户的特定行业应用和关键应用，如MIS 系统、ERP 系统、数据库系统、广域网系统、VPN 连接等)。

(2) 统一建网模式。根据用户物联网规模和终端用户地理位置分布确定物联网的总体架构，比如是要集中式还是要分布式，是采用客户机/服务器相互作用模式还是对等模式等。

(3) 确定初步方案。将物联网系统的初步设计方案用文档记录下来，并向项目经理人和用户提交，审核通过后方可进行下一步运作。

3. 物联网系统详细设计

(1) 确定网络协议体系结构。根据应用需求，确定用户端系统应该采用的拓扑结构类型，可选择的网络拓扑通常包括星状、树状和混合型等。如果涉及接入广域网系统，则还需确定采用哪一种中继系统，确定整个网络应该采用的协议体系结构。

(2) 设计节点规模。确定物联网的主要感知节点设备的档次和应该具备的功能，这主要根据用户网络规模、应用需求和相应设备所在的位置而定。传感网中核心层设备性能要求最高，汇聚层的设备性能次之，边缘层的性能要求最低。在接入广域网时，用户主要考虑带宽、可连接性、互操作性等问题，即选择接入方式，因为中继传输网和核心交换网通常都由 NSP 提供，无须用户关心。

（3）确定网络操作系统。在一个物联网系统中，安装在服务器中的操作系统决定了整个系统的主要应用、管理模式，也基本上决定了终端用户所采用的操作系统和应用软件。网络操件系统上要考虑 Microsoft 公司的 Windows 2003 Server 和 Windows Server 2008 系统，它们是目前应用面最广、容易掌握的操作系统，在绝大多数中小型企业中采用。另外还有一些 Linux 系统版本，如 RedHat Enterprise Linux 4.0、Red Flag DC Server 5.0 等。UNIX 系统品牌也比较多，目前最主要应用的是 Sun 公司的 Solaris 10.0、IBM AIX 5L 等。

（4）网络设备的选型和配置。根据网络系统和计算机系统的方案，选择性价比最好的网络设备，并以适当的连接方式加以有效组合。

（5）综合布线系统设计。根据用户的感知节点部署和网络规模，设计整个网络系统的综合布线图，在图中要求标注关键感知节点的位置和传输速率、接口等特殊要求。综合布线图要符合国际、国内布线标准，如 EIA/TIA 568AB、ISO/IEC 11801 等。

（6）确定详细方案。最后确定网络总体及各部分的详细设计方案，并形成正式文档提交项目经理和用户审核，以便及时发现问题，予以纠正。

4．用户和应用系统设计

前面 3 个步骤用于设计物联网架构，此后是进行具体的用户和应用系统设计，其中包括具体的用户应用系统设计和 ERP 系统、MIS 管理系统选择等，具体包括以下几个方面。

（1）应用系统设计。分模块设计出满足用户应用需求的各种应用系统的框架和对网络系统的要求，特别是一些行业的特定应用和关键应用。

（2）计算机系统设计。根据用户业务特点、应用需求和数据流量，对整个系统的服务器、感知节点、用户终端等外设进行配置和设计。

（3）系统软件的选择。为计算机系统选择适当的数据库系统、ERP 系统、MIS 管理系统及开发平台。

（4）机房环境设计。确定用户端系统的服务器所在机房和一般工作站机房环境，包括温度、湿度、通风等要求。

（5）确定系统集成详细方案。将整个系统涉及的各个部分加以集成，并最终形成系统集并最终形成系统集成的正式文档。

5．系统测试和运行

系统设计后还不能马上投入正式的运行，而是要先做一些必要的性能测试和小范围的试运行。性能测试一般需要利用专用测试工具进行，主要测试网络接入性能、响应时间，以及关键应用系统的并发运行等。试运行是对物联网系统的基本性能进行评估；试运行时间一般不少于一个星期。小范围试运行成功后即可全面试运行，全面试运行时间一般不少于一个月。

在试运行过程中出现的问题应及时加以改进，直到用户满意为止，当然这需要结合用户的投资和实际应用需求等因素综合考虑。

11.2 物联网系统的构建

11.2.1 物联网系统的规划

物联网技术和产业的发展将引发新一轮信息技术革命和产业革命，是信息产业领域未来竞争的制高点和产业升级的核心驱动力。随着信息采集与智能计算技术的迅速发展和互联网与移动通信网的广泛应用，大规模发展物联网及相关产业的时机日趋成熟，我国早在十多年前就开始了物联网相关领域的研究，技术和标准与国际基本同步。现阶段，其应用主要为传感网，可在以下各领域构建物联网系统。

1. 经济领域的物联网系统

经济领域物联网系统主要是以提高生产效率、改善管理和节能减排为目的的应用系统，包括智能工业、智能农业、智能物流和智能电网等。

1) 智能工业

(1) 工业智能控制系统。例如在冶金、石化企业建立全流程实时监测和智能控制系统，实施生产过程、检验、检测等环节的智能控制，能够大幅度提升生产水平，提高能源利用效率，减少污染物排放。

(2) 智能装备产品。装备制造企业在产品中集成物联网技术，带动装备升级，提升相关行业智能化水平。

2) 智能农业

(1) 数字大棚物联网系统推广平台。例如建设蔬菜大棚环境监测、生产管理和防盗监控系统，能够大幅度提升生产和管理效率，推动蔬菜大棚数字化、智能化发展。

(2) 农业服务、管理和远程监测平台。例如建设农田服务、管理和远程监测平台，实现远程数据采集和环境控制自动化，可为生产全过程提供高水平的信息和决策服务。

3) 智能物流

(1) 危险品运输车辆智能调度及监控系统。例如，在危险品运输车辆上加装位置感知和泄漏监测设备，通过危险品运输状态监测平台，与路政、交警和消防等部门联动，可实现危险品运输车辆智能调度与实时监控。

(2) 集装箱智能物流调度系统及平台。通过建设港口感知调度与通关平台，利用堆场内的物联网，可实现人员、货柜车和集装箱定位跟踪与智能调度，能够大幅度提升港口调度效率，加快货物通关速度。

(3) 食品及药品追溯系统。通过建立基于 RFID、二维条码等技术的物联网食品及药品追溯系统，可实现各类农产品和药品从生产、加工、运输、储存到销售过程的全生命周期追溯，能够大幅度提高产品安全性，保障食品及药品的质量。

4) 智能电网

(1) 电网电力设施智能监测网络及平台。以电力设施状态监测和高空塔架应急抢险等应用为切入点，建设基于移动通信网络的智能电网物联网，能够有效地保障电网可靠、安全、经济、高效运行，为工业生产提供健康的能源环境。

(2) 智能化远程抄表系统及网络。通过建立电力远程抄表平台，可实现全远程抄表和缴费，有效地提升基础设施精细管理和自动化运营能力。

2. 公共管理领域的物联网系统

公共管理领域物联网主要是以提高公共管理水平为目的的应用系统，可围绕市政基础设施建设管理、重大突发事件响应、重点区域环境监测等，建设城市智能交通、智能公共安全、智能环保和智能灾害防控等物联网系统。

1) 城市智能交通

(1) 交通流量与违规监测网络平台。通过建设城市地面交通智能管理平台，包括中心城区交通流量实时监测与动态诱导系统、机动车定点测速系统、闯禁车辆智能抓拍系统和交通信号灯智能控制系统等，可以有效提升城市智能交通管理水平。

(2) 智能停车系统。通过建设停车场智能诱导和管理系统，可实现信息查询、车位预约和自动收费等功能。

2) 智能公共安全

(1) 城市公共安全平台。通过建设城市热点地区(包括主要商业区、娱乐区、交通路口和治安事件多发区等)远程监控系统，使之具备异常事件自动发现和智能预警功能，并与消防、公安、急救等部门联动，不但能够实现实时监控、应急指挥功能，还可以对事后评估提供有效依据。

(2) 重要基础设施安全防护平台。例如在新建桥梁、隧道等重要基础设施中铺设物联网，对设施结构进行实时监测，可避免重大事故的发生。

3) 智能环保

(1) 水环境监测物联网系统及预警平台。对区域内的水环境例如湖泊建立水质监测物联网平台，实时获取水质信息并完成分布式协同处理与信息综合，对水质恶化及时报警并快速采取应对措施。

(2) 生态城市大气环境智能监测平台。例如在城市市区、重要工业区建立大气质量监测系统，以便为管理机构评估环境、制定政策提供依据，可为公众提供信息查询服务。

(3) 重点排污企业智能化远程监控平台。针对重点排污企业建立排放物监测物联网系统，实时获取企业排污信息，以便实施有针对性的有效管理。

4) 智能灾害防控

(1) 水文智能监测及洪灾预警平台。通过建立水文智能监测系统，可对洪涝灾害及时预警，与水利、气象部门和城市应急指挥系统联网，实时进行洪灾预警。

(2) 气象灾害监测和预警系统。通过建设监测云、水、露点、冰厚、雷电等的高密度气象探测物联网，实时进行气象灾害预警。

(3) 地质灾害监测预警与防控系统。通过建设山洪、泥石流、滑坡等地质灾害监测预警系统，可对地质灾害进行早期监测、预警，以便进行有效的应急处理。

3. 公共服务领域的物联网系统

公共服务领域物联网主要是以提高人民生活水平为目的构建的应用系统，可以以物联网与 TD-SCDMA 等 3G 网络的融合应用为突破口，建设智能医护、智能家居等应用系统。

1) 智能医护

(1) 个人健康实时服务平台。通过建设个人实时健康监测和服务平台，提升对老年市民、离退休干部等实时医疗医护服务水平。

(2) 智能重症监护病房平台。通过建设重症监护病房智能系统，对病人生理参数进行

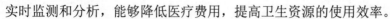

实时监测和分析，能够降低医疗费用，提高卫生资源的使用效率。

2) 智能家居

(1) 智能小区。在住宅小区引入物联网技术，建设联入城市公共安全平台的小区安防系统以及基于通信网络的家庭环境监控、智能安防系统、电子支付等智能控制平台，可实现小区、家居智能化。

(2) 基于物联网的节能建筑。在政府机关、科研院校和商业区写字楼铺设物联网，实时收集水、电等资源使用信息，根据人员活动情况自动调节空调、电灯和水源等，达到节能减排的目的。

11.2.2 物联网系统的设计

在物联网中，由末梢节点与接入网络完成数据采集和控制功能。按照接入网络的复杂性不同，可分为简单接入和多跳接入。简单接入是在采集设备获取信息后通过有线或无线方式将数据直接发送至承载网络。目前，RFID 读写设备主要采用简单接入方式。简单接入方式可用于终端设备分散、数据量少的业务应用。多跳接入是利用传感网技术，将具有无线通信与计算能力的微小传感器节点通过自组织方式，使各节点能根据环境的变化，自主完成网络自适应组织和数据的传递。多跳接入方式适用于终端设备相对集中、终端与网络间传递数据量较小的应用。通过采用多跳接入方式可以降低末梢节点，减少接入层和承载网络的建设投资和应用成本，提升接入网络的健壮性。

对于近距离无线通信，IEEE 802.15 委员会制定了 3 种不同的无线个人局域网(WPAN)标准。其中，IEEE 802.15.3 标准是高速率的 WPAN 标准，适合于多媒体应用，有较高的网络服务质量(QoS)保证。IEEE 802.15.1 标准即蓝牙技术，具有中等速率，适合于蜂窝电话和 PDA 等的通信，其 QoS 机制适合于语音业务。IEEE 802.15.4 标准和 ZigBee 技术完全融合，专为低速率、低功耗的无线互联应用而设计，对数据速率和 QoS 的要求不高。目前，对于小范围内的物品、设备联网，ZigBee 技术以其复杂度低、功耗低、数据速率低及成本低等特点在传感网应用系统中引起了越来越多的关注；尤其在控制系统中，ZigBee 自组网技术已经成为传感网的核心技术。

1. 基于 ZigBee 技术的传感网

ZigBee 是一种近距离、高可信度、大网络容量的双向无线通信技术。ZigBee 技术主要应用于小范围的基于无线通信的控制和自动化等领域，包括工业控制、消费性电子设备、汽车自动化、农业自动化和援用设备控制等，同时也支持地理定位。

在消费性电子设备中嵌入 ZigBee 芯片后，可实现信息家用电器设备的无线互联。例如，利用 ZigBee 技术可较容易地实现相机或者摄像机的自拍、窗户远距离开关控制、室内照明系统的遥控，以及窗帘的自动调整等。尤其是当在手机或者 PDA 中嵌入 ZigBee 芯片后，可以用来控制电视开关、调节空调温度及开启微波炉等。基于 ZigBee 技术的个人身份卡能够代替家居和办公室的门禁卡，记录所有进出大门的个人信息，若附加个人电子指纹技术后，可实现更加安全的门禁系统。嵌入 ZigBee 芯片的信用卡可以较方便地实现无线提取和移动购物，商品的详细信息也能通过 ZigBee 向用户广播。

把 ZigBee 技术与传感器结合起来，就可形成传感网。一般，传感网由感知节点、汇聚节点、网关节点构成。感知节点、汇聚节点完成数据采集和多跳中继传输。网关节点具有双重功能,一是充当网络协调器,负责网络的自动建立和维护、数据汇聚;二是作为监测网络与监控中心的接口,实现接入互联网、局域网,与监控中心交换传递数据的功能。基于 ZigBee 技术的传感网由应用层、网络层、介质接入控制层和物理层组成。

ZigBee 网络中的设备分为全功能设备(Full Function Device,FFD)和简化功能设备(Reduced Function Device,RFD)两种。FFD 设备也称为全功能器件,是具有路由与中继功能的网络节点,它具有控制器的功能,不仅可以传输信号,还可以选择路由。在网络中 FFD 可作网络协调器、网络路由器,有时也可作为终端设备。RFD 设备也称为简化功能器件,它作为网络终端感知节点,相互间不能直接通信,只能通过汇聚节点(FFD)发送和接收数据,不具有路由和中继功能。FFD 和 RFD 的硬件结构完全相同,只是网络层不一样;协调器是网络组织者,负责网络组建和信息路由。

2. 传感网软硬件系统设计

ZigBee 技术由于具有成本低、功耗小、组网灵活、协议软件较为简单以及开发容易等优点,被广泛应用于自动监测、无线数据采集等领域。

1) 基于 ZigBee 技术的传感网的组成

基于 ZigBee 技术的传感网,对于不同的具体应用,其节点的组成有所不同。通常,就一项具体应用而言,感知节点、感知对象和观察者是传感网的 3 个基本要素。一个传感网系统主要由 ZigBee 感知节点(探测器)、若干具有路由功能的汇聚节点和 ZigBee 中心网络协调器(网关节点)组成,是传感网测控系统的核心部分,负责感知节点的管理。

2) 网络节点的硬件设计

对于不同应用,网络节点的组成略有不同,但均应具有端节点和路由功能:一方面实现数据的采集和处理;另一方面实现数据融合与路由。因此,网络节点的设计至关重要。

目前,国内外已经开发出多种传感器网络节点,其组成大同小异,只是应用背景不同,对节点性能的要求不尽相同,所采用的硬件组成也有差异。典型的节点系列包括 Mica 系列、Sensoria WINS、Toles 等,实际上各平台最主要的区别是采用了不同的处理器、无线通信协议和与应用相关的不同传感器。最常用的无线通信协议有 IEEE 802.11b、IEEE 802.15.4(ZigBee)、蓝牙和超宽带(UWB),以及自定义的协议。处理器从 4 位的微控制器到 32 位 ARM 内核的高端处理器都有所应用。通常,就 ZigBee 网络而言,感知节点由 RFID 承担,汇聚节点、网关节点由 FFD 实现。由于各自的功能不同,在硬件构件上也不相同,通常选用 CC2430 作为 ZigBee 射频芯片。

(1) 感知节点硬件结构。感知节点主要由传感器模块和无线发送/接收模块组成。在实际应用中,例如对温度和湿度测量的模拟信号需要经过一个多路选择通道控制,依次送入微处理器后由微处理器进行校正编码,然后传送到基于 ZigBee 技术的收发端。

(2) 网关节点硬件结构。网关节点主要承担传感网的控制和管理功能,它连接传感网与外部网络,实现两种协议之间的通信协议转换,实现数据的融合终端的任务,并把收集到的数据转发到外部网络。网关节点包含有 GPRS 通信模块和 ZigBee 射频芯片模块。GPRS 通信模块通过现有的 GPRS 网络将传感器采集到的数据传到互联网上,用户可以通过个人计算机来观测传感器采集到的数据。

3) 软件设计

ZigBee 网络属于无线自组网络,有全功能节点(FFD)和半功能节点(RFD)两种设备类型。

RFD 一般作为终端感知节点，FFD 可以作为协调器或路由汇聚节点。因此，软件设计包括 RFD 程序和 FFD 程序两部分，且均包括初始化程序、发射程序和接收程序、协议栈配置、组网方式配置程序以及各处理层设置程序。初始化程序主要是对 CC243、USAR 串口、协议栈、LCD 等进行初始化；发射程序将所采集的数据通过 CC2430 调制并通过 DMA 直接送至射频输出；接收程序完成数据的接收并进行显示、远传及返回信息处理；PHY、MAC、网络层、应用层程序设置数据的底层、上层的处理和传输方式。

例如，对于一个温湿度测控系统，若采用主从节点方式传送数据，可将与 GPRS 连接的网关节点作为主节点，其他传感器节点作为从节点，从节点可以向主节点发送中断请求。传感器节点打开电源，初始化，建立关联连接之后直接进入休眠状态。当主节点收到中断请求时触发中断，激活节点，发送或接收数据包，处理完毕后继续进入休眠状态，等待有请求时再次激活。若有多个从节点同时向主节点发送请求，主节点来不及处理而丢掉一些请求时，则从节点在发现自己的请求没有得到响应后几秒钟再次发送请求直到得到主节点的响应为止。在程序设计中可采用中断的方法来实现数据的接收与发送。

在这种系统通信模式中，只允许在网关节点和汇聚节点之间交换数据，即汇聚节点向网关节点发送数据、网关节点向汇聚节点发送数据。当网关节点与汇聚节点之间没有数据交换时，感知节点处于休眠状态。

另外，一个完整的传感网软件系统还要包括用户端的数据库系统设计，例如选用 Access 数据库平台和 ADO 数据库连接技术，并使用 Delphi 编程语言实现界面、管理、查询操作以及 GPRS 上数据的收发等。

11.2.3　物联网系统的集成

1. 物联网系统集成的目的

物联网系统集成的主要目的就是用硬件设备和软件系统将网络各部分连接起来，不仅实现网络的物理连接，还要求能实现用户的相应应用需求，也就是应用方案。因此，物联网系统集成不仅涉及技术，也涉及企业管理、工程技术等方面的内容。目前，物联网系统集成技术可划分为两个域：一个是接口域，即路由网关，另一个是服务域。服务域的作用主要是为路由网关提供一个统一访问物联网的界面，简化两者的集成难度，更重要的是，通过服务界面能有效控制和提高物联网的服务质量，保证两者集成后的可用性。

物联网系统集成的本质就是最优化的综合，统筹设计一个大型的物联网系统。物联网系统集成包括感知节点数据采集系统的软件与硬件、操作系统、数据融合及处理技术、网络通信技术等的集成，以及不同厂家产品选型、搭配的集成。物联网系统集成所要达到的目标就是整体性能最优，即所有部件和成分合在一起后不但能工作，而且系统是低成本、高效率、性能匀称、可扩充性和可维护性好的系统。

2. 物联网系统集成技术

物联网系统集成技术包括两个方面：一是应用优化技术；二是多物联网应用系统的中间件平台技术。应用优化技术主要是面向具体应用，进行功能集成、网络集成、软硬件操作界面集成，以优化应用解决方案。多物联网应用的中间件平台技术主要是针对物联网不同应用需求和共性底层平台软件的特点，研究、设计系列中间件产品及标准，以满足物联网在混合组网、异构环境下的高效运行，形成完整的物联网软件系统架构。

通常，也可以将物联网系统集成技术分为软件集成、硬件集成和网络系统集成三种类型。

(1) 软件集成是指某特定的应用环境架构的工作平台，是为某一特定应用环境提供解决问题的架构软件的接口，是为提高工作效率而创造的软件环境。

(2) 硬件集成是指以达到或超过系统设计的性能指标把各个硬件子系统集成起来。例如，办公自动化制造商把计算机、复印机、传真机设备进行系统集成，为用户创造一种高效、便利的工作环境。

(3) 网络系统集成作为一种新兴的服务方式，是近年来信息系统服务业中发展势头比较迅速的一个行业。它所包含的内容较多，主要是指工程项目的规划和实施；决定网络的拓扑结构；向用户提供完善的系统布线解决方案；进行网络综合布线系统的设计、施工和测试，网络设备的安装测试；网络系统的应用、管理；以及应用软件的开发和维护等。物联网系统集成就是在系统"体系、秩序、规律和方法"的指导下，根据用户的需求优选各种技术产品，整合用户资源，提出系统性组合的解决方案；并按照方案对系统性组合的各个部件或子系统进行综合组织，使之成为一个经济、高效、一体化的物联网系统。

3. 物联网系统集成的主要内容

物联网系统集成需要在信息系统工程方法的指导下，按照网络工程的需求及组织逻辑，采用相关技术和策略，将物联网设备(包括节点感知部件、网络互联设备及服务器)、系统软件(包括操作系统、信息服务系统)系统性地组合成一个有机整体。具体来说，物联网系统集成包含的内容主要是软硬件产品、技术集成和应用服务集成。

1) 物联网软硬件产品、技术集成

物联网软硬件集成不仅是各种网络软硬件产品的组合，更是一种产品与技术的融合。无论是传感器还是感知节点的元器件，无论是控制器还是自动化软件，本身都需要进行单元的集成，功能上的融合，而执行机构、传感单元和控制系统之间的更高层次的集成，则需要先进适用、开放稳定的工业通信手段来实现。

(1) 硬件集成。所谓硬件集成就是使用硬件设备将各个子系统连接起来，例如汇聚节点设备把多个末梢节点感知设备连接起来；使用交换机连接局域网用户计算机；使用路由器连接子网或其他网络等。一个物联网系统会涉及多个制造商生产的网络产品的组合使用。例如传输信道由传输介质(电缆、光缆、蓝牙、红外及无线等)组成；感知节点设施、通信平台由交换机和路由设备(交换机、路由器等)组成。在这种组合中，系统集成者要考虑的首要问题是不同品牌产品的兼容性或互换性，力求这些产品在集成为一体后，能够产生的合力最大、内耗最小。

(2) 软件集成。这里所说的"软件"，不仅包括操作系统平台，还包括中间件系统、企业资源计划(ERP) 系统、通用应用软件和行业应用软件等。软件集成要解决的首要问题是异构软件的相互接口，包括物联网信息平台服务器和操作系统的集成应用。

2) 物联网应用服务集成

从应用角度看，物联网是一种与实际环境交互的网络，能够通过安装在微小感知节点上的各种传感器、标签等从真实环境中获取相关数据，然后通过自组织的无线传感网将数据传送到计算能力更强的通用计算机互联网上进行处理。物联网应用服务集成就是指在物联网基础应用平台上，应用系统开发商或网络系统集成商为用户开发或用户自行开发的通用或专用应用系统。

一个典型的物联网应用的目的是对真实世界的数据的采集，其手段总是通过射频识别技术来实现多跳的无线通信，并使用网络管理手段来保证物联网的稳定性。基于这一特点，物联网应用系统涵盖了三大服务域：①满足应用需求的数据服务域，该服务域应对物联网的数据进行融合，进行网内数据处理；②提供基础设施的网络通信服务域；③保障网络服务质量的网络管理服务域，包括网络拓扑控制、定位服务、任务调度、继承学习等。这些服务域相互之间是松散的，没有必然的联系，可依据一定的方式进行组合、替换，并通过一个高度抽象的服务接口呈现给应用程序。对这些服务单元进行组合、集成，可灵活地构造出适合应用需求的新的服务元。物联网应用服务集成具体包括以下内容。

(1) 数据和信息集成。数据和信息集成建立在硬件集成和软件集成之上，是系统集成的核心，通常要解决的主要问题有：合理规划数据信息、减少数据冗余、更有效地实现数据共享和确保数据信息的安全保密。

(2) 人与组织机构集成。组建物联网的主要目的之一是提高经济效益，如何使各部门协调一致地工作，做到市场销售、产品生产和管理的高效运转，是系统集成的重要目标。例如，面向特定的企业专门设计开发的企业资源计划(ERP)系统、项目管理系统，以及基于物联网的电子商务系统等。这也是物联网系统集成的较高境界，如何提高每个人和每个组织机构的工作效率，如何通过系统集成来促进企业管理和提高生产管理效率，是系统集成面临的重大挑战，也是非常值得研究的问题之一。

4. 物联网系统集成步骤

(1) 系统集成方案设计阶段，具体包括用户组网需求分析、系统集成方案设计、方案论证 3 个实施步骤。

(2) 工程实施阶段，具体包括形成可行的解决方案、系统集成施工、网络性能测试、工程差错纠错处理、系统集成总结等步骤。

(3) 工程验收和维护阶段，具体包括系统验收、系统维护和服务，以及项目总结等步骤。

11.3 物联网系统测试方法

11.3.1 什么是测试

所谓测试，就是技术人员借助于一定的装置，获取被测对象有关信息的过程。测试工作贯穿于物联网标准化和产业链的整个过程。测试可以对标准化的内容提供验证方法和手段，同时在测试工作中，不断发现和解决问题，有助于完善标准化体系，促进物联网产业链的发展。然而对于物联网这一新兴产业，随着物联网对象的逐渐明确，如何进行有效的测试确实是技术人员不得不面对的一个问题。

11.3.2 物联网系统的测试内容

(1) 产品与标准的符合性测试，内容如下：基本互联测试；能力测试；行为测试；接口功能测试；功能互操作性测试；应用互操作性测试。

(2) 异构网互联互通测试，内容如下：测试传感器网络、网关以及服务提供者之间读取和处理服务信息的能力；测试传感器网络、网关以及服务提供者之间交换数据的能力；组网接入技术的测试；网络切换技术的测试；通信资源管理的测试；协议转换功能的测试。

(3) 性能测试，内容如下：满足应用服务类属性指标；满足网络性能指标；满足应用技术性能指标；满足接入性能指标。

(4) 大规模测试，内容如下：要对大规模的各种设备进行层次化整合；分区域、分层次和分系统功能进行测试；大规模组网测试；信息采集精度、信噪比和容错性测试。

(5) 移动性测试，内容如下：通信保持测试；接入测试；网络通信距离测试；网络通信盲区测试。

(6) 共存性测试，内容如下：基本技术的共存性测试；应用的共存性测试。

(7) 远程测试，内容如下：健壮性；通信链路的监控；时间同步；传感器节点数据输入。

(8) 安全测试，内容如下：密钥管理；数据保密性；数据完整性；数据的新鲜性；数据鉴别；身份鉴别；访问控制。

(9) 用户特定需求测试，内容如下：为了让传感器网络达到用户的特定需求，我们需要对用户的特定需求进行测试，主要内容是针对具体应用设计相应的测试方案。

11.3.3　物联网系统面临的测试挑战

(1) 由于物联网的元件整合度提高，因此测试设备也必须拥有多元的测试能力。若按传统 ATE 的机台功能来看，要做数位测试，就必须使用数位机台；要测类比，就必须使用类比机台；要测 RF，就得用 RF 机台。而从物联网的市场来观察，目前许多物联网的公司都是新兴的小公司，并没有太大的能力投资在如此种类繁复的测试设备上。从这点来看，传统解决方案不但缓不济急，投资成本也过于高昂。以功能性来看，物联网的设备并不需要使用到过于高阶的测试机台，其元件功能性并没有如此复杂，但却必须确定机组的基本功能都能够正常运作。

(2) 物联网有一个很重要的成功关键，也就是物联网应用要能顺利，低功耗的特性是不可或缺的。因为待机时间一定要长，才能够随时侦测周边的环境，将数据撷取下来，处理成有用的资料，并进行进一步的连接与运作。所以物联网的所有元件，都必须要能够确定拥有如此低功耗的能力才行。也因此，在机台方面，必须要能够提供十分精确的测量条件，来确定这些设备能够正常地运作。

(3) 为了让物联网相关产品能够普及，产品本身的价格一定要够低。因为如果价格过高，一般的消费者采用的意愿就会降低。然而当相关厂商把产品价格往下压的时候，测试成本也就随之往下压，而在测试成本压低的情况下，要同时兼顾到高整合度，并维持一定的品质，很多的测试机台并没办法同时对这些条件进行妥协。也因此，唯一能做到的，就是提高单位时间的产出。在这样的情况下，测试机台本身的扩充性、同测数能力等，都将会受到考验。

(4) 不可避免的是，由于物联网是新兴的应用市场，许多状况都是不可预知的，因此，如何选择一个正确的测试机台，能够有更为长远的使用条件，以及保有其扩充性，这是未来在物联网的测试机台选择上一个很大的重点。

11.3.4　什么是软件测试

软件测试的定义：使用人工或者自动手段来运行或测试某个系统的过程，其目的在于检验它是否满足规定的需求或弄清预期结果与实际结果之间的差别。

软件测试的内容：软件测试主要工作内容是验证(verification)和确认(validation)。下面分别给出其概念。

验证(verification)是保证软件正确地实现了一些特定功能的一系列活动，即保证软件以正确的方式来做了这个事件(Do it right)。

(1)　确定软件生存周期中的一个给定阶段的产品是否达到前阶段确立的需求的过程。

(2)　程序正确性的形式证明，即采用形式理论证明程序符合设计规约规定的过程。

(3)　评审、审查、测试、检查、审计等各类活动，或对某些项处理、服务或文件等是否和规定的需求相一致进行判断和提出报告。

确认(validation)是一系列的活动和过程，目的是想证实在一个给定的外部环境中软件的逻辑正确性，即保证软件做了你所期望的事情。

(1)　静态确认，不在计算机上实际执行程序，通过人工或程序分析来证明软件的正确性。

(2)　动态确认，通过执行程序做分析，测试程序的动态行为，以证实软件是否存在问题。

软件测试的对象不仅仅是程序测试，软件测试应该包括整个软件开发期间各个阶段所产生的文档，如需求规格说明、概要设计文档、详细设计文档，当然软件测试的主要对象还是源程序。

软件测试的目的：Grenford J. Myers 在 The Art of Software Testing 一书中的观点如下。

(1)　测试是程序的执行过程，目的在于发现错误。

(2)　一个成功的测试用例在于发现至今未发现的错误。

(3)　一个成功的测试是发现了至今未发现的错误的测试。

简单地说，测试的根本目的就是确保最终交给用户的产品符合用户的需求，在产品交给用户之前尽可能多地发现并改正问题。

软件测试要达到的目标：确保产品完成了它所承诺或公布的功能，并且用户可以访问到的功能都有明确的书面说明；确保产品满足性能和效率的要求；确保产品是健壮的和适应用户环境的。

11.3.5　常用的测试方法

1. 从是否关心软件内部结构和具体实现的角度划分

1)　黑盒测试

黑盒测试也称功能测试，它是通过测试来检测每个功能是否都能正常使用。在测试中，把程序看作一个不能打开的黑盒子，在完全不考虑程序内部结构和内部特性的情况下，在程序接口进行测试，它只检查程序功能是否按照需求规格说明书的规定正常使用，程序是否能适当地接收输入数据而产生正确的输出信息。黑盒测试着眼于程序外部结构，不考虑内部逻辑结构，主要针对软件界面和软件功能进行测试。

黑盒测试是以用户的角度，从输入数据和输出数据的对应关系出发进行测试的，很明显，如果本身设计有问题或者说明规格有错误，用黑盒测试是发现不了的。

黑盒测试法注重于测试软件的功能需求，主要试图发现下列几类错误：功能不正确或遗漏；界面错误；输入和输出错误；数据库访问错误；性能错误；初始化和终止错误等。

从理论上讲，黑盒测试只有采用穷举输入测试，把所有可能的输入都作为测试情况考虑，才能查出程序中所有的错误。实际上测试情况有无穷多个，人们不仅要测试所有合法的输入，而且还要对那些不合法但可能的输入进行测试。这样看来，完全测试是不可能的，所以我们要进行有针对性的测试，通过制定测试案例指导测试的实施，保证软件测试有组织、按步骤，以及有计划地进行。黑盒测试行为必须能够加以量化，才能真正保证软件质量，而测试用例就是将测试行为具体量化的方法之一。具体的黑盒测试用例设计方法包括等价类划分法、边界值分析法、错误推测法、因果图法、判定表驱动法、正交试验设计法、功能图法等。

2) 白盒测试

白盒测试也称结构测试或逻辑驱动测试，它是按照程序内部的结构测试程序，通过测试来检测产品内部动作是否按照设计规格说明书的规定正常进行，检验程序中的每条通路是否都能按预定要求正确工作。这一方法是把测试对象看作一个打开的盒子，测试人员依据程序内部逻辑结构相关信息，设计或选择测试用例，对程序所有逻辑路径进行测试，通过在不同点检查程序的状态，确定实际的状态是否与预期的状态一致。

白盒测试的测试方法有代码检查法、静态结构分析法、静态质量度量法、逻辑覆盖法、基本路径测试法、域测试、符号测试、Z 路径覆盖、程序变异。白盒测试的实施步骤如下。

(1) 测试计划阶段：根据需求说明书，制定测试进度。

(2) 测试设计阶段：依据程序设计说明书，按照一定规范化的方法进行软件结构划分和设计测试用例。

(3) 测试执行阶段：输入测试用例，得到测试结果。

(4) 测试总结阶段：对比测试的结果和代码的预期结果，分析错误原因，找到并解决错误。

白盒测试的优点：

(1) 迫使测试人员去仔细思考软件的实现。

(2) 可以检测代码中的每条分支和路径。

(3) 揭示隐藏在代码中的错误。

(4) 对代码的测试比较彻底。

(5) 最优化。

白盒测试的缺点：

(1) 无法检测代码中遗漏的路径和数据敏感性错误。

(2) 不验证规格的正确性。

3) 灰盒测试

灰盒测试，是介于白盒测试与黑盒测试之间的，可以这样理解，灰盒测试关注输出对于输入的正确性，同时也关注内部表现，但这种关注不像白盒测试那样详细、完整，只是通过一些表征性的现象、事件、标志来判断内部的运行状态，有时候输出是正确的，但内部其实已经错误了，这种情况非常多，如果每次都通过白盒测试来操作，效率会很低，因

此需要采取这样的一种灰盒测试的方法。

2. 从软件开发的过程按阶段划分

1) 单元测试

单元测试(Unit Testing)，是指对软件中的最小可测试单元进行检查和验证。对于单元测试中单元的含义，一般来说，要根据实际情况去判定其具体含义，如 C 语言中单元指一个函数，Java 里单元指一个类，图形化的软件中可以指一个窗口或一个菜单等。总的来说，单元就是人为规定的最小的被测功能模块。单元测试是在软件开发过程中要进行的最低级别的测试活动，软件的独立单元将在与程序的其他部分相隔离的情况下进行测试。

2) 集成测试

集成测试，也叫组装测试或联合测试。在单元测试的基础上，将所有模块按照设计要求(如根据结构图)组装成为子系统或系统，进行集成测试。实践表明，一些模块虽然能够单独地工作，但并不能保证连接起来也能正常工作。程序在某些局部反映不出来的问题，在全局上很可能暴露出来，影响功能的实现。

3) 确认测试

确认测试的目的是向未来的用户表明系统能够像预定要求那样工作。经集成测试后，已经按照设计把所有的模块组装成一个完整的软件系统，接口错误也已经基本排除了，接着就应该进一步验证软件的有效性，这就是确认测试的任务，即软件的功能和性能如同用户所合理期待的那样。

确认测试又称有效性测试。有效性测试是在模拟的环境下，运用黑盒测试的方法，验证被测软件是否满足需求规格说明书列出的需求。任务是验证软件的功能和性能及其他特性是否与用户的要求一致。对软件的功能和性能要求在软件需求规格说明书中已经明确规定，它包含的信息就是软件确认测试的基础。

4) 系统测试

系统测试，英文是 System Testing，是将已经确认的软件、计算机硬件、外设、网络等其他元素结合在一起，进行信息系统的各种组装测试和确认测试。系统测试是针对整个产品系统进行的测试，目的是验证系统是否满足了需求规格的定义，找出与需求规格不符或与之矛盾的地方，从而提出更加完善的方案。系统测试发现问题之后要经过调试找出错误原因和位置，然后进行改正。基于系统整体需求说明书的黑盒类测试，应覆盖系统所有联合的部件。对象不仅仅包括需测试的软件，还要包含软件所依赖的硬件、外设甚至包括某些数据、某些支持软件及其接口等。

系统测试步骤：

(1) 制定系统测试计划。

系统测试小组各成员共同协商测试计划。测试组长按照指定的模板起草《系统测试计划》。该计划主要包括：测试范围(内容)；测试方法；测试环境与辅助工具；测试完成准则；人员与任务表。

项目经理审批《系统测试计划》。该计划被批准后，转向(2)。

(2) 设计系统测试用例。

系统测试小组各成员依据《系统测试计划》和指定的模板，设计(撰写)《系统测试用例》。

测试组长邀请开发人员和同行专家，对《系统测试用例》进行技术评审。该测试用例通过技术评审后，转向(3)。

(3) 执行系统测试。

系统测试小组各成员依据《系统测试计划》和《系统测试用例》执行系统测试。

将测试结果记录在《系统测试报告》中，用"缺陷管理工具"来管理所发现的缺陷，并及时通报给开发人员。

(4) 缺陷管理与改错。

从(1)至(3)，任何人发现软件系统中的缺陷时都必须使用指定的"缺陷管理工具"。该工具将记录所有缺陷的状态信息，并可以自动产生《缺陷管理报告》。

开发人员及时消除已经发现的缺陷。

开发人员消除缺陷之后应当马上进行回归测试，以确保不会引入新的缺陷。

(5) 验收测试。

验收测试，是系统开发生命周期方法论的一个阶段，这时相关的用户和/或独立测试人员根据测试计划和结果对系统进行测试和接收。它让系统用户决定是否接收系统。它是一项确定产品是否能够满足合同或用户所规定需求的测试。这是管理性和防御性控制。

3. 其他常见测试方法

- 功能测试(function testing)：又称正确性测试，测试软件的功能是否符合规格说明。
- 性能测试(performance testing)：检查系统是否满足需求说明书中规定的性能，通常使用自动化测试工具。
- 压力测试(stress testing)：检查系统在瞬间峰值负荷下正确执行的能力，通常用测试工具测试。
- 负载测试(volume testing)：用于检查系统在使用大量数据时正确工作的能力。
- 易用性测试(usability testing)：测试系统合理性、方便性。
- 安装测试(installation testing)：对软件的全部、部分或升级安装/卸载处理过程的测试。
- 界面测试(interface testing)：包括窗口测试、下拉式菜单和鼠标操作、数据项测试。
- 配置测试(configuration testing)：主要检查计算机系统内各个设备或各种资源之间的相互连接和功能分配中的错误，包括验证全部配置命令的可操作性，软件配置，硬件配置，利用手动或自动方式进行配置状态间的转换。
- 文档测试(documentation testing)：测试文档的正确性、完备性、可理解性。
- 兼容性测试(compatibility testing)：测试产品在不同产品之间的兼容性。
- 安全性测试(security testing)：测试非法侵入的防范能力，已存在的安全性、保密性，有无漏洞。
- 恢复测试(recovery testing)：测试容错能力，在指定的时间内修正错误并恢复正常，又不影响系统。

11.4 物联网应用系统设计案例分析

11.4.1 智能家居物联网系统案例分析

随着科学技术的进步和人们生活水平的提高，越来越多的信息家电出现在家庭里，如冰箱、空调、传真和数字电视等，把它们组成一个智能化的网络将是一件非常美好的事情；

同时，家居环境的安全防范也成为日趋重要的问题。计算机智能家居安全防控(简称安防)显然是物联网应用的一个重要领域，具有广阔的发展前景。在传统有线安防系统建设中存在布线难、成本高以及布防、撤防不方便等缺点，难以满足人们越来越高的安防需求。采用 RFID 和传感网技术之融合组建智能安防系统能有效解决这些问题。作为物联网应用设计示例，下面给出一个基于 RFID 传感网的智能家居及安防系统。

1. 智能家居及其安防系统的功能需求

作为一个智能家居及其安防系统，其基本功能是将信息家电组成一个智能化网络，并能够进行安全防范报警，包括报警模式、联网及联动抓拍存储信息等。

(1) 报警模式：一般需要在家居环境内，提供外出、在家、就寝 3 种布防模式，也可以根据实际需要自定义安防模式。

(2) 联网：智能化家居网络系统建立在智能小区局域网平台上，并能将其连入计算机互联网。如果发生警情，报警信息能够及时上传给智能小区管理中心，保安人员会及时与业主联系并上门服务；同时报警信息也能及时发给设定好的相关固定电话和移动手机；室内报警机也会发出报警声音和闪烁图标等。

(3) 联动抓拍：窃贼入侵家居环境后，触发探测器，启动摄像机及时抓拍窃贼图像(若干幅)并保存在室内分机中。

2. 智能家居及其安防系统设计及部署

家居智能化网络具有易变的网络拓扑，因此，家居智能化网络需要进行自组织、自动实现网络配置，从而保持网络的连通性。自组织过程结束后，网络进入正常运行阶段。当网络拓扑结构再次发生变化时，网络需要再次进行自组织，保持变化后网络的连通性。一个智能家居及其安防系统一般应包含远程监控中心和现场监控网络两部分。远程监控中心主要由服务器、数据库系统与应用软件和 GPRS 通信模块组成。现场监控网络主要由无线传感网实现，包括监控中心节点和监控终端节点。监控中心节点由 GPS 接收机、单片机、射频模块和 GPRS 通信模块组成，监控终端节点由传感器和射频模块组成。由 GPRS 网络实现远程监控中心和现场监控网络之间的通信。在此仅讨论智能家居安防系统现场监控网络部分的设计与实现。

智能家居安防系统的功能主要是在家居环境中的巡逻定位与报警，因此，现场监控网络部分所关心的问题是，在什么位置或区域发生了什么事件。这可通过 RFID 技术来实现家庭安防智能巡逻机器人巡逻定位，利用 WSN 完成家庭环境参数的分布式智能监控。

智能家居安防系统的现场监控网络部署如图 11-1 所示。这是一个以智能家居网关为中心协调器所组建的 ZigBee 星状网络。在家居环境中安装的各种安防监测模块节点，一旦监测到异常情况，立刻会将异常情况的具体信息发送到家居智能网关；家居智能网关对接收到的信息进行相应的处理，如进行无线报警、现场报警或派遣巡逻机器人对警情作进一步探测等。智能巡逻机器人是网络中的移动节点，充当移动路由器，同时可以根据家居智能网关的指令对家居环境内可能出现隐患的区域进行更为详细的监控。贴上智能 RFID 标签的物体主要用于智能机器人的巡逻定位。智能巡逻机器人在以 0.5m/s 低速前进时能识别 RFID标签，并能完成从一个 RFID 标签到另一个 RFID 标签的定位。

1) RFID 传感网定位

在家居环境中，实现移动节点的定位，需要解决三个问题，即移动节点在哪里？要到哪里去？应该怎么走？在本示例系统中，采用 RFID 标签作为路标，用 WSN 进行导航的巡逻定位。也就是说，为了实现事件定位，在家居环境中的一些固定物体(如冰箱、电视机、沙发、桌子、椅子和书柜等)以及某些重要位置上贴上无源 RFID 标签，作为家居环境的位置路标。安装有 RFID 读卡器的智能巡逻机器人在家庭环境中进行巡逻，一旦监测到周围有 RFID 标签，立刻停止前进，读取 RFID 标签，并通过传感网将标签值发给家居智能网关。每个 RFID 标签的具体位置、与其相邻的 RFID 标签位置信息以及各个 RFID 标签之间的相对位置关系，分别以位置表、邻居表和导航表的形式预先存储在智能网关中。智能网关根据具体的巡逻任务、当前 RFID 标签值并结合这三张表的信息为智能巡逻机器人进行导航。

这种设计方法既继承了 RFID 技术自动识别目标的特性，又可实现传感网主动感知与通信的功能。

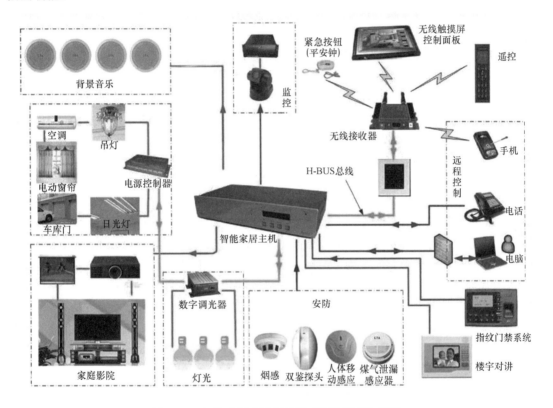

图 11-1　智能家居安防系统的现场监控网络部署

2)　家居智能网关

家居智能网关是通信、决策、报警的核心，通常部署在智能家居网络的中心，如安放在客厅中。家居智能网关一方面利用 ZigBee 网络，对布防在家居环境中的各个安防监测模块节点进行环境数据采集和处理，同时实现家居内部网络设备的管理和控制；另一方面通过 GSM 模块实现与外网用户的远程通信。当安防监测模块节点监测到异常情况时，家居智能网关通过 GSM 模块向远端用户发送报警短消息或拨打报警电话，实现远程无线监控。

家居智能网关主要由个人计算机、GSM 模块、现场报警模块和射频模块以及天线组成，可以 RF、WLAN、RS-485、PLC 等通信方式实现通信。一般来说，家居智能网关具有无线遥控功能，可以通过本地、互联网、电话对家用信息电器进行远程控制，进行智能照

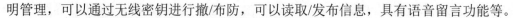

明管理，可以通过无线密钥进行撤/布防，可以读取/发布信息，具有语音留言功能等。

其中，射频模块可采用 TI 公司的 CC2430 和 CC2591。CC2340 芯片在单个芯片上整合了 ZigBee 射频(RF)前端、内存和微控制器(MCU)。CC2591 集成了功率放大器、平衡转换器、交换机、电感器和 RF 匹配网络等，最大输出功率可以达到 22dBm，灵敏度可以提高 6dBm。射频模块在室内无障碍物情况下有效通信距离通常应达到 40m。

3) 安防监测节点

在家居环境中可能出现安全隐患的区域部署各类安防监测模块，形成安防监测感知节点。根据监测环境参数的不同，这些感知节点的工作原理略有区别，但基本上都是由安防传感器(温度、湿度、烟雾、红外以及振动)和射频模块组成。

4) 智能巡逻机器人

智能巡逻机器人包含有 ZigBee 射频模块、RFID 读卡器、摄像头，以及温度、烟雾等微型安防传感器。其中，RFID 读卡器有效读卡距离应达到 15cm，读卡速率为 5 card/s。

在家居安防系统中，巡逻机器人是一款综合运用物联网、人工智能、云计算、大数据等技术，集成环境感知、动态决策、行为控制的报警装置，具备自主感知、自主行走、自主保护、互动交流等能力，可帮助人类完成基础性、重复性、危险性的安保工作，推动安保服务升级、降低安保成本的多功能综合智能装备。智能巡逻机器人主要有以下几个功能。①充当家居安防传感网的移动网的路由节点。ZigBee 星状网精简了系统设计，每个节点只能和家庭智能网关通信。在实际家居环境中，卧室内安防节点发射的信号可能会受到内墙及室内障碍物的影响，导致客厅中的家居智能网关接收到的信号很弱，若增加多个路由节点又会增加网络的复杂度，通常是在网络中设置一个移动路由节点来解决。在一定时间内当家居智能网关收不到回复信号时，就命令巡逻机器人到特定的位置(由 RFID 标签标识)采集信号较弱的节点数据，再转发给家居智能网关。②智能巡逻机器人装有各种安防传感器，执行巡逻任务时，对各个有安全隐患的区域进行较为仔细的监控，比如对煤气管道附近的区域进行全面燃气泄漏检测等。③当某个安防监测模块节点监测到异常情况时，家居智能网关导航智能机器人进行现场详细巡逻，以确定是否是因环境干扰信号而造成的误报。一旦确定出现警情，开启摄像头进行现场拍照。

11.4.2　其他的物联网应用实例

1. 中国移动推广 RFID-SIM 手机钱包

中国移动的用户，只要在各大中国移动营业厅将 SIM 卡更换成支持 RFID 功能的 2.4GHz 手机钱包卡，即可以使用手机在有中国移动专用 POS 机的商家，如便利店、商场、超市、公交进行现场刷卡消费。特别值得一提的是，单纯的"手机支付"的最高消费是 150 元，进一步限制了手机支付的商务功能；而"手机钱包"的最高消费达到了 1000 元，这也在某种意义上强化了手机的"钱包"概念。

2. 纽约采用 RFID 技术实现列车跟踪

纽约布法罗地铁轨道重建项目选用了来自瑞典 TagMasterAB 公司的 RFID 技术解决方案，实现列车跟踪功能。这家公司的解决方案利用了 2.45GHz 的 RFID 技术，并包括安装在列车里的重型读写器，为列车乘客信息系统和列车之间的障碍物系统提供位置信息，读写器在列车进站时被激活。列车之间的障碍物系统是为防止在列车停下来的时候有人意外地进入列车之间的区域，以减少损伤的风险。

3. RFID 门禁系统应用普及率达 90%

RFID 技术起步较早，在各个行业都能见其身影。对于安防行业来讲，RFID 技术成熟、稳定，用作门禁系统非常简单，卡片中附带信息，用于身份识别权限管理。按工作频率的不同，RFID 技术可分为低频(LF)、高频(HF)、超高频(UHF)和微波频段(MW)四种。目前低频与高频技术应用几乎占据 RFID 市场 70%以上的份额。各领域应用较多的主要是低频和高频技术，如门禁卡、二代证、交通卡，其应用相对较为成熟。相反，超高频和微波，则限于成本与技术水平问题，应用范围比较狭窄。不过，在国家政策推动下，超高频和微波开始高速发展。因为这两个频段可以实现远距离识别，识别的数量也比较大，未来将成为主流趋势。超高频技术的应用领域主要有物流、资产管理、食品药品追溯、高速公路收费、医院病人及医生的管理(国外比较多，国内有些项目在实施)、煤矿井下人员定位系统等。

4. 马来西亚石油钻探平台采用 RFID 检测事故

马来西亚一个石油钻探平台采用了 Axcess International 的 RFID 技术解决方案，安装一套 RFID"Man-Down"监测和定位系统，用于保护工作人员的人身安全。Axcess International 为石油公司和其他顾客提供无线认证方案、员工配戴的徽章，及编译徽章数据的软硬件，从而使管理层更好地追踪工人的位置。如果出现训练或紧急事故时，用户可在集聚区等地方安装门式阅读器，或采用手持阅读器。这样，公司可追踪工人的上工时间和工作地点，向集聚区报到的时间。2009 年，Axcess 这家在马来西亚拥有石油开采点的顾客要求一套更有效的方案来追踪从事高风险工作的工人，如果察觉出工人可能受伤，公司收到自动报警。这套方案称为 Man-Down 监测和定位系统，它将一个移动感应器和一个有源 RFID 标签相结合，建立"MicroWireless Credential"。别在衣物上的安全徽章存储一个 ID 码，在 Axcess International 一个后端软件系统里与员工的姓名、工作类型和其他相关信息相对应。标签采用一个专有空中接口协议，以 315MHz 或 433MHz 的频率发送信息。为保存电池的电能，徽章是保持睡眠状态的，直到被激活器的 132kHz 信号激活。

11.4.3 工业智能控制系统案例分析

在工业企业部门，为了提高产品整体质量，及时、准确地获取生产数据，并对数据进行及时分析处理，减少生产浪费，缩短产品周期，常需要组建企业内部的生产过程控制管理系统。这个物联网系统主要包含 GM 读写器、中间件系统和互联网几个组成部分。

1. 利用二维条码与 RFID 读写器感知节点数据

工业生产现场主要由生产设备、工作人员、生产原料、产品等构成。GM 二维条码贴于每件产品上，所使用的 RFID 读写器可为手持式或固定式，以方便地应用于生产过程。中间件系统含有 EPC 数据，后端应用数据库软件系统还包含 ERP 系统等。这些都与互联网相连，可及时有效地跟踪、查询、修改或增减数据。当在某个企业生产的产品被贴上存储有 EPC 标识的 RFID 标签后，在该产品的整个生命周期，该 EPC 代码将成为它的唯一标识，以此 EPC 编码为索引就能实时地在 RFID 系统网络中查询和更新产品的数据信息。

2. 车间内各个流通环节对产品进行定位和定时追踪

在车间内每一道工序都设有一个 RFID 读写器,并配备相应的中间件系统,联入互联网。这样,在半成品的装配、加工、转运以及成品装配和再加工、转运和包装过程中,当产品流转到某个生产环节的 RFID 读写器时,RFID 读写器在有效的读取范围内就会检测到 GM 二维条码的存在。

对于某一局部环节而言,其具体工作流程为:RFID 读写器从含有一个 EPC 的标签上读取产品电子代码,并将读取的产品电子代码传送到中间件系统进行处理;中间件系统以该 EPC 数据为数据源,在本地服务器获取包含该产品信息的 EPC 信息服务器的网络地址,同时触发后端应用系统,以作更深层的处理或计算;由本地 EPC 信息服务器对本次阅读器的记录进行读取并修改相应的数据,将 EPC 数据经过中间件系统处理后,传送到互联网。

该方案的设计非常人性化和智能化,基于这样的通信平台,指挥操作员或者生产管理人员在办公室就可以对工业生产现场的情况进行很好的掌握,为工业生产提供了很多方便。

11.4.4 物联网技术在医药流通中的应用分析

物联网是通过射频识别(RFID)、红外感应器、全球定位系统、激光扫描器等信息传感设备,按约定的协议,把任何物品与互联网连接起来,进行信息交换和通信,以实现智能化识别、定位、跟踪、监控和管理的一种网络。物联网主要涉及的关键技术包括射频识别(RFID)技术、传感器技术、传感器网络技术、网络通信技术等。物联网技术可以实现对物体进行身份标识以及对物体进行监控,通过物联网技术能快速而准确地对物品的相关信息进行及时的采集与监控。物联网技术在物品的流通环节的应用,对传统的供应链模式的改变起着推动作用。它能最大限度实现资源共享,提升整个供应链的运行效率。随着物联网技术的引入,不仅能使物品信息的采集更高效,在供应链上信息实时共享,更能提高整个供应链的运转效率,减少库存,降低成本。

将物联网技术应用于医药流通环节,可实现对药品信息在其生命周期内全程跟踪、监控,提高药品的流通安全,同时还可以降低药品的流通成本。药品流通主要有流通成本及在流通过程中药品发生质变或药品失效以及假药混入等两个方面的问题。医药流通中药品批发企业多而小,储存运输中药品质量难以保证;药品缺乏统一标准编码,物流信息系统严重滞后,影响药品质量监管;自动化程度低,人工操作差错率高。而在医药流通中应用物联网技术后,存储环节中,可以实现自动化的货物存取和库存盘点等工作;运输过程中,可以实时把药品信息反馈给供应商,同时便于调配;销售环节,可以有效改善零售商的库存与管理环节;在配送与分销环节,能够提升配送效率和准确率并降低成本。

目前,物联网技术虽然处于发展阶段,但其具有广泛的应用前景。物联网以其独特的优势,使得其在医药流通中得到认可和应用,这将极大地促进药品物流水平,是确保物流成本最优化及药品安全性的关键,对实现医药流通的高效性、经济性与可靠性提供有力的技术保障。

1. 案例概述

药品流通主要有流通成本及在流通过程中药品发生质变或药品失效以及假药混入等两个方面的问题。医药物流中有效使用物联网技术,可以通过 RFID(无线射频识别)系统对流通过程中的药品进行识别标志、监控、定位及跟踪等,及时掌握药品流通的最新信息,为优化药品流通中各环节的作业过程并有效解决流通中的问题奠定了可靠的技术基础。目前在物联网技术的基础上建立的药品流通应用模型采用的是 "EPC Global" 物联网架构,工作过程具体如下:药品生产完成后,医药企业需贴记录了药品保质期、生产日期、制造厂、产品批号以及单位容量等产品信息的有存储 EPC(产品电子编码)标志的 RFID 射频识别标签在药品上。EPC 代码是药品整个生命周期内的唯一标志。连接医药企业的识读器在药品出厂时,会通过本地计算机系统将药品的 EPC 代码传输至中间件 Savant,而本地 EPC 信息服务器 EPCIS 在记录 Savant 收集到的药品相关信息时,会将药品信息通过网络注册到 ONS(对象命名服务)对象名解析服务器中,而 ONS 服务器再将药品信息转换成为 PML 实体标记语言,并生成对应 PML 文件后通过 PML 服务器将其存储。药品流通的任一环节都由识读器传输药品 EPC 代码给 Savant,而 Savant 通过获取的 PML 服务器的网络地址查询药品信息并根据实际情况变化对 PML 服务器上的信息进行更新。 医药仓储环节,通过 RFID 技术可加强对药库中的药品管理,利用危险或重要药品上的 RFID 标签,并结合无线传感器网络实时获取药品存储货架位置、出入库时间、产品批次、药品去向以及相关使用人员等各方面的信息,为存储、分发、跟踪及审计药品提供很大便利,尤其是药房人员配药工作随取药人流量多而加重,极易出现问题和差错,但利用 RFID 技术就能很好地解决这一问题,且 RFID 系统可以对药品配置进行检查,如有问题会发出警报提醒配药人员,大大加强了对药品的管理和配置。医药流通环节,采用 RFID 电子标签、相应的读写装置及 GPRS 的综合应用,可以实时了解到在运输过程中的药品信息,以及药品的实际运输路线和所在位置。贴有 RFID 标签的药品进出仓库时,安装在仓库的阅读器能够自动识别药品信息,更新数据。药品配送过程中,射频识别系统能自动识别药品真假,实现自动通关,大幅提高物流效率并且保证药品安全性。药品销售环节,药品通过医疗机构、零售终端进入消费者手中,该过程系统能够自动更新销售细节,统计药品销售情况,并且能够实现药品库存短缺、到期预警,保证药品供应到期回收。消费者可以通过药品 RFID 标签在系统平台查询真伪,保证安全,问题药品能够及时溯源。

2. 物联网技术在医药流通中的应用分析

目前在医药产品流通中面临的主要问题有两个:第一是供应链的效率问题,第二是药品假冒伪劣问题。效率问题主要涉及供应链上各方的经济效益,目前许多医药企业效益不佳并且时有产品发生质量问题。而假冒伪劣药品不仅会带来各方经济上的损失,还可能造成患者错过最佳治疗时机甚至有生命危险。具体来说,医药流通中出现的问题主要有以下几点。

(1) 药品批发企业多而小,储存运中药品质量难以保证。由于物流量小,多数药品采取第三方物流托运,运输周期长,环境、条件差,药品损坏,变质,污染严重;批发企业过多,药品流通渠道复杂,假冒、异地调货现象频发,药品监管困难,销售假冒伪劣药品的案例时有发生,严重影响药品的安全使用。

(2) 药品缺乏统一标准编码,物流信息系统严重滞后,影响药品质量监管。我国目前药品编码尚未实现标准化,医药生产企业、商品批发企业生产、销售的药品没有一个合法的唯一的识别标志,各个领域分别制订了自己的物流编码,其结果是不同领域之间信息不能传递,妨碍了系统物流管理的有效实施,造成信息处理和流通效率低下。没有统一的标识编码,无法及时查询与跟踪商品的流向,无法尽快确定某一药品的身份,在一些药店、医院经常碰到的买真退假，为假药、劣药查处带来极大的困难，更无法满足订单处理、药品效期管理、货物按批号跟踪等现代质量管理的要求，也为药品质量监管带来了巨大的困难。

(3) 自动化程度低，人工操作差错率高。目前我国医药企业所采用的基本上是分散型物流体系，在运作上主要依靠人力。由于当前医药产品普遍使用的是条码，导致医药流通过程中的物流作业效率低，与此同时容易造成货物摔碎、挤压的概率增大。人工扫码导致拣选、分拣的差错率高、效率低。

而物联网技术应用于医药流通过程中可以很好地解决上述问题。以 RFID 技术为基础构建的 RFID 物流信息管理系统可以涵盖医药产品的生产、配送、运输、仓储及销售全过程，能提高商品在物流供应链各环节处理过程中的识别率，可不开箱检查，并同时识别多个物品，提高物流作业效率。在生产过程可以实时掌握生产情况，缩短医药产品作业周期；在配送过程可以提高拣选与分发过程的效率与准确率，降低运营成本；在运输过程可以实时监控药品的动向，防止被盗或者被替换；在仓储过程中，可以高效管理药品的库存量以及在库状态；在销售过程可以追溯商品的流向，为突发性事件做好准备。

3. 物联网技术在医药仓储中的应用分析

在存储环节中，物联网技术最广泛的应用就是实现自动化的货物存取和库存盘点等工作。物联网技术中的一项感知技术就是 RFID 技术，应用 RFID 标签的药品经过运输到达仓库。由于 RFID 标签的存在，操作员使用阅读器即可对药品进行盘点和收货，然后把药品的到货信息上传至管理信息系统中，这样可以实时查看商品的信息以及存货量。使用 RFID 标签就可以实现对货物的自动化存取，可以将供应链中的收货、取货、装运计划进行有机的结合，这样便可以高效地完成各类任务，提升服务质量，节省成本，节约库存空间与劳动力，也可以有效减少物流过程中由于商品损坏、送错、偷窃等因素带来的损失。RFID 标签最大的一个优势就是能够减少人力的使用量，在进行盘点的过程中能够为管理人员提供准确的信息，管理人员可以通过阅读器快速找到需要的商品，具体流程如图 11-2 所示。

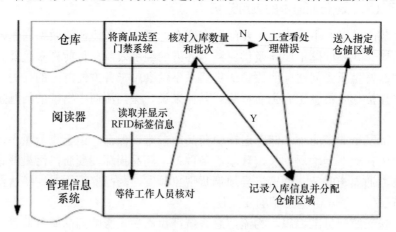

图 11-2 物联网在医药仓储的应用

4. 物联网技术在医药运输过程中的应用分析

在医药产品运输过程中，采用主动式 RFID 标签、相应的读写装置及 GPRS 的综合应用，实时把药品地点反馈给供应商，一方面可以防止商品被偷盗或者被调换，另一方面若运输过程中出现紧急情况，可以进行实时调度，把药品发送到最需要的地方，另外再加送药品到被调走的地方，这样药品经营者可以在销售区域范围内进行全盘管理，更好地经营调配医药。

运输车辆车载 GPRS、RFID 标签管理信息系统管理部门及时作出处理来完成运输，通过 GPRS 上传车辆行驶及药品状况，判断时间、路线及药品状况是否正常指挥驾驶车辆在指定路线行驶。

5. 物联网技术在医药销售过程中的应用分析

物联网技术中应用于销售环节的技术主要是 RFID 标签技术。RFID 标签可以有效改善零售商的库存与管理环节，药品通过仓库到达销售点，零售商通过读写器可以方便快捷地获取到达的药品的种类、数量等详细信息，而无需人工手动登记，这样便提高了作业效率，并减少了由于人为搬动导致的药品包装破损等。当药品销售后，装有 RFID 阅读器的货架能够实时地给销售商上位机软件发送货架上的商品情况。当商品销售到一定程度，上位机软件及时通知零售商需要补充商品，与此同时在销售商品时，利用 RFID 技术对商品销售情况进行登记，这样可以对商品进行追溯，方便商品出现问题及时追回，把危害降低到最小，如图 11-3 所示。

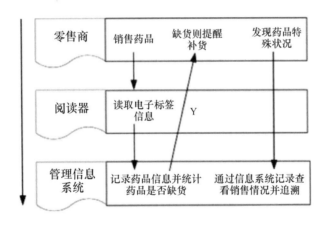

图 11-3　物联网在医药销售过程的应用

6. 物联网技术在医药配送及分销环节的应用分析

在配送与分销环节中应用 RFID 技术和 GPRS 技术能够提升配送效率和准确率，降低成本费用。将 RFID 标签贴于药品包装上，就可以使用阅读器读取相关的信息，再将 RFID 标签进行更新，这样即可对库存进行科学合理的控制，帮助管理人员了解获取的详细信息。具体流程是工作人员将要配送的药品送至门禁系统，门禁系统的阅读器读取药品或药品包装上的电子标签，通过 GPRS 网络与管理信息系统核对药品配送的信息是否与订单相符，若不相符，人工查找错误并通过阅读器更改电子标签信息，然后把信息上传到管理信息系统，最后人工装车，如图 11-4 所示。

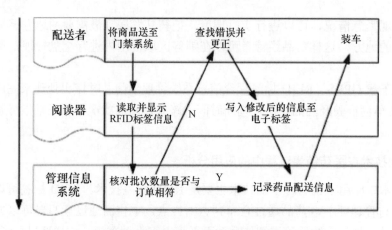

图 11-4 物联网技术在医药配送中的应用

11.4.5 停车场管理系统中的 RFID 技术应用案例分析

随着经济的快速发展，汽车也走进了千家万户。人们越来越多地使用汽车作为出门代步的工具。在方便了车主出行的同时，到达目的地后难找停车场和停车位的问题也日渐凸显。各大城市都开始重新规划新的停车场，以缓解这一矛盾。其实，更加有效地利用和管理停车场，也能有效地缓解这一矛盾。目前停车场管理系统普遍采用接触式的 IC 卡进行管理，这样在车辆进出停车场时，必须要经过停车、取卡、刷卡、缴费等一系列手续。在车辆较多的情况下，车库门口及车库外路面会造成车辆拥堵，阻塞交通的问题。本书采用 RFID 技术，设计了智能引导停车场管理系统，该管理系统可以在车辆进入和驶离停车场并且不停车的情况下完成车辆识别、车位指引和自动收费的功能，车辆进出可以不停车，免伸手，车主也可以减少停车寻泊的时间。同时，智能引导停车场管理系统还能实现对车辆的管理和监控，为管理者提供高效、准确的管理。

1. 管理系统功能

智能指引停车场管理系统通过使用 RFID 技术，在相关的硬件系统和软件系统的配合下，完成车辆从驶入停车场、停车泊位引导和驶离停车场收费等多个任务。为了完成上述任务，智能指引停车场管理系统应该包含查询及管理系统、数据服务器、射频读卡器、传输天线、车位指引系统、停车场控制系统、摄像头和出入口道闸等组成部分。查询及管理系统用于管理员进行车库的日常管理，如查询入场车辆次数、停留时间、费用收取、车位占有情况、车辆图像、操作日志管理以及停车场各设备档案信息等。停车场控制系统用来控制出入口道闸的开启和落下，配合车辆 RFID 卡、射频读卡器和传输天线，确定入场车辆信息。在车辆进入车位后，由车位的传感器将车位被占信息发给控制系统，控制系统再传送给查询管理系统。车位指引系统控制车库中的 LED 指示灯，每当有汽车进入车库时，系统就会自动指定一个离得最近的空车位，通过 LED 指示灯的指示，指引驾驶员找到车位。

2. 停车场控制系统实现流程

车辆进入停车场和驶离停车场时均需控制系统配合管理系统进行控制。

(1) 车辆信息的确认：使用 RFID 智能停车场的车上载有 RFID 信息卡，车辆在靠近停车场入口处时就可以被读卡器读取卡上的信息以确定其车辆信息。

(2) 记录车辆入场时间同时分配停车位：如停车场车位已满，则提示车辆不能进入停车场；如果还有空闲车位，允许车辆进入停车场时，在通过道闸进入停车场的那一刻，管理系统会记录车辆进入停车场的时间，并指定一个空闲停车位给新入场的车辆。

(3) 指示入场车辆进入指定车位：车位指引系统会按照系统分配好的停车位，开启 LED 指引灯，显示一条到达指定车位的路径。

(4) 停车状态确认：当车辆按照指引进入指定车位后，车位上的传感器会采集到车辆到位的信息，并将信息返回管理系统，管理系统会自动更新停车场车位状态信息。

(5) 车辆驶离时缴费：车辆离开停车场时，通过道闸前控制系统会获取车辆信息，管理系统会计算车辆停车时间与应缴纳的费用，并通过车载 RFID 信息卡进行收费处理，然后更新停车场车位状态信息。

RFID 技术在停车场管理系统中充分突出了方便、快捷、安全、有效的特点，虽然目前我国使用 RFID 技术的停车场还很少，但是随着制造技术的不断提高，RFID 芯片的成熟度会越来越高，制造成本会越来越小。RFID 技术在智能交通等领域的应用也必将越来越普及。在单个停车场实现智能引导的同时，如果对系统进行网络互联，实现手机预约、查询等功能，就可以让驾驶员更方便地进行区域查找，实现查询车位、预约车位，这样会让城市交通更加顺畅。

11.4.6 物联网在集装箱运输中的应用及案例分析

集装箱运输作为现代主流运输方式，占据着国际货运 90% 的份额。整个过程以集装箱为载体，将货物集合组装成单元，以便在现代流通领域内运用大型装卸机械和大型载运车辆进行装卸、搬运作业和完成运输任务。在集装箱运输中，作为物联网初级阶段的 RFID 技术显著提高了运输过程中的透明度和安全性，进而实现整个供应链的透明化、流程简约化和运输高效化。物联网的逐步完善对集装箱运输效率的提高有极其重要的意义。

随着全球一体化速度的进一步加快，在世界各国国际贸易蓬勃发展的背景下，集装箱运输以其高效、安全、便捷等特点在国际航运中发挥着越来越重要的作用。尤其作为全球发展速度最快的中国，近年来港口集装箱运输发展迅速，2008 年上海、香港、深圳分列世界港口集装箱吞吐量第二、三、四名，年吞吐量分别达到 2801 万 TEU、2430 万 TEU、2142 万 TEU。面对如此庞大的集装箱吞吐量，加之国际集装箱运输过程环节众多，如何实现集装箱运输更高效、安全、快速的周转是港口相关企业面临的现实问题。

集装箱供应链的流通管理、跟踪监控等信息处于孤立状态，实时准确的数据只有 65%；港口集装箱的流转经过数十次人工采集箱号信息，效率低下，无法实现港口自动化作业；港口海关主要通过图像处理和模式识别技术对集装箱的箱号进行识别，这种处理方法识别率一般为 80%～95%，对于海关工作人员来说工作量相当大。

物联网作为继互联网和移动通信网之后另一个万亿级产业，其中非常重要的就是 RFID 技术。在物联网的构架中，RFID 标签中存储的 EPC 代码，通过无线数据通信网络把它们自动采集到中央信息系统，实现对物品的识别。运用到集装箱运输中，可实现对集装箱的全程跟踪和追溯，从而很好地解决目前集装箱运输中的这些问题。通过开放的计算机网络实现信息交换和共享，可实现对无线射频识别技术(RFID)的应用发展，物联网的组建则可以实现与港航企业现有网络系统进行信息整合，同时可以优化整个物流供应链和流通网络。

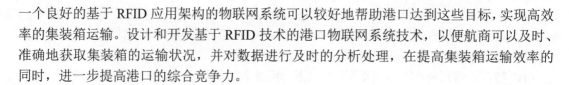

一个良好的基于 RFID 应用架构的物联网系统可以较好地帮助港口达到这些目标,实现高效率的集装箱运输。设计和开发基于 RFID 技术的港口物联网系统技术,以便航商可以及时、准确地获取集装箱的运输状况,并对数据进行及时的分析处理,在提高集装箱运输效率的同时,进一步提高港口的综合竞争力。

1. 解决方案

据中国物流与采购联合会研究,现代物流信息化存在的瓶颈,一个是基础信息的采集,大量的信息还是要手工录入,效率低、差错率高、不及时,影响了后期的传输和应用;再一个是信息的共享和交换,越来越多的应用主体已经提出要加强信息数据共享,建立信息平台。

集装箱运输信息化除存在以上问题外,还存在一些特殊问题。

(1) 货物失窃严重。随着集装箱运输快速发展,集装箱货物被盗问题越来越严重。据统计,全球因集装箱失窃造成的损失达 300 亿~500 亿美元,算上因此导致的间接损失,全球每年损失 2000 亿美元。为解决这个问题,可提高港口的抽检率。港口运输模拟实验表明,当对集装箱的随机抽检率达到 5%时,港口就会陷入瘫痪;如果降低抽检率,又无法有效防止犯罪分子用集装箱走私或者运输违禁物品。大型的集装箱 X 光机虽能透视箱内货物,但透检一只集装箱就需要 5 分钟,每天满负荷也只能透检 240 只,而且 X 光机辨别违禁品仍要靠人的肉眼,同样降低了可靠性。

(2) 集装箱识别精度低。在运输过程中,集装箱是通过它的唯一标识——箱号来识别的,集装箱交接同样也是以箱号为准。但人工采集数据有 35%是不准确或不实时的,而采用图像识别方式进行监管,则需要用 4~5 台摄像头同时拍摄,成本较高,识别率仅达 80%~90%,雨雾中识别率还要更低,影响到整个供应链的效率。

而物联网中的 RFID 等技术作为前端的自动识别与数据采集技术在物流的各主要作业环节中应用,可以实现物品跟踪与信息共享,极大地提高物流企业的运行效率,实现可视化供应链管理,在物流行业有着巨大的应用空间和发展潜力,在物流信息化中占有举足轻重的地位。

通过以上分析,应用物联网中的 RFID 等技术来构建一个集装箱管理系统,能够对集装箱运输的物流和信息流进行实时跟踪,从而消除集装箱在运输过程中可能产生的错箱、漏箱事故,加快通关速度,提高运输安全性和可靠性,从而全面提升集装箱运输的服务水平。

2. 系统设计

典型的基于 RFID 技术的物联网应用方案应该包括硬件系统和软件系统两个方面。硬件系统由 RFID 自动识别系统、全球定位系统、激光扫描系统和通信系统等组成;软件系统包括 RFID 信息管理系统和与之整合的港口集装箱管理系统。集装箱上的电子标签可以记录固定信息,包括序列号、箱号、持箱人、箱型、尺寸等;还可以记录可改写信息,如货品信息、运单号、起运港、目的港、船名航次等。

整个物联网应用可以分为三层:第一层是传感网络,即以二维码、RFID、传感器为主,实现对集装箱等物品的识别;第二层是传输网络,即通过现有的互联网、广电网络、通信网络等实现数据的传输与计算;第三层是应用网络,即输入输出控制终端,可基于现有的手机、个人电脑等终端进行。

EPC 系统的构成:EPC 系统是一个非常先进的、综合性的和复杂的系统。其最终目标是为每一集装箱等物品建立全球的、开放的标识标准。它由 EPC 编码体系、射频识别系统及信息网络系统三部分组成，主要包括 6 个方面，如图 11-5 所示。

EPC编码体系	EPC编码标准
射频识别系统	EPC标签
	射频读写器
	EPC中间件
信息网络系统	对象名称解析服务
	实体标记语言

图 11-5　EPC 的体系结构

(1) EPC 编码标准。EPC 编码是 EPC 系统的重要组成部分，它是对实体及实体的相关信息进行代码化，通过统一并规范化的编码建立全球通用的信息交换语言。EPC 编码是 EAN.UCC 在原有全球统一编码体系基础上提出的新一代的全球统一标识的编码体系，是对现行编码体系的一个补充。

(2) EPC 标签。EPC 标签由天线、集成电路、连接集成电路与天线的部分、天线所在的底层四部分构成。EPC 码是存储在 RFID 标签中的唯一信息。

(3) 射频读写器。在射频识别系统中，射频读写器是将标签中的信息读出，或将标签所需要存储的信息写入标签的装置。射频读写器是利用射频技术读取标签信息，或将信息写入标签的设备。读写器读出的标签的信息通过计算机及网络系统进行管理和信息传输。

(4) EPC 中间件(Savant)。每件产品都加上 RFID 标签之后，在产品的生产、运输和销售过程中，读写器将不断收到一连串的产品电子编码。整个过程中最为重要同时也是最困难的环节就是传送和管理这些数据。Auto-ID 中心提出一种名叫 Savant 的软件中间件技术，相当于该新式网络的神经系统，负责处理各种不同应用的数据读取和传输。

(5) 对象名解析服务(Object Name Service，ONS)。其类似于互联网中的 DNS。EPC 标签对于一个开放式的、全球性的追踪物品的网络需要一些特殊的网络结构。因为标签中只存储了产品电子代码，计算机还需要一些将产品电子代码匹配到相应商品信息的方法。这个角色就由对象名称解析服务担当，它是一个自动的网络服务系统。

(6) 实体标记语言(Physical Markup Language，PML)。其类似于互联网中的标记语言。EPC 识别单品，但是所有关于产品有用的信息都用 PML 所书写。PML 是基于为人们广为接受的可扩展标识语言(XML)发展而来的。PML 提供了一个描述自然物体、过程和环境的标准，并可供工业和商业中的软件开发、数据存储和分析工具之用。它将提供一种动态的环境，使与物体相关的静态的、暂时的、动态的和统计加工过的数据可以互相交换。因为它将会成为描述所有自然物体、过程和环境的统一标准，PML 的应用将会非常广泛，并且进入到所有行业。

3. 物联网的层次关系

物联网的层次关系如图 11-6 所示。

EPC 系统在工作时，先由读写器通过天线发送一定频率的射频信号，当 EPC 标签进入读写器的工作范围时，其天线产生无线电波，从而使 EPC 标签获得能量被激活并向读写器发送自身的编码等 EPC 信息；读写器在接收到来自 EPC 标签的载波信息，并对接收信号进行解调和解码后，会将其信息送至中间件 Savant 系统进行处理；通过互联网，处理后的信息被传送到 ONS 服务器，找到数据库中信息所对应的 IP 地址；EPC 中间件按照所对应的 IP 地址，到保存着产品信息的 EPCIS 查找，得到的产品信息再通过互联网传送到用户手中。

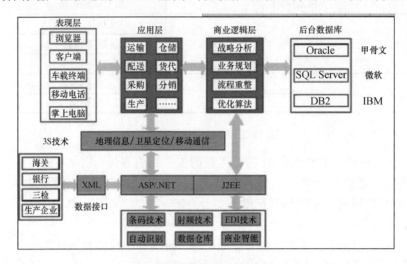

图 11-6   物联网的层次关系

整个物联网流程集前端数据采集、中间层数据处理、物理设备管理监控、后端安全认证、通关业务应用于一体。涉及 RFID 软硬件集成中间件、物流通关信息服务基础平台、物流通关应用系统等关键技术。可以让现代物流通过挖掘、分析采集业务信息，提供多样化的报表展现，譬如在物流过程中的物品停留时间统计、物品运输异常统计、当前库存状况统计等。通过数据库与 RFID 技术的结合，实现各种应用设备集成业务系统融合，解决物流通关系统 RFID 软硬件集成、各物流和通关业务系统的互联互通等迫切问题。

4. 应用案例

1) 案例背景

中国台湾经济以贸易为主轴，进出口货物 99%依靠货柜运送，部分货柜在转口程序中，须经市区道路运送，或暂存于内陆货柜场，易产生控管风险。海关为防止转口柜在运送途中遭掉包走私，多年来均采用人工方式押运，不仅增加人力及航商成本，也造成相关从业者诸多不便。

其中，高雄港作为台湾最大港口，颇具代表性。整个港区有五个货柜中心，转口柜卸船进口或装船出口须运出港警查验登记站时，然后从课税区分别运往这五个货柜中心。在导入 EPC/RFID 应用前，是由其货柜动态查核系统自动执行抽押。每年在高雄港停留的转口柜达 120 万只以上，其中必须抽 4 万～5 万只货柜进行检查，由运输企业向海关申请派员押运，押运费用由航商自行负担。同时，押运一只货柜所耗费的时间和人力也相当可观，转运时间甚长，达 4～10 小时。高雄港务局以滴水不漏的方式严格控制货柜进出的时间，目的即是降低非法走私的情形发生，无疑加大了海关人员的工作量。具体问题如下：十大航商每天约 20 000 车次货柜车通行跨 5 个货柜中心与市区，安全监控十分关键；高雄港每年 1000 万只货柜进出港区，约 50%为转口柜；每年海关在转口柜中抽中 5%进行人工押运，影响航商作业效率及增加营运成本。

鉴于 RFID 技术导入货运作业流程的国际成功应用案例，及改善转口货柜处理效能，台湾积极推动"高雄港转口柜免押运计划"，以 EPC/RFID 的科技设施取代人工押运，建设"电子封条监控系统"。

2) 案例分析

应国际发展趋势，货柜封条的设计从传统机械式封条演进至电子封条(电子印章)。电子封条的构想起源于在机械式封条的设计里增加的 RFID 标签，两者合二为一即所谓的电子印章(电子封条标签)。目前国际上不管是主动式或被动式的电子标签，所采用机械式封条部分皆是遵循标准 ISO 17712 封条机械锁的标准。电子封条与传统机械式封条不同处在于封条内晶片存有记忆体，可记录相关货柜资料，且被动式的电子封条一旦解开便遭破坏无法再加封与读取。因此，透过电子封条加封在货柜上，可完整记录起点至目的地间、点与点间货柜运送资讯，且电子封条安全无损表示货柜安全抵达，中途没有遭到破坏。货柜能够被监控、定位、确认状况，甚至可以进行分析全球供应链中的运输状况，这些资料通过 RFID 技术的网络进行搜集、储存并分享。另外，也有助于供应链中验证程序自动化发展的趋势，其中在绿色通道清关时，电子印章即发挥其效用，简化检查程序。

为与国际接轨和解决转口柜押运海关人力不足的问题，海关决议以 EPC/RFID 应用取代人工押运，使用 ISO 17712 机械封条锁和 EPC 二代标签结合而成被动式电子封条，在货柜运送前加装，属于一次性使用的封条锁，不管供应链中不同的角色经手以及多个地点的停留，货柜卸货时，都可立即判别货柜的完整性，承运方即可办理交运手续完成业务。

11.4.7 物联网在不停车收费系统的案例分析

随着国民经济的持续快速发展，城市机动车数量急剧增长，高速公路上局部堵塞以及事故频发问题越来越突出，已成为制约各城市间经济发展的主要瓶颈之一，也是各级政府部门和社会公众关注的热点问题。在收费高速公路项目管理中，由于存在多家高速公路建设与经营管理公司，导致各高速公路实行独立收费，严重影响了高速公路快速畅通的运行。射频识别(RFID)技术是 20 世纪 90 年代开始兴起并逐渐走向成熟的一种自动识别技术，它是利用射频信号通过空间耦合实现非接触信息传递，并通过所传递的信息达到识别的目的。该技术具有高速移动物体识别、多目标识别和非接触识别等特点，显示出巨大的发展潜力与应用空间，被认为是 21 世纪最具有发展前途的信息技术之一。它为实现在高速公路上采用不停车收费方式，实现高速公路快速畅通运行，显示出巨大的优越性。

1. 发展现状

智能交通系统(Intelligent Transportation System，ITS)是 21 世纪现代交通运输体系的发展方向，是国家"十五"重点攻关项目。ITS 将先进的信息技术、数据通信传输技术、电子控制技术及计算机处理技术等综合运用于整个交通运输管理体系。通过对交通信息的实时采集、传输和处理，借助各种科技手段和设备，对各种交通情况进行协调和处理，建立起一种实时、准确、高效的综合运输管理体系，从而使交通设施得以充分利用并能够提高交通效率与安全，最终使交通运输服务和管理智能化，实现交通运输的集约式发展。ITS 的目标和功能包括如下几个方面：提高交通运输的安全水平；减少交通堵塞；保持交通畅通；提高运输网络通行能力；帮助人们在使用交通时更安全、方便、快捷、舒适；降低交通运输对环境的污染程度并节约能源；提高交通运输生产效率和经济效率。与传统交通运输水平手段相比, ITS 不是单纯依靠建设更多的基础设施、消耗大量资源来实现以上目标和功能，而是在现有或较完善的基础设施上，将先进的通信技术、信息技术、控制技术等有机地结合起来，综合应用于整个交通运输系统，实现其目标和功能。目前国际上公认的 ITS 的服务领域有以下几个方面：先进的交通信息服务系统、先进的交通管理系统、电子收费系统、货运管理系统等。本书主要研究的就是 ITS 中的重要部分——高速公路电子不停车收费 (Electronic Toll Collection，ETC)系统的设计。

通过采取在高速公路范围内不停车收费的非现金交费方式，以及在主线收费站及重要出入口收费站设置不停车收费系统又称电子收费系统(ETC)车道，不停车收费技术的采用将有效地解决高速公路收费站带来的交通堵塞问题。ETC 技术利用安装在车内微波频段的电子标签(无线电收发器)储存车辆编号及相关信息，安装在车道的射频天线可与该电子标签及专用无线通信方式交换信息，并对其储存内容进行读写操作，这一技术甚至允许车道设备向配备有显示器的电子标签发送交通管理信息，这就使不停车收费系统拥有城市交通管理和控制的潜在能力。射频识别技术是一种先进的非接触式自动识别技术，其基本原理是利用射频信号及其空间耦合、传输特性，实现对静止的或移动中的带识别物品的自动机器识别。射频(radio frequency)专指具有一定波长可用于无线电通信的电磁波射频识别技术，以无线通信和存储器技术为核心，伴随着半导体和大规模集成电路技术的成熟而进入实用化阶段。RFID 标签具有体积小、容量大、寿命长、可重复使用等特点，可支持快速读写、非可视识别、移动识别、多目标识别、定位及长期跟踪管理。即 ID 技术与互联网、通信等技术相结合，可实现全球范围内物品跟踪与信息共享。射频识别技术应用于高速公路，可大幅提高管理与运行效率，降低成本。

2. 不停车收费系统在国外的发展情况

第一个不停车收费的应用实验是 20 世纪 70 年代末在纽约和新泽西试行的，借助于自动车辆识别的不停车收费系统，交费者既可向收费公司预付款，也可采用信用卡付账方式。1988 年美国首次将不停车收费用于林肯隧道，紧接着，于 1989 年在新奥尔良州 Crescent City 大桥上实现了完整的车辆识别与计算。同时，其他各国也纷纷推出了自己的不停车收费系统，挪威研制出了 Q-free0 自动不停车收费系统，该系统是将一张塑料磁卡粘贴在车辆的前窗玻璃上，当车辆到达自动收费口时，无线扫描设备通过"询问"，接收来自过往车辆上磁卡发出的电子回答，系统的主计算机存储所有磁卡编号和通过次数，并自动记录通过收费口的车辆，然后和负责账款的系统通信联系，确定收费金额，计算机图像抓拍系统将非法通过的车辆拍摄下来，警察和银行部门根据相应账单进行处罚。

3. 不停车收费系统在国内的发展情况

近年来，我国各个地区均先后提出了实施不停车收费的规划。RFID 可以通过射频信号自动识别目标对象，无需可见光源，具有穿透性，可以透过外部材料直接读取数据，读取距离远，无需与目标接触就可以获取数据。这些优点使它可以应用在智能交通领域，从而大大简化过程，提高效率。在射频识别技术的基础上建立起来不停车收费系统，它能够实现对车辆实时监控，高效、准确地管理，车辆进出可以不停车，免伸手。目前，不停车收费系统在我国也有了较为成熟的开发和应用。1994 年底，广东佛山大桥管理站在国内首次开发成功了一套基于微波检测技术的不停车收费系统，该系统于 1995 年 1 月 1 日试开通。

1997 年广州市开始实施全市路桥"一卡通"不停车收费推广工程，系统于 1999 年 1 月 1 日投入运行。此外，深圳机荷、梅观高速公路也实施了不停车电子收费系统。在北京、上海等地的机场高速公路也先后实施了电子不停车收费系统，其中北京机场高速公路收费站采用的是美国 AmTech 公司的产品，而上海机场高速路则是使用日本丰田的路边设备和单、双片式车载机及世界上最先进的双界面卡。中国厦门市路桥管理有限公司于 1998 年 8 月从挪威引进了 O-free0 自动不停车收费系统，并于 2000 年应用于厦门海沧大桥。此外，法国、英国、意大利等国家还推出了基于视频、环形线圈、红外线和微波技术的不停车收费系统。2007 年底，包括京通快速路在内的全市多条高速路全部联网收费，除在主要收费站开通不停车收费系统外，所有的收费口还同步开通 IC 卡收费功能，普通公交一卡通也能轻松刷卡。

4. 基于 RFID 不停车收费系统的论述

1) 不停车收费系统概述

不停车收费系统是一种能实现不停车收费的全天候智能型分布式计算机控制、处理系统，是电子技术、通信和计算机、自动控制、传感技术、交通工程和系统工程的综合产物。不停车收费的关键是在车载智能识别卡与收费站车辆自动识别系统的无线电收发器之间，通过无线电波进行数据交换，获取车辆的类型和所属用户等相关数据，并由计算机系统控制指挥车辆通行，其费用通过计算机网络，从用户所在数据库中专用账号自动缴纳。当车辆通过拥有不停车收费系统(ETC)的收费站时，ETC 系统自动完成所经过车辆的登记、建档、收费的整个过程。在不停车的情况下收集、传递、处理该汽车的各种信息。这些信息包括车型、车牌号、车辆的颜色、银行的账号、车主姓名等。不停车收费系统的出现是为了解决现今生活中人工收费站手工操作收费效率低、时间长，从而导致收费站成为高速公路流量瓶颈的问题。因此，不停车收费系统，首先具有收费时间短、收费效率高且出错率低的特点；其次，降低成本，提高系统的安全性，从而使整个系统有可推广性；再则，由于不停车收费，不能在交纳费用后即时得到电脑票据，因此整个系统收费服务具有透明性，能处理交费复查要求，让使用者用得放心。

2) 不停车收费系统设计的基本原则

高速公路不停车收费系统在开发设计中，必须体现下述原则。

(1) 系统的先进性。为适应 21 世纪技术发展及未来应用需要，系统应建立在先进的软硬件平台结构之上，设计采用最新的结构技术和策略保证系统的性能在设计时最优，在今后随着计算机软硬件技术的发展而提高。

(2) 系统的开放性。开放系统是当今世界信息产业发展潮流，一个开放的系统可以充分利用世界上各种产品的优秀特性，在最小的系统开销下，方便地扩充整个系统的功能，充分保证系统的灵活性，并且随着新技术的发展，将新技术集成于系统之中。

(3) 规范性。统一化、标准化是系统取得成功的必要条件。总体结构设计乃至接口的设计都要遵循国际及国家通用的规范标准，并将规范化、标准化贯穿于系统开发设计及项目生命周期的每一个阶段之中。

(4) 继承性。高速公路网"一卡通"收费系统作为国内公路交通领域推行新型收费方式的项目，必须充分考虑已建和在建高速公路系统的收费特征，继承和兼容原有收费管理中的经验和精华，并使之贯穿到新的一卡通收费系统中。

(5) 安全性。通过一个功能强大的安全控制系统，对系统中的任何对象及环节进行保

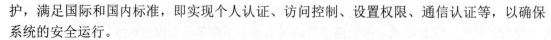

护，满足国际和国内标准，即实现个人认证、访问控制、设置权限、通信认证等，以确保系统的安全运行。

(6) 模块化。在系统总体功能设计时应该把实际的功能分解为若干易于处理的系统，然后在各个系统中划分不同的功能模块。

3) 不停车收费系统的功能分析和设计

实际联网状态下的不停车收费系统在多个独立运行的 ETC 系统基础上，通过通信网络将它们互联起来，对所有 ETC 收费单位进行统一管理、联网收费。需要实现的主要功能包括：采集收费数据；管理收费车道的交通；建立车道控制系统与后台管理网络的数据接口；实现联网收费；建立完善的结算、拆分方法；提供业主内部管理功能；满足客户、管理部门的查询要求。通过分析系统功能需求，提出模块化、层次化的结构。联网环境下的不停车收费系统涵盖运营管理系统、收费管理系统和收费站管理系统 3 个业务子系统。

(1) 运营管理系统。

运营管理系统是联网收费系统的核心层，各收费中心利益的实现都是通过该营运中心来完成的，它不仅是整个联网收费系统的超级监控中心，同时也是各收费中心的授权认证结算中心，各收费业主将自身收益的分配交给营运管理中心负责。主要完成以下功能：汇集各个不停车收费系统提供的收费信息；监控省或更大范围内所有收费站管理系统的运行状态；发行、管理和维护电子标签的用户信息；管理和维护电子标签的中央账户信息。

(2) 收费管理系统。

收费管理系统是收费系统的中央管理系统，收费站的上级部门管理旗下的所有收费站。由于授权营运中心负责交通费的收集与分配，收费中心从这些工作中解脱出来，从逻辑上看，它是连接下属收费站与营运管理中心系统的纽带和中转站。它对下属收费站进行监控，并收集收费站上传的原始收费数据、违章车辆等信息，对这些数据进行分类、汇总，适时地向营运管理中心传送。同时接收营运管理中心分发的信息，转发到下属收费站，转发信息包括费率表、车类转换表、黑灰名单及待注销的电子标签等。

(3) 收费站管理系统。

收费站管理系统负责与通行的车辆通信、读写车载电子标签的信息并进行计费处理、控制车道的交通设备；监控 ETC 车道的工作情况；将车道控制机上传的原始过车记录上传到上级部门(收费中心)，接收收费中心下传的最新费率表、车辆转换表、黑灰以及待注销的电子标签名单，并将这些信息下传到车道控制机内；此外还要进行本收费站内的数据处理，包括记录查询、报表统计、人员管理。

4) 不停车收费系统的工作流程

车主到客户服务中心或代理机构购置车载电子标签，交纳储值。由发行系统向电子标签输入车辆识别码(ID)与密码，并在数据库中存入该车辆的全部有关信息(如识别码、车牌号、车型、颜色、储值、车主姓名、电话等)。发行系统通过通信网将上述车主、车辆信息输入收费计算机系统。车主将标识卡贴在车内前窗玻璃上即可。

(1) 收费车辆进入到 ETC 车道工作区，如图 11-7 所示。

(2) 车道控制系统的射频读写器和射频天线(统称电子标签读写设备)向车道的特定区域发出微波信号，唤醒电子标签。

(3) 电子标签发射出本身数据信息，如发卡商(发卡银行)编号、车辆的车牌号、车类参数、电子标签号等标识信息。

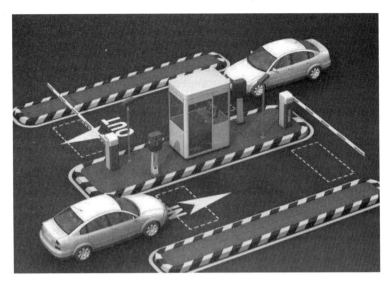

图 11-7　不停车收费系统

(4)　车道控制系统读写器接收被唤醒的电子标签发射的数据，分析出车辆的标识信息(车牌号码、车辆类型参数和入口收费站号)。

(5)　对进入收费车道的车辆进行电子标签合法性的校验，并根据校验结果进行下一步操作。

(6)　违章车辆的图像抓拍。当系统运行时，启动摄像机，如系统检测到违章(无电子标签、非法电子标签和黑名单上的电子标签)，通过存储设备保留该车辆的图像。违章车辆数据库中的图像按时间顺序存储，并以电子标签的信息(车牌、电子标签号等)作为索引查询。

(7)　根据车类参数决定收费车辆类型和收费金额，将电子标签号、车牌号、过车时间、车道号等信息组成过车记录，上传到收费站监控系统。

(8)　接收收费站监控系统主机上传的数据，对车道控制机中的相应信息进行更新，这些信息包括黑名单、优惠名单、费率表等。

(9)　系统复位，等待下一收费车辆的到来。银行收到汇总好的各路公司的收费信息后，从各个用户的账号中，扣除通行费和算出余额，拨入相应公司账号。与此同时，银行核对各用户账户剩余金额是否低于预定的临界阈值，如低于，应及时通知用户补交，并将此名单(灰名单)下发给全体收费站。如灰名单用户不补交金额，继续通行，导致剩余金额低于危险门限值，则应将其划归为无效电子标签，编入黑名单，并通知各收费站，拒绝无效电子标签在高速公路电子收费车道通行。收费结算中心设有用户服务机构，向用户出售标识卡、补收金额和接待客户查询。后台有一套金融运行规则和强大的计算机网络及数据库的支持，处理事后收费等事项。

11.4.8　物联网在智能电子车牌应用的案例分析

1. 研究背景

射频识别技术是一项利用射频信号通过空间耦合(交变磁场或电磁场)实现无接触通信并通过所传递的信息达到自动识别目标的技术。作为一种非接触式的自动识别技术，RFID技术通过远程接收射频信号来自动识别目标并获取相关数据，识别过程无需人工操作，且可在各种恶劣环境中有效工作。目前 RFID 技术被广泛应用到工业自动化、商业自动化和交通实时控制等领域，应用最成功的当属物流管理领域及商品流通领域。伴随科学技术发展和人民生活水平的提高，汽车成为日常交通工具，如何对汽车进行有效及高效管理成为摆在人们面前的一大难题。我国在汽车管理、汽车收费、汽车 GPS、汽车防盗以及路况信息系统等方面的研究和应用都比较落后，离自动化和智能化还有相当大的差距。在发达国家相关研究成果也已部分应用到汽车产业当中，实现了汽车管理的高效化和智能化。车牌是机动车外在的唯一性标志，其主要作用体现在车牌的可视性与唯一性。如今我国使用的 GA36-92 型车牌在可视性与唯一性上存在缺陷，科技含量也不够高。伴随智能化交通的发展，车牌的智能性也成为需要我们考虑的问题。目前对车牌的识别大多采用图像分割与识别技术，图像识别受污染、距离、光线、位置、角度等环境因素的影响较大，且图像识别存储空间及算法实现占用资源比较多，实现起来也非常困难，而且图像识别技术对于套牌、盗牌甚至无牌车也没有办法识别。这些问题使得盗牌、套牌、盗车、劫车、肇事逃逸等违法犯罪行为成为可能，是社会治安的重大隐患，同时也可能对国民经济造成巨额损失，最终导致对机动车进行有效管理成为巨大的难题。如何遏制上述问题的发生，只有使用新技术才能从根本上解决问题。与现有车辆管理系统中使用的图像识别技术相比，应用 RFID 技术的系统具有包含信息量大，环境适应能力强，不受风雪、冰雹等天气因素影响，抗干扰能力强，可穿透非金属物体进行识别，可全天候、无接触地进行自动识别、跟踪及管理，算法简单且实现起来较为简单等优点。

将 RFID 技术引入车牌中，实现车牌的自动识别功能且大大提高车辆管理系统的智能化程度，可以应用于下列情况。

(1) 车辆调度。可实时跟踪车辆，统计路况信息，然后由交通管理部门指挥车辆避开堵塞路段。

(2) 车辆管理。车辆管理部门可以对盗牌、套牌、盗车、劫车、肇事逃逸等行为进行更有效率的处理。

(3) 高速公路、桥梁收费。RFID 卡采用充值卡模式，阅读器读取卡中存储的 ID 号和车牌号，同时从卡中扣除相关费用。

(4) 小区车辆管理。对小区内车辆起到防盗作用。

(5) 停车场管理。用于对车辆实行自动结算收费、防盗。

2. 目的与意义

随着社会经济的发展，人口、车辆数量不断增长，但是有限的可用土地以及经济要素的制约却使得城市道路扩建增容有限，因此不可避免地带来一系列的交通问题。当今世界各地的大中城市无不存在着交通问题的困扰。交通拥堵使得人们每天将大量宝贵的时间消耗在路上、车中，同时也导致商业车辆在交通运输中延误，增加了运输成本。交通事故率也不断上升，每年都会带来巨大的人员伤亡和经济损失。据美国有关部门预测，到 2020 年，美国因交通事故造成的经济损失每年将会超过 1500 亿美元，而日本东京目前因交通拥堵每年造成的经济损失为 1230 亿美元。为解决日益严重的交通问题，各国政府采取各种措施，如以重税限制汽车的数量，实施交通管制等来加强管理。但是在做过各种尝试、花费了巨大的管理成本后，交通状况依然难有根本改观。

人们逐渐认识到交通系统是一个复杂的综合性系统，单独从道路或车辆的角度来考虑，很难解决交通问题，必须把车辆和道路综合起来，考虑如何在有限的道路资源条件下，提高道路资源的利用率，这才是解决问题的关键。同时自 20 世纪后期以来信息技术的迅猛发展和广泛应用也给以上的解决思路提供了有效的技术手段支持。在这样的背景下，智能交通系统(Intelligent Transportation System，ITS)的概念应运而生，成为研究应用的热点。ITS 是指将先进的信息技术、电子通信技术、自动控制技术、计算机技术以及网络技术等有机地运用于整个交通运输管理体系而建立起的一种实时、准确、高效的交通运输综合管理和控制系统，它由若干子系统所组成，通过系统集成将道路、驾驶员和车辆有机地结合在一起，加强三者之间的联系，借助于系统的智能技术将各种交通方式的信息及道路状况进行登记、收集、分析，并通过远程通信和信息技术，将这些信息实时提供给需要的人们，以增强行车安全，减少行车时间，并指导行车路线。同时管理人员通过采集车辆、驾驶员和道路的实时信息来提高其管理效率，以达到充分利用交通资源的目的。在智能交通领域，目前车辆识别技术主要有两个方面：基于图像处理的识别技术和基于射频的识别技术。基于视频与图像处理技术的车牌识别，主要是依据数字图像处理技术对所拍摄的汽车牌照进行处理和识别。一般要先对原始图像进行转换、压缩、增强、水平校正等处理，再用边缘检测法对牌照进行定位与分割，最后进行模式识别。基于视频和图像处理的技术国内外已有不少的研究，但受到采集图像的噪声污染、光照影响等原因无法做到精确识别。RFID 技术具有远距离识别、可存储携带较多的信息、读取速度快、可应用范围广等优点，因此基于射频识别技术的车辆识别准确性较高，非常适合在智能交通和车辆管理方面使用，在我国的研究和应用尚处在起步阶段。本课题研究的电子车牌识别系统就是一种基于 RFID 技术的车辆识别系统，它将为智能交通系统注入新的活力。

3. 研究内容

智能电子车牌是将普通车牌与 RFID 技术相结合形成一种新型电子车牌。一个智能电子车牌由普通车牌和电子车牌组成。电子车牌通过发卡管理系统事先写入该车辆的基本信息，如车辆的 ID 号、车牌号、驾驶员信息、车型、车重等信息，并将 RFID 电子车牌安装在车辆上，此时车辆拥有了独一无二的身份证。应用 RFID 技术的车流量检测系统是在交叉路口交通信号灯上游安装阅读器，阅读器通过发射天线发送一定频率的射频信号，射频阅读器全天候运行，装有 RFID 标签的车辆进入天线工作区域时产生感应电流，送出自身信息，阅读器读取电子车牌内的相关信息，并实时发送至控制中心，控制中心服务器经过存储、查询、对比等信息处理，配合视频监控，通过对信号灯的控制，实现对交通流进行调控，减少交通拥堵。同时可完成对超速、套牌、黑名单及非法营运等车辆的识别。

4. RFID 电子车牌系统总体方案

近年来，在车辆识别技术中，电子车牌受到了人们的广泛关注。然而，在大多数所谓的电子车牌识别系统中，标签被安装在汽车挡风玻璃上，或者汽车内任何可以看得到的地方，甚至被驾驶员随身携带。这些应用方式存在着性能和安全上的弊端，例如，很多车辆的挡风玻璃上装有含金属成分的防爆膜，它会影响标签的性能，可能会导致标签无法正常工作；驾驶员有可能会忘记携带标签，甚至丢失标签，难免会造成不必要的麻烦。但如果将 RFID 标签与车号牌集为一体，不仅可以解决上述问题，还可以有效抑制盗牌、套牌等违法行为，例如，在犯罪分子盗取电子车牌时，电子车牌在损毁的同时，其防拆卸装置还可以发出电子警报，损坏的车牌对于犯罪分子来说也就毫无用处；又假设 RFID 标签与车牌是分离式的，那么当司机丢失的标签被不法分子获取后，还可以配合制造的假牌继续使用，而如果将 RFID 标签与车号牌集为一体，就会避免这一违法行为的发生。因此，为了更好地管理交通、维护公共安全，将 RFID 标签与车号牌集成在一起，从而形成真正的电子车牌。

典型的电子车牌是嵌入了主动式有源电子标签的车号牌，它由英国伯明翰的 Hills Numberplates 公司研发并申请了专利。所有安装了电子车牌的车辆，无论是在静止还是在移动的状态下，都能够被安全地识别。从表面上看，嵌入了 RFID 标签的电子车牌与传统的车号牌基本没有什么区别，但它不仅能够提供与传统车号牌相同的视觉信息，还能够提供相关的电子信息。之所以采用主动式的电子标签，是由于主动式的电子标签自身带有电池，与被动式无源电子标签相比，它拥有更远的阅读距离和较大的信息存储量，此外，如果该电子标签为读写型标签，它还可以存储阅读器发送的额外信息。

电子车牌内的主动式 RFID 标签由天线、标签电路和电池组成。天线是电子车牌中的关键部分，它在电子车牌和阅读器之间传递射频信号，它的选择和设计是否合理，对整个识别系统的性能有很大的影响，尤其是当系统的工作频率上升到微波频段。若天线设计不当，就可能导致整个识别系统不能正常工作，因此对其详细研究具有重要意义。

5. RFID 电子车牌系统构成

RFID 电子车牌系统构成如图 11-8 所示。

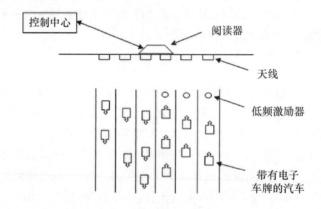

图 11-8　RFID 电子车牌系统

工作时，低频激励器将跳频表、激励器 ID 等信息以调制方式调制在 125kHz 载波上形成激励信号，并不间断地向外发送，当载有电子车牌的车辆进入激发区时，被成功唤醒后，电子标签接收激励信号(激励器的跳频表和 ID)等信息。此时，电子车牌的标签由被动态转为主动态，将激励信号和电子车牌信息通过 2.45GHz 频道发送给阅读器，阅读器将接收的信息重新打包，经过基站发送给控制中心的上位机，上位机根据激励器 ID 和电子标签 ID，就能判断车辆在某时刻经过车道，实现车道上对经过车辆数的统计。控制中心依据统计的车辆数对交通信号灯进行动态调度。

1)　RFID 电子车牌系统硬件组成

典型的 RFID 系统主要包括三个部分：电子标签(Tag)、阅读器(Reader)和天线(Antenna)，如图 11-9 所示。

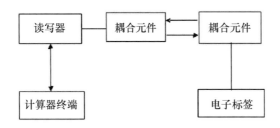

图 11-9　RFID 电子车牌系统硬件组合

(1) 电子标签(Tag)。

电子标签又称为射频卡、射频标签、应答器等。它由芯片和内置天线组成，通过标签天线和读写器进行通信。标签相当于条码技术中的条码符号，用来存储需要识别传输的信息。

电子标签一般分为有源电子标签和无源电子标签。无源电子标签自己没有供电电源，这类电子标签才会从阅读器的射频场中获取能量供数字电路部分使用。电子标签工作所需要的能量是通过电磁耦合单元或天线，通过非接触的方式传送给电子标签的。有源电子标签具有自己的供电电源，其他电路与无源电子标签相同。有源电子标签通常有部分电路处于工作状态，有时被称为处于"睡眠"状态。当耦合的能量超过某一值时，有源电子标签才真正开始工作，这一过程又被称为"唤醒"。在睡眠状态有源电子标签的功耗一般很小，因此一个拇指大小的纽扣电池可以保持很长的工作时间。然而，与有源电子标签相比，无源电子标签的寿命一般可长达几十年，而有源电子标签的寿命则通常要受电池寿命的限制而成为一大缺陷。

一般电子标签具有如下特点：①体积小，结构牢固，耐腐蚀；②工作寿命长(可读写次数超过 10 万次)；③防水，耐高温；④灵敏度高，抗干扰性强；⑤含有唯一性 ID 号。

(2) 阅读器(Reader)。

阅读器又称为读出装置、扫描器、读头、读写器(取决于电子标签是否支持无线修改数据)等。其基本功能就是提供与标签进行数据传输的途径。根据支持的电子标签类型不同以及所完成功能的不同，阅读器的复杂程度是显著不同的。阅读器的基本功能就是提供与电子标签进行数据传输的途径。另外阅读器还提供相当复杂的信号状态控制、奇偶错误校验与更正功能等。电子标签中除了存储需要传输的信息外，还包含有一定的附加信息，如错误校验信息等。通常，RFID 系统的阅读器由六部分组成：电源部分、射频信号收发部分、天线、CPU 控制部分、存储器、标准接口部分，如图 11-10 所示。在阅读器的响应范围之外是处于无源状态，没有自己的供电电源(电池)。

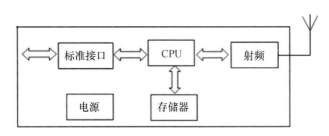

图 11-10　阅读器的组成

① 标准接口。阅读器的高标准接口担负以下任务：产生高效的发射信号，以启动电子标签或为它提供能量；对发射信号进行调制，用于将数据安全地传送给电子标签；接收并解调来自应答器的高频信号。在高频接口中有两个分割开来的信号通道，分别用于上下行两个方向的数据流传输。发送给应答器的数据通过发送分支，而接收到电子标签的数据通过接收分支传过来。

② CPU 控制单元。阅读器的控制单元担负下列任务：与应用系统进行通信，并执行应用系统发来的各种命令；控制与电子标签的通信过程；对发送信号进行编码和对接收信号进行解码。

对于复杂的系统还要有如下附加功能：对阅读器与电子标签间传送的数据进行加密和解密；执行反碰撞算法；进行阅读器与电子标签间的身份验证。当然，为了完成这些复杂的任务，在绝大多数情况下控制单元都拥有微处理器作为核心部件。而且如加密过程及信号编码常常由附加的 ASIC(专用集成电路)组件来完成，以减轻微处理器计算密集型过程的负担。出于性能上的考虑，对 ASIC 的访问是通过处理器总线实现的。

(3) 天线(Antenna)。

天线为标签和读写器提供射频信号空间传递的设备。RFID 读写器可以采用同一天线完成发射和接收，或者由采用发射天线和接收天线分离的形式，所采用天线的结构及数量应视具体应用而定。

2) RFID 电子车牌系统软件组成

RFID 电子车牌系统软件主要由阅读器模块、标签模块、应用系统模块组成。从 RFID 系统的组成和工作原理可以看出，应用系统要从一个非接触的数据载体(电子标签)中读出数据或写入数据到一个非接触的数据载体中，则它需要一个非接触的阅读器作为接口。阅读器、标签、应用系统三者之间的关系如图 11-11 所示。

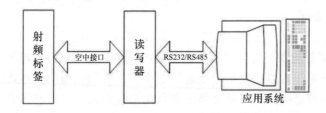

图 11-11　RFID 电子车牌系统

6. RFID 电子车牌系统硬件设计

(1) RFID 电子车牌硬件结构。

RFID 系统从电子标签中获取被识别对象的相关信息，并且，电子标签可以从阅读器的射频场中获得能量，可为其他部分或全部电路提供电源。因此，基于电子标签在 RFID 系统中的功能，电子标签电路必须含有天线用于接收和发射电磁波能量；必须含有检波电路用于将高频电磁能量转换成为直流电源，并且可以存储或管理能量；必须要有一定的数字电路部分用于存储被识别对象的信息内容，并可在外部供电的情况下，进行必要的数据处理及输出相关的数据信息。另外，电子标签必须含有调制电路，可以把存储在电子标签内部的被识别对象的相关数字信息调制到发射的电磁波上。RFID 射频标签附着在被识别的物体上，作为特定的标识。射频标签由标签天线、芯片、存储器等组成，有源标签还需要电池。

虽然电子标签的封装形式不一样，但是其内部结构却基本一致。

(2) RFID 电子车牌硬件设计。

电子车牌即装有有源电子标签的车牌。由于现有的车牌都是金属材质，如将电子车牌与汽车牌照结合在一起，由于车牌采用金属制作，当电子车牌贴近金属表面时，射频信号的发送与接收会受到很大干扰，主要是射频信号会被部分屏蔽，影响电子车牌的识别距离，达不到设计的识别效果，所以在方案中，电子标签与车牌需要进行一体化设计。

目前，发展较为成熟的 RFID 系统主要是 125kHz 和 13.56MHz 系统，相应的 RFID 专用芯片也比较多。然而，用于 UHF RFID 的专用芯片却很少，为了满足用户对远识别距离的要求，一般需使用有源 UHF RFID 系统，而目前有源 UHF RFID 专用芯片更少。所以，需要寻找一款适合超高频 RFID 且易于开发的低成本射频芯片，来设计有源 UHF RFID 系统。电子车牌天线设计、电子车牌及天线的外部结构如图 11-12 所示。

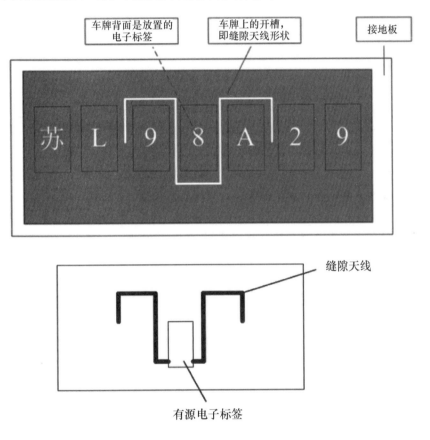

图 11-12　电子车牌

天线用于接收阅读器的射频能量和信息，提供给电子标签工作，并发射电子标签的相关信息，它是电子标签和阅读器进行通信的桥梁，是电子标签的重要组成部分。按照 RFID 系统的工作方式，电子标签的天线可分为近场感应线圈天线和远场辐射天线。近场感应线圈天线通常由多匝电感线圈组成，电感线圈和相并联的电容构成并联谐振回路以获得最大的射频能量。远场辐射天线主要用于有源电子标签中，由电场偶极子天线、对称振子天线以及微带天线所组成。当使用圆机化天线时，常采用微带天线形式实现。远场辐射天线通常是谐振式，一般取为半波长。因此，工作频率的高低决定着天线的尺寸和大小。天线的

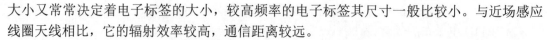

大小又常常决定着电子标签的大小，较高频率的电子标签其尺寸一般比较小。与近场感应线圈天线相比，它的辐射效率较高，通信距离较远。

天线的种类很多，不同的应用需要不同的天线，在微功耗、远距离的射频识别系统中，需要一个通信可靠、成本低廉的天线系统。目前应用在这一领域的天线主要有 1/4 波长鞭状天线、螺旋天线、PCB 环型、PCB 单端天线和微带天线。本书在设计过程中，由于考虑到标签的体积，采用了 Nordic 公司推荐的 PCB 单端天线。在使用不同形状的天线时，为了得到尽可能大的收发距离，电感电容的参数应适当调整。

由于标签因为体积空间问题采用了微型 PCB 单端天线，所以阅读器接收天线应该适当提高接收灵敏度来弥补标签发射增益的不足，本书采用了比较通用的 3.5dB 的鞭状天线，如果需要更大增益可采用 5dB 的鞭状天线或定向天线。本系统设计了天线内置的阅读器，既可安装全向鞭状天线，也可以安装定向天线，提高了阅读器稳定性，也方便了安装和施工。

11.4.9　物联网在食品安全的案例分析

1. 背景介绍

目前我国食品安全形势较为严峻，各类食品安全事件屡有发生，对人民群众的生命和健康安全造成极大危害。针对这一现象，政府统一安排，从 2009 年 1 月 1 日起，对肉及肉制品、豆制品、奶制品、蔬菜、水果等 6 类食品实施严格的市场准入。但由于管理手段落后，无法对食品生产、流通的各个环节进行有效的监管，市场准入制度的落实受到严重制约和影响。传统的对食品品质检验方法存在管理滞后、效率低下和较高的出错率等问题。RFID 技术应用于食品供应链的体系可解决以上问题。RFID 系统保障供应链中的食品与来源之间的可靠联系，确保到达超市的货架和厨房食品的来源是清晰的，并可追溯到生产企业甚至是植物个体、动物及具体的操作加工人员。"民以食为天，食以安为先。"RFID 技术在安全食品供应链的应用，对企业来说，有助于食品企业加强食品安全方面的管理，稳定和扩大消费群，提升市场竞争力；从食品供应链角度看，为消费者营造了放心消费的环境，树立了良好的形象，切实提高了整条供应链的服务水平。建立食品跟踪与追溯的工作将对食品行业的发展产生巨大的影响。

随着智慧地球、感知中国等概念的提出，物联网技术得到了国内外各行各业的普遍认可，全球的物联网行业的发展将会有很大的前景。据美国科学时报报道，物联网是被称为继计算机、互联网之后的第三次世界信息产业的浪潮。2008 年全球经济危机出现后，物联网技术应运而生。"智慧地球"被认为是挽救危机、振兴经济的方式。针对美国"智慧地球"，2009 年 8 月温家宝提出了"感知中国"的发展理念，物联网被列为国家新兴战略性产业，已经写入了"政府工作报告"，物联网从此在中国受到了全社会极大的关注。而物联网技术的核心就是 RFID 技术，因此借助物联网技术，去解决社会中存在的食品安全问题，显得尤为重要。目前基于 RFID 的物联网食品安全追溯系统已经在我国得到了广泛的应用。

本系统以鲁花花生油为例，对鲁花花生油实行产品的溯源。RFID 标签卡可以存储花生油从原料、加工到成品运输等全过程的追溯，通过 RFID 射频识别技术，对标签卡实现了读写内部数据信息的功能。RFID 标签卡不同于条形码，RFID 标签卡里的信息可以进行实时更新，可以通过无线电波实时传输信息，从而可以在简单的 Web 服务组件中查找相应的食品安全追溯信息，使食品安全生产管理者能够在出现食品安全问题时迅速地召回有害食品，防止有问题产品的快速流散，从而通过物联网技术解决生活中的食品安全问题。该系统可实现非接触式的数据读写功能，数据采用了 MIFARE 加密算法，使得数据传输具有了安全性。数据的传输还采用了编码技术，可以适应较复杂的传输环境。另外，处理器内含看门狗电路，具备较高的可靠性。

物联网系统一般由感知层、网络层和应用层组成，由于 3G 等移动通信网络资源限制，本系统设计了感知层和应用层两部分。通过无线射频 RFID 读写器非接触式读取 RFID 标签中的数据信息为感知层，再通过一个简单的后端 Web 服务组件完成相对应的食品安全信息溯源功能。

2. 系统基本方案选择和论证

(1) 在生产食品的源头，无论是动物饲养过程中吃的饲料信息，还是在植物种植过程中施加的肥料信息，均可以使用 RFID 电子标签存储到食品安全生产数据库中，以此来作为将来食品安全追溯原始数据。

(2) 在食品加工环节中，生产厂家、操作员工、食品加工方式以及时间等追溯信息也会记录到相应数据库的字段中。

(3) 通过对食品流通过程中的每个环节布置含有多种传感器的读写器，可以记录该批食品流通过程中的环境信息。

(4) 在运输环节中，在车门里的读写器每隔几分钟就读取食品货箱的 RFID 标签信息，连同传感器的信息一起发送到食品安全追溯管理系统中记录数据，因为车厢内的信息基本一样，所以在读写器上而不是在 RFID 标签上集成传感器可以大幅度缩减系统成本。

(5) 在食品运输到仓库时，RFID 读写器会读取食品信息以及入库时间，并且系统自动分配存货区域。仓库中布置的内嵌传感器的读写器，同样按照一定时间定时读取 RFID 标签信息以及环境信息。

(6) 根据记录的外界环境信息，物流仓库的质量评估系统将自动对库存中的食品进行评估，并且根据环境信息综合判断，保质期将到的食品先发货。

(7) 通过严格的控制流通过程，运送到消费者手中食品的安全性将会大大提高，因此，无论是在餐桌或是货架，消费者通过追溯系统既可查到食品的生产日期、原料产地、生产者等详细信息，还可通过食品安全测评系统对食品进行等级认证，以此就可以确保食品安全。

(8) 食品变质后，评估系统将实时改变评估结果，提醒消费者慎重购买，并且通知零售商将过期产品撤下货架。

(9) 当发生食品安全问题时，通过食品安全追溯系统就可以查到食品的最终销售者，还可以找到流通或生产加工过程出现问题的环节，形成由政府统一管理、协调、高效运作的架构。这也是国际上食品安全追溯管理模式的发展趋势。

3. RFID 射频识别技术及 EPC 产品电子代码

近年来，无线射频识别技术在全球得到了迅速发展，在人们的日常生活中已经出现，并且产生了越来越大的影响。射频识别技术是结合了无线电、芯片制造及计算机等学科的新技术。无线射频识别 RFID 技术是一种利用射频通信实现的非接触式自动识别技术。它利用射频信号及其空间耦合的传输特性，实现对静止或移动物体的自动识别。射频识别常被称为感应式电子芯片或非接触卡。典型的 RFID 系统一般由电子标签、读写器以及计算机系统等部分组成。电子标签中保存着某种约定格式的编码数据，用以唯一标识标签所附着的物体；读写器通过无线信号与标签通信，获得标签中的编码，并将这些编码送往后台计算机系统处理，达到对目标进行自动识别的目的。

射频识别技术有以下特点：①数据的读写功能；②电子标签的小型化和多样化；③耐环境性；④可重复使用；⑤穿透性；⑥数据的记忆容量大；⑦系统的安全性。

EPC 产品电子代码技术是由美国麻省理工学院的自动识别研究中心开发的，旨在通过互联网平台，利用无线射频识别、无线数据通信等技术，构造一个实现全球物品信息实时共享的物联网。EPC 代码是由标头、管理者代码、对象分类代码、序列号等数据字段组成的一组数字。

EPC 的目标是为物理世界的对象提供唯一的标识，从而达到通过计算机网络来标识和访问单个物体的目标，就如同在互联网上使用 IP 地址来标识和通信一样。EPC 系统的最终目的是为每一个单品建立全球的、开放的标识标准。EPC 系统的发展，能够推动自动识别技术的快速发展，向跨地区、跨国界物品识别与跟踪领域的应用迈出了划时代的一步，可以做到对供应链中的货品进行实时跟踪，还可以通过优化供应链来给用户提供数据支持，大大提高供应链的效率。

4. RFID 系统的构成和工作流程

典型的 RFID 射频识别系统由电子标签、阅读器和数据管理系统三大部分组成。标签由芯片和标签天线或线圈组成，通过电感耦合或电磁反射原理与读写器进行通信。电子标签是 RFID 系统中存储被识别物体相关信息的电子装置，通常贴在被识别物体表面或者嵌入其内部，标签存储器中的信息可由读写器进行非接触式的读和写。电子标签由天线、控制模块、存储器、收发模块 4 部分构成。阅读器有时也被称为查询器、读写器或读出装置，主要由无线收发模块、天线、控制模块及接口电路等组成。芯片中一般存储两种数据：一种为固化在芯片中的 UID(唯一标识号)，用来唯一标识电子标签；另一种为存储在 EEPROM 中的可擦写数据，用来记录与被识别物体相关的信息。读写器的任务是：控制射频模块发射载波信号以提供能量来启动标签；对发射信号进行调制，将数据传送给标签；对标识信息进行解码，并将标识信息传输给主机处理；通信接口控制、输入输出检测和控制；产生、发送、接收射频信号。数据管理系统的主要任务是控制读写器进行读写卡的操作，以及存储和处理相应的数据信息。

RFID 系统的工作流程如下。

(1) 读写器通过发射天线发送一定频率的射频信号，当电子标签进入发射天线工作区时产生感应电流，电子标签通过读写器获得的能量自动处于激活状态。

(2) 电子标签将存储在其自带的存储器上的 RFID 编码等信息通过标签内置发射天线发送出去。

(3) 系统接收天线对接收的信号进行解调和解码，然后送到后台主系统进行相关处理。

(4) 主系统根据逻辑运算判断该标签编码的完整性、合法性，针对不同的应用业务逻辑做出相应的处理和控制。RFID 基本原理框图如图 11-13 所示。

5. 系统设计最终方案决定

综上所述，食品安全追溯系统设计方案：首先将对食品的追溯信息详细写入 RFID 标签卡，其次通过射频识别读写器将里面所包含的食品安全追溯信息读取到电脑中，再次是通过简单的 Web 服务组件设计查找相应 EPC 代码所对应的详细 Web 信息。采用可读写电子标签除标签 ID 号(UID 号)永不可变外，可读写电子标签中的其他数据可以因需更新，而根据标签 ID 号可以唯一确定标签，进而可以唯一确定相应的食品。EPC 可以通过标签卡里面的数据进行读写。在本设计中，由于各方面条件的限制，只用生产源头的信息追溯来代替整个食品安全追溯流程。由于 Web 服务是物联网软件设计中非常重要的一环，所以用一个简单的 Web 服务组件来展示一下食品安全追溯系统的后台操作流程和简单的二进制序列与详细信息的逻辑对应关系。食品安全追溯系统可以简化为对一个含有特定食品追溯信息的标签卡进行数据的读写操作。采用单片机作为主控制系统，并设计好最小系统，外部独立提供 5V 直流电源，依靠射频模块进行非接触式读卡写卡。信息在非接触式的电磁场中通过天线传输。

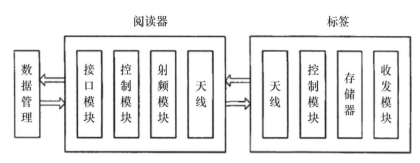

图 11-13　RFID 基本原理框图

6. 物联网运用的实现

1)　食品生产物流跟踪

食品生产企业在生产某种食品的同时，会设计包含对应 EPC 代码的射频识别标签。在食品正式入库前，质检部门会对每批产品进行质量检查。在入库和储存过程中发生装卸搬运操作、货位仓位变化等情况时，Savant 系统会将货物实际变化情况与对应 PML 文件信息相匹配。当食品以大包装的形式出库时，射频识读器将它收集到的该种食品的 EPC 传递给本地服务器中的 Savant 软件。随后 Savant 进入工作状态，将射频识读器识别到的食品信息记录到本地 EPC 信息服务器，EPC 信息服务器将收集到的信息与研发、设计、生产阶段存储在数据库里具有相同序列号的食品信息相匹配，随后按照 PML 规格重新写入交易、出库记录，形成新的 PML 文件并存入 PML 服务器。在将食品交易、出库信息记录到本地 PML 服务器的同时，将该食品 EPC 编码和 PML 服务器 IP 一起注册到对象名解析服务器(ONS)使其在 ONS 基础构架中产生对应关系。通过 Internet 保障全国各地的 Savant 系统可以随时发出询问并读取该食品的相关信息。

2)　食品销售物流跟踪

当这批食品运送到食品批发企业时，射频识读器会根据到货检验、装卸搬运、入库等物流作业快速读取 EPC 标签中的代码，并将数据传递给本地 Savant 系统。本地 Savant 系统将识读到的食品 EPC 编码传送给本地对象名解析服务器。本地对象名解析服务器将该食品 EPC 编码转换成 EPC 域名，并把 EPC 域名传递给 ONS 基础构架，请求与 EPC 域名相匹配的 PML 服务器 IP。ONS 基础构架中的 Savant 系统负责将这一请求与食品生产企业的 PML 服务器相匹配，并连接通信。本地服务器通过 Internet 与远程 PML 服务器通信，请求服务器中食品相关信息。食品生产企业的 PML 服务器返回食品的质量管理文件及相关交易记录、物流记录。本地服务器将远程 PML 服务器返回的食品信息(食品品名、类型、规格、批准文号、有效期)与入库质检识读器收集到的生产厂商、购进数量、购货日期等项内容，生成验收记录，存入后台的 PML 服务器。同时本地 Savant 系统将记录食品生产企业 PML 服务器的 IP 地址。在食品经过各级批发到达销售终端——食品零售企业和超市时，伴随入库、存储、出库产生的食品流通物联网工作流程是相类似的。在食品销售的整个过程中，食品流通物联网的每个节点一直在通过自己的识读器识别、确认食品货物的相关信息，并通过 Savant 系统与 PML 服务器和对象名解析服务器(ONS)建立连接，不断生成每个环节的食品跟踪 PML 文件。在食品销售物流流程的每个环节上，只要通过射频识读器就可检验货物，而不需要开包验收，这样，不仅能提高物流作业效率，还能够保证各环节准时地了解到食品仓位的详细情况。

3) 食品回收物流跟踪

超市和食品零售企业面对的是最终消费者，当超市里的消费者或售货员取走货架上的食品并最终付款时，货架上的射频识读器会通过食品包装上的 EPC 辨认出食品的信息。然后，通过超市的 Savant 系统更新本地的库存信息并在食品流通物联网中的 EPC 信息服务器(EPC-IS)和对象名解析服务器(ONS)更新信息，如将信息数据库中对应的产品信息加入"处于消费阶段"一项。直到消费者消费完毕，原本盛装食品的食品包装容器进入回收领域时，回收中心的识读器和 Savant 系统再次认出包装上的食品生产企业名称、地址等有用信息，通过 EPC 网络反映到食品生产企业的本地 EPC 信息服务器(Local EPC- IS)中，然后食品生产企业会注销已经消费掉的食品信息，并通过回收中心提供的信息进行食品包装容器的回收。食品批发企业的情况与之相类似，不过对于批发商而言，消费周期可能更短，食品包装容器可以更快地进入回收环节。

11.4.10　物联网在 RFID 电子票务系统的案例分析

1. 概述

鉴于市场上现有的各种票务防伪技术普遍存在着技术门槛不高、无法杜绝假票以及功能单一、不能够提供数据采集和安全监控等功能上的不足，需要开发出一套有效的电子票务系统。传统的门票系统在运行过程中，门票容易伪造，致使门票收入严重流失，无法进行二次增值。票务统计难以高效统计管理。采用 RFID 电子门票管理可以提高管理效率，提升场馆信息化整体的管理水平，同时提升游客的体验和对高科技的认知水平，开发游客潜在的消费观念，增加收入，实现从检票、监票、售票、管理中心一体化管理，使各点售票、检票上传的数据与中心服务器的数据实时同步，保证数据管理的安全性、严密性、可靠性，提高票务管理的效率。

1) 目前票务管理现状

现在的门票主要分两大类：一是工作人员证，二是参观者或听众。虽然各场馆对门票的管理十分严格，有完善的办证程序，但也存在一些漏洞。由于展览或演出非常火爆，对门票需求量大，所以造成门票紧张，给一些人提供了可乘之机，钻一些管理上的漏洞。

现在的门票管理主要存在以下问题。①假票：由于门票需求量大，很多假票贩子甘愿冒风险制作和兜售假票，这除了给主办方带来了巨额经济损失外，还给现场管理、场馆秩序和安全、场馆声誉造成隐患。②多人一票：有些门票在场馆期间可以多次或者自由进出场馆，虽然门票上有姓名、照片、公司名等信息，但还是有很多人将这种票借予他人使用，或者高价兜售，这也给主办方造成巨大经济损失。③采用人工检票效率低：这也给假票和多人一票提供了可乘之机，另外，人工检票也不可避免地出现了人情票。④票务管理信息化水平相对较低：没有一个完整的票务管理系统。针对门票管理的现状和存在的问题，建设一个先进、高效、安全的票务管理系统是当务之急，以有效地改善门票管理上的漏洞。

2)　建设目标

本方案采用先进的计算机管理手段和通道控制技术，实现场馆门票数字化管理，达到以下目标：建立完整的电子标签门票计算机网络系统，实现计算机售票、验票、汇总、统计、查询、报表等的票务工作全方位管理；杜绝因伪造的假票带来的巨额经济损失；取消手工管理和统计，使数据及时、准确，提高工作效率；杜绝财务统计漏洞，杜绝工作人员作弊；提高场馆的管理水平和档次，提高服务质量；提供及时、准确的客流量数据，以便各项决策。

3)　建设原则

(1)　先进性。目前计算系统的技术发展相当快，作为票务管理系统，在系统的生命周期尽量做到系统的先进，充分完成用户信息处理的要求而不至于落后。这一方面通过系统的开放性和可扩充性，可以不断改善系统的功能。另一方面，在系统设计和开发的过程中，应在考虑成本的基础上尽量采用当前主流和先进的产品。

(2)　安全性。首先保证门票不能被伪造或者仿制，在验票过程中，可以准确快速检验门票的真伪，这是这个系统的关键部分，也是整个系统安全性的核心。另外，从整个系统的安全角度出发，必须保证网络的安全、可靠运行，保证应用系统和业务数据的保密性、完整性和高度的可用性，确保整个系统在运行期间的安全。

(3)　可扩展性。本系统整个逻辑拓扑结构采用灵活的三级结构，即客户层、应用层以及数据层。在非修改系统逻辑的情况下，如删减售票、补票等客户层节点的时候，无需做任何软件修改，只要做出少量的配置即可完成；如需要对系统进行扩容，只需要简单地增加硬件设备即可。系统设计结构中充分考虑了可扩充性，采用了多层体系结构，减少了各层之间的耦合性，灵活地适应业务的变化。

(4)　实用性。本系统是针对当前场馆门票票务管理的现状和存在的问题设计开发的，充分考虑用户的实际需求，解决现有票务管理中的漏洞，可以为客户直接带来经济效益和社会效益。

4)　RFID 门票的优势

(1)　数据的读写机能：只要通过 RFID 读写器不需接触即可直接读取信息至数据库内，且一次可处理多个标签，并且可以将处理的状态写入标签。

(2)　形状可多样化：RFID 在读取上并不受尺寸大小与形状的限制，不必为了读取精确度而配合纸张的固定尺寸和印刷品质，电子门票的形状可根据客户要求定制。

(3)　耐环境性：纸张被脏污后其表面的信息可能会看不到，但 RFID 电子标签对水、油和药品等物质却有较强的抗污性。RFID 标签即使在黑暗或脏污的环境之中，也可以读取数据。

(4)　可重复使用：由于 RFID 为电子数据，可以反复被读写，因此可以将标签回收做重复使用。如无源 RFID，不需要电池就可以使用，使用寿命有的长达几十年。

(5) 穿透性：RFID 标签若被纸张、木材和塑料等非金属或非透明的材质包覆的话，也可以进行穿透性通信。不过如果是铁质金属的话，就无法进行通信，需要经过另外处理才可使用。

(6) 数据容量大：数据容量会随着存储内容的增大而增大，未来物品所需携带的信息量越来越大，对卷标所能扩充容量的需求也增加，对此 RFID 电子标签可存储的容量可达几兆，足够满足用户的需求。

2. 系统设计

1) 系统组成

电子票务管理系统的组成如图 11-14 所示。

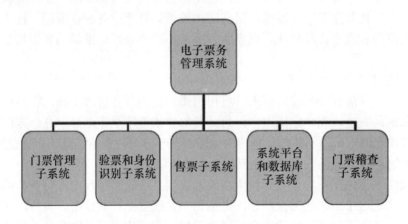

图 11-14 电子票务管理系统

2) 系统主要功能

(1) 杜绝假票。首先相对于非普通的纸质门票，RFID 门票有着非常高的安全措施，电子标签内信息不能被非法读取，使门票难以被仿造或者复制。另外，人票绑定的检验也提高了门票的安全性。

(2) 高速验票。由于活动现场参观人数非常庞大，如果验票过程对参观者入场速度影响很大的话，有可能造成现场大量人员不能在短时间内入场，因而容易引起现场混乱。生物身份识别的方法很多，但现在识别率和速度都不能满足这么大流量人员身份识别的需要。本方案采用对基于 RFID 技术的票务管理系统除了可以保证验证的高准确率外，还可以使检票过程所花的时间最少。

(3) 记录所有到馆人员的录像信息。入场通道内的摄像机除了为人票绑定验证外，还采集通过通道的所有参观者的照片和录像。如果场馆内发生了刑事案件、偷盗案件，甚至恐怖活动的话，组织者可以向警方提供这些录像和照片，帮助警方破案。同时这也可对犯罪分子起到巨大的震慑作用。

(4) 现场门票稽查。为了有效打击假票，严格控制一人一票，方案提供了场馆内现场门票稽查功能，而且这种稽查方式可以不需要参观者的参与，使用非常方便。稽查人员使用手持验票机就可以检验门票的真伪，并可以验证持票人与票的登记人是否一致。

(5) 数据统计分析。本票务管理系统作为一个整体的电子门票系统，在门票销售、检票、稽查过程中，非常方便快捷地采集大量的记录数据，形成了一个大型的信息数据库。

系统可以根据展会管理的需要提供必要的统计和分析功能，为组委会及时提供有用的统计数据，并可输出各种统计报表。

(6) 人员的跟踪定位。通过对电子门票进行授权，从而限定观众在场馆中各个区域的准入范围，当观众进入某区域时，附近安装的读写器将立即以无线通信方式读取其所携带的票卡信息。该信息通过传输通道传入管理中心，主控室工作人员通过管理软件上的电子地图就可界定该观众所处区域的位置。如果该观众进入了禁止的区域或位置，监控人员可以通过电话或对讲机通知其附近的安保人员或工作人员出面制止，或进行连续跟踪。

如果某观众多次出现在禁止的区域或位置，监控人员可启动管理软件上的监控联动，该观众所处区域监控设备所抓取的图像就立即进入监控人员的视野之内。通过观察其活动情况判断该观众是否有犯罪嫌疑。必要时采取果断措施，制止犯罪行为继续或快速排除危险。这对于博物馆的防恐是非常重要的。

当电子门票系统与警示设备、显示设备(如报警器、电子显示屏等)配合使用时，观众一旦到达禁止区域或位置时，报警器就会自动响起提示观众离开，或者通过电子显示屏的方式告知观众进入了受限区域或位置。由于在馆人员都佩戴有电子标签门票，当他们经过各个通道门的时候，在通道门上的读写器也会自动读取其票上的数据，然后与后台数据相关联，这样就可以随时知道此人的位置，从而对人员进行跟踪定位。

3) 系统主要流程

本系统通过以下流程实现人票绑定，做到一人一票：在售票过程中，除了采集购票人的个人信息，如姓名、性别、证件号、国别、民族、单位、联系方式等，还可采集购票人的照片(可以通过现场摄像机拍摄、照片扫描、网上电子照片下载等方式)。读取一张门票上全球唯一序列号，并将这个序列号与购买人的个人信息对应并记录，存储到数据库服务器上。

3. 北京奥运会 RFID 电子票务系统

在参观者进入场馆入场通道时，参观者需要将自己的门票悬挂在胸前。在通道的特定位置安装 RFID 读写器，当参观者胸前的门票进入其读写区域时，读写器会自动读取门票上电子标签内的信息，并验证门票是否合法和是否得到现在可以进入场馆的授权，同时现场的摄像机会拍摄持票人的照片，并显示在大屏幕显示器上，大屏幕同时会显示从数据库服务器上存储的购票人的照片，检票人员进行人工对比，看是否为同一个人。如果门票合法，而且照片比对成功，参观者才能进入场馆。

在场馆内，门票稽查人员使用手持验票机，可以对场内参观者进行抽查，如发现可疑人员时，稽查人员可以靠近这个参观者，手持验票机上 RFID 读头即可在远距离读取电子标签内的信息，并在手持验票机上显示门票购票人的照片，除了验证门票的合法性，稽查人员可以人工验证门票读取的所有者的照片是否和这个参观者是同一个人。

奥运会是目前世界上规模最宏大的综合性体育赛事，它集体育比赛、休闲、交流、游玩、购物及其他商业活动于一体，因此承载这个赛事的奥运场馆必将接纳庞大的观众、运动员、管理人员、服务人员等，且这些人群身份极其复杂并处于不停的移动之中。如何才能验证这些人员所持的票卡和证件是有效的，如何才能及时跟踪和查询这么庞大数量的人员是否进入到指定区域，当人员误入或非法闯入禁入区域时又如何警示和引导其迅速离开，如何能实时查询某区域人员拥挤程度，如何才能实时跟踪和查询身份可疑的人员的活动区域及其具体活动情况，如果仅借助传统的引导和查询管理系统，是不能完全达到这个目的的，或者说至少存在着一些安全隐患。所以 RFID 门票技术应用将成为一种新的管理方式。采用 RFID 技术的奥运会门票就像公交 IC 卡一样，观众只需拿着门票在验票机上一刷，验票机就能在 0.1 秒内验出票的真假。奥运会开闭幕式门票实行实名制，但门票的防伪芯片内不含个人信息，而是全球唯一的序列号，通过这个序列号和后台的信息关联起来，在终端验票机上就可以检验到个人的照片、姓名等资料，观众也不必担心自己的信息隐私安全，同时也将极大地缩短观众的入场时间。

奥运会电子门票管理系统是一个复杂的计算机网络系统，主要由以下几个功能单元组成。①数据中心：由中心数据服务器和管理终端组成。是系统的数据中心，对票务管理信息、售票和检票信息进行集中储存和处理。②制票/售票系统：由售票管理终端和标签发行和打印终端组成。完成电子标签门票的统一制作、售出以及真伪的鉴别等。③检票/查票系统：检票员在观众入场时可通过手持机鉴别门票的真伪。合法的观众名单以及入场和门票鉴别信息，通过上位机与管理中心进行数据上下载。

通过现场调查，观众们给予了此门票系统很高的评价，认为此种方式的门票检验，不仅通行速度比以往有了显著提高，而且有效地避免了假票给观众带来的不必要麻烦，真正享受到了优质化的服务。同时，该系统也得到了奥组委的认同。该系统实现了门票非接触检票、快速识别和检验，减轻了检票人员的工作量，而且极大地提高了门票的防伪能力，实现了观众流量的动态实时监控，在人员进出时，对门票进行标识，以防止门票被偷递而多次入场，有效减少因假票、窜票带来的经济损失，保证了奥运会比赛现场的安全。北京奥运会在门票系统的建设中采用了 RFID 技术，真正实现了"人文奥运、科技奥运"的理念，展现了 RFID 在场馆门票系统管理上的优势，成功举办一届伟大的奥运会，给全世界的观众留下了深刻印象。

本 章 小 结

本章首先概述了物联网系统设计的原则和设计步骤，其次简要介绍了物联网系统的集成，最后着重分析了物联网在很多方面的应用。主要包括工业领域、智能交通、智能家居、智能医疗以及智能物流。可以预见，物联网在国家战略导向和市场需求的推动下，将继续飞速发展，同时应用范围不断推广深入，给社会生产生活带来翻天覆地的变化。

习　题

一、选择题

1. 智能家居作为一个家庭有机的生态系统主要包括 7 大子系统，它们均是以(　　)为基础的。

    A. 互联网　　　　B. 物联网　　　　C. 无线自组网　　D. 无线局域网

2. 智能家居是指，利用先进的计算机技术、网络通信技术、综合布线技术，将与家居生活有关的各种子系统有机地结合在一起，通过(　　)，让家居生活更加舒适、安全、有效。

A. 统筹管理　　　　B. 集成管理　　　　C. 信息管理　　　　D. 自动管理

3. 与普通家居相比，智能家居由原来的被动静止的家居结构转变为具有(　　)的工具。

A. 自动　　　　　　B. 能动智慧　　　　C. 自我学习　　　　D. 智能化

4. 面向智慧医疗的物联网系统大致可分为终端及感知延伸层、应用层和(　　)。

A. 传输层　　　　　B. 接口层　　　　　C. 网络层　　　　　D. 表示层

二、简答题

1. 物联网系统有哪些测试方法？

2. 智慧城市的建设主要包括哪些项目？

3. 简述智能物流中应用了哪些物联网技术。

4. 谈谈你是如何理解和认识未来智能家居的。

5. 举例说明你所知道的物联网应用。

第 12 章

物联网系统分支技术应用(车联网)

学习目标

1. 了解什么是车联网。
2. 了解国内外车联网的发展史。
3. 掌握车联网的关键技术及应用。
4. 了解车联网的未来发展趋势。

知识要点

车联网的体系结构;车联网的关键技术;车联网的应用。

12.1 车联网概述

12.1.1 车联网的背景及意义

物联网作为目前国家重点发展的五大战略性新兴产业，已经被列入了国家发展战略规划。发展物联网重点要加快推进物联网研发与应用。在物联网的应用领域，车联网因其应用效应和产业带动作用，正成为物联网应用示范的首选。

物联网技术及应用被誉为计算机、互联网、通信网之后的第三次信息浪潮。2008 年起源于美国的全球经济危机，严重地打击了全球经济发展。那时欧美发达国家为了重振低迷的国家经济，开始寻找新的科技及应用来刺激经济发展，形成经济新的增长点，下一代信息技术规划中的物联网进入了各国政府的视野。2009 年，新能源和物联网被美国确定为今后提升经济的重点；欧盟委员会在《欧盟物联网行动计划通告》中，提出了 14 项物联网行动计划，文件《欧盟物联网战略研究路线图》中，提出了物联网分为三个阶段进行研发的路线图；其他发达国家如日本、韩国、澳大利亚、新加坡等也都制定或者正在制定物联网相关产业发展战略，加快投资建设新信息技术基础设施与相关技术研发。2009 年 8 月，时任国家总理温家宝提出"感知中国"，物联网已被正式列为国家五大新兴战略性产业之一。物联网成为今后国家重点发展和推广的高新技术。

车联网是实现物联网技术与应用推广的重要途径之一。物联网的发展离不开这项技术的具体应用及推广，只有当这项技术作用于生产、生活实践，与现实生产力相结合才能最大程度发挥其价值，推动社会快速进步。综合目前现实情况，物联网在农业、电力、物流、交通、医疗等领域都具有广阔的应用前景。车联网作为一项物联网应用，被认为是物联网最有可能率先实现的行业大规模应用之一，原因有以下两点。

(1) 物联网的应用——智能交通——在中国具有很迫切的需求，而汽车联网是实现智能交通的合理方式。智能交通管理有利于缓解中国各地的交通压力和降低各种交通事故发生的频率，是目前交通管理的发展方向。而为了实现智能化的管理，就需要交通管理部门实时对移动的车辆行驶及道路利用情况进行监测并根据实时情况对相应的车辆进行信息的反馈，以便驾驶员做出合理决策。这样就要求车辆与车辆、车辆与道路、驾驶员与管理者等之间有信息的沟通渠道，车辆联网就是实现方式。车辆联网中就涉及车辆与外界的无线感知等技术应用，这是物联网技术的应用所在。

(2) 车联网具有良好的产业技术与应用基础。汽车行业目前拥有较为成熟的电子技术及应用，这有利于物联网技术的快速融合应用。当前的汽车制造行业，电子科技的含量相当高。汽车电子化的程度成为衡量现代汽车水平的重要标志。据统计，汽车电子产品占汽车产品价值的比例在 20 世纪 90 年代初期为 5%，而现在这一数值已经上升到 25%，在中高档轿车中达到 30%以上，这个数值仍然在上升以至于有人估计电子产品的价值含量在高档汽车中将达 50%～60%。由此可见，汽车电子已经逐渐成为汽车技术创新的主导部分而占据汽车价值的大部分。汽车电子技术在整车控制、车身控制、智能控制等方面形成了成熟的产品系列和研发体系，使得汽车工业产品具备了相当的信息科技含量，仅需要进一步融入通信、物联网技术就可以实现具体的物联网应用，这利于物联网技术在汽车行业及其他行业的推广与应用。

车联网的发展还会对社会产生巨大的建设效应，体现在如下几方面。

(1) 车联网应用是解决交通管理难题的重要方案。2011 年底中国汽车保有量突破了 1 亿辆，如此巨大的汽车数量为中国的城市交通管理带来了很大的挑战：全国很多城市的交通状况不断恶化；中国每年交通事故损失惨重。因交通拥堵和管理问题，在中国 15 座城市每天损失近 10 亿元财富。机动车的快速增长所带来的系列问题都迫切要求车联网快速发展，利用这项技术可以动态实时地掌控道路利用情况、各种车辆的驾驶行驶状况等，由此实现对道路资源的合理分配与利用、监管(营运、私家)车辆的驾驶行驶状态，可以有效缓解道路交通拥堵、减少车辆尾气污染、及时发现和排除车辆安全隐患、优化车辆行驶路线等，实现交通、车辆的及时透明化管理。相关研究得出，智能交通技术大约可使交通堵塞减少约 60%，使短途运输效率提高近 70%，使现有道路网的通行能力提高 2～3 倍。

(2) 车联网实现的智能交通有利于实现中国车用油气能源的合理利用，减少交通污染。资料显示，中国每年机动车消耗国内石油总量的 80%以上，这其中的一部分就被交通拥堵所浪费，交通堵塞导致汽车燃油消耗将比正常时高 12%，车速越慢，油耗越高。由于车辆速度过慢，尾气排放增加，使得中国城市的大气质量因机动车尾气污染而恶化。运用智能交通技术，可以实现智能公交管理、智能停车场管理、车流量监测与管理、智能信号管理等功能。这些能够在现有的道路交通基础上，对道路上的行驶车辆进行合理疏导和调度，最大限度地发挥道路的通行能力，有效减少交通事故的发生，减少道路交通堵塞，降低燃料消耗，提高经济性，提高道路的利用率。据评估智能交通可以降低 15%的能源消耗，减少 25%～30%的汽车尾气排放。

(3) 车联网具有强大的规模效应和产业带动作用。车联网产业链的构成包括车厂、内容提供商、设备提供商、网络提供商、服务提供商等。与其相关的企业有计算机通信设备与服务商、系统集成商、物联感知设备商、电信运营商、汽车电子设备商、信息服务提供商(呼叫服务、互联网服务、地图定位)等，涵盖汽车、计算机、物联网、通信等多个行业。以车联网为基础的智能交通将先进的技术如传感技术、通信技术、网络技术、智能控制技术、云计算等有机融合并应用到整个交通管理体系，一种智能、实时、高效的交通运输控制与管理系统将被建立。这些应用要求相关行业的协同发展，这将会带动这些行业的企业进行科技创新与应用整合。在中国经济转型建设创新型社会的过程中，车联网所带来的经济效益和社会效益将会起到重要作用。

综合来看，发展车联网对中国具有相当重要的战略意义，能够一定程度上解决中国社会存在的交通问题。发展和推广物联网技术，在应对中国能源消耗、尾气排放、交通安全等方面，车联网技术让我们看到了曙光。

12.1.2 什么是车联网

信息技术(Telematics)通常指应用计算机、卫星定位、通信、传感等技术，通过无线通信网络的语音、数据和全球卫星定位系统(GPS)，使汽车及驾乘者能够与外部进行双向信息传递，使汽车和其中驾乘人员能够与道路、其他车辆和人员进行交互式通信，以此向驾驶员和乘客提供所需信息并开展道路救援、远程诊断、导航指引、娱乐等服务。在中国，Telematics 的热度在 2010 年逐渐被一个具有中国特色的名词 "车联网" 所取代。在 2009 年 12 月的 Telematics@China 高峰论坛上，Telematics 被人们定义为 "物联网在汽车上的应用"。

以汽车为中心,应用移动通信网络、计算机互联网进行信息传递使汽车用户与卫星通信系统、车载终端设备、TSP、其他用户等相连而形成的网络,就是汽车物联网。2010 年 10 月无锡举行的中国国际物联网(传感网)大会得到消息说,汽车移动物联网(车联网)项目将被当作为中国重大专项第三专项的重要项目上报国务院。"车联网"这个名词在物联网这样的大背景下应运而生,车联网的概念通过这次大会逐渐被放大,现在不管是 Telematics 还是GPS 运营,都被纳入车联网这个范畴中。综上所述,车联网是指通过应用传感技术、通信技术、网络技术、智能技术、感知与控制技术等,有机地融合在车辆和交通道路管理体系中而建成的一种实时、智能、高效的综合交通管理系统。行驶中的汽车与道路设施、服务商、互联网等形成信息交互,实现了车与路、车与车、车与人之间的相互联系,这样一来,每辆汽车都成为物联网中的一个节点,从而在整体层面上实现更智能、更安全的驾驶并享用其他信息服务。

12.1.3　车联网的体系结构

车联网系统的架构有三个层面,从低到高依次是:第一层是车联网的最底层——感知层,就是分布于汽车、公路及周边环境的无所不在的感知末端,实现车与车、车与路在 RFID技术基础上的信息感知和信息收集,这一层是车联网系统通信的基础,是车联网数据信息的来源;第二层是通信层,就是车辆、道路、车与路之间的各种信息利用通信技术(3G/4G、DSRC、有线和无线、长距离和短距离、窄带和宽带通信系统等)进行传递,这一层是车联网信息通信的"管道";第三层是应用服务层,就是服务运营商(TSP)对通信、互联网网络传递的各种业务信息进行综合加工处理来开展各项信息服务与应用,这一层是车联网服务的核心。

12.1.4　车联网面临的挑战

车联网本质上是物联网技术的一种应用形式,物联网的挑战同样也给车联网的实施带来挑战。同时由于车联网中车辆数量的急剧膨胀,也面临巨大的需求。车联网面临的主要需求和挑战有以下几方面。

(1) 车联网信息的统一标识问题。为实现物体的互联互通,首先要解决的问题是统一编码问题。车联网的发展需要有一个统一的物品编码体系,尤其是国家物品编码标准体系。这个统一的物品编码体系是车联网系统实现信息互联互通的关键。但目前由于车联网概念刚刚兴起,相关的统一编码规范还未出台,各个示范原型系统根据各自需求,建立起独立的编码识别体系。这为后续行业内不同系统乃至不同行业之间的互联互通带来了障碍。

(2) 网络接入时的 IP 地址问题。车联网中的每个物品都需要在网络中被寻址,就需要一个地址,而 IPv4 资源即将耗尽,过渡到 IPv6 又是一个漫长的过程,包括设备、软件、网络、运营商等都存在兼容问题。

(3) 采集设备的信息化程度低。目前道路、桥梁等交通基础设施并没有实现电子化管理,其智能程度较低。传统的设备通过传感器、采集设备等信息化处理才能具备联网能力。这些交通基础设施的信息化改造覆盖面广,投资额大、建设周期长,都是目前车联网实现终端信息化改造所面临的问题。

(4) 车联网信息安全问题。车联网的安全问题主要来源于 3 个方面：传统互联网的安全问题、物联网带来的安全问题以及车联网本身的安全问题。车联网中的数据传输和消息交换还未有特定的标准，因此缺乏统一的安全保护体系。车联网中节点数量庞大，且以集群方式存在，因此会导致在数据传播时，由于大量机器的数据发送使网络拥塞。车联网中的感知节点部署在行驶车辆等设施中，如果遭到攻击者破坏，很容易造成生命危险、道路设施破坏等。因此，车联网中的信息安全是至关重要的，影响着车联网的未来发展和实施力度。

(5) 车联网相关软件和服务产业链的成熟度。目前车联网概念刚刚兴起，还未出现较为成熟的软件平台和服务应用。而交通行业往往需要较高的安全要求，如保证行车安全等。如果相关软硬件平台未经过大规模应用测试，势必对车联网的应用前途大打折扣。

(6) 相关技术兼容度。车联网是一个相关技术的集成体，包括传感器技术、识别技术、计算技术、软件技术、纳米技术、嵌入式智能技术等。任何一个技术的不兼容或者基础薄弱，都会造成整个车联网系统的推广难度。

12.2　国内外车联网的发展史

12.2.1　国外车联网的发展及经验

1. 美国车联网发展现状

美国是较早推行 Telematics 产业的国家之一。1996 年，通用汽车公司推出了 OnStar 业务，为汽车驾驶者提供全面的信息服务。现在，美国出现了许多知名的开展 Telematics 相关业务的公司，包括汽车集团企业的通用、福特、克莱斯勒等；IT 企业中的微软、谷歌、IBM 等；电信运营商中的 AT&T、Verizon 以及独立的 TSP 企业 Hughes Telematics、ATX Technologies 等，Telematics 产业发展如火如荼。

美国的 Telematics 服务多包含车辆远程诊断项目，具体功能指车载终端收集车辆信息，并把它传输到服务中心，服务中心利用这些信息分析发动机的温度、排气量、轮胎、汽油状况，告诉司机是否有异常情况以及配件更换时间。美国往往由汽车厂商牵头或参与组建车载远程信息服务提供商(TSP)。TSP 主要企业有 Onstar、ATX 与 Wingcast。OnStar 是这类企业中最成功、全球用户数最多的。从 1996 年正式推出服务至今，以平均 46%的用户年增长率，在北美发展了 600 万用户。OnStar 在北美地区已逐渐形成独占市场的局面，自 2007 年末起，在美国和加拿大，OnStar 车载远程信息服务系统已几乎成为通用公司所有所售新车的标准配置，北美上市的 95%的通用汽车产品都安装了该系统。许多人已经因此改变了生活方式，向 Onstar 寻求信息咨询成为生活中不可或缺的活动。

在智能交通方面，美国是应用 ITS 较为成功的国家之一。美国从 20 世纪 90 年代开始正式研究"智能车辆公路系统"(Intelligent Vehicle Highway System，IVHS)。这个系统为了实现减少车辆被迫停车次数、不停车收费、自动称重、智能检测货物等应用，在全国公路安装了智能感应设备、建立车联网。美国已经建立了较为完善的 ITS 体系结构，其由多个系统构成，主要功能包括：

(1) 出行及交通管理。通过收集道路交通信息和控制各种设备，将相关道路信息提供给驾乘人员，对人们的出行需求进行引导。

(2) 公共交通运营。这项服务旨在提升公共交通运营自动化水平、改善公共交通运营机构和企业的计划和管理，给旅客提供有效及时的交通信息。

(3) 商务车辆运营。这项服务通过车辆定位和路线优化来管理车队，以保证运输物流行业的安全和生产率。

(4) 电子付费服务。这一系统通过支持感应支付等技术方便收取通行费、停车费等。

(5) 事故应急管理。这项服务是在车辆发生意外情况时，发出求救信息给交通管理和医疗部门等，以此减少交通事故损失。

(6) 先进的车辆控制和安全系统。这项系统主要是采取各种智能感应和控制系统来预警车辆状态、避免车辆碰撞。具体来说，美国 ITS 系统用户服务功能包括 7 大领域(基本系统)，和 30 多个详细用户服务功能(子系统)。

2. 欧洲车联网发展现状

在欧洲，Telematics 服务在各国趋于同步发展。欧洲的信息系统设备以前装为主流发展模式，2011 年 Telematics OBU 设备在新车渗透率突破两位数。欧洲 Telematics 服务聚焦于汽车导航和交通信息，旨在解决道路拥挤、路况复杂等问题。Telematics 服务企业包括汽车企业——沃尔沃、宝马、奔驰，电信运营商——法国电信、德国电信等。欧洲的两大 TSP 为 Tegaron Telematics GmbH 和 Targa。欧洲的 Telematics 服务多是通过移动电话与呼叫中心(Call Center)联系，以实时传送辅助驾驶信息。Telematics 服务在欧洲也同时应用到了车队管理上，专业的物流运输公司用这些服务实现了路线管理、实时查询等功能。欧洲发展 Telematics 的难点之一在于解决广大区域人群的语言不统一问题。自 2001 年起主要车载通信服务商开始与电信运营商进行合作，以 PDA、手机作为系统产品，提供多语系入口网站接入方式，解决多语言差异。发展至 2006 年初，欧洲车载通信服务商已可通过多语系入口网站，提供跨国旅游的驾驶。用户可以通过车载信息系统连上服务商所提供的多语系入口网站，查询最佳化旅游路径、天气资讯、旅馆餐厅等服务内容。

欧盟颁布统一政策促进各国车联网同步发展。2009 年 8 月，欧盟开始要求其 27 个成员国从 2010 年开始逐步推广开展 eCall 项目计划。eCall 系统设备安装在车内，当车辆安全气囊因遇到较大事故被触发，车辆就会拨打急救电话(欧盟统一)，同时事故车辆的位置地理信息和求救信息会通过无线通信网络快速传送给距离事发地最近的紧急事故处理中心。以此为契机，在安装系统满足 eCall 要求的同时，汽车制造商和运营商等也会在系统内集成综合信息服务。况且 eCall 项目的参与者有各国政府、汽车厂商、汽车零部件厂商、通信厂商、电信运营商、服务提供商、金融保险行业的企业、科研机构等多方，再加上参与国家很多，所以这个 eCall 自动紧急呼叫项目可以全面带动欧盟车联网的发展。

3. 日本车联网发展现状

在车载 Telematics 方面，日本市场以汽车厂商为主导，车载信息服务的发展随着汽车行业的竞争而日趋激烈。2006 年之后，原本有 4 家厂商竞争的态势，已经减少为 3 家，市场上主要就是丰田的 G-BOOK (由丰田与电信运营商 KDDI 合作)、日产公司的 CARWINGS、本田公司的 Intemavi。

日本的智能交通方面的开发与应用，主要围绕三方面进行：车辆信息通信系统、不停车收费系统(ETC)、先进车辆控制系统。1995 年后，日本政府启动建立覆盖全国的 VICS(Vehicle Information Communication System，车辆信息通信系统)，是由警察厅、邮政省(现已改为总务省)、建设省和运输省(两省现已改为国土交通省)等同民间部门(丰田、尼桑等汽车制造商和 DoCoMo 等运营商)合作共同推动开发而成，由 VICS 中心负责运营，以提高道路交通的安全性和畅通性，被认为是世界上最成功的道路交通信息提供系统。VICS 系统通过收集、处理、提供并使用道路交通信息来进行道路交通管理并提供相应服务。各道路管理者先把有关的交通信息传达到 VICS 中心，中心把这些信息进行编辑、处理后实时传送给汽车用户，用户通过安装在汽车上的 VICS 车载机接收这些信息(包括交通堵塞信息、驾驶所需时间、交通事故、道路施工、停车场位置及空位等)，并以文字、图像的形式进行显示。后来 VICS 中心开始向手机、电脑等终端设备提供有偿信息服务。2009 年 VICS 车载机的销售量达到 2500 万台，日本 80%的车辆导航系统集成了 VICS，已经有接近 290000 条 VICS 路段能够提供交通信息，覆盖路程 170000km，约占高速公路、国道、县道和其他基本道路总里程的 45%。VICS 也为日本创造了巨大的社会经济效益。VICS 中心的实验验证结果表明，使用 VICS 可以使旅行时间最大缩短 20%，燃料消耗最大削减 10%左右。根据这些数据计算，日本每年因此挽回交通拥挤造成的时间损失(换算为经济效果)为 7500 亿美元(2006 年)；每年减少二氧化碳排放量大约为 2.14 亿吨(2006 年)。ETC 系统自 2001 年在日本正式使用，至 2008 年约有 2300 万台车安装了车载机，其中高速公路的使用率达到 73.6%。

日本还制定了 Smartway(智能道路)计划。这个项目的最终设想就是行驶车辆和道路能够不断进行信息沟通，车辆经过收费站可以不停车自动交费，道路与车辆实现了协同。与之配套的还有 Smartcar 计划，就是在机车上装备智能车联网系统(导航系统、车辆通信系统、智能控制与驾驶系统等)，车辆驾驶者能判断路况，选择最优路线，甚至车辆能够根据路标自动行驶。Smartway 及 Smartcar 计划得到了丰田、本田、日产和 DoCoMo 运营商的参与与支持，这项计划的联合推广与应用，将很大程度上提高日本的驾驶安全性、道路畅通性，给人们自由、开阔的活动空间。

综合以上各国的发展，总结出以下对中国发展车联网有益的经验。

(1) 车联网的发展需要政府的统一规划和运作。

车联网的建设、运营等工作都离不开政府的统一组织与实施。从各国的经历来看，发展车联网是一项巨大的工程，需要相当多的人力和财力，车联网的建设需要在政府的组织下稳步推进。政府的相关部门，如交通道路管理部门、公安检察部门、信息技术部门等，联合成立相关的研究、开发、推进、协调机构，制定完善的智能交通系统框架体系，加强部门之间的管理互动。在建设与运营中，政府和相关组织要对车联网各系统的标准进行统一规范，使各项系统及软件应用的发展有章可循，可实现各组成部分、各地的系统达到有机的结合，能够达到各自信息的共享与利用，这样才能形成一个整体的有效率的车辆公路网络。

(2) 注重政府与行业的结合与互动。

在政府的统一规划下，还要充分调动相关行业的参与积极性，达到二者工作的互补与利用。在技术方面，参考行业的技术规范与可能实现方式，听取企业的意见，制定出切合实际的有利于大力推广应用的行业标准，调动企业积极发展更新更适合的实现技术；在商业运营方面，将公共交通管理的实现与企业的商业运营模式相结合，发展公共事业的同时使企业获得经济利益，利用市场手段促进相关产业的发展，而产业的发展又能检验相关建设发展工作的效果，促进社会与产业的良性循环发展。

(3) 结合自身国家地区特点，制定合适的系统体系，使眼前问题的解决与长期发展相协调。

　　各个国家和地区的基本情况不同，需要解决的问题和今后的发展模式也不同，这就要求在车联网的建设方面具有针对性。车联网工程的建设，要结合各自的交通管理需求与交通规划，既要解决好当下的交通问题，又要联系将来的发展实际，建设合理的、科学的、有前瞻性的交通系统；在照顾私人交通利益的基础上，保持优先发展公共交通管理，使二者的利益趋于一致。

12.2.2　国内车联网的发展现状

　　1970 年，针对交通事故频频引发的人员伤亡惨重的问题，日本首先提出智能交通系统(ITS)的构想，车联网由此开始发展。1989 年，欧洲提出具有最高效率和空前安全性的欧洲交通计划(PROMETHEUS)，并在 1990 年提出道路基础设施和环境专用系统(DRIVE)，二者自提出以来便成为西欧国家开展交通运输信息化领域的研究、开发与应用的主要指导计划。1992 年，美国建立智能公路车辆系统(IVHS)，IVHS 不仅使交通建设与运行走上高科技之路，使交通运输产业有划时代的改变，而且对社会、经济、法律、土地利用等都产生深远的影响。1994 年美国根据 IVHS 的实际研究项目，认为 IVHS 的名称已不能覆盖其全部内容，因而把 IVHS 改为 ITS，智能交通系统正式作为一个专用名词出现。智能交通系统是通信、信息和控制技术在交通系统中集成应用的产物，能够带来显著经济效益和社会效益。自此车联网的概念为更多人所熟知，车联网系统得以迅速发展。2003 年，欧盟开发了能够采集动态的环境信息和进行自动驾驶的车联网子系统——欧洲智能交通协会(ERTICO)，促进和支持 ITS 在整个欧洲的应用，共同创建一个成功的智能交通系统。

　　我国对车联网的研究起步较晚。在 2001 年，中国政府联合上海交通大学、吉林大学等高校提出 ITS，开始车联网的研究。"十一五"期间(2006—2010 年)，中国对车联网系统的核心部分的研究取得了很大突破，并于 2008 年用于北京奥运会交通的智能管理与信息采集。2009 年的广州亚运会期间，智能化"3G"客车首次出现在亚运会历史上，这也标志着车联网技术正式走向社会视野。与此同时，互联网汽车市场也发展得很快。

　　在地图方面，腾讯和阿里巴巴分别与四维图新和高德合作；在接口硬件方面，腾讯有路宝盒子，阿里巴巴推出了智驾盒子。百度也推出了 Carnet 的开放车联网协议。淘宝网也已开始涉足汽车维修 O2O。由此可见，虽然我国对车联网的研究起步晚，但发展速度较快，不过与国外相比，我国的车联网发展仍旧存在许多技术上的差距。

　　2009 年被中国的 Telematics 业界定位成中国的 Telematics 元年，因为这一年 G-Book 和 OnStar 同时引入中国，中国正式开始进入了 Telematics 的商用时代。目前发展 Telematics 相关业务的企业有很多，下面介绍主要类型企业的发展情况。

1. 汽车企业

　　汽车企业作为 Telematics 业务推广与发展的主力之一，在中国市场发展也很快。按照发展进展划分，国内的乘用车相关汽车厂商大致可分三类。第一类：跨国汽车集团厂商，基本都是合资企业，其因为业务开展时间久，在海外已具备较为成熟的 Telematics 运营经验，对进入国内市场准备得也比较充分。像 2009 年进入中国的丰田 G-Book 智能副驾系统、上海通用安吉星(OnStar)系统。第二类：紧随第一类之后，意识较为超前的厂商较早积极地开发和测试车载系统及服务,如福特 SYNC 系统、东风日产 CARWINGS 智行+系统、上汽荣威 inkaNet3G 智能行车系统、华泰汽车 3G 实时智能车载信息决策系统 TIVITM 等。第三类:部分合资车厂和国内自主品牌厂,如现代 Smart Connectivity 系统、一汽奔腾的 D-Partner、长安汽车的 InCall、吉利的 G-NetLink 等。

在商用车领域,许多汽车企业也装配了 Telematics 系统并开展了相关业务。在客车行业有苏州金龙 G-BOS 智慧运营系统、青年客车"行车宝"、桂林大宇客车"E 管家"、少林客车"EMS"、宇通客车"安节通";卡车行业,福田参与成立了"北京汽车物联网产业联盟",陕汽集团推出"天行健"车联网系统。

2. 电信运营商

车联网业务离不开无线通信技术,电信运营商则拥有强大的通信网络优势,再加上电信传统业务竞争日益激烈,车联网"蓝海"市场对运营商有很大的吸引力。

1) 中国电信

中国电信依托其在基础网络通信服务、GPSONE 定位服务、网络设备集成能力、ICT 服务等各方面具备的核心优势,提供以基于位置的导航、安全、通信服务为核心功能,整合资讯、娱乐、订购、汽车服务等各类车主服务,通过车载终端和人工服务台为车主提供一体化的综合解决方案。

2009 年丰田率先引入的 GBook 系统就是采用中国电信的 CDMA 网络。紧随着上海通用推出的安吉星(OnStar)服务,也是采用电信的 CDMA 网络。之所以在中国市场仍然使用 CDMA 网络,是由于这两种系统在本国是使用这个相同的通信技术。这样中国电信就凭借通信制式的优势占据了前装市场很大份额,率先进入了中国车联网应用市场。2012 年,中国电信和上汽集团从安全校车入手共建"InteCare 行翼通"车联网系统,可为校车提供全方位的监控与防护。在这个系统项目中,电信深入参与到整个平台的设计、研发、运营和维护中,担当了车联网系统建设与运营的重要角色。

2) 中国联通

中国联通具有优秀的 3G 技术 WCDMA,借此联通迅速开展车联网业务。中国联通计划在 5~8 年内,争取发展超 3000 万台辆搭载 WCDMA 网络的 3G 智能汽车。目前,联通与汽车厂商、计算机和通信厂商、汽车信息系统设备厂商、车载信息服务提供商等开展合作,扩展并深入参与车联网产业。在车联网后装市场上,联通与信息服务提供商车音网、好帮手等加强合作共推产品。在前装市场上,多家汽车制造企业如奔驰、宝马、东风、一汽等与联通达成合作,在它们的新车中搭载基于 WCDMA 的车载信息系统。而这些厂商的汽车总产量占到中国总产量 70%以上,所以今后联通方面的车联网潜在用户群体巨大。联通还推出了首款基于 3G 网络的车联网后视镜。不同于传统车载导航,它通过联通 3G 网络与中国联通的呼叫中心进行连接获取服务,令用户无需手动操作,驾驶安全性更高。同时,中国联通也全力推进车联网有关技术的标准化研究工作,推出了一个名为超高速传输协议(China Unicom Telematics Pattern,CUTP)的中联通车联网架构。这一架构由 TSSP 和 TSP 两大平台组成,前者以整合产业链上下游资源为目标,后者向用户提供服务支撑能力。这一系列的动作就是为了"在汽车领域打造一个新联通"。

3) 中国移动

2011 年 6 月,中国移动联手诺西、宇通发布了"安节通"智能管理运营车联网系统,这标志着移动正式进入商用车联网市场。中国移动还与中国一汽达成合作协议，依托移动的物联网基地、LBS 基地等结合中国一汽的汽车制造技术，共同打造中国车联网产品及服务基地。后来中国移动与宝马、吉利、长安等多家企业也达成了合作。2012 年 10 月，中国移动推出了面向私家车和部分行业用户的新型车联网产品——"行车无忧"智能终端，引起了广泛关注。

3. TSP 的发展

内容服务提供者(Telematics Service Provider，TSP)作为车联网服务的重要角色之一，在中国的发展也很快。TSP 主要分为三类：汽车厂商 TSP、电信运营商 TSP 和第三方独立 TSP。第一类中，上海通用为开展 OnStar 自建了车联网信息服务商和 CallCenter，成为目前国内第一大车载前装 TSP，之后还有福特、丰田下属的 TSP。第二类中，国内的三大运营商都已经建设了相关 TSP 运营平台与系统。第三类中，95190、赛格、畅联万方、四维图新、车音网等都是较大规模的 TSP。

我国的智能交通事业起步于 20 世纪 90 年代末，而车载信息服务在 2009 年才正式进入中国。这些建设和业务与国外相比都晚了约十年，各方面仍比较落后。综合来讲，车联网目前主要有以下几方面问题。

1) 政府管理部门的统一协调还不够到位

车联网的建设作为一个复杂的工程，牵涉到的管理部门非常多，从中央政府这一层面来说就有交通部、公安部、建设部、工信部等部门，这些部门各有分工管理的职责。但是在车联网的工程中，要在建设中融合各种技术和应用，这就要求相关部门能够统一意见、加强协调沟通，采取较为一致的政策与行动，推进相关建设事务的进行。日本的智能交通事业建设中，各部门联合成立了相关的管理部门，推进相关工作的进行，这是我国今后改进的地方。

2) 工程规划和系统标准不统一

车联网产业构成复杂，涉及汽车、计算机、通信、物联网等多个领域，这些领域的技术存在差别，而现在要将这些技术融合应用，在技术标准方面的缺失使得业务无法顺利高效展开。在车与车、车与人、车与路之间的通信方面缺失统一的标准或协议，就无法实现不同系统的互相访问，无法将大量数据进行汇总处理和反馈。智能交通道路设施的建设方面，各省市在信息系统等方面的技术也不统一，出现了车辆信息设备在不同地区无法通用；Telematics 方面，各家厂商自行开发自有方案，会导致各家系统无法兼容的情况，降低了用户使用车联网系统的热情。由此看来，整体标准化的缺失，无故增加了车联网系统的生产与使用成本，导致车联网无法普及进入千家万户，无法聚合形成一个统一的应用体系。而在日本和美国，系统的统一建设标准和各企业在建设中的广泛参与，形成了较为统一的方案，保证了车联网事业的顺利进行。

3) 缺乏有效的运营模式带动产业链整合协作

车联网在中国的发展时间较短，还没有找到成功且有效的商业营运模式，没有建立起社会层面的智能交通管理和用户层面的车联网服务的互动运营。车联网由于涉及产业较多，涵盖汽车、物联网、通信、互联网等多个产业，使得产业链的整合难度较大，各行业之间的协作和各类型企业之间的合作较为困难。而目前产业链处于各自独立，至多是局部整合的阶段，尚没有形成能够贯通上下游产业实现较高效率的产业链模式。对于发展车联网服务的用户，汽车厂商销售集中在车身上的前装设备，客户有 1～2 年的免费服务体验期，而之后选择续费的用户比例仅约 20%；电子厂商销售 GPS 导航设备，之后基本没有后续的服务；运营商收取车载设备的上网通信流量费用。这些业务模式都比较简单而且带给用户的价值尤其是附加后续价值有限，所以接受程度普遍不高。产业链协调困难加上用户的接受程度不高，使得车联网发展较为艰难。而像日本的 VICS 和欧洲的 eCall 项目那样，通过政府层面的应用项目，聚集产业内的成员企业广泛参与，"以点带面"带动整个产业链的合作与发展，这样的经验值得我们学习。

12.3　车联网的关键技术与应用

12.3.1　车联网的关键技术

1) 卫星定位技术

卫星定位技术通过车载终端与卫星的信息交流，对车辆进行位置定位。在此基础上结合数字地图和导航技术，将车辆位置与电子地图进行匹配，实现准确实时的导航服务。目前中国主要的定位应用是 GPS、北斗定位系统。

2) 感知技术

物联网感知技术可以说是车联网的末梢神经，是车联网的基础技术。综合传感器、无线射频(RFID)技术等，用于车况及车身系统感知、道路感知、车辆与车辆和道路感知等，获取相应的信息。

3) 无线通信技术

汽车在车联网中作为一个"移动终端"，其与外界的实时信息交流要通过无线通信技术。无线通信技术具有速度快、安全高、使用方便等特点，因此可以被广泛应用在车联网中。3G、4G 等移动通信技术和 Wi-Fi 技术、ZigBee 技术提供强大的通信支撑。

4) 互联网技术

互联网尤其是移动互联网技术能够为车联网提供多种多样的应用与服务支撑，包括移动搜索、移动商务、LBS 在内的技术及应用，将极大丰富人们的"汽车生活"，增大车联网在生活中的应用。

5) 云计算技术

在车联网应用中，会产生巨大量级的数据。这些数据的存储、处理、挖掘等工作带来很大的挑战。云计算平台有强大的存储、运算能力，通过网络将庞大的处理程序分解，交由分布服务器所组成的强大系统处理，可以提供最新的实时数据和广泛的服务支持，能够对于车联网服务起到强大的支撑作用。云计算在车联网中用于分析计算路况、大规模车辆路径规划建议、智能交通调度计算等。

6) 智能技术

随着车载终端所具备功能的快速发展，终端的智能化成为趋势。类似于手机的智能化，车载终端的智能化将使汽车应用得到丰富。另外，车联网的应用方向之一就是智能驾驶，因此必须在车联网中采用一些先进的智能技术(如智能语音识别技术、智能控制技术)，使车辆、道路具备一定的信息收集和处理功能，能够主动判断车体状况、驾驶员状态、感知外部环境等。

7) 大数据

车联网系统作为一个十分复杂的通信系统，将会采集到很多不同种类的信息。只有我们能够通过一种技术，实现对信息快速准确地处理，才能达到车联网设计的初衷。大数据有以下特点：一是数据体量巨大，二是数据类型多样。在车联网中，采集到的信息包括驾驶员的行为信息、周边环境的路况和车辆信息以及管理站的信息等。大数据能帮我们高效率地去除采集到的冗余信息，它对于我们采集道路上的关键信息具有重大的意义。

大数据所具有的特点与车联网中的数据特征相契合。而以车辆为信息节点的车联网每时每刻都会产生海量的数据，数据规模大且种类繁多，并且车联网对于数据的传输和处理速度要求很高。车联网还要对海量低价值密度的数据进行挖掘，以从中获得有价值的数据。大数据的预测功能是大数据技术的核心，该功能对于车联网行业也有着重大意义。通过对大数据的分析，可以对交通流量、车联网应用的发展趋势等进行预测，从而针对预测信息提出发展方案。

12.3.2　车联网的应用

1. 车联网在智能交通方面的应用与服务

智能交通应用与服务在很大程度上是以 Telematics 系统和应用为基础的，因为其为智能交通的发展提供了一个重要的平台。Telematics 应用的普及能够推进智能交通的快速发展。

1) 智能驾驶

智能驾驶是指车与车、车与路(基础设施)之间能够相互通信，使得驾驶者能够及时掌握周围交通信息做出合理决策，甚至使车辆能够自行判断周围环境采取合理措施达到"智能无人驾驶"的境界。这种应用能使交通驾驶行为更加安全，防止交通事故的发生。例如前方出现交通事故或者突发道路障碍等紧急危险情况，通过车联网提前告知车主，使得驾驶者缓行通过或者主动避让；如果距离传感发现车辆之间的距离过小而行驶速度非常快，会提醒后车司机保持适当距离。这些信息有助于提高驾驶员的注意力，保持合适的车速及车距，提高驾驶的安全性。智能驾驶还可以运用于其他方面，如智能寻找停车场，在陌生地方根据停车场联网数据库，结合地图指示出停车位。

2) 智能交通管理

利用车联网技术实现交通信息收集和具体车辆信息收集，利于交通管理中心实现交通和车辆的智能化管理。交通管理方面典型的应用有交通流量管理与预测，监测道路车流量、行驶方向、车速、路况等；智能信号灯根据不同方向车流量进行变化，这些利于对车辆进行引导，提高道路利用率，从宏观上规划管理交通。车辆管理方面，可以对要实施安检的车辆进行及时提醒或者强制检查措施；对于违法车辆进行跟踪，及时纠正驾驶行为等。

2. 车联网在物流运输方面的应用与服务

当前中国物流运输业普遍存在效率低下问题，而基于车联网打造智能物流运输能在一定程度解决这样的问题。

(1) 对公司运输车辆(车队)的行驶、维护、油耗等方面实现综合全面管理。

车联网技术可以对车辆的行驶和驾驶情况(如行车路线、车速控制、车辆状况、油耗分析等)进行联网监控，以此来监管司机的驾驶行为，发现潜在隐患和规范驾驶行为。比如，苏州金龙推出的客车 G-BOS 智慧运营系统, 可同时提供车辆状态的在线监控、司机行为的数学分析模型、GPS 管理、3G 视频传输、行车记录仪等诸多功能, 增强了客车的整体性和系统性, 为车辆的节能减排提供了全新的数据化管理手段, 其有了独特的司机行为分析和车线匹配功能。

(2) 运力资源与运输需求匹配管理。

运用车联网技术, 从整体上来讲, 可以将公司所有的运输车辆与公司的管理系统进行联网, 可以实时掌握每辆汽车的行驶状态, 包括地理位置、载货量、出发地、目的地等信息, 将车队运力信息与自身的运输业务信息进行匹配, 可以灵活及时地调动运力参与各地各客户的运输, 实现运输能力集约化管理, 也可以形成第三方的运输物流信息需求与供给的公共平台。这个平台起到信息中介的作用, 连接运输能力供给方和货物运输需求方。

3. 车联网在公路客运方面的应用与服务

车联网技术可以提高客运业务服务质量与管理水平。客运企业的优质服务除了费用外, 还要求正点发车、正点到达, 按规定线路行驶。车辆上安装了车联网终端, 调度中心能实时监控车辆当前所处的位置, 调度离客户最近的车辆在指定时间及地点为顾客服务, 提高服务的及时性和快速响应能力。在公交行业运用车联网技术, 通过 RFID 或主动式的红外检测设备, 可实时采集客流数据。利用客流数据优化公交公司的收入计划; 利用客流数据优化公交车辆的运行时间表、自动生成电子路单、自动生成行车计划; 利用客流数据辅助实时调度, 调度人员根据客流信息对在线车辆进行及时的下发加车、减车、上线、下线、调整车距间隔等调度指令。这些都有利于运输行业提升服务水平, 给乘客提供一个便捷、舒适的乘车环境。

12.4 车联网的未来发展趋势

车联网要成功, 也要成为互联网和移动互联网这样的网络生态系统。通过综合性的技术, 依赖技术整合创新。未来, 车联网将在以下几个方面进行技术创新。

(1) 多传感器信息融合技术: 车联网是车、路、人之间的网络, 车联网中的技术应用主要是车的传感器网络和路的传感器网络。车的传感器网络又可分为车内传感器网络和车外传感器网络。车内传感器网络是向人提供关于车的状况信息的网络, 车外传感器网络就是用来感应车外环境状况的传感器网络。路的传感器网络指用于感知和传递路的信息的传感器, 一般铺设在路上和路边。无论是车内、车外, 还是道路的传感器网络, 都起到了环境感知的作用, 其为"车联网"获得了独特的"内容"。整合这些"内容", 即整合传感网络信息将是"车联网"重要的技术发展内容, 也是极具特色的技术发展内容。通过在一定准则下对计算机技术这些传感器及观测信息进行自动分析、综合以及合理支配和使用, 将各种单个传感器获取的信息冗余或互补依据某种准则组合起来, 形成基于知识推理的多传感器信息融合。

(2) 开放智能车载终端系统平台: 当前, 很多车载导航娱乐终端并不适合"车联网"的发展, 其核心原因是采用了非开放的、不够智能的终端系统平台。基于不开放、不够智能的终端系统平台是很难被打造成网络生态系统的。目前车联网的用户终端包括 IOS 系统、Android 系统等。车联网的终端系统平台必须能搭载 Android、iPhone 平台载体, 如 iPhone、

iPad、Android 手机、Android 导航仪、Android 平板电脑等，只有开放的系统平台才能更好地为用户服务。按照目前的形势来看，Google Android 也将会成为车联网终端系统的主流操作系统，而那些封闭式的操作系统也许目前发展不错，但最终会因为开放性问题发展遭到制约。

(3) 自然语音识别技术：由于驾驶环境的特殊性，决定了车联网时代人机交互不能用鼠标、键盘、手机触摸屏，而语音交互的安全便捷，就顺理成章地成为人机交互的最佳方式，将是车联网发展的助推器。成熟的语音技术能够让司机通过语音来对车联网发号施令，能够用耳朵来接收车联网提供的服务，这是更适合车这个快速移动空间的体验的。成熟的语音识别技术依赖于强大的语料库及运算能力，因此车载语音技术的发展本身就得依赖于网络，因为车载终端的存储能力和运算能力都无法解决好非固定命令的语音识别技术，而必须要采用基于服务端技术的"云识别"技术。将大量的语音识别数据进行收集和计算，依托网络计算技术，构建基于移动互联网环境下独特的车音网语音平台引擎，实现多种语言甚至方言的识别。

(4) 云计算：云计算将在车联网中用于分析计算路况、大规模车辆路径规划建议、智能交通调度计算等。车网互联在产品中引入云计算，一方面可以实现业务快速部署，在短期内为行业用户提供系统的 Telematics 服务；另一方面，平台有强大的运算能力、最新的实时数据、广泛的服务支持，能够对于服务起到强大的支撑作用。比如，传统的导航均是基于本地的数据，只是一条静态的道路，基于云计算的"云导航"则可以实现"实时智能导航"。云平台会按照用户的需求，考虑到实际的路况和突发事件等因素实时调整规划，保障用户始终掌握最符合实际、最便捷到达的路线。车联网和互联网、移动互联网一样都得采用服务整合来实现服务创新、提供增值服务。通过服务整合，可以使车载终端获得更合适更有价值的服务，如呼叫中心服务与车险业务整合、远程诊断与现场服务预约整合、位置服务与商家服务整合等。

(5) LBS 位置服务：LBS 有传统服务和新型服务两大类。传统服务以整合服务产业链为主，提供的服务基本上以导航为主，也包括服务位置信息搜索(餐馆、娱乐、加油站等)、资讯推送、天气提醒、汽车服务信息等，以静态的或者单向的信息为主。新型服务则在应用的基础上结合海量用户的移动互联，通过车联网社区形成诸多更具互动性的应用，比如位置信息的共享、自定义交通信息生成、用车经验交流、基于位置的优惠信息提供等，按照用户的需求和技术的发展，不断向周边延伸，从而让固有的服务逐步具备自我革新的生命力，为用户的工作、生活、娱乐带来更多便利。

(6) 通信及其应用技术：车联网主要依赖两方面的通信技术——短距离视频通信和远距离的移动通信技术，前者主要是 RFID 传感识别及类似 Wi-Fi 等 2.4G 通信技术，后者主要是 GPRS、3G、LTE、4G 等移动通信技术。这两类通信技术不是车联网的独有技术，因此技术发展重点主要是这些通信技术的应用，包括高速公路及停车场自动缴费、无线设备互联等短距离无线通信应用及 VoIP 应用(车友在线、车队领航等)、监控调度数据包传输、视频监控等移动通信技术应用。

(7) 互联网技术尤其是移动互联网技术：当智能手机上的各种应用铺天盖地而来的时候，用户也不再满足于车载系统上只具有基础的导航功能，而是需要如同智能手机一样支持移动互联网的产品。在车网互联的终端上，导航只是众多应用之一，还有很多针对基于用户位置的其他应用，比如车友会、突发事件上报等。另外，还可以按照需求，自由安装微博、微信、各种游戏等应用,满足用户与汽车生活相关的所有应用需求。当然,车联网与现有通用互联网、移动互联网相比,其有两个关键特性:一是与车和路相关,二是把位置信息作为关键元素。因此需要围绕这两个关键特性发展车联网的特色互联网应用,将给车联网带来更加广泛的用户及服务提供者。

　　未来的车联网,必将会把上述技术和应用重点展开,例如雪佛兰发布 EN-V 概念车,整合全球定位系统(GPS)导航技术、车对车交流技术、无线通信及远程感应技术,通过对实时交通信息的分析,自动选择路况最佳的行驶路线从而大大缓解交通堵塞。通过使用车载传感器和摄像系统,感知周围环境,在遇到障碍物或者行驶条件发生变化时能够做出迅速的调整。同时,通过车内简单的无线网络界面,乘客可和外部世界轻松沟通。在科技日益发达的今天,车联网的崛起已经是大势所趋。它的灵活性、自发性、智能化、系统化在我们的生活中渐渐扮演着不可或缺的角色。它不仅能够改变个体的生活方式,带来全新的交通体验,同时也将带来巨大的社会、经济效益。然而在车联网概念大热的同时,我们也需要冷静下来看清问题,由于车联网涉及的技术众多,许多关键技术还有待完善。再加上传统交通模式的改变需要较长的时间周期,车联网的真正普及与进化还需要我们更进一步地努力。在互联网及电脑核心技术相对落后的中国,车联网技术的研究与美欧日等发达国家有着不小的差距。我国的节能技术、无线通信、远程感应技术、识别技术、控制技术、数据融合技术及信息管理技术还有很大的提升空间。我们尤其需要关注的是零排放电动车技术的发展,未来电动汽车的发展肯定伴随车联网技术的发展,实现零排放,无污染。因此,在我国传统的电子汽车技术并不占优势而电动车技术具备先行优势的情况下,我们可以考虑积极发展节能减排的电动车辆与车联网核心技术的结合,实现发展上的弯道超车。相信融合了这些技术,车联网的发展会走得更快、更远。

本 章 小 结

　　本章首先概述了车联网的体系结构和概念,其次简要介绍了车联网的发展现状以及经验,最后着重阐述了车联网的关键技术和应用,说明物联网技术在现实中运用得很广。

习　　题

1. 概述车联网有哪些应用。
2. 车联网有哪些关键技术?

第 13 章

云 计 算

学习目标

1. 了解什么是云计算。
2. 掌握云计算体系结构及其关键技术。
3. 了解典型的云计算平台。
4. 掌握物联网与云计算的结合。

知识要点

云计算；云计算体系结构及关键技术；云计算平台；物联网与云计算平台。

13.1 云计算概述

13.1.1 云计算的背景

随着互联网时代信息与数据的快速增长，有大规模、海量的数据需要处理。为了节省成本和实现系统的可扩展性，云计算(Cloud Computing)的概念应运而生。

云计算是一个美好的网络应用模式，由 Google 首先提出。云计算最基本的概念是通过网络将庞大的计算处理程序自动分拆成无数个较小的子程序，再交由多个服务器所组成的庞大系统，经搜寻、计算分析之后将处理结果回传给用户。通过云计算技术，网络服务提供者可以在数秒之内，形成处理数以千万计甚至数以亿计的数据，达到与超级计算机具有同样强大效能的网络服务。

云计算是分布式计算技术的一种，可以从狭义和广义两个角度理解。狭义云计算是指 IT 基础设施的交付和使用模式，通过网络以按需、易扩展的方式获得所需的资源；广义云计算是指服务的交付和使用模式，通过网络以按需、易扩展的方式获得所需的服务。这种服务可以是与 IT 软件、互联网相关的，也可以是任意其他服务，它具有超大规模、虚拟化、可靠安全等独特功效。云计算的核心是要提供服务。例如，Microsoft 的云计算有三个典型特点：软件+服务、平台战略和自由选择。未来的互联网世界将会是"云+端"的组合，用户可以便捷地使用各种终端设备访问云端中的数据和应用，这些设备可以是便携式计算机和手机，甚至是电视等大家熟悉的各种电子产品；同时，用户在使用各种设备访问云中服务时，得到的是完全相同的无缝体验。

物联网的发展需要"软件即服务""平台即服务"及按需计算等云计算模式的支撑。可以说，云计算是物联网应用发展的基石。其原因有两个：一是云计算具有超强的数据处理和存储能力；二是由于物联网无处不在的数据采集，需要大范围的支撑平台以满足其规模需求。云计算以如下几种方式支撑物联网的应用发展。

(1) 单中心、多终端应用模式。在单中心、多终端应用模式中，分布范围较小的各物联网终端(传感器、摄像头或 3G 手机等)，把云中心或部分云中心作为数据/处理中心，终端所获得的信息和数据统一由云中心处理和存储，云中心提供统一界面给使用者操作或者查看。单中心、多终端应用目前已比较成熟，如小区及家庭的监控、对某一高速路段的监测、某些公共设施的保护等。这类应用模式的云中心可提供海量存储和统一界面、分级管理等服务，这类云计算中心一般以私有云居多。

(2) 多中心、多终端应用模式。多中心、多终端应用模式主要用于区域跨度较大的企业和单位。例如，一个跨多地区或者多国家的企业，因其分公司或分厂较多，要对其各公司或工厂的生产流程进行监控、对相关的产品进行质量跟踪等。当有些数据或者信息需要及时甚至实时地给各个终端用户共享时也可采取这种模式。例如，假若某气象预测中心探测到某地 30 分钟后将发生重大气象灾害，只需通过以云计算为支撑的物联网途径，用几十秒的时间就能将预报信息发出。这种应用模式的前提是云计算中心必须包含公共云和私有云，并且它们之间的互联没有障碍。

(3) 信息与应用分层处理、海量终端的应用模式。这种应用模式主要是针对用户范围广，信息及数据种类多，安全性要求高等特征来实现的物联网。根据应用模式和具体场景，对各种信息、数据进行分类、分层处理，然后选择相关的途径提供给相应的终端。例如，对需要大数据量传送，但是安全性要求不高的数据，如视频数据、游戏数据等，可以采取本地云中心处理或存储的方式；对于计算要求高，数据量不大的，可以放在专门负责高端运算的云中心；而对于数据安全要求非常高的信息和数据，则可以由具有灾备中心的云中心处理。

实现云计算的关键技术是虚拟化技术。通过虚拟化技术，单个服务器可以支持多个虚拟机运行多个操作系统和应用，从而提高服务器的利用率。虚拟机技术的核心是Hypervisor(虚拟机监控程序)。Hypervisor 在虚拟机和底层硬件之间建立一个抽象层，它可以拦截操作系统对硬件的调用，为驻留在其上的操作系统提供虚拟的 CPU 和内存。实现云计算还面临诸多挑战，现有云计算系统的部署相对分散，只能在各自内部实现虚拟机自动分配、管理和容错等，云计算系统之间的交互还没有统一标准。关于云计算系统的标准化还存在一系列亟待解决的问题。然而，云计算一经提出，便受到了产业界和学术界的广泛关注。目前，国外已经有多个云计算的科学研究项目，比较有名的是 Scientific Cloud 和 Open Nebula 项目。产业界也在投入巨资部署各自的云计算系统，参与者主要有 Google、Amazon、IBM、Microsoft 等。国内关于云计算的研究也已起步，并在计算机系统虚拟化基础理论与方法研究方面取得了阶段性成果。

13.1.2　什么是云计算

目前有一种流行的说法来解释"云计算"为何被称为"云"计算：在互联网技术刚刚兴起的时候，人们画图时习惯用一朵云来表示互联网，因此在选择一个名词来表示这种基于互联网的新一代计算方式的时候就选择了"云计算"这个名词。虽然这个解释非常有趣和浪漫，但是却容易让人们陷入云里雾里，不得其正解。自 2007 年 IBM 正式提出云计算的概念以来，许多专家、研究组织以及相关厂家从不同的研究视角给出了云计算的定义。目前关于云计算的定义已有上百种。而维基百科对云计算的定义也在不断更新，前后版本的差别非常大。据 2011 年给出的最新定义：云计算是一种能够将动态易扩展的虚拟化资源软件和数据通过互联网提供给用户的计算方式，如同电网用电一样，用户不需要知道云内部的细节，也不必具有管理那些支持云计算的基础设施。

伯克利云计算白皮书的定义：云计算包括互联网上各种服务形式的应用以及数据中心中提供这些服务的软硬件设施。应用服务即 SaaS(Software as a Service，软件即服务)，而数据中心的软硬件设施即所谓的云。通过量入为出的方式提供给公众的云称为公共云，如Amazon S3(Simple Storage Service)、Google App Engine 和 Microsoft Azure 等，而不对公众开放的组织内部数据中心的云称为私有云。美国标准化技术机构 NIST 定义：云计算是一种资源利用模式，它能以方便、友好、按需访问的方式通过网络访问可配置的计算机资源池(例如网络、服务器、存储、应用程序和服务)，在这种模式中，可以快速供应并以最小的管理代价提供服务。

Sun 公司认为，云的类型有很多种，而且有很多不同的应用程序可以使用云来构建。由于云计算有助于提高应用程序部署速度，有助于加快创新步伐，因而云计算可能还会出现我们现在无法想象得到的形式。作为创造"网络就是计算机"(The network is the computer)这一短语的公司，Sun 公司认为云计算就是下一代的网络计算。

还有一些有关云计算的定义。云计算的定义各有侧重，众说纷纭。我们认为：云计算是一种大规模资源共享模型，它是以虚拟技术为核心技术，以规模经济为驱动，以 Internet 为载体，以用户为主体，按照用户需求动态地提供虚拟化的、可伸缩的商业计算模型。更确切地说，云计算是一种服务模式而不单纯是一种技术。在云计算模式下，不同种类的 IT 服务按照用户的需求规模和要求动态地构建、运营和维护，用户一般以即用即付 (pay as you go) 的方式支付其利用资源的费用。网络中的应用服务通常被称作 SaaS，而数据中心的软硬件设施即资源池也就是云 (cloud)。"云"是一些可以自我维护和管理的虚拟计算资源，通常是一些大型服务器集群，包括计算服务器、存储服务和宽带资源等。当前典型的效用计算有 Amazon Web Services(http: // aws.amazon.com/ec2/2009)、Google AppEngine(http://appengine.google.com)和微软 Azure(http: // www.microsoft.com/azure/)。不对公众开放的企业或组织内部数据中心的资源称作私有云(private cloud)。

总之，云计算是一种方便的使用方式和服务模式，通过互联网按需访问资源池模型(例如网络、服务器、存储、应用程序和服务)，可以快速和最少的管理工作为用户提供服务。云计算是并行计算(parallel computing)、分布式计算(distributed computing)和网格计算(grid computing)等技术的发展。云计算又是虚拟化(virtualization)、效用计算(utility computing)的商业计算模型，它由 3 种服务模式、4 种部署模式和 5 种基本特征组成。

1) 云计算的 3 种服务模式

云计算的服务层次可分为将基础设施作为服务层、将平台作为服务层以及将软件作为服务层，市场进入条件也从高到低。目前越来越多的厂商可以提供不同层次的云计算服务，部分厂商还可以同时提供设备、平台、软件等多层次的云计算服务。

(1) 基础设施即服务(Infrastructure as a Service，IaaS)。通过网络作为标准化服务提供按需付费的弹性基础设施服务，其核心技术是虚拟化。可以通过廉价计算机达到昂贵高性能计算机的大规模集群运算能力。典型代表如亚马逊云计算 AWS(Amazon Web Services)的弹性计算云 EC2 和简单存储服务 S3、IBM 蓝云等。

(2) 平台即服务(Platform as a Service，PaaS)。提供给客户的是将客户用供应商提供的开发语言和工具(例如 Java，python，Net)创建的应用程序部署到云计算基础设施上去，其核心技术是分布式并行计算。PaSS 实际上指将软件研发的平台作为一种服务，以 SaaS 的模式提交给用户。典型代表如 Google App Engine(GAE)只允许使用 Python 和 Java 语言，基于称为 Django 的 Web 应用框架调用 GAE 来开发在线应用服务。

(3) 软件即服务(Software as a Service，SaaS)。它是一种通过 Internet 提供软件的模式，用户无需购买软件，而是租用服务商运行在云计算基础设施上的应用程序，客户不需要管理或控制底层的云计算基础设施，包括网络、服务器、操作系统、存储，甚至单个应用程序的功能。该软件系统各个模块可以由每个客户自己定制、配置、组装来得到满足自身需求的软件系统。典型代表如 Salesforce 公司提供的在线客户关系管理(Client Relationship Management，CRM)服务、Zoho Office、Webex。

2) 云计算的 4 种部署模式

(1) 私有云(private cloud) 。云基础设施是为一个客户单独使用而构建的，因而提供对数据、安全性和服务质量的最有效控制。私有云可部署在企业数据中心，也可部署在一个主机托管场所，被一个单一的组织拥有或租用。

(2) 社区云(community cloud)。基础设施被一些组织共享，并为一个有共同关注点的社区服务(例如任务、安全要求、政策和准则等)。

(3) 公共云(public cloud)。基础设施是被一个销售云计算服务的组织所拥有,该组织将云计算服务销售给一般大众或广泛的工业群体,公共云通常在远离客户建筑物的地方托管,而且它们通过提供一种向企业基础设施进行的灵活甚至临时的扩展,提供一种降低客户风险和成本的方法。

(4) 混合云(hybrid cloud)。基础设施是由两种或两种以上的云(私有、社区或公共)组成,每种云仍然保持独立,但用标准的或专有的技术将它们组合起来,具有数据和应用程序的可移植性(例如,可以用来处理突发负载),混合云有助于提供按需和外部供应方面的扩展。

3) 云计算的 5 种特征

无论是广义云计算还是狭义云计算,对于最终用户而言,均具有如下特征。

(1) 按需自助式服务(on-demand self-service)。用户可以根据自身实际需求扩展和使用云计算资源,具有快速提供资源和服务的能力。能通过网络方便地进行计算能力的申请、配置和调用,服务商可以及时进行资源的分配和回收。

(2) 广泛的网络访问(broad network access)。通过互联网提供自助式服务,使用者不需要部署相关的复杂硬件设施和应用软件,也不需要了解所使用资源的物理位置和配置等信息,可以直接通过互联网或企业内部网透明访问即可获取云中的计算资源。高性能计算能力可以通过网络访问。

(3) 资源池(resource pooling)。供应商的计算资源汇集在一起,通过使用多租户模式将不同的物理和虚拟资源动态分配给多个消费者,并根据消费者的需求重新分配资源。各个客户分配有专门独立的资源,客户通常不需要任何控制或知道所提供资源的确切位置,就可以使用一个更高级别抽象的云计算资源。

(4) 快速弹性使用(rapid elasticity)。快速部署资源或获得服务。服务商的计算能力根据用户需求变化能够快速而弹性地实现资源供应。云计算平台可以按客户需求快速部署和提供资源。通常情况下资源和服务可以是无限的,可以是任何购买数量或在任何时候。云计算业务使用则按资源的使用量计费。

(5) 可度量的服务(measured service)。云服务系统可以根据服务类型提供相应的计量方式,云自动控制系统通过利用一些适当的抽象服务(如存储、处理、带宽和活动用户账户)的计量能力来优化资源利用率,还可以监测、控制和管理资源使用过程。同时,能为供应者和服务消费者之间提供透明服务。

13.2 云计算体系结构及其关键技术

13.2.1 云计算体系结构

云计算的体系结构由 5 部分组成,分别为应用层、平台层、资源层、用户访问层和管理层。云计算的本质是通过网络提供服务,所以其体系结构以服务为核心。

1) 应用层

(1) 应用层提供软件服务。

(2) 企业应用是指面向企业的用户,如财务管理、客户关系管理、商业智能等。

(3) 个人应用指面向个人用户的服务，如电子邮件、文本处理、个人信息存储等。

2) 平台层

(1) 平台层为用户提供对资源层服务的封装，使用户可以构建自己的应用。

(2) 数据库服务提供可扩展的数据库处理的能力。

(3) 中间件服务为用户提供可扩展的消息中间件或事务处理中间件等服务。

3) 资源层

(1) 资源池层是指基础架构层面的云计算服务，这些服务可以提供虚拟化的资源，从而隐藏物理资源的复杂性。

(2) 物理资源指的是物理设备，如服务器等。

(3) 服务器服务指的是操作系统的环境，如 Linux 集群等。

(4) 网络服务指的是提供的网络处理能力，如防火墙、VLAN、负载等。

(5) 存储服务为用户提供存储能力。

4) 用户访问层

(1) 用户访问层是方便用户使用云计算服务所需的各种支撑服务，针对每个层次的云计算服务都需要提供相应的访问接口。

(2) 服务目录是一个服务列表，用户可以从中选择需要使用的云计算服务。

(3) 订阅管理是提供给用户的管理功能，用户可以查阅自己订阅的服务，或者终止订阅的服务。

(4) 服务访问是针对每种层次的云计算服务提供的访问接口，针对资源层的访问可能是远程桌面或者 x Windows，针对应用层的访问，提供的接口可能是 Web。

5) 管理层

(1) 管理层是提供对所有层次云计算服务的管理功能。

(2) 安全管理提供对服务的授权控制、用户认证、审计、一致性检查等功能。

(3) 服务组合提供对自己有云计算服务进行组合的功能，使得新的服务可以基于已有服务创建时间。

(4) 服务目录管理服务提供服务目录和服务本身的管理功能，管理员可以增加新的服务，或者从服务目录中除去服务。

(5) 服务使用计量对用户的使用情况进行统计，并以此为依据对用户进行计费。

(6) 服务质量管理提供对服务的性能、可靠性、可扩展性进行管理。

(7) 部署管理提供对服务实例的自动化部署和配置，当用户通过订阅管理增加新的服务订阅后，部署管理模块自动为用户准备服务实例。

(8) 服务监控提供对服务的健康状态的记录。

13.2.2　云计算关键技术

云计算作为一种新的超级计算方式和服务模式，以数据为中心，是一种数据密集型的超级计算。它运用了多种计算机技术，其中以编程模型、数据管理、数据存储、虚拟化和云计算平台管理等技术最为关键。

1. 编程模型并行运算技术

MapReduce 作为 Google 开发的 Java、Python、C++编程模型，是一种简化的分布式编程和高效的任务调度模型，应用程序编写人员只需将精力放在应用程序本身，使云计算环境下的编程十分简单，而关于集群的处理问题，包括可靠性和可扩展性，则交由平台来处理。MapReduce 模式的思想是通过"Map(映射)"和"Reduce(化简)"这样两个简单的概念来构成运算基本单元，先通过 Map 程序将数据切割成不相关的区块，分配(调度)给大量计算机处理，达到分布式运算的效果，再通过 Reduce 程序将结果汇整输出，即可并行处理海量数据。简单地说，云计算是一种更加灵活、高效、低成本、节能的信息运作的全新方式，通过其编程模型可以发现云计算技术是通过网络将庞大的计算处理程序自动分拆成无数个较小的子程序，再由多部服务器所组成的庞大系统搜索、计算分析之后将处理结果回传给用户。通过这项技术，远程的服务供应商可以在数秒之内，达成处理数以千万计甚至亿计的信息，达到和"超级电脑"同样强大性能的网络服务。

以气象行业的中尺度气象预报为例，中尺度气象学是气象学的一个重要分支，主要研究中尺度天气系统及与其直接相关的很多严重灾害性天气，如台风、雷暴、暴雨、冰雹、龙卷风等的发生、发展机制和分析预报的理论及方法，是当代大气科学中最受人们关注的研究领域之一。中尺度气象预报模式有着惊人的计算量，同时由于气象预报的精度提出了越来越高的要求，目前预报精度从几百千米、几十千米提高到几千米，而这大幅度提高了模式的计算量。气象预报对计算的这一需求，靠单个 CPU 或普通的计算机根本不可能完成，必须利用并行计算。一方面，将模式预报软件通过消息传递或者共享存储的方式并行化，另一方面需要高性能并行计算机。目前绝大部分中尺度气象预报模式都已经完成了并行化，如 MM5、WRF、Grapes 既支持 MPI 消息传递并行，又支持 OpenMP 共享存储并行。采用云计算中的 MapReduce 编程模型可以使气象部门特别是市县级气象部门能够享受到超级计算机计算处理能力，而不需要购置大量的基础设施。

2. 海量数据分布存储技术

云计算系统采用分布式存储的方式存储数据，用冗余存储的方式保证数据的可靠性。云计算系统中广泛使用的数据存储系统是 Google 的 GFS 和 Hadoop 团队开发的 GFS 的开源实现 HDFS。GFS 即 Google 文件系统(Google File System)，是一个可扩展的分布式文件系统，用于大型的、分布式的、对大量数据进行访问的应用。GFS 的设计思想不同于传统的文件系统，是针对大规模数据处理和 Google 应用特性而设计的。它虽然运行于廉价的普通硬件上，但可以提供容错功能。它可以给大量的用户提供总体性能较高的服务。一个 GFS 集群由一个主服务器(master)和大量的块服务器(chunk server)构成，并被许多客户(client)访问。主服务器存储文件系统所有的元数据，包括名字空间、访问控制信息、从文件到块的映射以及块的当前位置。它还控制系统活动范围，如块租约(lease)管理、孤立块的垃圾收集、块服务器间的块迁移。主服务器定期通过心跳(HeartBeat)消息与每一个块服务器通信，并收集它们的状态信息。以气象云存储服务为例，目前随着自动站、雷达、雨量标校站、卫星站等的建设，气象资料数据也在与日俱增。目前，数据存储仍以观测点和气象资料接收设备终端为主。而云计算是由第三方服务商提供计算与存储等资源，并负责运行和维护，用户只需要通过终端工具接入系统，即可获得所需的服务。这就是说，把气象资料存储在第三方提供的存储资源上，不需要因为存储资源不够而去购买设备，只需向服务提供商购买存储服务即可。

3. 海量数据管理技术

海量数据管理是指对大规模数据的计算、分析和处理，如各种搜索引擎。以互联网为计算平台的云计算能够对分布的、海量的数据进行有效可靠的处理和分析。因此，数据管理技术必须能够高效地管理大量的数据，通常数据规模达 TB 级甚至 PB 级。云计算系统中的数据管理技术主要是 Google 的 BT(BigTable)数据管理技术，以及 Hadoop 团队开发的开源数据管理模块 HBase 和 Hive，作为基于 Hadoop 的开源数据工具(http://appengine.google.com)，主要用于存储和处理海量结构化数据。BT 是建立在 GFS、Scheduler、Lock Service 和 MapReduce 之上的一个大型的分布式数据库，与传统的关系数据库不同，它把所有数据都作为对象来处理，形成一个巨大的表格，用来分布存储大规模结构化数据。

Google 的很多项目使用 BT 来存储数据，包括网页查询、Google Earth 和 Google 金融。这些应用程序对 BT 的要求各不相同：数据大小(从 URL 到网页到卫星图像)不同，反应速度不同(从后端的大批处理到实时数据服务)。对于不同的要求，BT 都成功地提供了灵活高效的服务。

4. 虚拟化技术

虚拟化(virtualization)技术是云计算系统的核心组成部分之一，是将各种计算及存储资源充分整合和高效利用的关键技术。云计算的特征主要体现在虚拟化、分布式和动态可扩展，而虚拟化作为云计算最主要的特点，为云计算环境搭建起着决定性作用。虚拟化技术是伴随着计算机技术的产生而出现的，作为云计算的核心技术，扮演着十分重要的角色，提供了全新的数据中心部署和管理方式，为数据中心管理员带来了高效和可靠的管理体验，还可以提高数据中心的资源利用率，低功耗绿色环保。通过虚拟化技术，云计算中每一个应用部署的环境和物理平台是没有关系的，通过虚拟平台进行管理、扩展、迁移、备份，种种操作都通过虚拟化层次完成。虚拟化技术实质是实现软件应用与底层硬件相隔离，把物理资源转变为逻辑可管理资源。目前云计算中虚拟化技术主要包括将单个资源划分成多个虚拟资源的裂分模式，也包括将多个资源整合成一个虚拟资源的聚合模式。虚拟化技术根据对象可分成存储虚拟化、计算虚拟化、网络虚拟化等，计算虚拟化又分为系统级虚拟化、应用级虚拟化和桌面虚拟化。

气象业务云平台把云计算引入到气象业务中，将各种各样的物理计算资源组织在一个很大的资源池中，资源池被气象业务云平台管理之后，动态创立一个虚拟化资源池，把它变成新的气象数据处理中心。用户只需向气象业务云平台发送指令即可动态上传添加新的资源，实现海量数据存储。从另一个角度审视，气象业务云平台又是一个可靠的国家级气象信息存档中心和灾备中心。一方面，气象业务云平台有丰富的存储资源，可以应对全国各级气象业务部门、研究机构和高校的气象信息存档任务；另一方面，云安全技术给数据灾备中心提供了强大的安全保障；再一方面，气象业务云平台落户地还需有优越的自然地理条件、完备的水电配套设施、稳定的社会周边环境、可控可接受的地域成本投入、积极的政策支持环境以及丰富的高科技人才资源环境。

5. 云计算平台管理

云计算资源规模庞大，一个系统服务器数量众多(可能高达 10 万台)、结构不同并且分布在不同物理地点的数据中心，同时还运行着成千上万种应用。如何有效地管理云环境中的这些服务器，保证整个系统提供不间断服务必然是一个巨大的挑战。云计算平台管理系统可以看作是云计算的"指挥中心"。通过云计算系统的平台管理技术能够使大量的服务器协同工作，方便地进行业务部署和开通，快速发现和恢复系统故障，通过自动化、智能化的手段实现大规模系统的可靠运营和管理。

基于气象云计算的架构、软件和服务能够为全球各地的气象工作者提供一个有吸引力的合作平台。例如，可以将一些先进的处理遥感信息、卫星资料、雷达图像等的专业商业软件放在云平台中，供全国的气象工作者来使用，这将为我国气象事业节省巨大开支，并能提供廉价的高可靠和高性能的服务。

13.3　典型的云计算平台介绍

1. Google 云计算平台

Google 的硬件条件优势，大型的数据中心、搜索引擎的支柱应用，促进 Google 云计算迅速发展。Google 的云计算主要由 MapReduce、Google 文件系统(GFS)、BigTable 组成。它们是 Google 内部云计算基础平台的 3 个主要部分。Google 还构建其他云计算组件，包括一个领域描述语言以及分布式锁服务机制等。Sawzall 是一种建立在 MapReduce 基础上的领域语言，专门用于大规模的信息处理。Chubby 是一个高可用、分布式数据锁服务，当有机器失效时，Chubby 使用 Paxos 算法来保证备份。Google 公司有一套专属的云计算平台，这个平台先是为 Google 最重要的搜索应用提供服务，现在已经扩展到其他应用程序。Google 的云计算基础架构模式包括 4 个相互独立又紧密结合在一起的系统：Google File System 分布式文件系统，针对 Google 应用程序的特点提出的 MapReduce 编程模式，分布式的锁机制 Chubby 以及 Google 开发的模型简化的大规模分布式数据库 BigTable。

Google File System 文件系统(GFS)除了性能，可伸缩性、可靠性以及可用性以外，其设计还受到 Google 应用负载和技术环境的影响。具体体现在 4 个方面：①充分考虑到大量节点的失效问题，需要通过软件将容错以及自动恢复功能集成在系统中；②构造特殊的文件系统参数，文件通常大小以 G 字节计，并包含大量小文件；③充分考虑应用的特性，增加文件追加操作，优化顺序读写速度；④文件系统的某些具体操作不再透明，需要应用程序的协助完成。

MapReduce 分布式编程环境：Google 构造 MapReduce 编程规范来简化分布式系统的编程。应用程序编写人员只需将精力放在应用程序本身，而关于集群的处理问题，包括可靠性和可扩展性，则交由平台来处理。MapReduce 通过"Map(映射)"和"Reduce(化简)"这两个简单的概念来构成运算基本单元，用户只需提供自己的 Map 函数以及 Reduce 函数即可并行处理海量数据。

分布式的大规模数据库管理系统 BigTable：由于一部分 Google 应用程序需要处理大量的格式化以及半格式化数据，Google 构建了弱一致性要求的大规模数据库系统 BigTable。BigTable 的应用包括 Search History、Maps、Orkut、RSS 阅读器等。

BigTable 是客户端和服务器端的联合设计，使得性能能够最大程度地符合应用的需求。BigTable 系统依赖于集群系统的底层结构。一个是分布式的集群任务调度器，一个是前述的 Google 文件系统，还有一个是分布式的锁服务 Chubby。

Chubby 是一个非常健壮的粗粒度锁，BigTable 使用 Chubby 来保存根数据表格的指针，即用户可以首先从 Chubby 锁服务器中获得根表的位置，进而对数据进行访问。BigTable 使用一台服务器作为主服务器，用来保存和操作元数据。主服务器除了管理元数据之外，还负责对 tablet 服务器(即一般意义上的数据服务器)进行远程管理与负载调配。客户端通过编程接口与主服务器进行元数据通信，与 tablet 服务器进行数据通信。

2. IBM "蓝云" 计算平台

"蓝云" 解决方案是由 IBM 云计算中心开发的企业级云计算解决方案。该解决方案可以对企业现有的基础架构进行整合，通过虚拟化技术和自动化技术，构建企业自己拥有的云计算中心，实现企业硬件资源和软件资源的统一管理、统一分配、统一部署、统一监控和统一备份，打破应用对资源的独占，从而帮助企业实现云计算理念。IBM 的 "蓝云" 计算平台是一套软硬件平台，将 Internet 上使用的技术扩展到企业平台上，使得数据中心使用类似于互联网的计算环境。"蓝云" 大量使用了 IBM 先进的大规模计算技术，结合了 IBM 自身的软硬件系统以及服务技术，支持开放标准与开放源代码软件。"蓝云" 基于 IBM Almaden 研究中心的云基础架构，采用了 Xen 和 PowerVM 虚拟化软件、Linux 操作系统映像以及 Hadoop 软件(Google File System 以及 MapReduce 的开源实现)。

IBM 在 2007 年 11 月 15 日推出了蓝云计算平台，为客户带来即买即用的云计算平台。它包括一系列的云计算产品，使得计算不仅仅局限在本地机器或远程服务器农场(即服务器集群)，通过架构一个分布式、可全球访问的资源结构，使得数据中心在类似于互联网的环境下运行计算。"蓝云" 建立在 IBM 大规模计算领域的专业技术基础上，基于由 IBM 软件、系统技术和服务支持的开放标准和开源软件。简单地说，"蓝云" 基于 IBM Almaden 研究中心(Almaden Research Center)的云基础架构，包括 Xen 和 PowerVM 虚拟化、Linux 操作系统映像以及 Hadoop 文件系统与并行构建。"蓝云" 由 IBM Tivoli 软件支持，通过管理服务器来确保基于需求的最佳性能。这包括通过能够跨越多服务器实时分配资源的软件，为客户带来一种无缝体验，加速性能并确保在最苛刻环境下的稳定性。"蓝云" 计算平台由一个数据中心、IBM Tivoli 部署管理软件(Tivoli Provisioning Manager)、IBM Tivoli 监控软件(IBM Tivoli Monitoring)、IBM WebSphere 应用服务器、IBM DB2 数据库以及一些虚拟化的组件共同组成。蓝云的硬件平台并没有什么特殊的地方，但是蓝云使用的软件平台相较于以前的分布式平台具有不同的地方，主要体现在对于虚拟机的使用以及对于大规模数据处理软件 Apache Hadoop 的部署。

1) "蓝云" 中的虚拟化

虚拟化的方式在云计算中可以在两个级别上实现。一个级别是在硬件级别上实现虚拟化。硬件级别的虚拟化可以使用 IBM P 系列的服务器，获得硬件的逻辑分区 LPAR。逻辑分区的 CPU 资源能够通过 IBM Enterprise Workload Manager 来管理。通过这样的方式加上在实际使用过程中的资源分配策略，能够使得相应的资源合理地分配到各个逻辑分区。P 系列系统的逻辑分区最小粒度是 1/10 颗中央处理器(CPU)。

虚拟化的另外一个级别可以通过软件来获得，在蓝云计算平台中使用了 Xen 虚拟化软件。Xen 也是一个开源的虚拟化软件，能够在现有的 Linux 基础之上运行另外一个操作系统，并通过虚拟机的方式灵活地进行软件部署和操作。

通过虚拟机的方式进行云计算资源的管理具有特殊的好处。由于虚拟机是一类特殊的软件,能够完全模拟硬件的执行,因此能够在上面运行操作系统,进而能够保留一整套运行环境语义。这样,可以将整个执行环境通过打包的方式传输到其他物理节点上,这样就能够使得执行环境与物理环境隔离,方便整个应用程序模块的部署。总体上来说,通过将虚拟化的技术应用到云计算的平台,可以获得一些良好的特性:

(1) 云计算的管理平台能够动态地将计算平台定位到所需要的物理平台上,而无需停止运行在虚拟机平台上的应用程序,这比采用虚拟化技术之前的进程迁移方法更加灵活。

(2) 能够更加有效率地使用主机资源,将多个负载不是很重的虚拟机计算节点合并到同一个物理节点上,从而能够关闭空闲的物理节点,达到节约电能的目的。

(3) 通过虚拟机在不同物理节点上的动态迁移,能够获得与应用无关的负载平衡性能。由于虚拟机包含了整个虚拟化的操作系统以及应用程序环境,因此在进行迁移的时候带着整个运行环境,达到了与应用无关的目的。

(4) 在部署上也更加灵活,即可以将虚拟机直接部署到物理计算平台当中。

2) "蓝云"中的存储结构

蓝云计算平台中的存储体系结构对于云计算来说也是非常重要的,无论是操作系统、服务程序还是用户应用程序的数据都保存在存储体系中。云计算并不排斥任何一种有用的存储体系结构,而是需要与应用程序的需求结合起来获得最好的性能提升。总体上来说,云计算的存储体系结构包含类似于 Google File System 的集群文件系统以及基于块设备方式的存储区域网络 SAN 两种方式。

在设计云计算平台存储体系结构的时候,不仅仅需要考虑存储的容量。实际上随着硬盘容量的不断扩充以及硬盘价格的不断下降,使用当前的磁盘技术,可以很容易通过使用多个磁盘的方式获得很大的磁盘容量。相较于磁盘的容量,在云计算平台的存储中,磁盘数据的读写速度是一个更重要的问题。单个磁盘的速度很有可能限制应用程序对于数据的访问,因此在实际使用的过程中,需要将数据分布到多个磁盘之上,并且通过对于多个磁盘的同时读写以达到提高速度的目的。在云计算平台中,数据如何放置是一个非常重要的问题,在实际使用的过程中,需要将数据分配到多个节点的多个磁盘当中。而能够达到这一目的的存储技术趋势当前有两种方式,一种是使用类似于 Google File System 的集群文件系统,另外一种是基于块设备的存储区域网络 SAN 系统。

Google 文件系统在前面已经做过一定的描述。在 IBM 的蓝云计算平台中使用的是它的开源实现 Hadoop HDFS (Hadoop Distributed File System)。这种使用方式将磁盘附着于节点的内部,并且为外部提供一个共享的分布式文件系统空间,在文件系统级别做冗余以提高可靠性。在合适的分布式数据处理模式下,这种方式能够提高总体的数据处理效率。Google 文件系统的这种架构与 SAN 系统有很大的不同。

SAN 系统也是云计算平台的另外一种存储体系结构选择,在蓝云平台上也有一定的体现,IBM 也提供 SAN 的平台能够接入到蓝云计算平台中。

SAN 系统是在存储端构建存储的网络,将多个存储设备构成一个存储区域网络。前端的主机可以通过网络的方式访问后端的存储设备。而且,由于提供了块设备的访问方式,与前端操作系统无关。在 SAN 连接方式上,可以有多种选择。一种选择是使用光纤网络,能够操作快速的光纤磁盘,适合于对性能与可靠性要求比较高的场所。另外一种选择是使用以太网，采取 iSCSI 协议，能够运行在普通的局域网环境下，从而降低了成本。由于存储区域网络中的磁盘设备并没有与某一台主机绑定在一起，而是采用了非常灵活的结构，因此对于主机来说可以访问多个磁盘设备，从而能够获得性能的提升。在存储区域网络中，使用虚拟化的引擎来进行逻辑设备到物理设备的映射，管理前端主机到后端数据的读写，因此虚拟化引擎是存储区域网络中非常重要的管理模块。

SAN 系统与分布式文件系统例如 Google File System 并不是相互对立的系统，而是在构建集群系统的时候可供选择的两种方案。其中，在选择 SAN 系统的时候，为了应用程序的读写，还需要为应用程序提供上层的语义接口，此时就需要在 SAN 之上构建文件系统。而 Google File System 正好是一个分布式的文件系统，因此能够建立在 SAN 系统之上。总体来说，SAN 与分布式文件系统都可以提供类似的功能，例如对于出错的处理等。至于如何使用还是需要由建立在云计算平台之上的应用程序来决定。

与 Google 不同的是，IBM 并没有基于云计算提供外部可访问的网络应用程序。这主要是由于 IBM 并不是一个网络公司，而是一个 IT 的服务公司。当然，IBM 内部以及 IBM 未来为客户提供的软件服务会基于云计算的架构。

3. Amazon 的弹性计算云

Amazon 是互联网上最大的在线零售商，为了应付交易高峰，不得不购买了大量的服务器。而在大多数时间，大部分服务器闲置，造成了很大的浪费，为了合理利用空闲服务器，Amazon 建立了自己的云计算平台弹性计算云 EC2(Elastic Compute Cloud)，并且是第一家将基础设施作为服务出售的公司。Amazon 将自己的弹性计算云建立在公司内部的大规模集群计算的平台上，而用户可以通过弹性计算云的网络界面去操作在云计算平台上运行的各个实例(instance)。用户使用实例的付费方式由用户的使用状况决定，即用户只需为自己所使用的计算平台实例付费，运行结束后计费也随之结束。这里所说的实例即是由用户控制的完整的虚拟机运行实例。通过这种方式，用户不必自己去建立云计算平台，节省了设备与维护费用。

Amazon EC2 是一个让用户可以租用云电脑运行所需应用的系统。EC2 借由提供 Web 服务的方式让用户可以弹性地运行自己的 Amazon 机器镜像文件，用户将可以在这个虚拟机上运行任何自己想要的软件或应用程序。

用户可以随时创建、运行、终止自己的虚拟服务器，使用多少时间算多少钱，也因此这个系统是"弹性"使用的。EC2 让用户可以控制运行虚拟服务器的主机地理位置，这可以让延迟还有备援性最高。例如，为了让系统维护时间最短，用户可以在每个时区都运行自己的虚拟服务器。Amazon 以 Amazon Web Services (AWS)的品牌提供 EC2 的服务。

EC2 的主要特性如下。①灵活性：可自行配置运行的实例类型、数量，还可以选择实例运行的地理位置。可以根据用户的需求随时改变实例的使用数量。②低成本：按小时计费。③安全性：SSH、可配置的防火墙机制、监控等。④易用性：用户可以根据 Amazon 提供的模块自由构建自己的应用程序，同时 EC2 还会对用户的服务请求自动进行负载平衡。⑤容错性：弹性 IP。

4. 微软云计算平台：Windows Azure

Windows Azure 是微软基于云计算的操作系统，和 Azure Services Platform 一样，是微软"软件和服务"技术的名称。Windows Azure 的主要目标是为开发者提供一个平台，帮助开发可运行在云服务器、数据中心、Web 和 PC 上的应用程序。云计算的开发者能使用微软全球数据中心的储存、计算能力和网络基础服务。Azure 服务平台包括以下主要组件：Windows Azure；Microsoft SQL 数据库服务，Microsoft .NET 服务；用于分享、存储和同步文件的 Live 服务；针对商业的 Microsoft SharePoint 和 Microsoft Dynamics CRM 服务。

The Azure Services Platform (Azure)是一个互联网级的运行于微软数据中心系统上的云计算服务平台，它提供操作系统和可以单独或者一起使用的开发者服务。Azure 是一种灵活和支持互操作的平台，它可以被用来创建云中运行的应用或者通过基于云的特性来加强现有应用。它开放式的架构给开发者提供了 Web 应用、互联设备的应用、个人电脑、服务器或者提供最优在线复杂解决方案的选择。

Windows Azure 以云技术为核心，提供了软件+服务的计算方法。它是 Azure 服务平台的基础。Azure 用于帮助开发者开发可以跨越云端和专业数据中心的下一代应用程序，在 PC、Web 和手机等各种终端间创造完美的用户体验。

Azure 能够将处于云端的开发者个人能力，同微软全球数据中心网络托管的服务，比如存储、计算和网络基础设施服务，紧密结合起来。这样，开发者就可以在"云端"和"客户端"同时部署应用，使得企业与用户都能共享资源。

Windows Azure 是专为在微软建设的数据中心管理所有服务器、网络以及存储资源所开发的一种特殊版本 Windows Server 操作系统，它具有针对数据中心架构的自我管理(autonomous)机能，可以自动监控划分在数据中心数个不同的分区(微软将这些分区称为 Fault Domain)的所有服务器与存储资源，自动更新补丁，自动运行虚拟机部署与镜像备份 (Snapshot Backup)等能力，Windows Azure 被安装在数据中心的所有服务器中，并且定时和中控软件 Windows Azure Fabric Controller 进行沟通、接收指令以及回传运行状态数据等，系统管理人员只要通过 Windows Azure Fabric Controller 就能够掌握所有服务器的运行状态。Fabric Controller 本身融合了很多微软系统管理技术的总成，包含对虚拟机的管理(System Center Virtual Machine Manager)、对作业环境的管理(System Center Operation Manager)以及对软件部署的管理(System Center Configuration Manager)等，在 Fabric Controller 中被发挥得淋漓尽致，如此才能够达成通过 Fabric Controller 来管理数据中心中所有服务器的能力。

Azure 服务平台的设计目标是帮开发者更容易地创建 Web 和互联设备的应用程序。它提供了最大限度的灵活性、选择和使用现有技术连接用户和客户的控制。Windows Azure 服务平台现在已经包含如下功能：网站、虚拟机、云服务、移动应用服务、大型数据处理以及媒体功能的支持。

(1) 网站。

允许使用 ASP.NET、PHP 或 Node.js 构建，并使用 FTP、Git 或 TFS 进行快速部署。支持 SQL Database、Caching、CDN 及 Storage。

(2) 虚拟机。

在 Windows Azure 上可以轻松部署并运行 Windows Server 和 Linux 虚拟机，迁移应

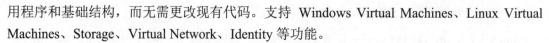

用程序和基础结构，而无需更改现有代码。支持 Windows Virtual Machines、Linux Virtual Machines、Storage、Virtual Network、Identity 等功能。

(3) 云服务。

这是 Windows Azure 中的企业级云平台，使用富平台即服务 (PaaS) 环境创建高度可用的且可无限缩放的应用程序和服务。支持多层方案、自动化部署和灵活缩放，支持 Cloud Services、SQL Database、Caching、Business Analytics、Service Bus、Identity。

(4) 移动应用服务。

这是 Windows Azure 提供的移动应用程序的完整后端解决方案，加速连接的客户端应用程序开发，在几分钟内并入结构化存储、用户身份验证和推送通知。支持 SQL Database、Mobile 服务。

(5) 大型数据处理。

Windows Azure 提供的海量数据处理能力，可以从数据中获取可执行洞察力，利用完全兼容的企业准备就绪 Hadoop 服务。PaaS 产品/服务提供了简单的管理，并与 Active Directory 和 System Center 集成。支持 Hadoop、Business Analytics、Storage、SQL Database 及在线商店 Marketplace。

(6) Media 媒体支持。

支持插入、编码、保护、流式处理，可以在云中创建、管理和分发媒体。此 PaaS 产品/服务提供从编码到内容保护再到流式处理和分析支持的所有内容。支持 CDN 及 Storage 存储。

13.4 云计算的发展现状

目前，亚马逊、微软、谷歌、IBM、Intel 等公司纷纷提出了"云计划"。例如亚马逊的 AWS (Amazon Web Services)、IBM 和谷歌联合进行的"蓝云"计划等。这对云计算的商业价值给予了巨大的肯定。同时学术界也纷纷对云计算进行深层次的研究。例如谷歌同华盛顿大学以及清华大学合作，启动云计算学术合作计划(Academic Cloud Computing Initiative)，推动云计算的普及，加紧对云计算的研究。美国卡耐基梅隆大学等提出对数据密集型的超级计算(Data Intensive Super Computing，DISC)进行研究，本质上也是对云计算相关技术开展研究。

2010 年以前中国云计算的讨论多数集中在早期云计算的概念、技术和模式上。早期的云计算是一种动态的、易扩展的、通过互联网提供虚拟化 IT 资源和应用的一种计算模式。用户不需要了解云技术内部的细节，也不必具有云内部的专业知识，更不需要直接参与、投入、建设、维护和控制就能直接按需使用并按用量付费。2008 年，IBM 在无锡建立了中国第一个云计算中心，在北京 IBM 中国创新中心建立了第二个云计算中心——IBM 大中华区云计算中心。2009 年初，在南京建立国内首个"电子商务云计算中心"。世纪互联推出 CloudEx 产品线，包括完整的互联网主机服务 CloudEx Computing Service、基于在线存储虚拟化的 CloudEx Storage Service 等云计算服务。

随着云计算的升温，国内的电信运营商也都积极投入到云计算的研究中，以期通过云计算技术促进网络结构的优化和整合，寻找到新的赢利机会和利润增长点，以实现向信息服务企业的转型。中国移动推出了"大云"(Big Cloud)云计算基础服务平台,中国电信推出了"e云"云计算平台,中国联通则是推出了"互联云"平台。我国企业创造了"云安全"概念,通过网状的大量客户端对网络中软件行为的异常监测,获取互联网中木马、恶意程序的最新信息,在服务端进行自动分析和处理,再把解决方案分发到客户端。瑞星、趋势等企业都推出了云安全解决方案。

随着云计算的发展,互联网的功能越来越强大,用户可以通过云计算在互联网上处理庞大的数据和获取所需的信息。从云计算的发展现状来看,未来云计算的发展会向构建大规模的能够与应用程序密切结合的底层基础设施的方向发展。不断创建新的云计算应用程序,为用户提供更多更完善的互联网服务也可作为云计算的一个发展方向。

13.5 云计算和物联网的结合

13.5.1 云计算与物联网的关系

云计算是物联网发展的基石,并且从两个方面促进物联网的实现。

首先,云计算是实现物联网的核心,运用云计算模式使物联网中以兆计算的各类物品的实时动态管理和智能分析变得可能。物联网通过将射频识别技术、传感技术、纳米技术等新技术充分运用在各行业之中,将各种物体充分连接,并通过无线网络将采集到的各种实时动态信息送达计算机处理中心进行汇总、分析和处理。建设物联网的三大基石包括:

(1) 传感器等电子元器件;

(2) 传输的通道,比如电信网;

(3) 高效的、动态的、可以大规模扩展的技术资源处理能力。

其中第三个基石:"高效的、动态的、可以大规模扩展的技术资源处理能力",正是通过云计算模式帮助实现。

其次,云计算促进物联网和互联网的智能融合,从而构建智慧地球。物联网和互联网的融合,需要更高层次的整合,需要"更透彻的感知,更安全的互联互通,更深入的智能化"。这同样也需要依靠高效的、动态的、可以大规模扩展的技术资源处理能力,而这正是云计算模式所擅长的。同时,云计算的创新型服务交付模式,简化服务的交付,加强物联网和互联网之间及其内部的互联互通,可以实现新商业模式的快速创新,促进物联网和互联网的智能融合。

把物联网和云计算放在一起,是因为物联网和云计算的关系非常密切。物联网的四大组成部分——感应识别、网络传输、管理服务和综合应用,其中中间两个部分就会利用到云计算,特别是"管理服务"这一项。因为这里有海量的数据存储和计算的要求,使用云计算可能是最省钱的一种方式。

13.5.2 云计算和物联网的结合

云计算与物联网各自具备很多优势,如果把云计算与物联网结合起来,我们可以看出,云计算其实就相当于一个人的大脑,而物联网就是其眼睛、鼻子、耳朵和四肢等。云计算与物联网的结合方式可以分为以下几种。

（1）单中心，多终端。此类模式中，分布范围的较小各物联网终端(传感器、摄像头或3G手机等)，把云中心或部分云中心作为数据/处理中心，终端所获得的信息、数据统一由云中心处理及存储，云中心提供统一界面给使用者操作或者查看。

这类应用非常多，如小区及家庭的监控、对某一高速路段的监测、幼儿园小朋友监管以及某些公共设施的保护等都可以用此类信息。这类主要应用的云中心，可提供海量存储和统一界面、分级管理等功能，对日常生活提供较好的帮助。一般此类云中心为私有云居多。

（2）多中心，大量终端。对于很多区域跨度加大的企业、单位而言，多中心、大量终端的模式较适合。譬如，一个跨多地区或者多国家的企业，因其分公司或分厂较多，要对其各公司或工厂的生产流程进行监控、对相关的产品进行质量跟踪等。

当然同理，有些数据或者信息需要及时甚至实时共享给各个终端的使用者也可采取这种方式。举个简单的例子，如果北京地震中心探测到某地和某地10分钟后会有地震，只需要通过这种途径，仅仅十几秒就能将探测情况的信息发出，可尽量避免不必要的损失。中国联通的"互联云"思想就是基于此思路提出的。这个模式的前提是云中心必须包含公共云和私有云，并且它们之间的互联没有障碍。这样，对于有些机密的事情，比如企业机密等可较好地保密而又不影响信息的传递与传播。

（3）信息、应用分层处理，海量终端。这种模式可以针对用户的范围广、信息及数据种类多、安全性要求高等特征来打造。当前，客户对各种海量数据的处理需求越来越多，针对此情况，可以根据客户需求及云中心的分布进行合理的分配。

对需要大量数据传送，但是安全性要求不高的，如视频数据、游戏数据等，我们可以采取本地云中心处理或存储。对于计算要求高，数据量不大的，可以放在专门负责高端运算的云中心里。而对于数据安全要求非常高的信息和数据，可以放在具有灾备中心的云中心里。

此模式是具体根据应用模式和场景，对各种信息、数据进行分类处理，然后选择相关的途径给相应的终端。以上三种只是云计算与物联网结合的方式粗线条的勾勒，还有很多种其他具体的模式，由于笔者浅见，也许已经有很多模式或者方式已经在实际应用当中了。

本 章 小 结

本章介绍了云计算与物联网的基本概念和关系，并详细讲述了云计算的实现机制和相关技术。云计算作为一种新兴的计算模型，能够提供高效、动态的可以大规模扩展的计算处理能力，在物联网中占有重要的地位。物联网的发展离不开云计算的支撑，物联网也将成为云计算最大的用户，为云计算的更广泛应用奠定基石。

习 题

一、选择题

1. 云计算中，提供资源的网络被称为( )。
   A. 母体　　　　B. 导线　　　　C. 数据池　　　　D. 云

2. 在云计算平台中，(　　)为软件即服务。

  A. IaaS   B. PaaS   C. SaaS   D. QaaS

3. 在云计算平台中，(　　)为平台即服务。

  A. IaaS   B. PaaS   C. SaaS   D. QaaS

4. 云计算的核心就是以虚拟化的方式把产品包装成服务，(　　)模式是实现虚拟化服务的关键。

  A. MaaS   B. TaaS   C. DaaS   D. SaaS

二、简答题

1. 简述几种典型云计算平台。

2. 简述云计算的核心技术。

3. 简述狭义的云计算和广义的云计算。

参 考 文 献

[1] 诸瑾文，王艺. 从电信运营商角度看物联网的总体架构和发展[J]. 电信科学，2010(4):1-5.

[2] 付汗东. 我国重点地区物联网产业发展规划分析研究[J]. 物联网产业动态,2010(6):1-10.

[3] 施鸣. 浅谈第三次信息革命"物联网"的起源与发展前景[J]. 信息与电脑(理论版)，2009(10):77.

[4] 李霞. 浅谈物流信息技术与物联网[J]. 商场现代化，2010(612):48-49.

[5] 黎立，朱清新，王芳. EPC系统中的中间件研究[J]. 计算机工程与设计，2006，27(18):21-23.

[6] 冯中慧，张红梅，齐永. 基于中间件技术的分布式应用系统中访问控制的研究[J]. 微电子学与计算机，2005，(9):4-5.

[7] 徐光祐，史元春. 普适计算[J]. 计算机学报，2003，26(9):1042-1050.

[8] 李仁发，魏叶华，付彬，陈洪龙. 无线传感器网络中间件研究进展[J]. 计算机研究与发展，2008(3):383-391.

[9] 王保云. 物联网技术研究综述[J]. 电子测量与仪器学报，2009(12):1-7.

[10] 刘宴兵，胡文平. 物联网安全模型及其关键技术 [J]. 数字通信，2010，37(4):28-29.

[11] 王帅，沈军，金华敏. 电信IPv6网络安全保障体系研究 [J]. 电信科学，2010，26(7):10-13.

[12] 王建强，吴辰文，李晓军. 车联网架构与关键技术研究[J]. 微计算机信息，2011(4):156-158.

[13] 诸彤宇，王家川，陈智宏. 车联网技术初探[J]. 公路交通科技(应用技术版);2011(5):266-268.

[14] 王 群，钱焕延. 车联网体系结构及感知层关键技术研究[J]. 电信科学，2012(12):1-9.

[15] 李刚，杨屏，张红. 车联网在"智慧城市"中的应用[J]. 办公自动化，2015(295):58-60.

[16] 陈前斌. 车联网何去何从[J]. 中兴通讯技术，2015,21(1):47-51.

[17] 刘小洋，伍民友. 车联网:物联网在城市交通网络中的应用[J]. 计算机应用，2012，32(4):900-904.

[18] 张建华，邹常丰. 车联网技术及其在交通管理中的应用[J]. 交通科技与经济，2014，16(6):91-94.

[19] 李宏海，刘冬梅，王晶. 日本VICS系统的发展介绍[J]. 交通标准化，2011(15): 107-113.

[20] 张家同，王志强，曹绪龙. 国内外车联网的发展[J]. 数字通信世界，2012(2):4.

[21] Kevin C. Lee, Uichin Lee, Mario Gerla, etal. Geo-Opportunistic Routing for Vehicular Networks[J]. IEEE Communications Magazine,2010(5):164-170.

[22] 王贵槐，万剑. 汽车安全辅助驾驶支持系统信息感知技术综述[J]. 交通与计算机，2008(3):50-54.

[23] 程刚，郭达. 车联网现状与发展研究[J]. 移动通信，2010,22(17):23-26.

[24] 饶毓，戴翠琴，黄琼. 车联网关键技术及联通性研究[J]. 数字通信，2010，5(10):36-40.

[25] 许勇. 车联网通信协议研究和系统开发[J]. 桂林电子科技大学学报，2010,30(5): 457- 461.

[26] 王建强，吴辰文，李晓军. 车联网架构及关键技术研究[J]. 微计算机信息，2011，27(4):156-159.

[27] 诸彤宇，王家川，陈智宏. 车联网技术初探[J]. 交通工程，2011，44(7):266-268.

[28] 周洪波. 车联网的力量[J]. 权威论坛，2012(2):54-56.

[29] Akyildiz IF, Su EL, Sankarasubramaniam Y, et al. A survey on sensor networks[J]. IEEE Communications Magazine. 2002. 40(8):102-114.

[30] Bonnet P, Gehrke J. Querying the physical world[J]. IEEE Personal Communication. 2000, 7(5):10-15.

[31] Yao Y, Gehrke J. The cougar approach to in-network query processing in sensor networks[J]. ACM SIGMOD Record. 2002, 31(3):9-18.

[32] Ganesan D, Estrin D, Heidemann J. DIMENSIONS: Why do We Need a New Data Handling Architecture for Sensor Networks[J]. ACM SIGCOMM Computer Communication Review. 2003, 33(1):143-148.

[33] 王建军. 从互联网到物联网[M]. 北京：通讯出版社，2009.

[34] 李荀. 我国物联网路径研究[M]. 北京：中国科教信息出版社，2009.

[35] 李士宁. 传感网原理与技术[M]. 北京：机械工业出版社，2014.

[36] 李晓维. 无线传感器网络技术 [M]. 北京：北京理工大学出版社，2007: 241-246.

[36] 张福生. 物联网：开启全新生活的智能时代[M]. 太原：山西人民出版社，2010:175-184.

[38] Raghavendra C S, Sivalingam K M, Zhati T. Wireless Sensor Networks[M]. Kluwer Academic Publishers. 2004.

[39] Hall D L, Llinas J. Handbook of Multisensor Data Fusion[M]. CRC Press. 2001.

[40] 沈建华. 基于物联网的车联网技术[C]. 中国通信学会 2011 年光缆电缆学术年会论文集. 成都，2011.

[41] Yao Y, Gehrke J. Query processing for sensor networks[C]. In: Proc 1st Biennial Conference on Innovative Data Systems Research, Asilomar. CA, Jan 2003, 1364.

[42] Krishnamachari B, Estrin D, Wrcher S B. The impact of data aggregation in wireless sensor networks[C]. In: Proc 22nd Int'l Conference on Distributed Computing Systems. 2002,575-578.

[43] Madden S, Franklin MJ, Hellerstein JM, et al. The design of an acquisitional query processor for sensor networks[C]. In:Proc 2003 ACM SIGMOD Int'l Conference on Management of Data. San Diego, CA, 2003, 491-502.

[44] Krishnamachari B, Estrin D, Wrcher SB. The impact of data aggregation in wireless sensor networks[C]. In:Proc 22nd Int'l Conference on Distributed Computing Systems. 2002,575-578.

[45] Bonnet P, Gehrke JE, Seshadri P. Towards sensor database systems[C]. In:Proc 2nd Int'l Conference on Mobile Data Management. Hong Kong, January 2001, LNCS 1987, London:Springer Verlag, 2001.

[46] Madden S, Szewczyk R, Franklin M J, et al. Supporting Aggregate Queries over Ad-Hoc Wireless Sensor Networks[C]. In Proceeding of IEEE WMCSA. June 2002, 49-58.

[47] 肖慧彬. 物联网中企业信息交互中间件技术开发研究[D]. 北方工业大学，2009.

[48] 周户星. 车联网环境下交通信息采集和处理方法研究[D]. 吉林大学，2013.

[49] Madden S. The Design and Evaluation of a Query Processing Architecture for Sensor Networks[D]. Ph. D Thesis. UC Berkeley, Oct. 2002.

[50] 本报记者李映. 传感器：物联网成引擎 新技术催生新机遇[N]. 中国电子报，2010-07-13.

[51] Rentala P, Musunuri R, Gandham S, et al. Survey on sensor networks[R]. Technical Report. UTS-33-02, Dallas(TX,USA):University of Texas at Dallas, 2002.

[52] RFID 世界网. Wi-Fi 技术：从局域网到物联网的发展[EB/OL]. http://www.eepw.com.cn/article/108447.htm, 2010-4-28.

[53] 韩武. 无线传感器技术前瞻[EB/OL]. http://www.edu.cn/info/ji_shu_ju_le_bu/cernet2_lpv6/gjjs/200903/t20090323_367613. shtml,2009-3-23.

[54] TinyOS[OL]. http://webs.cs.berkeley.edu/tos.UC Berkeley.

[55] The Cougar Sensor Database Project[OL]. http://www.cs.cornell.edu/database/cougar/.Cornell University.

[56] Gerhke J. COUGAR:The Network is the Database[OL]. http://www.cs.cornell.edu/database/cougar/.